普通高等教育机械类专业"十二五"规划教材

机械精度设计

赵志刚　刘潇潇　编

中国铁道出版社有限公司
CHINA RAILWAY PUBLISHING HOUSE CO., LTD.

内 容 简 介

本书介绍并分析了我国公差与配合方面的最新标准,其内容概括了"几何精度控制与应用"课程的主要内容,阐述了精度测量技术的基本原理。

本书主要包括绪论、极限与配合、表面粗糙度、几何精度、渐开线圆柱齿轮传动精度设计、键与花键精度、螺纹精度、滚动轴承精度、几何量测量(检测)技术基础等9章内容,并在每章末附有习题及相关附表。

本书适合作为高等院校机械类专业教材,也可供制造行业的技术人员、管理人员、操作人员参考。

图书在版编目(CIP)数据

机械精度设计/赵志刚,刘潇潇编. —北京:中国铁道出版社,2014.7(2024.7重印)

普通高等教育机械类专业"十二五"规划教材

ISBN 978 – 7 – 113 – 16709 – 7

Ⅰ. ①机⋯ Ⅱ. ①赵⋯ ②刘⋯ Ⅲ. ①机械加工 – 几何误差 –高等学校 – 教材 Ⅳ. ①TG801

中国版本图书馆 CIP 数据核字(2013)第 195976 号

书　　名:机械精度设计

作　　者:赵志刚　刘潇潇

策　　划:李小军　　　　　　　编辑部电话:(010) 63551926

责任编辑:马洪霞

封面设计:路　瑶

封面制作:白　雪

责任校对:王　杰

责任印制:樊启鹏

出版发行:中国铁道出版社有限公司(100054,北京市西城区右安门西街8号)

网　　址:https://www.tdpress.com/51eds/

印　　刷:三河市宏盛印务有限公司

版　　次:2014 年 7 月第 1 版　　2024 年 7 月第 5 次印刷

开　　本:787 mm × 1 092 mm　1/16　印张:22.75　字数:538 千

书　　号:ISBN 978 – 7 – 113 – 16709 – 7

定　　价:44.00 元

前　言

"几何精度控制与应用"是高等院校机械类、仪器仪表类和近机类专业必修的主干技术基础课，是与制造业发展联系紧密的一门综合性应用技术基础科学，涉及机械设计、机械制造、质量控制、生产组织管理等许多领域，是制造业的重要基础标准之一。

近年来国家标准不断修订，相关术语和内容有所改变。同时由于高校课程改革，各校的"几何精度控制与应用"课程安排的要求不同，故本书编写宗旨如下：

1. 标准最新

参照截止于 2012 年底颁布的最新国家标准，对照介绍最新国家标准与企业目前使用较多的旧国家标准的差异。通过对国家标准的学习和应用，将几何精度控制概念贯穿到机械产品的设计、生产、检测、装配的整个过程，以解决机械产品使用与制造工艺之间的矛盾，达到实现机械产品互换性的目的。

2. 重点突出

整体内容上以尺寸精度、形状精度、位置精度和表面粗糙度等共性内容为主，学时允许的情况下可选择学习部分典型标准件的精度设计；每章前有学习指导，每章后有章节小结，以突出各章的重点。

3. 便于自学

本书力求语言简练，条理清晰，深入浅出。在编写过程中尽可能做到理论性与实用性结合，在原理和理论的后面给出了相关应用示例，帮助读者更好地掌握有关内容。

全书共分 9 章，在内容上突出了常见几何精度要求的标注、查表、解释以及一般常用检测方法。本书由兰州交通大学赵志刚和刘潇潇编。第 0～2 章、第 4 章由赵志刚编写，第 3 章、第 5～7 章、第 8 章由刘潇潇编写。全书由赵志刚统稿。

本书适合作为高等院校机械工程及机电专业教材，也可供制造行业的技术人员、管理人员、操作人员阅读参考之用。

苟向锋教授在百忙之中审阅了全书，并对初稿提出了许多宝贵意见，在此谨表谢意。另外，感谢曹仁涛、李莉等老师提出的中肯建议，以及研究生刘继涛、滕富军等为本书的插图和表格付出艰辛劳动。

同时本书得到了中国铁道出版社的大力支持，在此表示衷心的感谢。

由于编者水平有限，加之时间仓促，书中难免会存在一些错误与不足之处，敬请读者批评指正。

编　者

2014 年 3 月

目　　录

第0章 绪 论

第一节 课程的性质、任务和要求

一、课程的性质

几何精度控制技术是机械类各专业的一门技术基础课，本课程以几何参数互换性为主，介绍几何精度设计的基本原理。它起着连接基础课及其他技术基础课和专业课的桥梁作用，同时也起着联系设计类课程和制造类课程的纽带作用。

二、课程的任务

本课程的任务是通过对国家标准的学习，将几何精度控制概念应用到机械产品的设计、生产、检测、装配的整个过程，以解决机械产品使用与制造工艺之间的矛盾，达到实现机械产品互换性的目的；并能根据零件类型和精度设计选用适当的计量器具进行测量，初步建立测量误差的概念，为正确地理解和绘制设计图样、正确地表达设计思想和根据精度设计选择适当的加工方法打下基础。

三、课程的教学要求

（1）了解机械零件几何精度、互换性与标准化的基本概念；正确理解图样上所标注的各种几何精度代号的技术含义；掌握尺寸精度、形位精度和表面粗糙度的国家标准及其应用。

（2）掌握几何精度控制的概念及测量技术的基本知识；熟悉常用量具和量仪的结构、原理和应用。

（3）熟悉常用典型零件（如渐开线圆柱齿轮、键、花键和螺纹等）的精度设计和检测方法。

第二节 机械精度设计概述

一般地，在机械产品的设计过程中，需要进行以下三方面的分析计算。

（1）运动分析与计算。根据机器或机构应实现的运动，由运动学原理，确定机器或机构合理的传动系统，选择合适的机构或元件，以保证实现预定的动作，满足机器或机构的运动方面的要求。属"机械原理"课程的内容。

（2）强度分析与计算。根据强度、刚度等方面的要求，决定各个零件合理的基本尺寸，进行合理的结构设计，使其在工作时能承受规定的负荷，达到强度和刚度方面的要求，不致遭到严重变形和破坏，保证工作的稳定和一定的使用寿命。属"机械设计"课程的内容。

（3）几何精度分析与计算。零件基本尺寸确定后，还需要进行精度计算，以决定产品零件的几何公差和各个部件的装配精度。

需要指出的是，以上三个方面在机械设计过程中是缺一不可的。本书主要讨论的是几何精度的分析与计算。

机械零部件的精度一定程度上决定了整台机械设备的精度和质量。

在机械精度设计中，几何量包括长度、角度、几何形状、相互位置、表面结构和表面粗糙度，几何精度是指这些几何量的精度。从机械零件的典型形态来看，主要有圆柱形、圆锥形、单键、花键、螺纹、齿轮等，从基本几何要素来看，都是由点、线、面等几何要素构成的。在实际零件上，由于制造过程的多种因素造成这些要素所形成的尺寸、位置、形状和表面质量都存在一定的误差。几何精度是指这些几何要素的参数值的精度。其设计任务的主要内容是要使机械产品在满足功能要求的前提下，满足几何参数的互换性要求。

但是，根据上述设计精度制造出的零件，装配成机构或机器后，还不一定能达到需要的精度要求。因为机器在运动过程中，其所处的环境条件（如电压、气温、湿度、振动等）及所受的负荷都可能发生变化，造成相关零件的几何量发生变化；或者相对运动的零件耦合后，其几何精度在运动过程中也能发生改变。为此，除分析、计算机器静态的精度问题之外，还必须分析在运动情况下，零件及机器的精度问题。而且由于现代机械产品正朝着机光电一体化的方向发展，这样的产品，其精度问题已不再是单纯的尺寸误差、形状和位置误差等几何量精度问题，还包括光学量、电学量等及其误差在内的多量纲精度问题，其分析与计算比传统的几何量精度分析更为复杂和困难。

第三节　几何精度设计的主要方法

几何精度设计的方法主要有类比法、计算法和试验法三种。

一、类比法

类比法就是与经过实际使用证明合理的类似产品的相应要素进行比较，确定所设计零件几何要素精度的设计方法。

采用类比法进行精度设计时，必须正确选择类比产品，分析它与所设计产品在使用条件和功能要求等方面的异同，并考虑到实际生产条件、制造技术的发展、市场供求信息等多种因素。

采用类比法进行精度设计的基础是资料的收集、分析与整理。

类比法是大多数零件要素精度设计采用的方法。类比法也称经验法。

二、计算法

计算法就是根据由某种理论建立起来的功能要求与几何要素公差之间的定量关系，计算确定零件要素精度的设计方法。

例如，根据液体润滑理论计算确定滑动轴承的最小间隙；根据弹性变形理论计算确定圆柱结合的过盈；根据机构精度理论和概率设计方法计算确定传动系统中各传动件的精度；

等等。

目前，用计算法确定零件几何要素的精度，只适用于某些特定的场合。而且，用计算法得到的公差，往往还需要根据多种因素进行调整。

三、试验法

试验法先根据一定条件，初步确定零件要素的精度，并按此进行试制，再将试制产品在规定的使用条件下运转。同时，对其各项技术性能指标进行监测，并与预定的功能要求相比较，根据比较结果再对原设计进行确认或修改。经过反复试验和修改，就可以最终确定满足功能要求的合理设计。

试验法的设计周期较长且费用较高，因此主要用于新产品设计中个别重要要素的精度设计。

迄今为止，几何精度设计仍处于以类比法为主的阶段。大多数要素的几何精度都是采用类比的方法凭实际工作经验确定的。

计算机科学的兴起与发展为机械设计提供了先进的手段和工具。但是，在计算机辅助设计（CAD）的领域中，计算机辅助公差设计（CAT）的研究才刚刚开始。其中，不仅需要建立和完善精度设计的理论与精确设计的方法，而且要建立具有实用价值和先进水平的数据库以及相应的软件系统。只有这样才可能使计算机辅助公差设计进入实用化的阶段。

第四节　几何量的检测

完工后的零件是否满足公差要求，要通过检测加以判断。检测包含检验与测量。

几何量的检验是指确定零件的几何参数是否在规定的极限范围内，并作出合格性判断，而不必得出被测量的具体数值；测量是将被测量与作为计量单位的标准量进行比较，以确定被测量的具体数值的过程。

检测不仅用来评定产品质量，而且用于分析产生不合格品的原因，及时调整生产，监督工艺过程，预防废品产生。检测是机械制造的"眼睛"。无数事实证明，产品质量的提高，除设计和加工精度的提高外，往往更有赖于检测精度的提高。

综上所述，合理确定公差与正确进行检测，是保证产品质量、实现互换性生产的两个必不可少的条件和手段。

第五节　机械精度设计原则

由于各种机械或仪器产品的不同，如机床、汽车、拖拉机、机车车辆、流体机械、动力机械、精密仪器和仪器仪表等，其机械精度设计的要求和方法不同，但从机械精度设计总的角度来看，应遵循以下原则。

一、经济性原则

经济性原则是一切设计工作都要遵守的一条基本而重要的原则，机械精度设计也不例外。

经济性可以从以下几个方面来考虑。

(1) 工艺性。工艺性包括加工工艺性及装配工艺性，若工艺性较好，则易于组织生产，节省工时，节省能源，降低管理费用。

(2) 合理的精度要求。不必要地提高零部件的加工及装配精度，往往使加工费用成倍增加。

(3) 合理选材。材料费用不应占机器或仪器整个费用的太大分量。元器件成本太高，往往使所生产的机器无法推广应用或滞销。

(4) 合理的调整环节。通过设计合理的调整环节，往往可以降低对零部件的精度要求，达到降低机器成本的目的。

(5) 提高寿命。寿命延长一倍，相当于一台设备当两台用，价格便降低了一半。

二、匹配性原则

在对整机进行精度分析的基础上，根据机器中各部分各环节对机械精度影响程度的不同，根据现实可能，分别对各部分各环节提出不同的精度要求和恰当的精度分配，做到恰到好处，这就是精度匹配性原则。例如，一般机械中，运动链中各环节要求精度高，应当设法使这些环节保持足够的精度；对于其他链中的各环节则应根据不同的要求分配不同的精度。再如，对于一台机器的机、电、光等各个部分的精度分配要恰当，要互相照顾和适应，特别要注意各部分之间相互牵连、相互要求上的衔接问题。

三、最优化原则

机械精度是由许多零部件精度构成的集合体，可以主动重复再现其组成零部件精度间的优化协调。所谓最优化原则，即探求并确定各组成零部件精度处于最佳协调时的集合体。例如，探求并确定先进工艺、优质材料等，这是一种创造性、探索性的劳动。

由于各组成零部件间精度的最佳协调是有条件的，故可通过实现此条件来主动重复获得精度间的最佳协调。例如，主动推广先进工艺，发展优质产品等。

按最优化原则，充分利用创造性劳动成果免除重复探索性劳动的损失，反复应用成功的经验，可获得巨大的经济效果。

计算机的广泛使用，特别是微型计算机的普及和推广，对机械精度设计正在产生极为深远的影响。计算机能够处理大量的数据，提高计算精度和运算速度，准确地分析结果，合理地进行机械的最优化精度设计。

四、互换性原则

互换性是指某一产品（包括零件、部件、构件）与另一产品在尺寸、功能上能够彼此互相替换的性能。由此可见，要使产品能够满足互换性的要求，不仅要使产品的几何参数（包括尺寸、宏观几何形状、微观几何形状）充分近似，而且要使产品的机械性能、物化性能以及其他功能参数充分近似。本章第六节将对互换性原则做进一步的阐述。

第六节　互换性概述

一、互换性的含义

由零件图样表达的设计要求需要通过实际生产来实现，而不同的生产力水平，要求有与之相适应的生产方式。在当前全球化大生产的条件下，按照专业协作的原则进行生产，是提高产品质量，降低生产成本，从而提高经济效益的必由之路。

在生产水平低下的情况下，社会的主要经济形态是自然经济。一家一户，或一个手工业工场，就可以完成某些产品的全部生产过程。但是，随着生产力的发展和对产品质量要求与复杂程度的提高，科学技术的进步，大量生产的出现，特别是商品市场的发展，就不可能也不应该只由一个工厂来完成某一产品的全部生产过程，必须组织专业化的协作生产。

在不同工厂、不同车间、由不同工人生产的相同规格的零件或部件，可以不经选择、修配或调整，就能装配成满足预定使用功能要求的机器或仪器，机械产品所具有的这种性能称为互换性。能够保证产品具有互换性的生产称为遵循互换性原则的生产。

由此可见，互换性表现为对产品零部件在装配过程中三个不同阶段的要求：装配前，不需选择；装配时，不需修配和调整；装配后，可以满足预定的使用功能。

显然，为了使零部件具有互换性，首先应对其几何要素提出适当的、统一的要求，因为只有保证了对零部件的几何要素的要求，才能实现其可装配性和装配后满足与几何要素（尺寸、形状等）有关的功能要求。这就是零件或部件的几何精度互换。

要全面满足对产品的使用功能的要求，仅仅保证零、部件具有几何精度互换是不够的，还需要从零部件的物理性能、化学性能、力学性能等各方面提出互换性要求。把仅满足可装配性要求的互换称为装配互换；把满足各种使用功能要求的互换称为功能互换。

二、互换性的分类

在生产中，互换性按其互换的程度分为完全互换（绝对互换）和不完全互换（有限互换）。

（1）完全互换：一批零件在装配或更换时，不需选择，不需调整与修理，装配后即可达到使用要求性能，如螺栓、螺母等标准件的装配大都属于此类情况。

（2）不完全互换：同种零部件加工好以后，在装配前需经过挑选、调整或修配等辅助工序处理，在功能上才能具有彼此相互替换的性能。根据零件满足互换要求所采取的措施不同，不完全互换又可分为分组互换、调整互换和修配互换。

- 分组互换：同类零部件加工好后，装配前要先进行检测分组，然后按组装配，仅仅同组的零部件可以互换，组与组之间的零部件不能互换。
- 调整互换：同种零部件加工好后，装配时用调整的方法改变它在部件或机构中的尺寸或位置，才能满足功能要求。
- 修配互换：同类零部件加工好后，在装配时要用去除材料的方法改变它的某一实际尺寸的大小，才能满足功能上的要求。

对于不同的产品和某种产品的不同生产阶段，是否应具有互换性或应该在何种范围内和何种程度上具有互换性，还需进行具体的分析。例如，滚动轴承作为由专业化工厂生产的高精度标准部件，它与其他零件具有装配关系的各尺寸应该具有完全的互换性。但其内、外圈和滚子等零件相互装配的尺寸，由于精度要求极高，如果也要求具有完全的互换性，就会给制造带来极大的困难，所以往往只有不完全的互换性，即采取分组互换的方法，才能取得较好的经济效果，又不影响整个轴承的使用。又如，对于单件或小批量生产的大尺寸零件，为实现更高的经济效益常常采用配制的方法而不按互换性原则来生产。

由此可见，对于重复生产、分散制造、集中装配的零件，在精度设计时必须要求互换。互换性是对重复生产零件的要求。只要按照统一的设计进行重复生产，就可以获得具有互换性的零件。零件的精度设计必须合理，即经济地满足功能要求。

三、互换性的意义

从广义上来讲，互换性已经成为国民经济各个部门生产建设中必须遵循的一项基本原则。现代机械制造中，无论大批量生产或者是单件生产，都应遵循这一原则。

任何机械的生产，其设计过程都是：整机—部件—零件；其制造过程则是：零件—部件—整机。无论是设计过程还是制造过程，都需要把互换性原则贯彻始终。

从设计看，按互换性原则进行设计可以简化绘图、计算工作，缩短设计周期，并有利于采用计算机进行辅助设计。这对发展系列产品、促进产品结构性能的不断改进，使产品不断更新换代，满足日益变换的市场需求，具有重大意义。

从制造看，互换性是提高生产水平和进行文明生产的必要手段。互换性能促使高效率、高效益的生产，便于组织社会化大生产协作，进行专门化生产，这一点在当前市场经济走向全球化方面尤为重要。由于制造者在制造中必须充分考虑互换性要求，因此就必须尽可能选用标准化的刀、夹、量具，工艺尽可能保持稳定，不仅被加工的零件能严格控制在规定的允许误差之内，而且尽可能使其误差分布合理。采用计算机辅助加工系统，可以使产量和质量提高，成本下降。

从使用看，在零部件失效后，可快速维修或更换，从而缩短维修时间，延长机械的使用寿命，保证机械工作的连续性和持久性，给用户带来极大的方便，同时也提高了产品的信誉。尤其在某些特定的情况下，互换性所起的作用难以用价值来衡量。例如，发电厂要及时排除设备故障，保证继续供电；战场上要迅速排除武器装备故障，保证战斗继续进行。在这些场合，完全互换就显得尤为重要。

具有互换性的产品可以在使用过程中迅速更换易损零部件，从而保持其连续可靠地运转，给使用者带来极大的方便，获得充分的经济效益。

互换程度的提高同时也给制造过程带来极大的方便。例如，可以迅速更换磨损了的刀具，保证加工过程的持续性；自动和半自动机床上原材料装夹的稳定与可靠；设备维修中易损零部件的更换等，都是以具有互换性为前提的。所以，互换性也大大提高了制造过程的经济效益。

由此可见，在机械制造和设计中，遵循互换性原则不仅能显著提高劳动生产力，而且能有效地保证产品质量和降低成本。互换性原则是机械设计和制造过程中的重要原则，它对于产品顺应市场经济的发展至关重要。

第七节　标准化及优先数系

一、标准化的含义

实现互换性，就要严格按照统一的标准进行设计、制造、装配、检验等，而标准化是实现这一要求的一项重要技术手段。因此，在现代工业中，标准化是广泛实现互换性生产的前提和基础。

标准化是组织现代化生产的重要手段之一，是实现专业化协作生产的必要前提，也是科学化质量管理的重要组成部分，另外，标准化还是发展贸易、提高产品在国际市场上竞争能力的技术保证。现代经济技术的发展表明，标准化客观地标志出一个国家现代化的水平，当现代化程度愈高时，对标准化的要求就愈高。

技术标准是标准化的具体体现形式，所谓技术标准（简称标准），是指在经济、技术、科学和管理学社会实践中，对重复性的事物和概念，在一定范围内通过科学简化，优选和协调，经一定的程序审批后所颁发的统一规定，在一定范围内具有约束力。标准化则是指制定（修订）、贯彻各项标准，以获得国民经济最佳次序和最佳社会效益的全过程。

二、标准化的分类

按照制定的范围不同，标准分为国际标准、国家标准、地方标准、行业标准和企业标准五个级别。在国际范围内制定的标准称为国际标准，用"ISO""IEC"等表示。

根据《中华人民共和国标准法》规定，我国的标准分为国家标准、行业标准、地方标准和企业标准四级。国家标准是指由国家标准化主管部门审批颁发、对全国经济技术发展有重大意义，必须在全国范围内统一执行的标准，用"GB"表示。行业标准是指由行业（或部委）标准化部门批准发布，在行业范围内统一执行的标准，如机械标准用"JB"表示。地方标准通常是在没有国家标准或国家标准不能满足需要的情况下，依据某地区的特殊情况发布的仅在该地区范围内统一执行的标准。企业标准是指为提高产品质量，强化竞争能力，企业往往制定出高于专业标准和国家标准的内控标准，这种企业内部所制定颁发的标准，用"QB"表示。

我国机械行业新的国家标准在制定时，基本上都参照了目前的国际标准。

三、优先数与优先数系

在标准化的范畴内，各种技术参数值的简化和统一，是标准化的基础。因为任一产品的技术参数都会以各种不同的形式和规律向有关产品传播。例如，胶卷的尺寸会影响照相机、冲扩设备的设计；录音、录像磁带的规格又与录音机、录像机有关。优先数和优先数系就是对技术参数的数值进行简化和统一的科学的数值制度。

国家标准 GB/T 321—2005《优先数和优先数系》规定的优先数系是由公比为 $\sqrt[5]{10}$、$\sqrt[10]{10}$、$\sqrt[20]{10}$、$\sqrt[40]{10}$ 或 $\sqrt[80]{10}$，且项值中含有 10 的整数幂的理论等比数列导出的一组近似等比数列。各数列分别用符号 R5、R10、R20、R40 和 R80 表示，称为 R5 系列、R10 系列、R20 系列、R40 系列和 R80 系列。五个系列中，R80 为补充系列，其余四种为基本系列，优先数系中的任一项值均为优先数，其常用数值列于表 0 - 1。基本系列的公比为

R5 的公比 $q_5 = \sqrt[5]{10} \approx 1.5894 = 1.6$

R10 的公比 $q_{10} = \sqrt[10]{10} \approx 1.2589 = 1.25$

R20 的公比 $q_{20} = \sqrt[20]{10} \approx 1.1220 = 1.12$

R40 的公比 $q_{40} = \sqrt[40]{10} \approx 1.0593 = 1.06$

选用基本系列时，应遵守先疏后密的规则，即应按照 R5、R10、R20、R40 的顺序优先采用公比较大的基本系列，以免规格过多。

优先数系列在各项公差标准中也得到了广泛的应用，公差标准的许多数值都是按照优先数系列选定的。例如，在尺寸精度的国家标准中，标准公差数值就是按 R5 优先数系列确定的，而尺寸分段是按 R10 优先数系列确定的。采用等比数列作为优先数系有很多优点，可使相邻两个优先数的相对差相同，运算简便，简单易记，疏密适当，有广泛的适应性，符合标准化的统一、简化和协调的原则，现已被国际标准化组织采纳为统一的标准数值制。

表 0-1　基本系列（GB/T 321—2005）

基本系列（常用值）				序号 N			理论值的对数尾数	计算值	常用值的相对误差（%）
R5	R10	R20	R40	从 0.1 到 1	从 1 到 10	从 10 到 100			
1.00	1.00	1.00	1.00	−40	0	40	000	1.0000	0
			1.06	−39	1	41	025	1.0593	+0.07
		1.12	1.12	−38	2	42	050	1.1220	−0.18
			1.18	−37	3	43	075	1.1885	−0.71
	1.25	1.25	1.25	−36	4	44	100	1.2589	−0.71
			1.32	−35	5	45	125	1.3335	−1.01
		1.40	1.40	−34	6	46	150	1.4125	−0.88
			1.50	−33	7	47	175	1.4962	+0.25
1.60	1.60	1.60	1.60	−32	8	48	200	1.5849	+0.95
			1.70	−31	9	49	225	1.6788	+1.26
		1.80	1.80	−30	10	50	250	1.7783	+1.22
			1.90	−29	11	51	275	1.8836	+0.87
	2.00	2.00	2.00	−28	12	52	300	1.9953	+0.24
			2.12	−27	13	53	325	2.1135	+0.31
		2.24	2.24	−26	14	54	350	2.2387	+0.06
			2.36	−25	15	55	375	2.3714	−0.48
2.50	2.50	2.50	2.50	−24	16	56	400	2.5119	−0.47

续表

基本系列（常用值）				序号 N			理论值的对数尾数	计算值	常用值的相对误差（%）
R5	R10	R20	R40	从 0.1 到 1	从 1 到 10	从 10 到 100			
			2.65	−23	17	57	425	2.6607	− 0.40
	2.80	2.80		−22	18	58	450	2.8184	− 0.65
		3.00		−21	19	59	475	2.9854	+ 0.49
	3.15	3.15	3.15	−20	20	60	500	3.1623	− 0.39
		3.35		−19	21	61	525	3.3497	+ 0.01
		3.55	3.55	−18	22	62	550	3.5481	+ 0.05
		3.75		−17	23	63	575	3.7584	− 0.22
4.00	4.00	4.00	4.00	−16	24	64	600	3.9811	+ 0.47
		4.25		−15	25	65	625	4.2170	+ 0.78
		4.50	4.50	−14	26	66	650	4.4668	+ 0.74
		4.75		−13	27	67	675	4.7315	+ 0.39
	5.00	5.00	5.00	−12	28	68	700	5.0119	− 0.24
		5.30		−11	29	69	725	5.3088	− 0.17
		5.60	5.60	−10	30	70	750	5.6234	− 0.42
		6.00		−9	31	71	775	5.9566	+ 0.73
6.30	6.30	6.30	6.30	−8	32	72	800	6.3096	− 0.15
		6.70		−7	33	73	825	6.6834	+ 0.25
		7.10	7.10	−6	34	74	850	7.0795	+ 0.29
		7.50		−5	35	75	875	7.4989	+ 0.01
	8.00	8.00	8.00	−4	36	76	900	7.9433	+ 0.71
		8.50		−3	37	77	925	8.4140	+ 1.02
		9.00	9.00	−2	38	78	950	8.9125	+ 0.98
		9.50		−1	39	79	975	9.4406	+ 0.63
10.00	10.00	10.00	10.00	0	40	80	000	10.0000	0

注：1. 大于 10 和小于 1 的优先数，可按本标准第 3 条 b 款所述的十进制延伸方法求得。

2. 常用值的相对误差 $= \dfrac{\text{常用值} - \text{计算值}}{\text{计算值}} \times 100\%$。

3. N 是优先数在 R10 系列中序号 N_{40} 的简写。

习 题

0-1 完全互换与不完全互换的区别是什么？不完全互换又有哪些种类？

0-2 何谓标准化？标准是如何分类的？

0-3 试述在机械制造业中实行标准化的意义。

0-4 国家标准对优先数系是怎样规定的？它们分别用什么符号表示？基本系列包括哪些？试述优先数的意义。

第1章 极限与配合

孔与轴的结合，是机器中应用最广泛的一种结合形式。《极限与配合》国家标准也是最早建立的、应用最广泛的基础标准。它以圆柱体内、外表面的结合为重点，但也适用于广泛意义上的孔与轴，即其他连接中由单一尺寸组成的部分，如键连接中的键与键槽的装配等。

为了保证零件的互换性和便于设计、制造、检测与维修，需要对零件自身的尺寸精度和零件之间的尺寸配合精度实行标准化。在机器制造业中"极限"用于协调机器零件的使用要求和制造经济性之间的矛盾；而"配合"则反映零件装配时相互之间的关系。经标准化的极限与配合制度，有利于机器的设计、制造、使用和维修，有利于保证产品精度、使用性能和寿命等各项使用要求，也有利于刀具、量具、夹具和机床等工艺装备的标准化。国际标准化组织（ISO）和世界各主要工业国家对"极限与配合"的标准化都给予高度的重视。

零件在制造过程中，由于工艺系统存在误差，加之操作者的主观原因，最后所获得的尺寸不可能正好等于设计值，这样就存在尺寸误差。尺寸误差必须限制在尺寸公差带之内，而尺寸公差带的大小和位置是否合格都直接取决于尺寸精度。

对于零件的尺寸精度设计，主要是根据国家标准进行的。本章介绍"极限与配合"国家标准的基本概念、主要内容及其应用。为了适应现代机械工业的发展，遵循国家关于积极采用国际标准的方针，我国"极限与配合"国家标准已经历了多次修改，颁布了以下最新国家标准：

GB/T 1800.1—2009《产品几何技术规范（GPS）极限与配合 第1部分：公差、偏差和配合的基础》

GB/T 1800.2—2009《产品几何技术规范（GPS）极限与配合 第2部分：标准公差等级和孔、轴的极限偏差表》

GB/T 1801—2009《产品几何技术规范（GPS）极限与配合 公差带和配合的选择》

GB/T 1804—2000《一般公差、未注公差的线性和角度尺寸的公差》

上述最新国家标准分别替代以下旧国家标准：

GB/T 1800.1—1997《极限与配合 基础 第1部分：词汇》

GB/T 1800.2—1998《极限与配合 基础 第2部分：公差、偏差和配合的基本规定》

GB/T 1800.3—1998《极限与配合 基础 第3部分：标准公差和基本偏差数值表》

GB/T 1800.4—1999《极限与配合 标准公差等级和孔、轴的极限偏差表》

GB/T 1801—1999《极限与配合 公差带与配合的选择》

GB/T 1804—1992《一般公差、未注公差的线性和角度尺寸的公差》

本章对相关最新国家标准的主要内容做简要介绍，主要阐述极限与配合国家标准的组成规律、特点及基本内容，并分析极限与配合选用的原则和方法。

第一节　基本术语及其定义

一、有关孔和轴的定义

1. 孔

孔通常是指工件的圆柱形内尺寸要素，也包括非圆柱形内尺寸要素（由两平行平面或切面形成的包容面）。如键槽、凹槽的宽度表面（见图 1-1）。这些表面加工时尺寸 A_s 由小变大。

2. 轴

轴通常是指工件的圆柱形外尺寸要素，也包括非圆柱形外尺寸要素（由两平行平面或切面形成的被包容面），如平键的宽度表面、凸肩的厚度表面（见图 1-1）。这些表面加工时尺寸 A_s 由大变小。

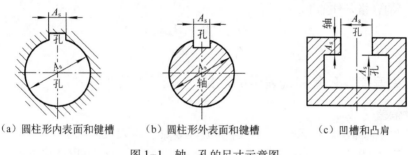

（a）圆柱形内表面和键槽　　　（b）圆柱形外表面和键槽　　　（c）凹槽和凸肩

图 1-1　轴、孔的尺寸示意图

二、有关尺寸的定义

1. 尺寸

尺寸通常分为线性尺寸和角度尺寸两类。线性尺寸（简称尺寸）是指两点之间的距离，如直径、半径、宽度、高度、深度、厚度及中心距等。

在技术图样中或在一定范围内，已注明共同单位（如在尺寸标注中），以 mm 为通用单位时，均可只写数字，不需标注计量单位的符号或名称。

2. 公称尺寸

公称尺寸是设计时给定的尺寸，通过它及上、下极限偏差可计算出极限尺寸。孔用 D 表示，轴用 d 表示。该尺寸是根据零件应具备的强度、刚度和结构进行计算，并经圆整而得到的，可以是一个整数或一个小数值，但均应尽量采用优先数系中的数值。

公称尺寸一经确定，便成为确定孔、轴尺寸偏差的起始点。

3. 实际（组成）要素

实际（组成）要素是用两点法测得的尺寸。孔和轴的实际（组成）要素分别用 D_a 和 d_a 来表示。

提取组成要素是指由实际（组成）要素提取有限数目的点所形成的实际（组成）要素

的近似替代。

由于零件存在着形状误差，所以不同部位的提取组成要素不尽相同，故往往把它称为提取组成要素局部尺寸。

因为测量误差的存在，实际（组成）要素不可能等于真实尺寸，它只是接近真实尺寸的一个随机尺寸。

用两点法测量的目的在于排除形状误差对测量结果的影响。

4. 极限尺寸

极限尺寸是指尺寸要素允许的尺寸的两个极端。两个极限尺寸中较大的一个称为上极限尺寸，较小的称为下极限尺寸。孔和轴的上极限尺寸与下极限尺寸分别用 D_{max}、D_{min} 与 d_{max}、d_{min} 表示。

实际（组成）要素的大小由加工所决定，而极限尺寸是设计时给定的确定尺寸，不随加工而变化。

提取组成要素局部尺寸应位于上、下极限尺寸之间，也可以达到极限尺寸。孔和轴实际（组成）要素的合格条件如下：

$$D_{min} \leqslant D_a \leqslant D_{max}$$
$$d_{min} \leqslant d_a \leqslant d_{max}$$

三、有关偏差、公差和公差带的定义

1. 尺寸偏差

尺寸偏差（简称偏差）是指某一尺寸（实际要素、极限尺寸）减其公称尺寸所得的代数差。实际要素、极限尺寸皆可能大于、小于或等于公称尺寸，所以该代数差可以为正、负或零值。偏差值除零外，前面必须冠以正负号。

尺寸偏差分为极限偏差和实际偏差。

极限偏差是指极限尺寸与公称尺寸的代数差（见图 1-2）。上极限尺寸与公称尺寸的代数差称为上极限偏差，孔和轴的上极限偏差分别用 ES 和 es 表示。用公式表示如下：

$$ES = D_{max} - D$$
$$es = d_{max} - d$$

下极限尺寸与公称尺寸的代数差称为下极限偏差，孔和轴的下极限偏差分别用 EI 和 ei 表示。用公式表示如下：

$$EI = D_{min} - D$$
$$ei = d_{min} - d$$

上极限偏差与下极限偏差统称为极限偏差。

实际（组成）要素与公称尺寸的代数差称为实际偏差，孔和轴的实际偏差分别用 E 和 e 表示。用公式表示如下：

$$E = D_a - D$$
$$e = d_a - d$$

极限偏差用于控制实际偏差。实际偏差应限制在上极限偏差与下极限偏差之间，也可以达到极限偏差。孔和轴实际偏差的合格条件如下：

$$EI \leq E \leq ES$$
$$ei \leq e \leq es$$

2. 尺寸公差

尺寸公差（简称公差）是指尺寸的允许变动量，是上极限尺寸减下极限尺寸之差，或上极限偏差减下极限偏差之差。公差大小反映制造精度，即反映一批零件尺寸的均匀程度，用来控制加工误差。它是工件精度的一个指标，可用来衡量某种工艺水平或成本高低。

孔和轴的公差分别用 T_h 和 T_s 表示。公差与极限尺寸和极限偏差的关系如式（1-1）所示：

$$T_h = D_{max} - D_{min} = ES - EI$$
$$T_s = d_{max} - d_{min} = es - ei \tag{1-1}$$

鉴于上极限尺寸总是大于下极限尺寸，上极限偏差总是大于下极限偏差，所以尺寸公差是一个没有符号的绝对值。因为公差仅表示尺寸允许变动的范围，是指某种区域大小的数量指标，所以公差不是代数值，没有正、负值之分，也不可能为零。

注意：不能用误差不大于公差来判断零件尺寸的合格性。

3. 公差带及公差带图

公差带是由上、下极限偏差所确定的一个允许尺寸变动的区域。为了说明公称尺寸、极限偏差和公差三者之间的关系，需要画出公差带图，如图 1-2 所示。通常，孔公差带用斜线表示，轴公差带用网点表示。

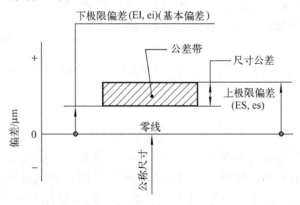

图 1-2 公差带图解

由图 1-2 可以看出，公称尺寸是公差带图的零线，是衡量公差带位置的起始点。零线也可以作为极限偏差的起点，零线以上为正偏差，零线以下为负偏差，位于零线上为零偏差。

EI 和 ei 是决定孔、轴公差带位置的极限偏差。EI 和 ei 的绝对值越大，孔、轴公差带离零线就越远；绝对值越小，则孔、轴公差带离零线就越近。国家标准把用以确定公差带相对零线位置的上极限偏差或下极限偏差称为基本偏差，它往往是离零线近的或位于零线的那个偏差。

公差带的大小，即公差值的大小，它是指沿垂直于零线方向度量的公差带宽度。沿零线方向的宽度是画图时任意确定的，不具有特定含义。

在画公差带图时，公称尺寸以毫米（mm）为单位标出，公差带的上、下极限偏差用微米（μm）为单位标出，也可以用毫米（mm）。习惯上，极限偏差和公差的单位用微米（μm）表示。上、下极限偏差的数值前冠以"＋"或"－"号，零线以上为正，以下为负。与零线重合的偏差，其数值为零，不必标出，如图1-3所示。

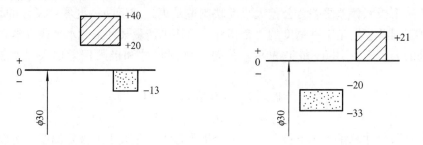

图1-3　公差带图示例

四、有关配合的定义

1. 配合

配合是指公称尺寸相同的，相互结合的孔和轴公差带之间的关系。组成配合的孔和轴的公差带位置不同，便形成不同的配合性质。

按同一种配合生产的一批孔和一批轴，装配后，其配合松紧程度亦各不相同。所以，不能把配合理解为一个具体的孔和一个具体的轴的结合。

2. 间隙和过盈

间隙和过盈是指相配合的孔与轴尺寸的代数差。此差值为正时称为间隙，用 X 表示；为负时称为过盈，用 Y 表示。

3. 配合类别

1）间隙配合

间隙配合是指具有间隙（包括最小间隙等于零）的配合。即使把孔做得最小，把轴做得最大，装配后仍具有一定的间隙（包括最小间隙等于零）。也就是孔、轴极限尺寸或极限偏差的关系为 $D_{min} \geq d_{max}$ 或 $\mathrm{EI} \geq \mathrm{es}$。对于这类配合，孔的公差带在轴的公差带之上，如图1-4所示。

这类配合的最大极限间隙 X_{max}、最小极限间隙 X_{min} 和平均间隙 X_{av}，按式（1-2）计算：

$$X_{max} = D_{max} - d_{min} = \mathrm{ES} - \mathrm{ei}$$
$$X_{min} = D_{min} - d_{max} = \mathrm{EI} - \mathrm{es}$$
$$X_{av} = \frac{X_{max} + X_{min}}{2} \tag{1-2}$$

间隙数值的前面必须冠以正号。

2）过盈配合

过盈配合是指具有过盈（包括最小过盈等于零）的配合。即使把孔做得最大，把轴做得最小，装配后仍具有一定的过盈（包括最小过盈等于零）。也就是孔、轴极限尺寸或极限偏差

的关系为 $D_{max} \leq d_{min}$ 或 ES $\leq$ ei。对于这类配合，孔的公差带在轴的公差带之下，如图 1-5 所示。

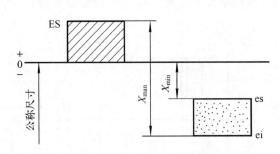

图 1-4 间隙配合公差带图

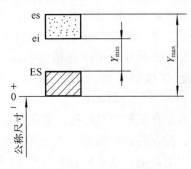

图 1-5 过盈配合公差带图

这类配合的最大极限过盈 Y_{max}、最小极限过盈 Y_{min} 和平均过盈 Y_{av} 按式（1-3）计算：

$$Y_{max} = D_{min} - d_{max} = EI - es$$
$$Y_{min} = D_{max} - d_{min} = ES - ei$$
$$Y_{av} = \frac{Y_{max} + Y_{min}}{2} \tag{1-3}$$

过盈数值的前面必须冠以负号。

3）过渡配合

过渡配合是指可能具有间隙或过盈的配合，也就是孔、轴极限尺寸或极限偏差的关系为 $D_{max} > d_{min}$ 且 $D_{min} < d_{max}$ 或 ES $>$ ei 且 EI $<$ es。对于这类配合，孔的公差带与轴的公差带相互交叠，如图 1-6 所示。

这类配合没有最小间隙和最小过盈，只有最大间隙 X_{max} 和最大过盈 Y_{max}，按式（1-4）计算：

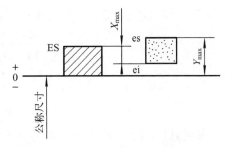

图 1-6 过渡配合公差带图

$$X_{max} = D_{max} - d_{min} = ES - ei$$
$$Y_{max} = D_{min} - d_{max} = EI - es$$
$$X_{av}(Y_{av}) = \frac{X_{max} + Y_{min}}{2} \tag{1-4}$$

最大间隙和最大过盈的平均值为正时为平均间隙 X_{av}，为负时为平均过盈 Y_{av}。

4. 配合公差及配合公差带图

配合公差是指间隙或过盈的允许变动量，用 T_f 表示。

对于间隙配合 $T_f = X_{max} - X_{min}$；

对于过盈配合 $T_f = Y_{min} - Y_{max}$；

对于过渡配合 $T_f = X_{max} - Y_{max}$。

从上式看出，不论是哪一类配合，其配合公差都应为式（1-5）：

$$T_f = T_h + T_s \tag{1-5}$$

式（1-5）是一个很重要的公式，在尺寸精度设计时经常用到。该式说明，配合精度要求越高，则孔、轴的精度也应越高（公差值越小）；配合精度要求越低，则孔、轴的精度也越低

（公差值越大）。

鉴于最大间隙总是大于最小间隙，最小过盈总是大于最大过盈（它们都带负号），所以配合公差是一个没有符号的绝对值。

为了直观地表示配合精度和配合性质，国家标准提出了配合公差带，如图 1-7 所示。

画配合公差带与画孔、轴公差带的规则类似，配合公差带图用一长方形区域表示。零线以上为正，表示间隙，零线以下为负，表示过盈。公差带上、下两端到零线的距离为极限间隙或极限过盈，而公差带上、下两端之间的距离为配合公差。极限间隙和极限过盈可用 μm 或 mm 为单位，通常用 μm 为单位。

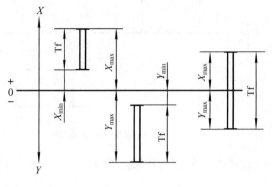

图 1-7　配合公差带图

示例 1-1　计算 $\phi 30^{+0.021}_{0}$ 孔与 $\phi 30^{-0.020}_{-0.033}$ 轴配合的极限间隙、平均间隙和配合公差，并画出孔、轴公差带图和配合公差带图。

解：先画出孔、轴公差带图，如图 1-8 所示。

然后计算极限间隙、平均间隙和配合公差：

$$X_{max} = ES - ei = 21 - (-33) = +54\ \mu m$$

$$X_{min} = EI - es = 0 - (-20) = +20\ \mu m$$

$$X_{av} = \frac{X_{max} + X_{min}}{2} = \frac{54 + 20}{2} = +37\ \mu m$$

$$T_f = X_{max} - X_{min} = 54 - 20 = 34\ \mu m$$

最后画出配合公差带图，如图 1-9 所示。

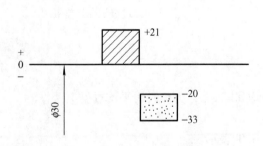

图 1-8　孔、轴公差带图（例 1-1）

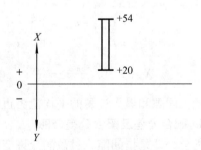

图 1-9　配合公差带图（例 1-1）

示例 1-2　计算 $\phi 30^{+0.021}_{0}$ 孔与 $\phi 30^{+0.061}_{+0.048}$ 轴配合的极限过盈、平均过盈和配合公差，并画出孔、轴公差带图和配合公差带图。

解：先画出孔、轴公差带图，如图 1-10 所示。

然后计算极限过盈、平均过盈和配合公差：

$$Y_{min} = ES - ei = 21 - 48 = -27\ \mu m$$

$$Y_{max} = EI - es = 0 - 61 = -61\ \mu m$$

$$Y_{av} = \frac{Y_{min} + Y_{max}}{2} = \frac{-27 + (-61)}{2} = -44 \ \mu m$$

$$T_f = Y_{min} - Y_{max} = -27 - (-61) = 34 \ \mu m$$

最后画出配合公差带图，如图 1-11 所示。

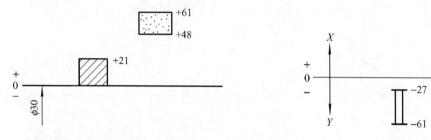

图 1-10　孔、轴公差带（示例 1-2）　　　　图 1-11　配合公差带（示例 1-2）

示例 1-3　计算 $\phi 30^{+0.021}_{0}$ 孔与 $\phi 30^{+0.021}_{+0.008}$ 轴配合的极限间隙、极限过盈、平均间隙（或平均过盈）和配合公差，并画出孔、轴公差带图和配合公差带图。

解：先画出孔、轴公差带图，如图 1-12 所示。

然后计算极限间隙、极限过盈、平均间隙（或平均过盈）和配合公差：

$$X_{max} = ES - ei = 21 - 8 = +13 \ \mu m$$

$$Y_{max} = EI - es = 0 - 21 = -21 \ \mu m$$

$$Y_{av} = \frac{X_{max} + Y_{max}}{2} = \frac{13 - 21}{2} = -4 \ \mu m$$

$$T_f = X_{max} - Y_{max} = 13 - (-21) = 34 \ \mu m$$

最后画出配合公差带图，如图 1-13 所示。

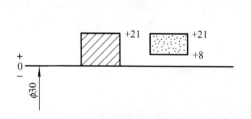 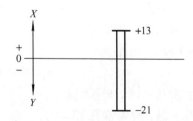

图 1-12　孔、轴公差带（示例 1-3）　　　　图 1-13　配合公差带图（示例 1-3）

五、基准制

在机械产品中，有各种不同的配合要求，这就需要各种不同的孔、轴公差带来实现。为了获得最佳的技术经济效益，可以把其中孔公差带（或轴公差带）的位置固定，而改变轴公差带（或孔公差带）的位置，来实现所需要的各种配合。

用标准化的孔、轴公差带（即同一极限制的孔和轴）组成各种配合的制度称为基准制。国家标准规定了基孔制和基轴制两种基准制。

（1）基孔制。基孔制是指以孔公差带位置为基准固定不变，改变轴公差带的位置，从而获得不同配合性质的一种制度，如图 1-14（a）所示。

基孔制的孔称为基准孔，它的基本偏差为下极限偏差（EI），偏差值为零。

（2）基轴制。基轴制是指以轴的公差带位置为基准固定不变，改变孔公差带的位置，从而获得不同配合性质的一种制度，如图1-14（b）所示。

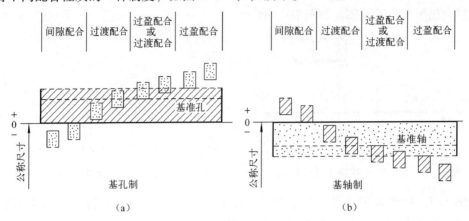

图1-14 基孔制与基轴制

基轴制的轴称为基准轴，它的基本偏差为上极限偏差（es），偏差值为零。

基孔制和基轴制中两个基准件的公差带都是按向体原则分布的，即按加工时尺寸变化的方向分布的，它们均处于工件的实体之内。基准孔的公差带在零线以上，基准轴的公差带在零线以下。

示例1-4 有一过盈配合，孔、轴的公称尺寸为45 mm，要求过盈在 $-0.086 \sim -0.045$ mm 范围内。并采用基孔制，取孔公差等于轴公差的1.5倍，确定孔和轴的极限偏差。

解：（1）求孔公差和轴公差。

按式（1-5）得 $T_f = Y_{\min} - Y_{\max} = T_h + T_s = (-0.045) - (-0.086) = 0.041$ mm。为了使孔、轴的加工难易程度大致相同，一般取 $T_h = (1 \sim 1.6)T_s$，本例取 $T_h = 1.5T_s$，则 $1.5T_s + T_s = 0.041$ mm，因此

$$T_s = 0.016 \text{ mm}, \quad T_h = 0.025 \text{ mm}$$

（2）求孔和轴的极限偏差。

按基孔制，则基准孔 $EI = 0$，因此 $ES = T_h + EI = 0.025 + 0 = +0.025$ mm。

由式（1-3），$Y_{\min} = ES - ei$，得非基准轴 $ei = ES - Y_{\min} = (+0.025) - (-0.045) = +0.070$ mm，而 $es = ei + T_s = (+0.070) + 0.016 = +0.086$ mm。

第二节　常用尺寸的尺寸精度和配合标准

公称尺寸不大于500 mm 的零件在产品中应用最广，因此，这一尺寸段称为常用尺寸段。

由前一节的叙述可知，各种配合是由孔与轴的公差带之间的关系决定的，而孔、轴公差带是由它的大小和位置决定的，公差带的大小由标准公差确定，公差带的位置由基本偏差确定。

为了使极限与配合实现标准化，规范尺寸精度设计，GB/T 1800.1—2009 中规定了两个基本系列，即标准公差系列和基本偏差系列。

一、标准公差系列

1. 标准公差的等级及其代号

标准公差等级代号由符号 IT 和阿拉伯数字组成，如 IT7、IT8。

在常用尺寸段内，标准公差分为 20 个等级，分别用代号 IT01、IT0、IT1、IT2、…、IT17、IT18 表示。其中 IT01 等级最高，依次降低，IT18 最低。

标准公差的大小，即公差等级的高低，决定了孔、轴的尺寸精度和配合精度。在确定孔、轴公差时，应按标准公差等级取值，以满足标准化和互换性的要求。

2. 标准公差数值表的确定

国家标准规定的常用尺寸段的标准公差数值（见附表 1-1）是由表 1-1 所示的计算公式计算得到的。

表 1-1　标准公差计算公式表（GB/T 1800.1—2009）

公差等级	公　式	公差等级	公　式	公差等级	公　式
T01	$0.3 + 0.008D$	IT6	$10i$	IT13	$250i$
IT0	$0.5 + 0.012D$	IT7	$16i$	IT14	$400i$
IT1	$0.8 + 0.020D$	IT8	$25i$	IT15	$640i$
IT2	$(IT1)(IT5/IT1)^{1/4}$	IT9	$40i$	IT16	$1000i$
IT3	$(IT1)(IT5/IT1)^{2/4}$	IT10	$64i$	IT17	$1600i$
IT4	$(IT1)(IT5/IT1)^{3/4}$	IT11	$100i$	IT18	$2500i$
IT5	$7i$	IT12	$160i$		

表 1-1 中的高精度等级 IT01、IT0、IT1，主要是考虑测量误差的影响，所以标准公差与公称尺寸呈线性关系。IT2 ～ IT4 是在 IT1 与 IT5 之间插入三级，使 IT1、1T2、IT3、IT4、IT5 成一等比数列，其公比为 $q = (IT1/IT5)^{1/4}$。

IT5 ～ IT18 级的标准公差 $IT = ai$，式中，a 是公差等级系数，每个等级有一个确定的公差等级系数，等级越低，a 值越大。除了 IT5 的公差等级系数 $a = 7$ 以外，从 IT6 开始，公差等级系数采用 R5 优先数系，即公比 $q = \sqrt[5]{10} \approx 1.6$ 的等比数列。每隔五级，公差数值增加 10 倍；i 称为标准公差因子（单位：μm），是以公称尺寸为自变量的函数。

1）标准公差因子

公差因子是国家标准极限与配合制中用以确定标准公差的基本单位。它是制定标准公差数值列的基础。根据生产实际经验和科学统计分析表明，尺寸不大于 500mm 时，加工误差与尺寸的关系基本上呈立方抛物线关系，即尺寸误差与尺寸的立方根成正比。而随着尺寸增大，测量误差的影响也增大，所以在确定标准公差值时应考虑上述两个因素。国家标准给出了公差因子的计算公式。

公称尺寸不大于 500 mm 时，IT5 ～ IT18 的标准公差因子 i 的计算公式如下：

$$i = 0.45 \sqrt[3]{D} + 0.001D \qquad (1-6)$$

式中，D 是公称尺寸的计算值，该值为公称尺寸分段中首、尾两尺寸的几何平均值。

在式（1-6）中，第一项反映的是加工误差范围与公称尺寸的关系（抛物线关系）；第二项反映的是测量误差（主要是测量时温度的变化产生的测量误差）与公称尺寸的关系

（线性关系）。当公称尺寸很小时，第二项所占比例很小；当公称尺寸较大时，第二项比例增大，使公差因子 i 值也相应增大。

2）公称尺寸分段

如果一个公称尺寸就对应一个公差值，生产实践中的公称尺寸很多，这样就会形成一个庞大的公差数值表，给生产、设计带来很多困难。为了减少公差值的数目、统一公差值和方便使用，国家标准对公称尺寸进行了分段。尺寸分段后，对同一尺寸分段内的所有公称尺寸，在相同公差等级的情况下，具有相同的标准公差。

公称尺寸分段如附表 1-1 中的第一列所示。公称尺寸至 500 mm 的尺寸范围分成 13 个尺寸段，这样的尺寸段称为主段落。另外还把主段落中的一段又分成 2～3 段的中间段落。在标准公差表格中，一般使用主段落，而在基本偏差表中，对过盈或间隙较敏感的一些配合才使用中间段落。

在标准公差及后面的基本偏差的计算公式中，D 一律以公称尺寸所属尺寸分段内的首尾两个尺寸（D_1、D_2）的几何平均值来进行计算，即

$$D = \sqrt{D_1 D_2}$$

采用尺寸分段后，对每一个标准公差等级，在一个尺寸段内只有一个公差数值，极大地简化了公差表格。

按计算公式，分别计算出各个尺寸段的各个等级的标准公差数值，再以一定的规则将尾数圆整，最后排列成标准公差数值表，见附表 1-1。

示例 1-5 公称尺寸 $\phi 30$ mm，求 IT7 的值。

解：在附表 1-1 中查到，$\phi 30$ 属于 18～30 的尺寸分段。

几何平均值：$D = \sqrt{18 \times 30} \approx 23.24 \ \mu m$

标准公差因子：$i = 0.45 \sqrt[3]{D} + 0.001 D$

$$= 0.45 \sqrt[3]{23.24} + 0.001 \times 23.24 \approx 1.31 \ \mu m$$

则有 IT7 $= 16 \times 1.31 = 20.96 \approx 21 \ \mu m$

最后，查附表 1-1 验证可得，对于公称尺寸为 $\phi 30$ mm 的零件，其 IT7 $= 21 \ \mu m$。

应当指出的是，对同一公称尺寸，可由其公差值的大小来判定精度等级的高低和加工的难易程度；而对于不同公称尺寸，则不能以此判定；反之，同一公差等级中不同公称尺寸的公差值虽然不同，却应认为它们具有相同的精度等级和同等的加工难易程度。

二、基本偏差系列

1. 基本偏差的定义

基本偏差一般是指上极限偏差或下极限偏差中离零线最近的那一个。它的作用是决定孔、轴公差带相对于零线的位置。

当孔或轴的标准公差和基本偏差确定后，它的另一极限偏差可以利用式（1-1）计算确定。

2. 基本偏差的代号

为了满足设计和生产的需要，国家标准对孔和轴各规定了 28 个基本偏差，即对孔和轴各给出了 28 个公差带位置供选择使用。孔的基本偏差用大写英文字母表示，轴的基本偏差

用小写英文字母表示。

在 26 个英文字母中，去掉五个容易与其他符号含义混淆的字母 I(i)、L(l)、O(o)、Q(q)、W(w)，增加由两个字母组成的七组字母 CD(cd)、EF(ef)、FG(fg)、JS(js)、ZA(za)、ZB(zb)、ZC(zc)，共计 28 种。

3. 轴的基本偏差系列

轴的基本偏差系列如图 1-15 所示。代号为 a ~ g 的基本偏差皆为上极限偏差 es（负值），按从 a 到 g 的顺序，基本偏差的绝对值依次逐渐减少。

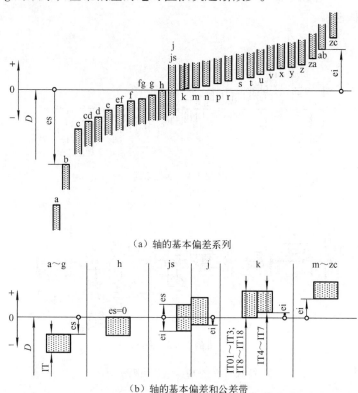

（a）轴的基本偏差系列

（b）轴的基本偏差和公差带

图 1-15　轴的基本偏差系列示意图

代号为 h 的基本偏差为上极限偏差 es = 0，它是基轴制中基准轴的基本偏差代号。

基本偏差代号为 js 的轴的公差带相对于零线对称分布，基本偏差可取为上极限偏差 es = + IT/2（IT 为标准公差数值），也可取为下极限偏差 ei = - IT/2。根据 GB/T 1800.1—2009 的规定，当标准公差等级为 IT7 ~ IT11 时，若公差数值是奇数，则按 ±(IT - 1)/2 计算。

代号为 j ~ zc 的基本偏差皆为下极限偏差 ei（除 j 为负值外，其余皆为正值），按从 k 到 zc 的顺序，基本偏差的数值依次逐渐增大。

图 1-15（a）中，除去 j 和 js 特殊情况外，由于基本偏差仅确定公差带的位置，因而公差带的另一端未加限制。

4. 孔的基本偏差系列

孔的基本偏差系列如图 1-16 所示。代号为 A ~ G 的基本偏差皆为下极限偏差 EI（正值），按从 A 到 G 的顺序，基本偏差的数值依次逐渐减少。

代号为 H 的基本偏差为下极限偏差 EI = 0，它是基孔制中基准孔的基本偏差代号。

基本偏差代号为 JS 的孔的公差带相对于零线对称分布，基本偏差可取为上极限偏差 ES = + IT/2（IT 为标准公差数值），也可取为下极限偏差 EI = - IT/2，根据 GB/T 1800.1—2009 的规定，当标准公差等级为 IT7 ～ IT11 时，若公差数值是奇数，则按 ±(IT - 1)/2 计算。

代号为 J ～ ZC 的基本偏差皆为上极限偏差 ES（除 J、K 为正值外，其余皆为负值），按从 K 到 ZC 的顺序，基本偏差的绝对值依次逐渐增大。

图 1-16（a）中，除 J、JS 特殊情况外，由于基本偏差仅确定公差带的位置，因而公差带的另一端未加限制。

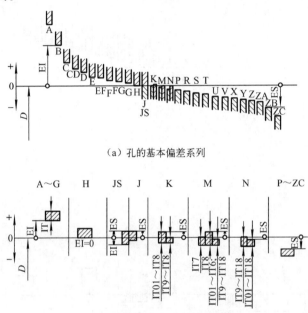

（a）孔的基本偏差系列

（b）孔的基本偏差和公差带

图 1-16 孔的基本偏差系列示意图

5. 各种基本偏差所形成的配合的特征

（1）间隙配合。a ～ h（或 A ～ H）等 11 种基本偏差与基准孔基本偏差 H（或基准轴基本偏差 h）形成间隙配合，基本偏差的绝对值等于最小间隙。其中 a 与 H（或 A 与 h）形成的配合的最小间隙（孔与轴基本偏差的差值）最大。此后，最小间隙依次减小，基本偏差 h 与 H 形成的配合的最小间隙为零。

（2）过渡配合。js、j、k、m、n（或 JS、J、K、M、N）等五种基本偏差与基准孔基本偏差 H（或基准轴基本偏差 h）形成过渡配合。其中 js 与 H（或 JS 与 h）形成的配合较松，获得间隙的概率较大。此后，配合依次变紧，n 与 H（或 N 与 h）形成的配合较紧，获得过盈的概率较大。而标准公差等级很高的 n 与 H（或 N 与 h）形成的配合则为过盈配合。

（3）过盈配合。p ～ zc（或 P ～ ZC）等 12 种基本偏差与基准孔基本偏差 H（或基准轴基本偏差 h）形成过盈配合。其中 p 与 H（或 P 与 h）形成的配合的过盈最小。此后，过盈依次增大，zc 与 H（或 ZC 与 h）形成的配合的过盈最大。而标准公差等级不高的 p 与 H（或 P 与 h）形成的配合则为过渡配合。

6. 轴的基本偏差数值的确定

轴的基本偏差数值（见附表 1-2）实质是按表 1-2 所列的相应公式计算，并经过尾数圆整得到的。这些计算公式是以基孔制中基本偏差代号为 H 的基准孔，与不同基本偏差的轴形成的各种配合为基础，根据设计要求、生产实践和科学实验、统计分析得到的。

表 1-2　轴的基本偏差计算公式（GB/T 1800.1—2009）

公称尺寸/mm 大于	至	轴 基本偏差	符号	极限偏差		公称尺寸/mm 大于	至	轴 基本偏差	符号	极限偏差	
1	120	a	–	es	$265+1.3D$	0	500	m	+	ei	$IT7-IT6$
120	500				$3.5D$	500	3150				$0.024D+12.6$
1	160	b	–	es	$\approx140+0.85D$	0	500	n	+	ei	$5D^{0.34}$
160	500				$\approx1.8D$	500	3150				$0.04D+21$
0	40	c			$52D^{0.2}$	0	500	p	+	ei	$IT7+0$ 至 5
40	500				$95+0.8D$	500	3150				$0.072D+37.8$
0	10	cd	–	es	C、c 和 D、d 值的几何平均值	0	3150	r	+	ei	P、p 和 S、s 值的几何平均值
0	3150	d	–	es	$16D^{0.44}$	0	50	s	+	ei	$IT8+1$ 至 4
0	3150	e	–	es	$11D^{0.41}$	50	3150				$IT7+0.4D$
0	10	ef	–	es	E、e 和 F、f 值的几何平均值	24	3150	t	+	ei	$IT7+0.63D$
0	3150	f	–	es	$5.5D^{0.41}$	0	3150	u	+	e	$IT7+D$
0	10	fg	–	es	F、f 和 G、g 值的几何平均值	14	500	v	+	ei	$IT7+1.25D$
0	3150	g	–	es	$2.5D^{0.34}$	0	500	x	+	ei	$IT7+1.6D$
0	3150	h	无符号	es	偏差 = 0	18	500	y	+	ei	$IT7+2D$
0	500	j			无公式	0	500	z	+	ei	$IT7+2.5D$
0	3150	js	+	es	$0.51T_n$	0	500	za	+	ei	$IT8+3.15D$
			+	ei		0	500	zb	+	ei	$IT9+4D$
0	500	k	+	ei	$0.6\sqrt[3]{D}$	0	500	zc	+	ei	$IT10+5D$
500	3150				偏差 = 0						

注：1. 公式中 D 是公称尺寸段的几何平均值（mm）；基本偏差的计算结果以 μm 计。

　　2. 公称尺寸至 500 mm 轴的基本偏差 k 的计算公式仅适用于标准公差等级 IT4～IT7，对所有其他公称尺寸和所有其他 IT 等级的基本偏差 k = 0。

其中 a、b、c 三种用于大间隙的热动配合，最小间隙采用与直径成正比的关系式计算；d、e、f 主要用于旋转运动，为保证良好的液体摩擦，最小间隙按直径的平方根关系计算，并考虑表面粗糙度的影响，适当减小间隙；g 主要用于滑动和半液体摩擦，或用于定位配合，故直径指数减小；基本偏差 cd、ef、fg 分别是相邻两个基本偏差的几何插入值。

j～n 主要用于形成过渡配合，所得间隙和过盈均不太大，以保证孔、轴配合时能够对中、定心和拆卸方便。其计算公式由经验和统计方法确定，采用与直径的立方根成比例的关系式。

p～zc 主要用于形成过盈配合，其基本偏差按与一定公差等级的基孔制相配合时，最小过盈采用 R5 和 R10 系列优先数依次递增的规律确定。

7. 孔的基本偏差数值的确定

孔的基本偏差数值是以相应轴的基本偏差为基础换算得到的。

换算的原则：在孔和轴为同一公差等效或孔比轴低一级的配合条件下，按基孔制形成的配合和按基轴制形成的配合，两者的配合性质相同。简言之，即两种基准制的同名配合应得到相同的配合性质，也就是极限间隙或极限过盈相同。例如，$\phi30H7/f6$ 和 $\phi30F7/h6$，$\phi30H7/m6$ 和 $\phi30M7/h6$，$\phi30H7/u6$ 和 $\phi30U7/h6$ 即为两种基准制的同名配合。

这一换算原则是基于工艺等价原则提出来的。所谓工艺等价是指加工孔和轴的难易程度相当。在常用尺寸段，加工同一公称尺寸和公差的孔、轴时，显然加工孔要比加工轴难一些，为了使它们的加工难易程度相当，需要使孔的公差等级比轴的公差等级低一级，如上所举三组配合。

根据上述换算原则，孔的基本偏差分别按两种规则进行换算，经尾数圆整后，就编制出孔的基本偏差数值表（见附表 1–3）。

1）通用规则

通用规则是指用同一字母（孔大写、轴小写）所代表的孔、轴基本偏差绝对值相同，符号相反。即

$$EI = -es$$
$$ES = -ei \tag{1-7}$$

通用规则适用于所有的孔的基本偏差。但是，在公称尺寸大于 3 至 500 mm，标准公差等级 >IT8（标准公差等级为 9 级或 9 级以下）时，代号为 N 的孔基本偏差（ES）的数值等于零。此外，较高标准公差等级的孔与轴的过盈配合、过渡配合采用轴比孔高一级配合（例如 H7/p6 和 P7/h6）时，通用规则也不适用。

2）特殊规则

特殊规则是指孔的基本偏差等于用通用规则换算得到的基本偏差再加上一个修正值 Δ。其中，Δ 为孔的公差等级比轴低一级时，两者标准公差值的差值。即

$$ES = -ei + \Delta$$
$$\Delta = IT_n - IT_{n-1} \tag{1-8}$$

式中，IT_n 为孔的标准公差 T_h，IT_{n-1} 为比孔高一级的轴的标准公差 T_s。

特殊规则仅适用于公称尺寸大于 3 mm、标准公差等级不大于 IT8 的孔的基本偏差 K、M、N 和标准公差等级不大于 IT7 的孔的基本偏差 P 至 ZC。在查用国家标准"尺寸至 500 mm 孔的基本偏差数值表"（见附表 1–3）时务必注意。

示例 1–6 查孔的基本偏差数值表和标准公差数值表，确定 $\phi30D7$ 孔的上、下极限偏差。

解： 先查孔的基本偏差数值表（附表 1–3），确定孔的基本偏差数值。公称尺寸 $\phi30$ 处于大于 24 至 30 mm 尺寸分段内，基本偏差为下极限偏差，D 的偏差数值为 $+65$ μm，于是 $EI = +65$ μm。

查标准公差数值表（附表 1–1），确定孔的上极限偏差。公称尺寸处于大于 18 至 30 mm 尺寸分段内，$IT7 = 21$ μm，因为

$$T_h = ES - EI$$

故有 $$ES = EI + T_h = 65 + 21 = +86 \text{ μm}$$

示例 1-7　查表确定 $\phi30\text{M7}$ 孔的上、下极限偏差。

解：先查孔的基本偏差数值表（附表 1-3），确定孔的基本偏差数值。孔的公称尺寸 $\phi30\text{ mm}$ 处于大于 24 至 30 mm 的尺寸分段内，因孔的公差等级为 IT7，应属于等级 $\leq$ IT8 这一栏内，M 的偏差数值为

$$-8+\Delta$$

Δ 值可在附表 1-3 的最右端查出，$\Delta = 8\text{ }\mu\text{m}$，由该表知，M 为上极限偏差，即

$$\text{ES} = -8 + 8 = 0$$

查标准公差数值表（附表 1-1），确定孔的下极限偏差。因 IT7 $= 21\text{ }\mu\text{m}$，于是

$$\text{EI} = \text{ES} - T_h = 0 - 21 = -21\text{ }\mu\text{m}$$

示例 1-8　查表确定 $\phi30\text{U7}$ 孔的上、下极限偏差。

解：先查孔的基本偏差数值表（附表 1-3），确定孔的基本偏差数值。孔的公称尺寸 $\phi30\text{ mm}$ 处于大于 24 至 30 mm 的尺寸分段内，U 的基本偏差为上极限偏差。按题意该孔的公差等级为 IT7，应属于 $\leq$ IT7 这一条件，故应按表中左端的说明，即"在 > IT7 的数值上增加一个 Δ 值"，在该表右端查出 $\Delta = 8\text{ }\mu\text{m}$，于是 U 的上极限偏差数值应为

$$\text{ES} = -48 + \Delta = -48 + 8 = -40\text{ }\mu\text{m}$$

查标准公差数值表（附表 1-1），确定孔的下极限偏差。

因 IT7 $= 21\text{ }\mu\text{m}$，所以

$$\text{EI} = \text{ES} - T_h = -40 - 21 = -61\text{ }\mu\text{m}$$

三、公差与配合在图样上的标注

公差与配合的代号如下。

1. 公差代号

国家标准规定，孔、轴公差由公称尺寸、基本偏差代号与公差等级代号组成，并且采用同一号大小字体书写。零件图上的标注如图 1-17 所示。

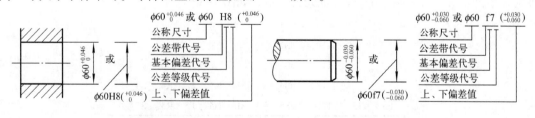

（a）孔的标注　　　　　　　　　　　　　　（b）轴的标注

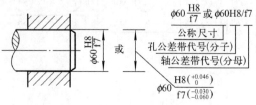

（c）装配图的标注

图 1-17　公差带与配合的标注

2. 配合代号

配合代号由相配合的孔、轴公差带代号组成，写成分数形式。分子为孔的公差代号，分母为轴的公差代号。装配图上的标注如图1-17所示。

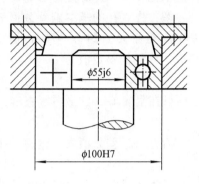

图1-18 孔、轴与轴承配合的标注

在零件图上只标公差代号或极限偏差数值，或两者同时标注（此时上、下极限偏差标在公差带代号后面，并用括号括上），如图1-17所示。

但也有例外，如滚动轴承内圈与轴的配合、外圈与机座孔的配合，不需标出轴承的公差代号，只标轴和机座孔的公差带代号，如图1-18所示。这是因为滚动轴承是一个标准部件，它的尺寸精度另有专门的标准规定，由专门工厂制造，不需用户另行设计。

四、孔轴的常用公差带和优先、常用配合

由前面已知，国家标准中规定了20个公差等级和孔、轴的28种基本偏差。这样，在公称尺寸不大于500 mm的常用尺寸范围内，j仅保留j5、j6、j7、j8；J仅保留J6、J7、J8，孔可组成$(28-1)\times20+3=543$种公差带，轴可组成$(28-1)\times20+4=544$种公差带。这些孔、轴公差带又可组成更多数目的配合。

如果不加限制，任意选用这些公差带和配合，将不利于生产。为了获得最佳的技术经济效益，减少零件、定值刀具、量具和工艺装备的品种和规格，国家标准对所选用的公差带与配合作了必要的限制，分别规定了常用公差带和优先、常用配合。

1. 孔、轴的常用公差带

在常用尺寸段，国家标准规定了一般、常用和优先孔公差带105种，其中带方框的44种为常用公差带，带圆圈的13种为优先公差带，如图1-19所示。

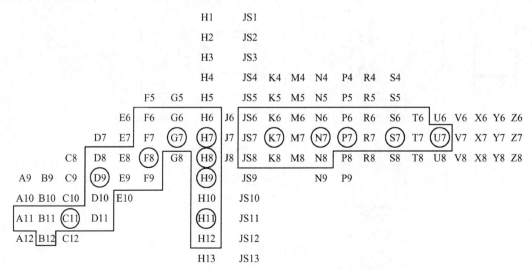

图1-19 公称尺寸至500 mm的孔公差带（GB/T 1801—2009）

一般、常用和优先轴公差带 119 种，其中带方框的 59 种为常用公差带，带圆圈的 13 种为优先公差带，如图 1-20 所示。

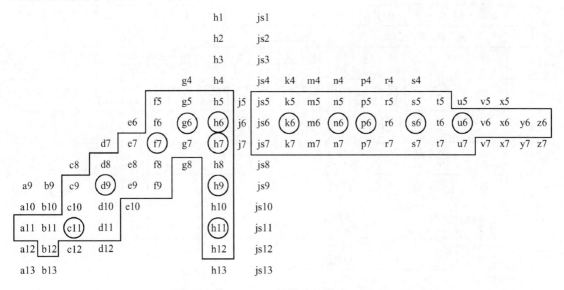

图 1-20　公称尺寸至 500 mm 的轴公差带（GB/T 1801—2009）

2. 孔、轴的优先配合和常用配合

同样，为了使配合的种类集中统一，国家标准还规定了基孔制常用配合 59 种，其中优先配合 13 种，见表 1-3；基轴制常用配合 47 种，其中优先配合 13 种，见表 1-4。

表 1-3　基孔制优先、常用配合（GB/T 1800.2—2009）

基准孔	轴																			
	a	b	c	d	e	f	g	h	js	k	m	n	p	r	s	t	u	v	x	y	z
	间隙配合								过渡配合				过盈配合								
H6						$\frac{H6}{f5}$	$\frac{H6}{g5}$	$\frac{H6}{h5}$	$\frac{H6}{js5}$	$\frac{H6}{k5}$	$\frac{H6}{m5}$	$\frac{H6}{n5}$	$\frac{H6}{p5}$	$\frac{H6}{r5}$	$\frac{H6}{s5}$	$\frac{H6}{t5}$					
H7						$\frac{H7}{f6}$	$\left[\frac{H7}{g6}\right]$	$\left[\frac{H7}{h6}\right]$	$\frac{H7}{js6}$	$\left[\frac{H7}{k6}\right]$	$\frac{H7}{m6}$	$\left[\frac{H7}{n6}\right]$	$\left[\frac{H7}{p6}\right]$	$\frac{H7}{r6}$	$\left[\frac{H7}{s6}\right]$	$\frac{H7}{t6}$	$\left[\frac{H7}{u6}\right]$	$\frac{H7}{v6}$	$\frac{H7}{x6}$	$\frac{H7}{y6}$	$\frac{H7}{z6}$
H8					$\frac{H8}{e7}$	$\left[\frac{H8}{f7}\right]$	$\frac{H8}{g7}$	$\left[\frac{H8}{h7}\right]$	$\frac{H8}{js7}$	$\frac{H8}{k7}$	$\frac{H8}{m7}$	$\frac{H8}{n7}$	$\frac{H8}{p7}$	$\frac{H8}{r7}$	$\frac{H8}{s7}$	$\frac{H8}{t7}$	$\frac{H8}{u7}$				
				$\frac{H8}{d8}$	$\frac{H8}{e8}$	$\frac{H8}{f8}$		$\frac{H8}{h8}$													
H9			$\frac{H9}{c9}$	$\left[\frac{H9}{d9}\right]$	$\frac{H9}{e9}$	$\frac{H9}{f9}$		$\left[\frac{H9}{h9}\right]$													
H10			$\frac{H10}{c10}$	$\frac{H10}{d10}$				$\frac{H10}{h10}$													
H11	$\frac{H11}{a11}$	$\frac{H11}{b11}$	$\left[\frac{H11}{c11}\right]$	$\frac{H11}{d11}$				$\left[\frac{H11}{h11}\right]$													
H12		$\frac{H12}{b12}$						$\frac{H12}{h12}$													

注：带 [ ] 的配合为优先配合。

表1-4　基轴制优先、常用配合（GB/T 1800.2—2009）

基准轴	孔																				
	A	B	C	D	E	F	G	H	JS	K	M	N	P	R	S	T	U	V	X	Y	Z
	间　隙　配　合								过　渡　配　合				过　盈　配　合								
h5						F6/h5	G6/h5	H6/h5	JS6/h5	K6/h5	M6/h5	N6/h5	P6/h5	R6/h5	S6/h5	T6/h5					
h6						F7/h6	[G7/h6]	[H7/h6]	JS7/h6	[K7/h6]	M7/h6	[N7/h6]	[P7/h6]	R7/h6	[S7/h6]	T7/h6	[U7/h6]				
h7					E8/h7	[F8/h7]		[H8/h7]	JS8/h7	K8/h7	M8/h7	N8/h7									
h8				D8/h8	E8/h8	F8/h8		H8/h8													
h9				[D9/h9]	E9/h9	F9/h9		[H9/h9]													
h10				D10/h10				H10/h10													
h11	A11/h11	B11/h11	[C11/h11]	D11/h11				[H11/h11]													
h12		B12/h12						H12/h12													

注：带 [ ] 的配合为优先配合。

选择公差带和配合时，应按上述优先、常用的顺序选取。仅在特殊情况下，当常用公差带和常用配合不能满足要求时，才可以从 GB/T 1800.1—2009 规定的标准公差等级和基本偏差中选取所需要的孔、轴公差带来组成配合。

GB/T 1800.2—2009 列出了孔和轴常用公差带的极限偏差数值，本书的附录列出了其中优先配合的孔和轴公差带的极限偏差数值表（分别见附表1-4 和附表1-5）。

GB/T 1801—2009 列出了基孔制和基轴制常用配合的极限间隙和极限过盈，本书的附录列出了其中优先配合的极限间隙和极限过盈数值表（见附表1-6）。

示例1-9　有一过盈配合，孔、轴的公称尺寸为 $\phi45$ mm，要求过盈在 $-45\,\mu m$ ～ $-86\,\mu m$ 范围内。试查表确定孔、轴的配合代号和极限偏差数值。

解：（1）采用基孔制。

由附表1-6 查得公称尺寸为 $\phi45$ mm，且满足最小过盈为 $-45\,\mu m$，最大过盈为 $-86\,\mu m$ 要求的基孔制配合的代号为 $\phi45H7/u6$。

由附表1-4 查得 $\phi45H7$ 孔的极限偏差为 $ES = +25\,\mu m$，$EI = 0$。

由附表1-5 查得 $\phi45u6$ 轴的极限偏差为 $es = +86\,\mu m$，$ei = +70\,\mu m$。

（2）采用基轴制。

由附表1-6 查得公称尺寸为 $\phi45$ mm，且满足最小过盈为 $-45\,\mu m$，最大过盈为 $-86\,\mu m$ 要求的基孔制配合的代号为 $\phi45\,U7/h6$。

由附表1-4 查得 $\phi45U7$ 孔的极限偏差为 $ES = -61\,\mu m$，$EI = -86\,\mu m$。

由附表1-5 查得 $\phi45h6$ 轴的极限偏差为 $es = 0$，$ei = -16\,\mu m$。

第三节 常用尺寸孔、轴公差与配合的选用

公差与配合的选用主要包括三方面的内容：一是基准制的选择与应用；二是公差等级的选择；三是配合的选择与应用。本节将分述其设计要点。

一、公差与配合选用原则

在机械产品的设计中，正确地选择公差与配合是一项比较复杂的工作，应遵守两大原则。

（1）保证产品性能优良，制造上经济可行。努力解决好产品使用要求以及生产成本之间的矛盾，要在满足使用要求的前提下，尽可能使经济性更好，即极限与配合的设计选择应使产品使用要求与制造成本的综合经济效果最佳。为了实现这一目标，除正确地选用极限与配合外，还必须采取合理的工艺措施，这两者是不可分割的。

（2）严格执行各项标准。各类各项标准是工程技术领域的法律条文，工程技术人员应像公民守法一样严格执行，其结果会使设计简化，会给制造过程中的刀、量具选购，用户使用中的维修以及技术交流带来极大的益处。

二、基准制的选用

基孔制和基轴制是两种平行的配合制度，在一定的条件下，同名配合的性质相同，也就是这两种配合制度都可以实现同样的配合要求。

国家标准规定基准制的目的是：既能获得一系列不同配合性质的配合，以满足广泛需要，又不致使实际选用的零件极限尺寸数目繁杂，以便于制造，获得良好的技术经济效果。所以基准制的选择主要应考虑零件结构、加工工艺、装配工艺以及经济性。也就是说，所选择的基准制应当有利于零件的加工、装配和降低制造成本。

1. 优先采用基孔制

国家标准推荐优先采用基孔制。因为加工孔和检测孔时要使用钻头、铰刀、拉刀等定值刀具和光滑极限塞规（孔不便于使用普通计量器具测量），而每一种定值刀具和塞规只能加工和检验一种特定公称尺寸和公差带的孔。加工轴时使用车刀、砂轮等通用非定值刀具，同一把刀可加工不同尺寸的轴件，便于使用普通计量器具测量。所以，采用基孔制配合可以减少孔公差带的数量，从而可以减少定值刀具和塞规的品种、规格数量，降低孔的加工成本，这显然是经济合理的选择。

2. 特殊情况下采用基轴制

并不是在所有情况下，基孔制都是最好的选择，在下面几种情况下就应当采用基轴制。

（1）在同一公称尺寸的轴上，同时安装几个不同松紧配合的孔件时，采用基轴制。

如图 1-21 所示，活塞连杆机构中，销轴需要同时与活塞和连杆形成不同的配合。销轴两端活塞孔的配合为 M6/h5，销轴与连杆孔的配合为 H6/h5，显然它们的配合松紧是不同的，应当采用基轴制。这样销轴的直径尺寸通常是相同的（h5），便于加工，活塞孔和连杆孔则分别按 M6 和 H6 加工。装配时也比较方便，不致将连杆孔表面划伤。相反，如果采用基孔制，由于活塞孔和连杆孔尺寸相同，为了获得不同松紧的配合，势必销轴的尺寸应当两端大中间小。这样的销轴难加工，且装配时容易将连杆孔表面划伤。

（2）使用冷拉钢材直接作轴。采用冷拉棒材直接作轴时，因不需再加工，所以可获得较明显的经济效益。此时把轴视为标准件，因此要采用基轴制。这种情况在农机等行业中比较常见。

（3）以标准零部件为基准选择配合制。标准件的外表面与其他零件的内表面配合时，也要采用基轴制，如轴承外圈与机座孔的配合应采用基轴制。但轴承的内圈与轴配合时，则应采用基孔制。

（4）必要时采用任何适当的孔、轴公差带组成的配合。有时根据实际情况，也可以不采用基准制配合，即相配合的孔和轴都不是基准件。如图1-22所示，轴承盖与轴承孔的配合和轴承挡圈与轴颈的配合分别为 $\phi100J7/e9$ 和 $\phi55D9/j6$，它们既不是基孔制也不是基轴制。轴承孔的公差带 J7 是它与轴承外圈配合决定的，轴颈的公差带 j6 是它与轴承内圈的配合决定的。为了使轴承盖与轴承孔、挡圈与轴颈获得更松的配合，前者不能采用基轴制，后者不能采用基孔制，从而采用不同基准制的配合。

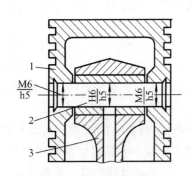

图1-21 活塞连杆机构中的配合
1—活塞；2—活塞销；3—连杆

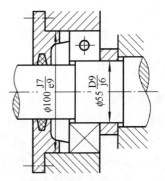

图1-22 轴承盖与轴承孔、
轴套与轴的配合

三、标准公差等级的选用

选用公差等级就是为了解决零件使用要求与制造经济性之间的矛盾。

公差等级选用的基本原则：在满足使用要求的前提下，尽量选用较低的公差等级。公差等级越高，加工难度越大，生产成本也随之增加；反之，成本将相应降低。在确定公差等级时要注意以下几个问题。

（1）一般非配合尺寸要比配合尺寸的精度低。

（2）遵守工艺等价原则，即孔、轴的加工难易程度应相当。在公称尺寸不大于500 mm时，孔比轴要低一级；在公称尺寸大于500 mm时，孔、轴的公差等级相同。这一原则主要用于中高精度（公差等级≤IT8）的配合。

（3）在满足配合要求的前提下，孔、轴的公差等级可以任意组合，不受工艺等价原则的限制。如图1-22所示，轴承盖轴承孔的配合要求很松，它的连接可靠性主要是靠螺钉连接来保证。对配合精度要求很低，相配合的孔件和轴件既没有相对运动，又不承受外界负荷，所以轴承盖的配合外径采用IT9是经济合理的。孔的公差等级 IT7 是由轴承的外径精度所决定的，如果轴承盖的配合外径按工艺等价原则采用 IT6，反而是不合理的设计。这样做势必要提高制造成本，同时对提高产品质量又起不到任何作用。同理，轴承挡圈的公差等级为 IT9，轴颈的公差等级为 IT6 也是合理的。

（4）与标准件配合的零件，其尺寸精度由标准件的精度要求所决定。如图 1-22 所示，与轴承配合的孔和轴，其尺寸精度由轴承的精度等级来决定。与齿轮孔相配合的轴，其配合部分的尺寸精度也是由齿轮的精度等级所决定。

（5）用类比法确定尺寸精度时，一定要参考各精度等级的应用范围和精度等级的选择实例（见表 1-5 和表 1-6）。

表 1-5　公差等级的应用范围

应 用	公差等级（IT）																		
	01	0	1	2	3	4	5	6	7	8	9	10	11	12	13	14	15	16	17	18
量　块	○	○	○																	
量　规			○	○	○	○	○	○	○											
配合尺寸							○	○	○	○	○	○	○	○						
特别精密零件的配合				○	○	○	○													
非配合尺寸（大制造公差）														○	○	○	○	○	○	○
原材料公差									○	○	○	○	○	○						

表 1-6　公差等级的应用选择实例

公 差 等 级	应 用 条 件 说 明	应 用 举 例
IT01	用于特别精密的尺寸传递基准	特别精密的标准量块
IT0	用于特别精密的尺寸传递基准及宇航中特别重要的极个别精密配合尺寸	特别精密的标准量块，个别特别重要的精密机械零件尺寸，校对检验 IT6 轴用量规的校对量规
IT1	用于精密的尺寸传递基准、高精密测量工具、特别重要的极个别精密配合尺寸	高精密标准量规，校对检验 IT7～IT9 轴用量规的校对量规，个别特别重要的精密机械零件尺寸
IT2	用于高精密的测量工具，特别重要的精密配合尺寸	检验 IT6～IT7 工件用量规的尺寸制造公差，校对检验 IT8～IT11 轴用量规的校对塞规，个别特别重要的精密机械零件的尺寸
IT3	用于精密测量工具、小尺寸零件的高精度的精密配合及与 IT4 滚动轴承配合的轴径和外壳孔径	检验 IT8～IT11 工件用量规和校对检验 IT9～IT13 轴用量规的校对量规，与特别精密的 IT4 滚动轴承内环孔（直径至 100 mm）相配的机床主轴、精密机械和高速机械的轴径，与 IT4 向心球轴承外环外径相配合的外壳孔径，航空工业及航海工业中导航仪器上特殊精密的个别小尺寸零件的精密配合
IT4	用于精密测量工具、高精度的精密配合和 IT4、IT5 滚动轴承配合的轴径和外壳孔径	检验 IT9～IT12 工件用量规和校对 IT12～IT14 轴用量规的校对量规，与 IT4 轴承孔（孔径大于 100 mm 时）及与 IT5 轴承孔相配的机床主轴，精密机械和高速机械的轴颈，与 IT4 轴承相配的机床外壳孔径，柴油机活塞销及活塞销座孔径，高精度（IT1～IT4）齿轮的基准孔或轴径，航空及航海工业用仪器中特殊精密的孔径

公差等级	应用条件说明	应用举例
IT5	用于机床、发动机和仪表中特别重要的配合，在配合公差要求很小，形状精度要求很高的条件下，这类公差等级使配合性质比较稳定，相当于旧国家标准中最高精度（1级精度轴），故它对加工要求较高，一般机械制造中较少应用	检验 IT11～IT14 工件用量规和校对 IT14～IT15 轴用量规的校对量规，与 IT5 滚动轴承相配的机床箱体孔，与 IT6 滚动轴孔相配的机床主轴，精密机械及高速的轴颈，机床尾架套筒，高精度分度盘轴颈，分度头主轴，精密丝杠基准轴颈，高精度镗套的外径等，发动机中主轴外径，活塞销外径与活塞的配合，精密仪器中轴与各种传动件轴承的配合，航空、航海工业的仪表中重要的精密孔的配合，IT5 精度齿轮的基准孔及 IT5、IT6 精度齿轮的基准轴
IT6	广泛用于机械制造中的重要配合，配合表面有较高均匀性的要求，能保证相当高的配合性质，使用可靠，相当于旧国家标准中 2 级精度轴和 1 级精度孔的公差	检验 IT12～IT15 工件用量规和校对 IT15～IT16 轴用量规的校对量规，与 IT6 滚动轴承相配的外壳孔及与滚子轴承相配的机床主轴轴颈，机床制造中，装配式齿轮、涡轮、联轴器、带轮、凸轮的孔径、机床丝杠支承轴颈，矩形花键的定心直径，摇臂钻床的立柱等，机床夹具的导向件的外径尺寸，精密仪器光学仪器，计量仪器中的精密轴，航空、航海仪器仪表中的精密轴，无线电工业，自动化仪表、电子仪器、邮电机械中的特别重要的轴，以及手表中特别重要的轴，导航仪器中主罗径的方位轴，微电动机轴，电子计算机外围设备中的重要尺寸，医疗器械中牙科直车头，中心齿轴及 X 线机齿轮箱的精密轴等，缝纫机中重要轴类尺寸，发动机中的汽缸套外径，曲轴主轴颈，活塞销，连杆衬套，连杆和轴瓦外径等，IT6 精度齿轮的基准孔和 IT7、IT8 精度齿轮的基准轴径，以及特别精密（IT1、IT2 精度）齿轮的顶圆直径
IT7	应用条件与 IT6 相类似，但它要求的精度可比 IT6 稍低点，在一般机械制造中应用相当普遍，相当于旧国家标准中的 3 级精度轴或 2 级精度孔的公差	检验 IT14～IT16 工件用量规和校对 IT16 轴用量规的校对量规，机床制造中装配式青铜涡轮轮缘孔径、联轴器、带轮、凸轮等的孔径、机床卡盘座孔、摇臂钻床的摇臂孔、车床丝杠的轴承孔等，机床夹头导向件的内孔（如固定钻套、可换钻套、衬套、镗套等），发动机中的连杆孔、活塞孔、绞制螺栓定位孔等，纺织机械中的重要零件，印染机械中要求较高的零件，精密仪器光学仪器中精密配合的内孔，手表中的离合杆压簧等，导航仪器中主罗经壳底座孔，方位支架孔，医疗器械中牙科直车头中心齿轮轴的轴承孔及 X 线机齿轮箱的转盘孔，电子计算机，电制仪器、仪表中的重要内孔，自动化仪表中的重要内孔，缝纫机中的重要轴内孔零件，邮电机械中的重要零件的内孔，IT7、IT8 精度齿轮的基准孔和 IT9、IT10 精密齿轮的基准轴
IT8	在机械制造中属中等精度，在仪器、仪表及钟表制造中，由于公称尺寸较小，所以属较高精度范畴，在配合确定性要求不太高时，可应用较多的一个等级，尤其是在农业机械、纺织机械、印染机械、自行车、缝纫机、医疗器械中应用最广	检验 IT16 工件用量规，轴承座衬套沿宽度方向的尺寸配合，手表中跨齿轴，棘爪拨针齿轮与夹板的配合，无限电仪表工业中的一般配合，电子仪器仪表中较重要的内孔，计算机中变速齿轮孔和轴的配合，医疗器械中牙科车头的钻头套的孔与车针柄部的配合，导航仪器中主罗经粗刻度盘孔月牙型支架与微电机汇电环孔等，电动机制造中铁心与机座的配合，发动机活塞油环槽宽，连杆轴瓦内径，低精度（IT9～IT12 精度）齿轮的基准孔和 IT11～IT12 精度齿轮和基准轴，IT6～IT8 精度齿轮的顶圆

续表

公差等级	应用条件说明	应用举例
IT9	应用条件与 IT8 相类似，但要求精度低于 IT8 时用，比旧国家标准 4 级精度公差值稍大	机床制造中轴套外径与孔、操作件与轴、空转带轮与轴，操纵系统的轴与轴承等的配合，纺织机械、印染机械中的一般配合零件，发动机中机油泵内孔，气门导管内孔，飞轮与飞轮套圈衬套，混合气预热阀轴，气缸盖孔径、活塞环的配合等，光学仪器、自动化仪表中的一般配合，手表中要求较高零件的未注公差尺寸的配合，单键连接中键宽配合尺寸，打字机中的运动件配合
IT10	应用条件与 IT9 相类似，但要求精度低于 IT9 时用，相当于旧国家标准 5 级精度公差	电子仪器仪表中支架的配合，导航仪器中绝缘衬套孔与汇电环衬套轴，打字机中铆合件的配合尺寸，闹钟机构中的中心管与前夹板，轴套与轴，手表中尺寸小于 18 mm 时要求一般的未注公差尺寸及大于 18 mm 要求较高的未注公差尺寸，发动机中油封挡圈孔与曲轴带轮毂
IT11	用于配合精度要求较粗糙，装配后可能有较大的间隙，特别适用于要求间隙较大，且有显著变动而不会引起危险的场合，相当于旧国家标准的 6 级精度公差	机床上法兰盘止口与孔、滑块与滑移齿轮、凹槽等，农业机械、机车车厢部件及冲压加工的配合零件，钟表制造中不重要的零件，手表制造用的工具及设备中的未注公差尺寸，纺织机械中较粗糙的活动配合，印染机械中要求较低的配合，磨床制造中的螺纹连接及粗糙的动连接，不作测量基准用的齿轮顶圆直径公差
IT12	配合精度要求很粗糙，装配后有很大的间隙，适用于基本上没有什么配合要求的场合。要求较高的未注公差尺寸的极限偏差，比旧国家标准的 7 级精度公差值稍小	非配合尺寸及工序间尺寸，发动机分离杆，手表制造中工艺装备的未注公差尺寸，计算机行业切削加工中未注公差尺寸的极限偏差，医疗器械中手术刀柄的配合，机床制造中扳手孔与扳手座的连接
IT13	应用条件与 IT12 相类似，但比旧国家标准 7 级精度公差值稍大	非配合尺寸及工序间尺寸，计算机、打字机中切削加工零件加工零件及圆片孔、二孔中心距的未注公差尺寸
IT14	用于非配合尺寸及不包括在尺寸链中的尺寸，相当于旧国家标准的 8 级精度公差	在机床、汽车、拖拉机、冶金矿山、石油化工、电动机、电器、仪表、造船、航空、医疗器械、钟表、自行车、缝纫机、造纸与纺织机械等工业中对切削加工零件未注公差尺寸的极限偏差，广泛应用此等级
IT15	用于非配合尺寸及不包括在尺寸链中的尺寸，相当于旧国家标准的 9 级精度公差	冲压件、木模铸造零件、重型机床制造，当尺寸大于 3150 mm 时的未注公差尺寸
IT16	用于非配合尺寸及不包括在尺寸链中的尺寸，相当于旧国家标准的 10 级精度公差	打字机中浇铸件尺寸，无线电制造中箱体外形尺寸，手术器械中的一般外形尺寸公差，压弯延伸加工用尺寸，纺织机械中构件尺寸公差，塑料零件尺寸公差，木模制造和自由锻造时用
IT17	用于非配合尺寸及不包括在尺寸链中的尺寸，相当于旧国家标准的 11 级精度公差	塑料成型尺寸公差，手术器械中的一般外形尺寸公差
IT18	用于非配合尺寸及不包括在尺寸链中的尺寸，相当于旧国家标准的 12 级精度公差	冷作、焊接尺寸用公差

　　(6) 在满足设计要求的前提下，应尽量考虑工艺的可能性和经济性。各种加工方法所能达到的精度可参照表 1–7。

表1-7   各种加工方法的加工精度

加工方法	公差等级（IT）																	
	01	0	1	2	3	4	5	6	7	8	9	10	11	12	13	14	15	16
研　磨	○	○	○	○	○	○	○											
珩　磨						○	○	○	○									
圆　磨							○	○	○	○								
平　磨							○	○	○	○								
金刚石车							○	○	○									
金刚石镗							○	○	○									
拉　削							○	○	○	○								
铰　孔								○	○	○	○	○						
车									○	○	○	○	○					
镗									○	○	○	○	○					
铣									○	○	○	○						
刨、插												○	○					
钻　孔												○	○	○	○			
滚压、挤压												○	○					
冲　压												○	○	○	○	○		
压　铸													○	○	○	○		
粉末冶金成型								○	○	○								
粉末冶金烧结								○	○	○	○							
砂型铸造、气割																		○
锻　造																	○	

（7）表面粗糙度是影响配合性质的一个重要因素，在选择尺寸精度等级时，应同时考虑表面粗糙度的要求。公差等级与表面粗糙度的对应关系见表1-8。

表 1-8　公差等级与表面粗糙度的对应关系

公差等级 (IT)	公称尺寸 /mm	表面粗糙度 Ra 值不大于 /μm		公差等级 (IT)	公称尺寸 /mm	表面粗糙度 Ra 值不大于 /μm		公差等级 (IT)	公称尺寸 /mm	表面粗糙度 Ra 值不大于 /μm	
		轴	孔			轴	孔			轴	孔
5	<6	0.2	0.2	8	<3	0.8	0.8	11	<10	3.2	3.2
	>6～30	0.4	0.4		>3～30	1.6	1.6		>10～120	6.3	6.3
	>30～180	0.8	0.8		>30～250	3.2	3.2		>120～500	12.5	12.5
	>180～500	1.6	1.6		>250～500	3.2	6.3	12	<80	6.3	6.3
6	<10	0.4	0.4	9	<6	1.6	1.6		>80～250	12.5	12.5
	>10～80	0.8	0.8		>6～120	3.2	3.2		>250～500	25	25
	>80～250	1.6	1.6		>120～400	6.3	6.3	13	<30	6.3	6.3
	>250～500	3.2	3.2		>400～500	12.5	12.5		>30～120	12.5	12.5
7	<6	0.8	0.8	10	<10	3.2	3.2		>120～500	25	25
	>6～120	1.6	1.6		>10～120	6.3	6.3				
	>120～500	3.2	3.2		>120～250	12.5	12.5				

四、配合种类的选用

确定了配合制和孔、轴的标准公差等级之后，就是选择配合种类。选择配合种类实际上就是确定基孔制中的非基准轴或基轴制中的非基准孔的基本偏差代号。

1) 间隙配合的选择

工作时有相对运动或虽无相对运动而要求装拆方便的孔与轴配合，应该选用间隙配合。

要求孔与轴有相对运动的间隙配合中，相对运动速度越高，润滑油黏度越大，则配合应越松。对于一般工作条件的滑动轴承，可以选用由基本偏差 f（或 F）组成的配合，如 H8/f7。若相对运动速度较高、支承数目较多，则可以选用由基本偏差 d，e（或 D，E）组成的间隙较大的配合，如 H8/e7。对于孔与轴仅有轴向相对运动或相对运动速度很低且有对中性要求的配合，可以选用由基本偏差 g（或 G）组成的间隙较小的配合，如 H7/g6。

要求装拆方便而无相对运动的孔与轴配合，可以选用由基本偏差 h 与 H 组成的最小间隙为零的间隙配合，如低精度配合 H9/h9 以及具有一定对中性的高精度配合 H7/h6。

2) 过渡配合的选择

对于既要求对中性，又要求装拆方便的孔与轴配合，应该选用过渡配合。这时，传递载荷（转矩或轴向力）必须加键或销等连接件。

过渡配合最大间隙 X_{max} 应小，以保证对中性，最大过盈 Y_{max} 也应小，以保证装拆方便，也就是说，配合公差（$T_f = X_{max} - Y_{max}$）应小。因此，过渡配合的孔与轴的标准公差等级应较高（IT5～IT8）。当对中性要求高、不常装拆、传递的载荷大、冲击和振动大时，应选较紧的配合，如 H7/m6、H7/n6。反之，则可选择较松的配合，如 H7/js6、H7/k6。

3) 过盈配合的选择

对于利用过盈来保证固定或传递载荷的孔与轴配合，应该选择过盈配合。

不传递载荷而只作定位用的过盈配合，可以选用由基本偏差 r，s（或 R，S）组成的配合。主要由连接件（键、销等）传递载荷的配合，可以选用小过盈的配合以增加连接的可靠性，如由基本偏差 p、r（或 P、R）组成的配合。利用过盈传递载荷的配合，可以选用由基本偏差 t、u（或 T、U）组成的配合，对于该类配合，应经过计算以确定允许过盈的大小，来选择适当的基本偏差以组成配合。尤其是要求过盈很大时，如由基本偏差 x、y、z（或 X、Y、Z）组成的配合，还要经过试验，证明所选择的配合确实合理可靠。

4）孔、轴工作时的温度对配合选择的影响

如果相互配合的孔、轴工作时与装配时的温度差别较大，则选择配合要考虑热变形的影响。

5）装配变形对配合选择的影响

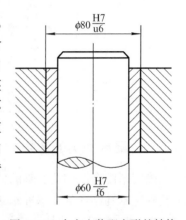

在机械结构中，有时会遇到薄壁套筒装配后变形的问题。如图 1-23 所示，套筒外表面与机座孔的配合为过盈配合 $\phi80H7/u6$，套筒内孔与轴的配合为间隙配合 $\phi60H7/f6$。由于套筒外表面与机座孔的装配会产生过盈，当套筒压入机座孔后，套筒内孔会收缩，产生变形，使套筒孔径减小，而不能满足使用要求。因此，在选择套筒内孔与轴的配合时，应考虑变形量的影响。具体办法有两个：其一是预先将套筒内孔加工得比 $\phi60H7$ 稍大，以补偿装配变形；其二是用工艺措施保证，将套筒压入机座孔后，再按 $\phi60H7$ 加工套筒内孔。

6）生产类型对配合选择的影响

图 1-23 会产生装配变形的结构

选择配合种类时，应考虑生产类型（批量）的影响。在大批大量生产时，多用调整法加工，加工后尺寸的分布通常遵循正态分布。而在单件小批量生产时，多用试切法加工，孔加工后尺寸多偏向孔的最小极限尺寸，轴加工后尺寸多偏向轴的最大极限尺寸，即孔和轴加工后尺寸的分布皆遵循偏态分布。例如，给定孔与轴的配合为 $\phi50H7/js6$，大批大量生产时，孔与轴装配后形成的平均间隙为 $X_{av} = +12.5\ \mu m$。而单件小批生产时，加工后孔和轴的尺寸分布中心分别趋向孔的最小极限尺寸和轴的最大极限尺寸，于是孔与轴装配后形成的平均间隙 $X'_{av} < X_{av}$，且比 $+12.5\ \mu m$ 小得多。为了满足相同的使用要求，单件小批生产时采用的配合应比大批大量生产时松些。因此，为了满足大批大量生产时 $\phi50H7/js6$ 的要求，在单件小批生产时应选择 $\phi50H7/h6$。

表 1-9 给出了优先配合选用说明，表 1-10 给出了配合的应用实例，可供设计时参考。

表 1-9 优先配合选用说明

优先配合		说　　明
基孔制	基轴制	
$\dfrac{H11}{c11}$	$\dfrac{C11}{h11}$	间隙非常大，用于很松的、转动很慢的动配合，要求大公差与大间隙的外露组件，要求装配方便的很松的配合
$\dfrac{H9}{d9}$	$\dfrac{D9}{h9}$	间隙很大的微转动配合，用于精度非主要要求，或有很大的温度变动、高转速或大的轴颈压力时

优先配合		说　　明
基孔制	基轴制	
$\dfrac{H8}{f7}$	$\dfrac{F8}{h7}$	间隙不大的转动配合，用于中等转速与中等轴颈压力的精度转动，也用于装配比较容易的中等定位配合
$\dfrac{H8}{g7}$	$\dfrac{G7}{h6}$	间隙很小的滑动配合，用于不希望自由转动，但可以自由移动和滑动并精密定位时，也可以用于要求明确的定位配合
$\dfrac{H7}{h6}$ $\dfrac{H8}{h7}$ $\dfrac{H9}{h9}$ $\dfrac{H11}{c11}$	$\dfrac{H7}{h6}$ $\dfrac{H8}{h7}$ $\dfrac{H9}{h9}$ $\dfrac{H11}{c11}$	均为间隙定位配合，零件可自由装拆，而工作时一般相对静止不动。在最大实体条件下的间隙为零，在最小实体条件下的间隙由公差等级决定
$\dfrac{H7}{k6}$	$\dfrac{K7}{h6}$	过渡配合，用于精密定位
$\dfrac{H7}{n6}$	$\dfrac{N7}{h6}$	过渡配合，允许有较大过盈的更精密定位
$\dfrac{H7}{p6}$	$\dfrac{P7}{h6}$	过盈定位配合，即小过盈配合，用于定位精度特别重要时，能以最好的定位精度达到部件的刚性及对中的性能要求，而对内孔承受压力无特殊要求，不依靠配合的紧固性传递摩擦负荷
$\dfrac{H7}{s6}$	$\dfrac{S7}{h6}$	中等压入配合，适用于一般钢件，或用于薄壁件的冷缩配合，用于铸铁件可得到最紧的配合
$\dfrac{H7}{u6}$	$\dfrac{U7}{h6}$	压入配合，适用于可以承受高压力的零件或不宜承受大压入力的冷缩配合

表 1–10　配合应用实例

配　　合	基本偏差	配合特性	应用实例
间隙配合	a、b	可得到特别大的间隙，应用很少	 管道法兰连接用的配合
	c	可得到较大的间隙，一般适用于缓慢、松弛的动配合。用于工作条件较差（如农业机械），受力变形，或为了便于装配，而必须保证有较大的间隙时，推荐配合为 H11/c11。其较高等级的配合，如 H8/c7 适用于轴在高温工作的紧密动配合，如内燃机排气阀和导管	 内燃机气门导杆与底座的配合

续表

配　　合	基本偏差	配 合 特 性	应 用 实 例
间隙配合	d	配合一般用于IT7～IT11，适用于松的转动配合，如密封盖、滑轮、空转带轮等与轴的配合，也适用于大直径滑动轴承配合，如透平机、球磨机、轧滚成形和重型弯曲机，及其他重型机械中的一些滑动支承 C616 车床尾座中偏心轴与尾座体孔的结合
	e	用于 IT7～IT9，通常适用要求有明显间隙，易于转动的支承配合，如大跨距支承、多支点支承等配合。高等级的 e 轴适用于大的、高速、重载支承，如涡轮发电机、大电动机的支承及内燃机主要轴承、凸轮轴支承、摇臂支承等配合 内燃机主轴承
	f	多用于 IT6～IT8 的一般转动配合，当温度影响不大时，被广泛用于普通润滑油（或润滑脂）润滑的支承，如齿轮箱、小电动机、泵等的转轴与滑动支承的配合 齿轮轴套与轴的配合
	g	配合间隙很小，制造成本高，除很轻负荷的精密装置外，不推荐用于转动配合。多用于 IT5～IT7，最适合不回转的精密滑动配合，也用于插销等定位配合，如精密连杆轴承、活塞及滑阀、连杆销等 钻套与衬套的结合
	h	多用于 IT4～IT11，广泛用于无相对转动的零件，作为一般的定位配合。若没有温度、变形影响，也用于精密滑动配合 车床尾座体孔与顶尖套筒的结合

续表

配　合	基本偏差	配合特性	应用实例
过渡配合	js	为完全对称偏差（±IT/2），平均起来为稍有间隙的配合，多用于 IT4～IT7，要求间隙比 h 轴小，并允许有过盈的定位配合，如联轴器，可用手或木锤装配	 齿圈与钢轮辐的结合
	k	平均起来没有间隙的配合，适用于 IT4～IT7，推荐用于稍有过盈的定位配合，如为了消除振动用的定位配合，一般用木锤装配	 某车床主轴后轴承座与箱体孔的结合
	m	平均起来具有不大过盈的过渡配合。适用于 IT4～IT7，一般可用木锤装配，但在最大过盈时，要求相当的压入力	 蜗轮青铜轮缘与轮辐的结合
	n	平均过盈比 m 轴稍大，很少得到间隙，适用于 IT4～IT7，用锤或压力机装配，推荐用于紧密的组件配合，H6/n5 配合时为过盈配合	 冲床齿轮与轴的结合

配　　合	基本偏差	配合特性	应用实例
过盈配合	p	与 H6 或 H7 配合时是过盈配合，与 H8 孔配合时则为过渡配合。对非铁制零件，为较轻的压入配合，当需要时易于拆卸。对钢、铸铁或钢组件装配是标准压入配合	 卷扬机的绳轮与齿圈的结合
	r	对铁制零件为中等打入配合，对非铁制零件，为轻打入的配合，当需要时可以拆卸。与 H8 孔配合，直径在 100 mm 以上时为过盈配合，直径小时为过渡配合	 蜗轮与轴的结合
	s	用于钢和铁制零件的永久性和半永久性装配，可产生相当大的结合力。当用弹性材料，如轻合金时，配合性质与铁制零件的 p 公差的轴相当。例如，套环压装在轴上、阀座等配合。尺寸较大时，为了避免损伤配合表面，需用热胀或冷缩法装配	 水泵阀座与壳体的结合
	t u v x y z	过盈量依次增大，一般不推荐	 联轴器与轴的结合

第四节　机械尺寸精度设计标准的应用

正确合理地选择和应用极限与配合，是机械设计中的关键环节，是关系到产品使用性能和制造成本的一项重要工作。几乎所有机器中的零件连接都少不了孔、轴结合的形式，这种结合的意义不仅在于把零件组装到一起，而更重要的是要保证机器的正常工作。为此，孔、轴的结合特性应与机器的使用要求相适应，也就是孔、轴的极限与配合的含义。如果极限与配合选用不当，将会影响机器的使用性能，甚至不能进行工作。例如，测绘制造的机械产品，其所用的材料、零件的尺寸和结构形状完全与原机一样，但使用性能却远不及原机优良。只有经过反复试验，修改所选用的公差与配合后，产品的技术性能才达到了原机水平。这样的实例在生产实践中是经常遇到的。机械尺寸精度设计标准的应用主要是两个方面的内容。

（1）根据产品使用性能要求所提出的极限间隙（或极限过盈），设计者选择适当的公差配合，即确定配合代号。

（2）工艺人员根据图样上的配合代号，通过查表确定孔、轴的极限偏差和零件的公差数值，以便合理地确定工艺系统和工艺过程。

一、根据极限间隙（或极限过盈）确定公差与配合

（1）由极限间隙（或极限过盈）求配合公差 T_f。

$$T_f = X_{max} - X_{min} = Y_{min} - Y_{max} = X_{max} - Y_{max}$$

（2）根据配合公差 T_f 求孔、轴公差。

由前面可知：$T_f = T_h + T_s$，查标准公差表，可得到孔、轴的公差等级。如果在公差表中找不到任何两个相邻或相同等级的公差之和恰为配合公差，此时应按式（1-9）确定孔、轴的公差等级：

$$IT_h + IT_s \leqslant T_f \qquad\qquad (1-9)$$

式（1-9）中，IT_h 为孔的公差值，IT_s 为轴的公差值。同时考虑到孔、轴精度匹配和"工艺等价原则"，孔和轴的公差等级应相同或孔比轴低一级，切不可为满足式（1-9）要求的关系而用任意两个公差等级进行组合。

（3）确定基准制。

（4）由极限间隙（或极限过盈）确定非基准件的基本偏差代号。

① 基孔制：

a. 间隙配合轴的基本偏差为上极限偏差 es，且为负值，其公差带在零线以下，如图 1-24 所示。可知，轴的基本偏差 $|es| = X_{min}$。根据计算结果 es 查轴的基本偏差表便可得到轴的基本偏差代号。如果表中没有哪一个代号的数值与计算出的数值 es 相同，则应近似地选择 $es' \leqslant es$，使得 $X'_{min} \geqslant X_{min}$；其中 X'_{min} 为选取的基本偏差 es' 形成的最小间隙。

b. 过盈配合轴的基本偏差为下极限偏差 ei，且为正值，其公差带在零线以上，如图 1-25 所示。可知，轴的基本偏差 $|ei| = ES + |Y_{min}|$。根据计算结果 ei 查轴的基本偏差表便可得到轴的基本偏差代号。如果表中没有哪一个代号的数值与计算出的数值 ei 相同，则应近似地选

择 ei′≥ei，使得 $|Y'_{min}|≥|Y_{min}|$ ，其中 Y'_{min} 为选取的基本偏差 ei′形成的最小过盈。

图 1-24　基孔制间隙配合的　　　　图 1-25　基孔制过盈配合的
　　　　孔、轴公差带图　　　　　　　　　　孔、轴公差带图

c. 过渡配合轴的基本偏差为下极限偏差。但从轴的基本偏差表可以看出，其值有正有负，有时也为零，如图 1-26 所示。由图 1-27 可知，轴的基本偏差均为 ei = T_h – X_{max} （也可直接计算轴的上极限偏差 es = $|Y_{max}|$ 和下极限偏差 ei = T_h – X_{max}）。

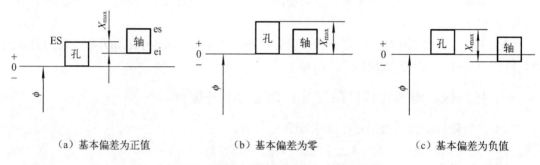

（a）基本偏差为正值　　　　　（b）基本偏差为零　　　　　（c）基本偏差为负值

图 1-26　基孔制过渡配合的孔、轴公差带图

根据计算结果、ei 查轴的基本偏差表便可得到轴的基本偏差代号。如果表中没有哪一个代号的数值与计算出的数值 ei 相同，则应近似地选择 ei′≥ei，使得 $X'_{max}≤X_{max}$ ，其中 X'_{max} 为选取的基本偏差 ei′形成的最大间隙。

② 基轴制：

a. 间隙配合孔的基本偏差为下极限偏差，且为正值，其公差带在零线以上，如图 1-27 所示。根据孔的基本偏差 EI = X_{min} 查取孔的基本偏差代号。如果表中没有哪一个代号的数值与计算出的数值 EI 相同，则应近似地选择 EI′≥EI，使得 $X'_{min}≥X_{min}$ ，其中 X'_{min} 为选取的基本偏差 EI′形成的最小间隙。

b. 过盈配合孔的基本偏差为上极限偏差，且为负值，其公差带在零线以下，如图 1-28 所示。孔的基本偏差为 ES = Y_{min} + ei。由孔的基本偏差表，可按计算出的 ES 查取孔的基本偏差代号。如果表中没有哪一个代号的数值与计算出的数值 ES 相同，则应近似地选择 ES′≤ES，使得 $|Y'_{min}|≥|Y_{min}|$ ，其中 Y'_{min} 为选取的基本偏差 ES′形成的最小过盈。

c. 过渡配合孔的基本偏差为上极限偏差，但其值有正也有负，有时为零，如图 1-29 所示。可知，孔的基本偏差为 ES = X_{max} – T_s。按计算出的 ES 值查孔的基本偏差表，即可获得孔的基本偏差代号。如果表中没有哪一个代号的数值与计算出的数值 ES 相同，则应近似地选择 ES′≤ES，使得 $X'_{max}≤X_{max}$ ，其中 X'_{max} 为选取的基本偏差 ES′形成的最大间隙。

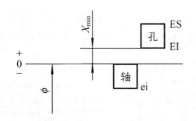

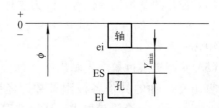

图1-27　基轴制间隙配合的孔、轴公差带图　　　　图1-28　基轴制过盈配合的孔、轴公差带图

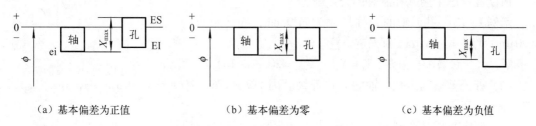

（a）基本偏差为正值　　　　　（b）基本偏差为零　　　　　（c）基本偏差为负值

图1-29　基轴制过渡配合的孔、轴公差带图

当取近似代号时，所遵守的原则与基孔制相同。

（5）验算极限间隙或极限过盈。

首先按孔、轴的标准公差计算出另一极限偏差，然后按所取的配合代号计算极限间隙或极限过盈，看是否符合由已知条件限定的极限间隙或极限过盈。如果验算结果不符合设计要求，可采用更换基本偏差代号或变动孔、轴公差等级的方法来改变极限间隙或极限过盈的大小，直至所选用的配合符合实际要求为止。

示例1-10　孔、轴的公称尺寸为 $\phi30$ mm，要求配合间隙为 $X_{\min} = +20$ μm，$X_{\max} = +55$ μm。试确定公差配合。

解：（1）计算配合公差：$T_f = X_{\max} - X_{\min} = 55 - 20 = +35$ μm。

（2）查公差表确定孔、轴的公差等级。因 IT7 + IT6 = 21 + 13 = 34 μm < 35 μm，故孔用 IT7，轴用 IT6。

（3）假定采用基孔制。

（4）查轴的基本偏差表。根据 es = $-X_{\min}$ = -20 μm，查表确定轴的基本偏差代号为 f（其值为 -20 μm）。

（5）验算极限间隙。先画出孔、轴公差带图，如图1-30所示，并计算出孔、轴的其他各极限偏差，经验算可得 $X'_{\min} = +20$ μm，$X'_{\max} = +54$ μm，故所选配合 $\phi30$ H7/f6 是合适的。

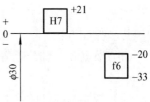

图1-30　孔、轴公差带

请读者考虑采用基轴制时的公差配合。

示例1-11　孔、轴的公称尺寸为 $\phi30$ mm，配合要求为 $Y_{\min} = -26$ μm，$Y_{\max} = -63$ μm。试确定公差配合。

解：（1）计算配合公差：$T_f = Y_{\min} - Y_{\max} = -26 - (-63) = +37$ μm。

（2）查公差表确定孔、轴的公差等级。因 IT7 + IT6 = 21 + 13 = 34 μm < 37 μm，故孔用 IT7，轴用 IT6。

（3）假定采用基轴制。

（4）查孔的基本偏差代号。因为这是一个过盈配合，所以孔的基本偏差应为上极限偏差 $ES = Y_{min} + ei = -26 - (-13) = -39\ \mu m$。查孔的基本偏差表，可得孔的偏差代号为 U（其值为 $-40\ \mu m$）。

（5）验算极限过盈。先画出孔、轴公差带图，如图 1-31 所示，并计算出孔、轴的其他各极限偏差，经验算可得 $Y'_{min} = -27\ \mu m$，$Y'_{max} = -61\ \mu m$，符合设计要求，所以选取的配合代号为 $\phi 30$ U7/h6。

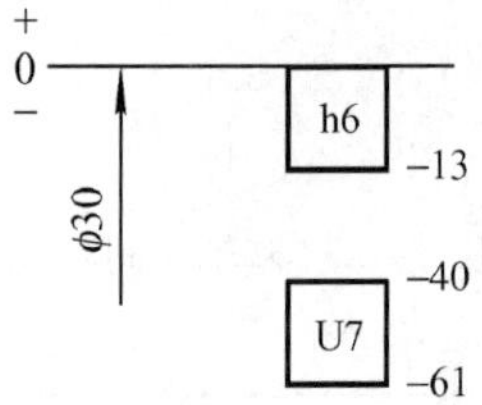

请读者考虑采用基孔制时的公差配合。

示例 1-12　孔、轴的公称尺寸为 $\phi 30$ mm，配合要求为 $X_{max} = +20\ \mu m$，$Y_{max} = -16\ \mu m$。试确定公差配合。

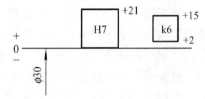

图 1-31　孔、轴公差带

解：（1）计算配合公差：$T_f = X_{max} - Y_{max} = 20 - (-16) = +36\ \mu m$

（2）查公差表确定孔、轴的公差等级。因 IT7 + IT6 = 21 + 13 = 34 μm < 36 μm，故孔用 IT7，轴用 IT6。

（3）假定采用基孔制。

（4）查轴的基本偏差代号。因为已知条件给定的是最大间隙和最大过盈，所以这是一个过渡配合。轴的基本偏差为下极限偏差，其值为 $ei = T_h - X_{max} = 21 - 20 = +1\ \mu m$。查轴的基本偏差表，可取轴的偏差代号为 k（其值为 $+2\ \mu m$）。

（5）验算最大间隙和最大过盈。先画出孔、轴公差带图，如图 1-32 所示，并计算出孔、轴的其他各极限偏差。经验算可得 $X'_{max} = +19\ \mu m$，$Y'_{max} = -15\ \mu m$。符合设计要求，所以选取的配合代号为 $\phi 30$ H7/k6。

请读者考虑采用基轴制时的公差配合。

图 1-32　孔、轴公差带

二、根据配合代号确定孔、轴的公差和极限偏差

工艺人员在制定工艺过程时，必须根据图样给定的配合代号求得孔、轴的公差和极限偏差。其步骤如下：

（1）根据孔、轴公差等级查标准公差值。以 $\phi 30$H7/t6 为例，查得 IT7 = 21 μm，IT6 = 13 μm。

（2）查非基准件的基本偏差值。本例 t 为非基准件的基本偏差（下极限偏差）代号，它的数值 $ei = +41\ \mu m$。

（3）计算另一极限偏差的数值。$ES = +21\ \mu m$，$es = +54\ \mu m$。

（4）画公差带图（见图 1-33）并计算极限间隙或极限过盈和配合公差。这是一个过盈配合，有

$$Y_{min} = ES - ei = -20\ \mu m$$
$$Y_{max} = EI - es = -54\ \mu m$$

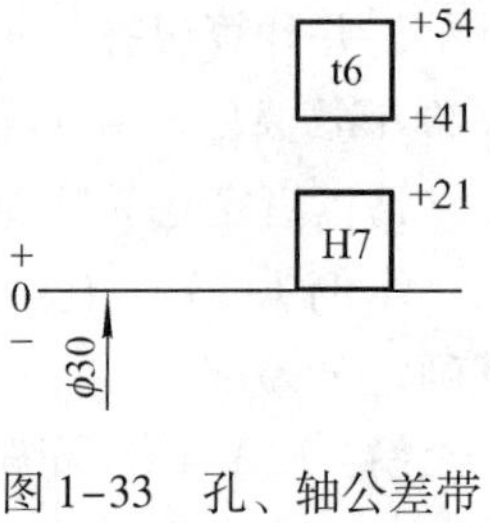

配合公差

$$T_f = Y_{min} - Y_{max} = 34\ \mu m$$

图 1-33　孔、轴公差带

工艺人员可根据孔、轴公差数值和极限偏差数值选择加工设备，制定工艺程序。

第五节　线性尺寸的一般公差

对功能上无特殊要求的要素可给出一般公差。一般公差可应用在线性尺寸、角度尺寸、形状和位置等级和要素。为了明确而统一地处理这类尺寸的公差要求问题，国家标准 GB/T 1804—2000 规定了线性尺寸一般公差的等级和极限偏差。

线性和角度的一般公差是指在车间普通工艺条件下，机床设备可保证的尺寸公差。在正常维护和操作情况下，它代表车间正常的加工精度，一般可不用检验。

线性尺寸的一般公差主要用于较低精度的非配合尺寸。

线性尺寸的一般公差规定了四个公差等级：f（精密级）、m（中等级）、c（粗糙级）、v（最粗级）。每个公差等级都规定了相应的极限偏差（见附表 1-7 和附表 1-8）。

规定图样上线性尺寸的未注公差时，应考虑车间的一般加工精度，选取标准规定的公差等级，由相应的技术文件或标准作出具体的规定。

采用 GB/T 1804—2000 规定的一般公差，应在图样标题栏附近或技术要求、技术文件（如企业标准）中注出本标准号及公差等级代号。例如，选用中等级时，标注为：GB/T 1804 – m。

该标准规定的线性尺寸未注公差，适用于金属切削加工的尺寸，也适用于一般冲压加工的尺寸。非金属材料和其他工艺方法加工的尺寸可参照采用。

本　章　小　结

1. 主要内容

（1）有关孔、轴、尺寸、偏差、公差及配合的相关术语及定义。

（2）国家标准所规定的标准公差、基本偏差、一般公差及公差带与配合在图样上的标注。

（3）公差与配合的选择。

（4）极限与配合国家标准的应用。

2. 新旧国标对比

（1）标准名称增加了引导要素：产品几何技术规范（GPS）。

（2）部分术语作了修改，例如："基本尺寸"改为"公称尺寸"，"上偏差"和"下偏差"分别修改为"上极限偏差"和"下极限偏差"等。

习　题

1-1　零件的实际（组成）要素越接近其公称尺寸，是否它们的加工精度就越高？为什么？

1-2　一批零件的尺寸公差为 0.025 mm，完工后经检测发现，这批零件的实际（组成）要素最大与最小之差为 0.020 mm。能否说明这批零件的尺寸都合格？为什么？

1-3　按 ϕ50H7 加工一批零件，完工后经检测知道，最大的实际（组成）要素为 50.03 mm，最小的实际（组成）要素为 50.01 mm。问这批零件的尺寸是否都合格？为什么？

1-4　查表计算下列配合的极限间隙或极限过盈，并画出孔、轴公差带图，说明各属于哪种配合。

（1）ϕ20H8/f7　（2）ϕ18H7/r6　（3）ϕ50K7/h6　（4）ϕ40H7/js6

（5）ϕ30T7/h6　（6）ϕ25H7/p6

1-5　按下列条件确定公差配合，并写出配合代号。

（1）D(d) = ϕ30 mm，X_{min} = 107 μm，Tf = 44 μm；

（2）D(d) = ϕ50 mm，Tf = 44 μm；ei = +9 μm；

（3）D(d) = ϕ20 mm，Y_{max} = -48 μm，ei = +35 μm，ES = +21 μm。

（4）D(d) = ϕ25 mm，EI = 0，Ts = 13 μm，X_{max} = +74 μm，X_{min} = +40 μm；

1-6　更正下列标注的错误。

（1）ϕ60 $_{-0.033}^{-0.052}$　　　　（2）ϕ30 $_{0}^{-0.021}$　　　　（3）ϕ50 $\dfrac{f7}{H8}$　　　　（4）ϕ60H8$_{0}^{0.032}$

1-7　根据已经提供的数据填写表 1-11 的空白处。

表 1-11　题 1-7

序　号	公称尺寸/mm	极限尺寸/mm	极限偏差/μm	公差值/μm	尺寸标注/mm
1	轴 ϕ30		es = -20 ei = -33		
2	轴 ϕ40				ϕ40 $_{-0.034}^{-0.009}$
3	轴 ϕ50	50.015 49.990			
4	孔 ϕ60		ES = EI = 0	60	
5	孔 ϕ70	70.015 69.985			
6	孔 ϕ80		ES = EI = +36	35	

1-8　查表计算下列配合的极限间隙或极限过盈，并画出孔、轴的公差带图，说明属于哪种配合？

（1）ϕ20H8/f6　　（2）ϕ18H7/r6　　（3）ϕ45K7/h6　　（4）ϕ50H7/js6

（5）ϕ25H7/h6　　（6）ϕ20H7/p6

附　表　一

附表1-1　标准公差数值表（GB/T 1800.1—2009）

公称尺寸/mm		标准公差等级																	
		IT1	IT2	IT3	IT4	IT5	IT6	IT7	IT8	IT9	IT10	IT11	IT12	IT13	IT14	IT15	IT16	IT17	IT18
大于	至	μm											mm						
–	3	0.8	1.2	2	3	4	6	10	14	25	40	60	0.1	0.14	0.25	0.4	0.6	1	1.4
3	6	1	1.5	2.5	4	5	8	12	18	30	48	75	0.12	0.18	0.3	0.48	0.75	1.2	1.8
6	10	1	1.5	2.5	4	6	9	15	22	36	58	90	0.15	0.22	0.36	0.58	0.9	1.5	2.2
10	18	1.2	2	3	5	8	11	18	27	43	70	110	0.18	0.27	0.43	0.7	1.1	1.8	2.7
18	30	1.5	2.5	4	6	9	13	21	33	52	84	130	0.21	0.33	0.52	0.84	1.3	2.1	3.3
30	50	1.5	2.5	4	7	11	16	25	39	62	100	160	0.25	0.39	0.62	1	1.6	2.5	3.9
50	80	2	3	5	8	13	19	30	46	74	120	190	0.3	0.46	0.74	1.2	1.9	3	4.6
80	120	2.5	4	6	10	15	22	35	54	87	140	220	0.35	0.54	0.87	1.4	2.2	3.5	5.4
120	180	3.5	5	8	12	18	25	40	63	100	160	250	0.4	0.63	1	1.6	2.5	4	6.3
180	250	4.5	7	10	14	20	29	46	72	115	185	290	0.46	0.72	1.15	1.85	2.9	4.6	7.2
250	315	6	8	12	16	23	32	52	81	130	210	320	0.52	0.81	1.3	2.1	3.2	5.2	8.1
315	400	7	9	13	18	25	36	57	89	140	230	360	0.57	0.89	1.4	2.3	3.6	5.7	8.9
400	500	8	10	15	20	27	40	63	97	155	250	400	0.63	0.97	1.55	2.5	4	6.3	9.7
500	630	9	11	16	22	32	44	70	110	175	280	440	0.7	1.1	1.75	2.8	4.4	7	11
630	800	10	13	18	25	36	50	80	125	200	320	500	0.8	1.25	2	3.2	5	8	12.5
800	1 000	11	15	21	28	40	56	90	140	230	360	560	0.9	1.4	2.3	3.6	5.6	9	14
1 000	1 250	13	18	24	33	47	66	105	165	260	420	660	1.05	0.65	2.6	4.2	6.6	10.5	16.5
1 250	1 600	15	21	29	39	55	78	125	195	310	500	780	1.25	1.95	3.1	5	7.8	12.5	19.5
1 600	2 000	18	25	35	46	65	92	150	230	370	600	920	1.5	2.3	3.7	6	9.2	15	23
2 000	2 500	22	30	41	55	78	110	175	280	440	700	1 100	1.75	2.8	4.4	7	11	17.5	28
2 500	3 150	26	36	50	68	96	135	210	330	540	860	1 350	2.1	3.3	5.4	8.6	13.5	21	33

注：1. 公称尺寸大于 500 mm 的 IT1～IT5 的标准公差数值为试行的。

　　2. 公称尺寸不大于 1 mm 时，无 IT14～IT18。

附表 1-2　尺寸至 500 mm 轴的基本偏差数值表（GB/T 1800.1-2009）　　　单位：μm

公称尺寸/mm		基本偏差数值											
		上极限偏差 es											
		所有标准公差等级											
大于	至	a	b	c	cd	d	e	ef	f	fg	g	h	js
—	3	−270	−140	−60	−34	−20	−14	−10	−6	−4	−2	0	
3	6	−270	−140	−70	−46	−30	−20	−14	−10	−6	−4	0	
6	10	−280	−150	−80	−56	−40	−25	−18	−13	−8	−5	0	
10	14	−290	−150	−95		−50	−30		−16		−6	0	
14	18												
18	24	−300	−160	−110		−65	m −40		−20		−7	0	
24	30												
30	40	−310	−170	−120		−80	−50		−25		−9	0	
40	50	−320	−180	−130									
50	65	−340	−190	−140		−100	−60		−30		−10	0	
65	80	−360	−200	−150									
80	100	−380	−220	−170		−120	−72		−36		−12	0	
100	120	−410	−240	−180									
120	140	−460	−260	−200		−145	−85		−43		−14	0	
140	160	−520	−280	−210									
160	180	−580	−310	−230									
180	200	−660	−340	−230		−147	−100		−50		−15	0	偏差 = ± $\dfrac{\mathrm{IT}n}{2}$ 式中 IT_n 是 IT 数值
200	225	−740	−380	−260									
225	250	−820	−420	−280									
250	280	−920	−480	−300		−190	−110		−56		−17	0	
280	315	−1050	−540	−330									
315	355	−1200	−600	−360		−210	−125		−62		−18	0	
355	400	−1350	−680	−400									
400	450	−1500	−760	−440		−230	−135		−68		−20	00	
450	500	−1650	−840	−480									
500	560					−260	−145		−76		−22		
560	630												
630	710					−290	−160		−80		−24	0	
710	800												
800	900					−320	−170		−86		−26	0	
900	1 000												
1 000	1 120					−350	−195		−98		−28	0	
1 120	1 250												
1 250	1 400					−390	−220		−110		−30	0	
1 400	1 600												
1 600	1 800					−430	−240		−120		−32	0	
1 800	2 000												
2 000	2 240					−480	−260		−130		−34	0	
2 240	2 500												
2 500	2 800					−520	−260		−145		−38	0	
2 800	3 150												

续表

基本偏差数值 — 下极限偏差 ei — 所有标准公差等级

公称尺寸/mm 大于	至	IT5和IT6 (j)	IT7 (j)	IT8 (j)	IT4~IT7 (k)	≤IT3 >IT7 (k)	m	n	p	r	s	t	u	v	x	y	z	za	zb	zc
—	3	−2	−4	−6	0	0	+2	+4	+6	+10	+14		+18		+20		+26	+32	+40	+60
3	6	−2	−4		+1	0	+4	+8	+12	+15	+19		+23		+28		+35	+42	+50	+80
6	10	−2	−5		+1	0	+6	+10	+15	+19	+23		+28		+34		+42	+52	+67	+97
10	14	−3	−6		+1	0	+7	+12	+18	+23	+28		+33		+40		+50	+64	+90	
14	18													+39	+45		+60	+77	+108	
18	24	−4	−8		+2	0	+8	+15	+22	+28	+35		+41	+47	+54	+63	+73	+98	+136	+188
24	30											+41	+48	+55	+64	+75	+88	+118	+160	+218
30	40	−5	−10		+2	0	+9	+17	+26	+34	+43	+48	+60	+68	+80	+94	+112	+148	+200	+274
40	50											+54	+70	+81	+97	+114	+136	+180	+242	+325
50	65	−7	−12		+2	0	+11	+20	+32	+41	+53	+66	+87	+102	+122	+144	+172	+226	+300	+405
65	80									+43	+59	+75	+102	+120	+146	+174	+210	+274	+360	+480
80	100	−9	−15		+3	0	+13	+23	+37	+51	+71	+91	+124	+146	+178	+214	+258	+335	+445	+585
100	120									+54	+79	+104	+144	+172	+210	+254	+310	+400	+525	+690
120	140	−11	−18		+3	0.	+15	+27	+43	+63	+92	+122	+170	+202	+248	+300	+365	+470	+620	+800
140	160									+65	+100	+134	+190	+228	+280	+340	+415	+535	+700	+900
160	180									+68	+108	+146	+210	+252	+310	+380	+465	+600	+780	+1 000
180	200	−13	−21		+4	0	+17	+31	+50	+77	+122	+166	+236	+284	+350	+425	+520	+670	+880	+1 150
200	225									+80	+130	+180	+258	+310	+385	+470	+575	+740	+960	+1 250
225	250									+84	+140	+196	+284	+340	+425	+520	+640	+820	+1 050	+1 350
250	280	−16	−26		+4	0	+20	+34	+56	+94	158	+218	+315	+385	+475	+580	+710	+920	+1 200	+1 550
280	315									+98	+170	+240	+350	+425	+525	+650	+790	+1 000	+1 300	+1 770
315	355	−18	−28		+4	0	+21	+37	+62	+108	+190	+268	+390	+475	+590	+730	+900	+1 150	+1 500	+1 900
355	400									+114	+208	+294	+435	+530	+660	+820	+1 000	+1 300	+1 650	+2 100
400	450	−20	−32		+5	0	+23	+40	+68	+126	+232	+330	+490	+595	+740	+920	+1 100	+1 450	+1 850	+2 400
450	500									+132	+252	+360	+540	+660	+820	+1 000	+1 250	+1 600	+2 100	+2 600
500	560				0	0	+26	+44	+78	+150	+280	+400	+600							
560	630									+155	+310	+450	+660							
630	710				0	0	+30	+50	+88	+175	+340	+500	+740							
710	800									+185	+380	+560	+840							
800	900				0	0	+34	+56	+100	+210	+430	+620	+940							
900	1 000									+220	+470	+680	+1 050							
1 000	1 120				0	0	+40	+66	+120	+250	+520	+780	+1 150							
1 120	1 250									+260	+580	+840	+1 300							
1 250	1 400				0	0	+48	+78	+140	+300	+640	+960	+1 450							
1 400	1 600									+330	+720	+1 050	+1 600							
1 600	1 800				0	0	+58	+92	+170	+370	+820	+1 200	+1 850							
1 800	2 000									+400	+920	+1 350	+2 000							
2 000	2 240				0	0	+68	+110	+195	+440	+1 000	+1 500	+2 300							
2 240	2 500									+460	+1 100	+1 650	+2 500							
2 500	2 800				0	0	+76	+135	+240	+550	+1 250	+1 900	+2 900							
2 800	3 150									+580	+1 400	+2 100	+3 200							

注：1. 公称尺寸小于或等于 1 mm 时，基本偏差 a 和 b 均不采用。

　　2. 公差带 js7 ～ js11，若 IT_n 数值是奇数，则取偏差 $= \pm \dfrac{IT_n - 1}{2}$

附表1-3　尺寸至 500 mm 孔的基本偏差数值（GB/T 1800.1—2009）　　单位：μm

公称尺寸/mm 大于	至	A	B	C	CD	D	E	EF	F	FG	G	H	JS	J IT6	J IT7	J IT8	K ≤IT8	K >IT8	M ≤IT8	M >IT8	N ≤IT8	N >IT8	P至ZC ≤IT7
—	3	+270	+140	+60	+34	+20	+14	+10	+6	+4	+2	0		+2	+4	+6	0	0	−2	−2	−4	−4	−4
3	6	+270	+140	+70	+46	+30	+20	+14	+10	+6	+4	0		+5	+6	+10	−1 +Δ		−4 +Δ	−4	−8 +Δ		0
6	10	+280	+150	+80	+56	+40	+25	+18	+13	+8	+5	0		+5	+8	+12	−1 +Δ		−6 +Δ	−6	−10 +Δ		0
10	14	+290	+150	+95		+50	+32		+16		+6	0		+6	+10	+15	−1 +Δ		−7 +Δ	−7	−12 +Δ		0
14	18	+290	+150	+95		+50	+32		+16		+6	0		+6	+10	+15	−1 +Δ		−7 +Δ	−7	−12 +Δ		0
18	24	+300	+160	+110		+65	+40		+20		+7	0		+8	+12	+20	−2 +Δ		−8 +Δ	−8	−15 +Δ		0
24	30	+300	+160	+110		+65	+40		+20		+7	0		+8	+12	+20	−2 +Δ		−8 +Δ	−8	−15 +Δ		0
30	40	+310	+170	+120		+80	+50		+25		+9	0		+10	+14	+24	−2 +Δ		−9 +Δ	−9	−17 +Δ		0
40	50	+320	+180	+130		+80	+50		+25		+9	0		+10	+14	+24	−2 +Δ		−9 +Δ	−9	−17 +Δ		0
50	65	+340	+190	+140		+100	+60		+30		+10	0		+13	+18	+28	−2 +Δ		−11 +Δ	−11	−20 +Δ		0
65	80	+360	+200	+150		+100	+60		+30		+10	0		+13	+18	+28	−2 +Δ		−11 +Δ	−11	−20 +Δ		0
80	100	+380	+220	+170		+120	+72		+36		+12	0		+16	+22	+34	−3 +Δ		−13 +Δ	−13	−23 +Δ		0
100	120	+410	+240	+180		+120	+72		+36		+12	0		+16	+22	+34	−3 +Δ		−13 +Δ	−13	−23 +Δ		0
120	140	+460	+260	+200		+145	+85		+43		+14	0		+18	+26	+41	−3 +Δ		−15 +Δ	−15	−27 +Δ		0
140	160	+520	+280	+210		+145	+85		+43		+14	0		+18	+26	+41	−3 +Δ		−15 +Δ	−15	−27 +Δ		0
160	180	+580	+310	+230		+145	+85		+43		+14	0		+18	+26	+41	−3 +Δ		−15 +Δ	−15	−27 +Δ		0
180	200	+660	+340	+240		+170	+100		+50		+15	0		+22	+30	+47	−4 +Δ		−17 +Δ	−17	−31 +Δ		0
200	225	+740	+380	+260		+170	+100		+50		+15	0		+22	+30	+47	−4 +Δ		−17 +Δ	−17	−31 +Δ		0
225	250	+820	+420	+280		+170	+100		+50		+15	0		+22	+30	+47	−4 +Δ		−17 +Δ	−17	−31 +Δ		0
250	280	+920	+480	+300		+190	+110		+56		+17	0		+25	+36	+55	−4 +Δ		−20 +Δ	−20	−34 +Δ		0
280	315	+1050	+540	+330		+190	+110		+56		+17	0		+25	+36	+55	−4 +Δ		−20 +Δ	−20	−34 +Δ		0
315	355	+1200	+600	+360		+210	+125		+62		+18	0		+29	+39	+60	−4 +Δ		−21 +Δ	−21	−37 +Δ		0
355	400	+1350	+680	+400		+210	+125		+62		+18	0		+29	+39	+60	−4 +Δ		−21 +Δ	−21	−37 +Δ		0
400	450	+1500	+760	+440		+230	+135		+68		+20	0		+33	+43	+66	−5 +Δ		−23 +Δ	−23	−40 +Δ		0
450	500	+1650	+840	+480		+230	+135		+68		+20	0		+33	+43	+66	−5 +Δ		−23 +Δ	−23	−40 +Δ		0
500	560					+260	+145		+76		+22	0					0		−26		−44		
560	630					+260	+145		+76		+22	0					0		−26		−44		
630	710					+290	+160		+80		+24	0					0		−30		−50		
710	800					+290	+160		+80		+24	0					0		−30		−50		
800	900					+320	+170		+86		+26	0					0		−34		−56		
900	1 000					+320	+170		+86		+26	0					0		−34		−56		
1 000	1 120					+350	+195		+98		+28	0					0		−40		−66		
1 120	1 250					+350	+195		+98		+28	0					0		−40		−66		
1 250	1 400					+390	+220		+110		+30	0					0		−48		−78		
1 400	1 600					+390	+220		+110		+30	0					0		−48		−78		
1 600	1 800					+430	+240		+120		+32	0					0		−58		−92		
1 800	2 000					+430	+240		+120		+32	0					0		−58		−92		
2 000	2 240					+480	+260		+130		+34	0					0		−68		−110		
2 240	2 500					+480	+260		+130		+34	0					0		−68		−110		
2 500	2 800					+520	+290		+145		+38	0					0		−76		−135		
2 800	3 150					+520	+290		+145		+38	0					0		−76		−135		

JS 列：偏差 $=\pm\dfrac{ITn}{2}$　式中 ITn 是 IT 数值

P至ZC 列：在大于 IT7 的相应数值上增加一个 Δ 值

续表

公称尺寸/mm		基本偏差数值 上极限偏差 ES 标准公差等级大于 IT7												Δ 值 标准公差等级					
大于	至	P	R	S	T	U	V	X	Y	Z	ZA	ZB	ZC	IT3	IT4	IT5	IT6	IT7	IT8
—	3	−6	−10	−14		−18		−20		−26	−32	−40	−60	0	0	0	0	0	0
3	6	−12	−15	−19		−23		−28		−35	−42	−50	−80	1	1.5	1	3	4	6
6	10	−15	−19	−23		−28		−34		−42	−52	−67	−97	1	1.5	2	3	6	7
10	14	−18	−23	−28		−33		−40		−50	−64	−90	−130	1	2	3	3	7	9
14	18	−18	−23	−28		−33	−39	−45		−60	−77	−108	−150						
18	24	−22	−28	−35		−41	−47	−54	−63	−73	−98	−136	−188	1.5	2	3	4	8	12
24	30	−22	−28	−35	−41	−48	−55	−64	−75	−88	−118	−160	−218						
30	40	−26	−34	−43	−48	−60	−68	−80	−94	−112	−148	−200	−274	1.5	3	4	5	9	14
40	50	−26	−34	−43	−54	−70	−81	−97	−114	−136	−180	−242	−325						
50	65	−32	−41	−53	−66	−87	−102	−122	−144	−172	−226	−300	−405	2	3	5	6	11	16
65	80	−32	−43	−59	−75	−102	−120	−146	−174	−210	−274	−360	−480						
80	100	−37	−51	−71	−91	−124	−146	−178	−214	−258	−335	−445	−585	2	4	5	7	13	19
100	120	−37	−54	−79	−104	−144	−172	−210	−254	−310	−400	−525	−690						
120	140	−43	−63	−92	−122	−170	−202	−248	−300	−365	−470	−620	−800	3	4	6	7	15	23
140	160	−43	−65	−100	−134	−190	−228	−280	−340	−415	−535	−700	−900						
160	180	−43	−68	−108	−146	−210	252	−310	−380	−465	−600	−780	−1 000						
180	200	−50	−77	−122	−166	−236	−284	−350	−425	−520	−670	−880	−1 150	3	4	6	9	17	26
200	225	−50	−80	−130	−180	−258	−310	−385	−470	−575	−740	−960	−1 250						
225	250	−50	−84	−140	−196	−284	−340	−428	−520	−640	−820	−1 050	−1 350						
250	280	−56	−94	−158	−218	−315	−385	−475	−580	−710	−920	−1 200	−1 550	4	4	7	9	20	29
280	315	−56	−98	−170	−240	−350	−425	−525	−650	−790	−1 000	−1 300	−1 700						
315	355	−62	−108	−190	−268	−390	−475	−590	−730	−900	−1 150	−1 500	−1 900	4	5	7	11	21	32
355	400	−62	−114	−208	−294	−435	−530	−660	−820	−1 000	−1 300	−1 650	−2 100						
400	450	−68	−126	−232	−330	−490	−595	−740	−920	−1 100	−1 450	−1 850	−2 400	5	5	7	13	23	34
450	500	−68	−132	−252	−360	−540	−660	−820	−1 000	−1 250	−1 600	−2 600	−2 600						
500	560	−78	−150	−280	−400	−600													
560	630	−78	−155	−310	−450	−660													
630	710	−88	−175	−340	−500	−740													
710	800	−88	−185	−380	−560	−840													
800	900	−100	−210	−430	−620	−940													
900	1 000	−100	−220	−470	−680	−1 050													
1 000	1 120	−120	−250	−520	−780	−1 150													
1 120	1 250	−120	−260	−580	−840	−1 300													
1 250	1 400	−140	−300	−640	−960	−1 450													
1 400	1 600	−140	−330	−720	−1 050	−1 600													
1 600	1 800	−170	−370	−820	−1 200	−1 850													
1 800	2 000	−170	−400	−920	−1 350	−2 000													
2 000	2 240	−195	−440	−1 000	−1 500	−2 300													
2 240	2 500	−195	−460	−1 100	−1 650	−2 500													
2 500	2 800	−240	−550	−1 250	−1 900	−2 900													
2 800	3 150	−240	−580	−1 400	−2 100	−3 200													

注：1. 公称尺寸小于或等于 1 mm 时，基本偏差 A 和 B 及大于 IT8 的 N 均不采用。

2. 公差带 IS7～IS11，若 IT_n 值数是基数，则取偏差 $= \pm \dfrac{IT_n - 1}{2}$。

3. 对不大于 IT8 的 K、M、N 和不大于 IT7 的 P 至 ZC，所需 Δ 值从表内右侧选取。

　　例如：大于 18 至 30 mm 段的 K7——Δ=8 μm，所以 ES = −2+8 = +6 μm；

　　大于 18 至 30 mm 段的 S6——Δ=4 μm，所以 ES = −35+4 = −31 μm。

4. 特殊情况：>250～315 mm 段的 Mδ，ES = −9 μm（代替 −11 μm）

附表 1-4　孔的优先公差带的极限偏差（GB/T 1800.2—2009）　　单位：μm

公称尺寸/mm	公差带 C11	D9	F8	G7	H7	H8	H9	H11	K7	N7	P7	S7	U7
>24~30	+240 +110	+117 +65	+53 +20	+28 +7	+21 0	+33 0	+52 0	+133 0	+6 -15	-7 -28	-14 -35	-27 -48	-40 -61
>30~40	+280 +120	+142	+64	+34	+25	+39	+62	+160	+7	-8	-17	-34	-51 -76
>40~50	+290 +130	+80	+25	+9	0	0	0	0	-18	-33	-42	-59	-61 -86
>50~65	+330 +140	+174	+76	+40	+30	+46	+74	+190	+9	-9	-21	-42 -72	-76 -106
>65~80	+340 +150	+100	+30	+10	0	0	0	0	-21	-39	-51	-48 -78	-91 -121
>80~100	+390 +170	+207	+90	+47	+35	+54	+87	+220	+10	-10	-24	-58 -93	-111 -146
>100~120	+400 +180	+120	+36	+12	0	0	0	0	-25	-45	-59	-66 -101	-131 -166
>120~140	+450 +200	+245	+106	+54	+40	+63	+100	+250	+12	-12	-23	-77 -177	-155 -195
>140~160	+460 +210											-85 -125	-175 -215
>160~180	+480 +230	+145	+43	+14	0	0	0	0	-28	-52	-68	-93 -133	-195 -235

附表 1-5　轴的优先公差带的极限偏差（GB/T 1800.2—2009）　　单位：μm

公称尺寸/mm	公差带 c11	d9	f7	g6	h6	h7	h9	h11	k6	n6	p6	s6	u6
>24~30	-110 -240	-65 -117	-20 -41	-7 -20	0 -13	0 -21	0 -52	0 -130	+15 +2	+28 +15	+35 +22	+48 +35	+61 +48
>30~40	-120 -280	-80	-25	-9	0	0	0	0	+18	+33	+42	+59	+76 +60
>40~50	-130 -290	-142	-50	-25	-16	-25	-62	-160	+2	+17	+26	+43	+86 +70
>50~65	-140 -330	-100	-30	-10	0	0	0	0	+21	+39	+51	+72 +53	+106 +87
>65~80	-150 -340	-174	-60	-29	-19	-30	-74	-190	+2	+20	+32	+78 +59	+121 +102
>80~100	-170 -390	-120	-36	-12	0	0	0	0	+25	+45	+59	+93 +71	+146 +124
>100~120	-180 -400	-207	-71	-34	-22	-35	-87	-220	+3	+23	+37	+101 +79	+166 +144
>120~140	-200 -450	-145	-43	-14	0	0	0	0	+28	+52	+68	+117 +92	+195 +170
>140~160	-210 -460											+125 +100	+215 +190
>160~180	-230 -480	-245	-83	-39	-25	-40	-100	-250	+3	+27	+43	+133 +108	+235 +210

附表 1-6　基孔制与基轴制优先配合的极限间隙或极限过盈（GB/T 1801—2009）　单位：μm

基孔制	H7/g6	H7/h6	H8/f7	H8/h7	H9/d9	H9/h9	H11/c11	H11/h11	H7/k6	H7/n6	H7/p6	H7/s6	H7/u6
基轴制	G7/h6	H7/h6	F8/h7	H8/h7	D9/h9	H9/h9	C11/h11	H11/h11	K7/h6	N7/h6	P7/h6	S7/h6	U7/h6
公称尺寸/mm　>24～30	+41 / +7	+34 / 0	+74 / +20	+54 / 0	+169 / +65	+104 / 0	+370 / +110	+260 / 0	+19 / -15	+6 / -28	-1 / -35	-14 / -48	-27 / -61
>30～40	+50	+41	+89	+64	+204	+124	+440 / +120	+320	+23	+8	-1	-18	-35 / -76
>40～50	+9	0	+25	0	+80	0	+450 / +130	0	-18	-33	-42	-59	-45 / -86
>50～ -65	+59	+49	+106	+76	+248	+148	+520 / +140	+380	+28	+10	-2	-23 / -72	-57 / -106
>65～80	+10	0	+30	0	+100	0	+530 / +150	0	-21	-39	-51	-29 / -78	-72 / -121
>80～100	+69	+57	+125	+89	+294	+174	+610 / +170	+440	+32	+12	-2	-36 / -93	-89 / -146
>100～120	+12	0	+36	0	+120	0	+620 / +180	0	-25	-45	-59	-44 / -101	-109 / -166
>120～140	+79	+65	+146	+103	+345	+200	+700 / +200	+500	+37	+13	-3	-52 / -117	-130 / -195
>140～160							+710 / +210					-60 / -125	-150 / -215
>160～180	+14	0	+43	0	+145	0	+730 / +230	0	-28	-52	-68	-68 / -133	-170 / -235

附表 1-7　线性尺寸的极限偏差数值（GB/T 1804—2000）　单位：mm

公差等级	公称尺寸分段							
	0.5～0.3	>3～6	>6～30	>30～120	>120～400	>400～1000	>1000～2000	>2000～4000
精密 f	±0.05	±0.05	±0.1	±0.15	±0.2	±0.3	±0.5	—
中等 m	±0.1	±0.1	±0.2	±0.3	±0.5	±0.8	±1.2	±2
粗糙 c	±0.2	±0.3	±0.5	±0.8	±1.2	±2	±3	±4
最粗 v	—	±0.5	±1	±1.5	±2.5	±4	±6	±8

附表 1-8　倒圆半径和倒角高度尺寸的极限偏差数值（GB/T 1804—2000）　单位：mm

公差等级	公称尺寸分段			
	0.5～0.3	>3～6	>6～30	>30
精密 f 中等 m	±0.2	±0.5	±1	±2
粗糙 c 最粗 v	±0.4	±1	±2	±4

第2章 表面粗糙度

零件或工件的表面是指物体与周围介质区分的物理边界。无论是切削加工的零件表面，还是铸、锻、冲压、热轧、冷轧等方法获得的零件表面，实际表面一般都存在误差。零件实际表面，按其特征可以分离为以下成分：微观几何形状误差——表面粗糙度误差，基本轮廓误差——表面形状误差，中间几何形状误差——表面波纹度误差及表面缺陷。

零件表面粗糙度轮廓对该零件的美观程度、功能要求、使用寿命都有重大的影响，故本章重点介绍表面粗糙度的有关精度指标及其应用。涉及的最新国家标准有：

GB/T 131—2006《产品几何技术规范（GPS）技术产品文件中表面结构的标识法》

GB/T 3505—2009《产品几何技术规范（GPS）表面结构 轮廓法 术语、定义及表面结构参数》

GB/T 10610—2009《产品几何技术规范（GPS）表面结构 轮廓法 评定表面结构的规则和方法》

GB/T 1031—2009《产品几何技术规范（GPS）表面结构 轮廓法 表面粗糙度参数及其数值》

上述最新国家标准分别替代以下旧国家标准：

GB/T 131—1993《产品几何技术规范（GPS）技术产品文件中表面结构的标识法》

GB/T 3505—2000《产品几何技术规范（GPS）表面结构 轮廓法 表面结构的术语、定义及参数》

GB/T 10610—1998《产品几何技术规范（GPS）表面结构 轮廓法 评定表面结构的规则和方法》

GB/T 1031—1995《产品几何技术规范（GPS）表面结构 轮廓法 表面粗糙度参数及其数值》

由于最新国家标准的规定与旧国家标准中相应的规定变化较大，而旧国家标准 GB/T 3505—1983《产品几何技术规范 表面结构 轮廓法 表面结构的术语、定义及参数》和 GB/T 131—1993 目前在现场仍普遍使用，故本章正文以最新国家标准为主，旧国家标准在附录中加以说明。

第一节 表面粗糙度概述

一、表面质量的概念

表面质量是指零件已加工表面的质量（又称表面完整性）。它包括表面形貌、表层加工硬化的程度和深度、表面残余应力的性质和大小。

1. 表面形貌

零件的表面形貌，通常用垂直于零件实际表面的理想平面与该零件实际表面相交所得到的轮廓作为评估对象。它称为表面轮廓，是一条轮廓曲线，如图 2-1 所示。

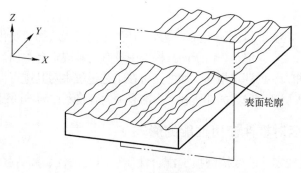

图 2-1　表面轮廓

　　任何加工后的表面的实际轮廓总是包含着表面粗糙度轮廓、波纹度轮廓和宏观形状轮廓等构成的几何误差，它们叠加在同一表面上，如图 2-2 所示。粗糙度、波纹度、宏观形状通常按表面轮廓上相邻峰、谷间距的大小来划分：间距小于 1 mm 的属于粗糙度；间距在 1～10 mm 的属于波纹度；间距大于 10 mm 的属于宏观形状。粗糙度叠加在波纹度上，在忽略由于粗糙度和波纹度引起的变化的条件下表面总体形状为宏观形状，其误差称为形状误差。

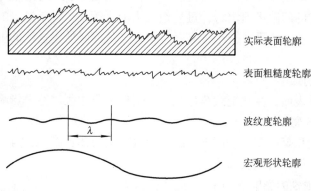

图 2-2　完工零件实际表面轮廓的形状和组成成分

λ - 波距（间距）

　　表面粗糙度是反映零件表面微观几何形状误差的一个重要指标，它主要是由于加工过程中刀具间的摩擦、切屑分出时工件表层金属的塑性变形以及工艺系统中的高频振动等因素造成的。

2. 表层加工硬化

　　表层加工硬化是指在切削过程中，由于刀具前面的推挤，以及后面的挤压与摩擦、工件已加工表面层的晶粒发生很大的变形，致使其硬度比原来工件材料的硬度有显著提高的现象。切削加工所造成的加工硬化，常常伴随着表面裂纹，因而降低了零件的疲劳强度和耐磨性。另一方面，由于已加工表面产生硬化层，在下一步切削时，将加速刀具的磨损。表面加工硬化一般用加工硬化程度和加工硬化层深度来度量。

3. 表层残余应力

　　表层残余应力是指已加工零件在不受外力作用下，残留在零件一定深度表层里的应力，它会影响零件表面质量和使用性能。若各部分的残余应力分布不均匀，还会使零件发生变形，影响尺寸和形位精度。表层残余应力根据其性质又分为残余拉应力（又称残余张应力）

和残余压应力。

因此，对于重要的零件，除限制表面形貌外，还要控制其表层加工硬化的程度和深度，以及表层残余应力的性质和大小。但是，由于国家标准中没有明确规定有关加工硬化程度和深度以及表面残余应力的性质和大小的评定指标，加之又可在工艺过程中对其进行控制，所以，表层加工硬化程度和深度以及表层残余应力的性质和大小的有关内容将不作为本课程讨论的重点。

二、表面粗糙度对零件使用性能的影响

表面粗糙度对机械零件的摩擦磨损、配合性质、耐腐蚀性、疲劳强度及结合密封性等都有很大的影响。

1. 对摩擦和磨损的影响

零件表面越粗糙，摩擦系数越大，且两配合表面间的实际有效接触面积越小，单位面积压力越大，故更易磨损。但是，表面过于光滑，不利于润滑油的储存，易使工作面间形成半干摩擦甚至干摩擦，反而使磨损加剧。

2. 对配合性质的影响

表面粗糙度会影响配合性质的稳定性。对于间隙配合，由于表面越粗糙，就越易磨损，从而会使工作过程中的间隙迅速增大，过早地失去配合精度；对于过盈配合，由于在压入装配时，把粗糙表面的凸峰挤平，减小了实际过盈量，从而降低了连接的可靠性，同样不能保证正常的工作。

3. 对零件强度的影响

粗糙的钢质零件表面，在交变载荷作用下，对应力集中很敏感，影响零件的疲劳强度。

4. 对抗腐蚀性的影响

表面越粗糙，则积聚在零件表面上的腐蚀性气体或液体也越多，且很容易通过表面的微观凹谷渗入到金属内层，造成表面锈蚀。

5. 对结合面密封性的影响

粗糙的表面结合时，两表面只在局部点上接触，中间有缝隙，影响密封性。

可见，在设计零件时提出表面粗糙度的要求，是几何精度设计中不可缺少的一个方面。

第二节　表面粗糙度的参数

GB/T 3505—2009 规定了用轮廓法确定表面结构（粗糙度、波纹度和原始轮廓）的术语、定义和参数。这些参数涉及触针式仪器测量信号的不同部分，表面粗糙度参数用首位字母 R（Roughness）表示，表面波纹度参数用首位字母 W（Waveness）表示，原始轮廓用首位字母 P（Primary profile）表示。

一、术语及定义

1. 一般术语及定义

（1）实际表面。物体与周围介质分离的表面。工件的实际表面是由粗糙度、波纹度以及形状误差叠加而形成的表面，如图 2-3 所示。

（2）表面轮廓。由理想平面与实际表面相交所得的轮廓。实际表面轮廓由粗糙度轮廓、波纹度轮廓以及形状轮廓叠加而成，如图 2-4 所示。

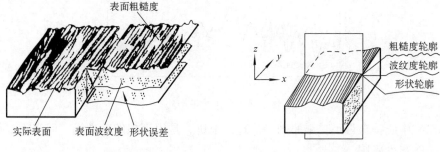

图 2-3　实际表面　　　　　　　　　图 2-4　表面轮廓

（3）取样长度 lr。鉴于实际表面轮廓包含着粗糙度、波纹度和形状误差等三种几何误差，测量表面粗糙度轮廓时，应把测量限制在一段足够短的长度上，以限制或减弱波纹度、排除形状误差对表面粗糙度轮廓测量的影响。这段长度称为取样长度，它是用于判别被评定轮廓的不规则特征的 X 轴方向上（见图 2-1）的长度，用符号 lr 表示，如图 2-5 所示。表面越粗糙，则取样长度 lr 就应越大。因为表面越粗糙，波距也越大，较大的取样长度才能反映一定数量的微量高低不平的痕迹。

（4）评定长度 ln。由于零件表面的微小峰、谷的不均匀性，在表面轮廓不同位置的取样长度上的表面粗糙度轮廓测量值不尽相同，在一个取样长度上往往不能合理地反映某一表面的粗糙度特征。因此，为了更可靠地反映表面粗糙度轮廓的特性，应测量连续的几个取样长度上的表面粗糙度轮廓。这些连续的几个取样长度称为评定长度，它是用于判别被评定轮廓特征的 X 轴方向上（见图 2-1）的长度，用符号 ln 表示（见图 2-5）。

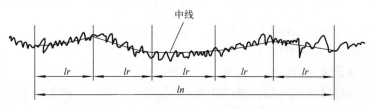

图 2-5　取样长度和评定长度

应当指出，评定长度可以只包含一个取样长度或包含连续的几个取样长度。标准评定长度为连续的五个取样长度。对均匀性好的表面，可少于五个，反之可多于五个，最后取各取样长度内测得值的算术平均值作为测量结果。

（5）轮廓中线。轮廓中线是评定表面粗糙度参数值大小的一条参考线。中线的几何形状与工件表面几何轮廓的走向一致。中线包括最小二乘中线和算术平均中线。

① 轮廓最小二乘中线。轮廓的最小二乘中线是根据实际轮廓用最小二乘法确定的划分轮廓的基准线，即在取样长度内，使被测轮廓上各点至一条假想线的距离的平方和 $\int_0^{lr} Z^2 \mathrm{d}x$ 为最小，如图 2-6 所示，即 $\sum_{i=1}^{n} Z_i^2$ 为最小，这条假想线就是最小二乘中线。

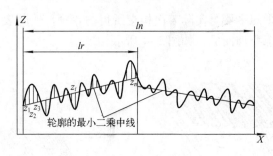

图 2-6　最小二乘中线

最小二乘中线符合最小二乘原则。从理论上讲，是很理想的基准线。但实际上很难确切地找到它，故很少应用。

② 轮廓算术平均中线。在取样长度内，由一条假想线将实际轮廓分成上下两个部分，且使上部分面积之和等于下部分面积之和，即 $\sum_{i=1}^{n} F_i = \sum_{i=1}^{n} F_i'$，这条假想线就是算术平均中线，如图 2-7 所示。

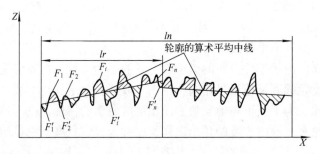

图 2-7　算术平均中线

算术平均中线与最小二乘中线相差很小，故实用中常用它来代替最小二乘中线。通常用目测估计的办法来确定它。

2. 几何参数术语及定义

（1）轮廓峰：轮廓与轮廓中线相交，相邻两交点之间的外凸（从材料到周边介质）轮廓部分，如图 2-8 所示。

（2）轮廓谷：轮廓与轮廓中线相交，相邻两交点之间的内凹（从周边介质到材料）轮廓部分，如图 2-8 所示。

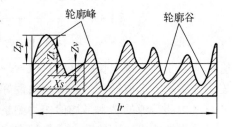

图 2-8　波纹度轮廓峰和谷

（3）轮廓单元：相邻轮廓峰和轮廓谷的组合。

（4）轮廓峰高 Zp：轮廓峰最高点至中线的距离，如图 2-8 所示。

（5）轮廓谷深 Zv：轮廓峰最低点至中线的距离，如图 2-8 所示。

（6）轮廓单元高度 Zt：轮廓单元的峰高与谷深之和，如图 2-8 所示。

（7）轮廓单元宽度 Xs：轮廓单元在中线上的长度，如图 2-8 所示。

二、表面粗糙度轮廓评定参数

1. 表面粗糙度轮廓最大峰高 *Rp*

在取样长度内，最高的轮廓峰至中线的距离。粗糙度轮廓最大峰高应为式（2-1），如图 2-9 所示。

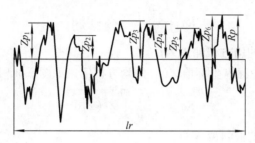

图 2-9　轮廓最大峰高

$$Rp = \max\{Zp_i\} \tag{2-1}$$

2. 表面粗糙度轮廓最大谷深 *Rv*

在取样长度内，最低的轮廓谷至中线的距离。粗糙度轮廓最大谷深应为式（2-2），如图 2-10 所示。

$$Rv = \max\{Zv_i\} \tag{2-2}$$

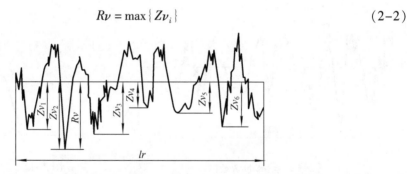

图 2-10　轮廓最大谷深

3. 表面粗糙度轮廓的最大高度 *Rz*

在取样长度内，轮廓的最大峰高与轮廓的最大谷深之和。粗糙度轮廓的最大高度应为式（2-3），如图 2-11 所示。

$$Rz = Rp + Rv = \max\{Zp_i\} + \max\{Zv_i\} \tag{2-3}$$

图 2-11　轮廓的最大高度

4. 表面粗糙度轮廓的总高度 *Rt*

在评定长度内,轮廓的最大峰高与轮廓的最大谷深之和。由于轮廓的总高度定义在评定长度上而不是取样长度上,所以对于任何轮廓总有: $Rt \geqslant Rz$。

5. 表面粗糙度轮廓算术平均偏差 *Ra*

在取样长度 *lr* 内,轮廓纵坐标值 $Z(x)$ 绝对值的算术平均值,如图 2-12 所示,即

$$Ra = \frac{1}{lr} \int_0^{lr} |Z(x)| \, dx \tag{2-4}$$

6. 表面粗糙度轮廓的均方根偏差 *Rq*

在取样长度 *lr* 内,轮廓纵坐标值 $Z(x)$ 的均方根值,如图 2-12 所示,即

$$Rq = \sqrt{\frac{1}{lr} \int_0^{lr} Z^2(x) \, dx} \tag{2-5}$$

7. 表面粗糙度轮廓的偏斜度 *Rsk*

在取样长度 *lr* 内,轮廓纵坐标值 $Z(x)$ 三次方的平均值与 *Rq* 的三次方的比值,即

$$Rsk = \frac{1}{Rq^3} \left[\frac{1}{lr} \int_0^{lr} Z^3(x) \, dx \right] \tag{2-6}$$

偏斜度用来表征轮廓分布的对称度。如图 2-13 所示,如果表面含有较多的谷和较少的峰,轮廓的偏斜度为负,反之为正。

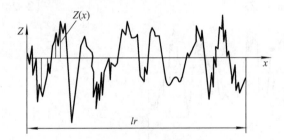

图 2-12 轮廓的纵坐标

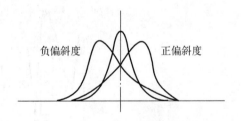

图 2-13 具有正负偏斜度的轮廓

8. 表面粗糙度轮廓的陡峭度 *Rku*

在取样长度 *lr* 内,轮廓纵坐标值 $Z(x)$ 四次方的平均值与 *Rq* 的四次方的比值,即

$$Rku = \frac{1}{Rq^4} \left[\frac{1}{lr} \int_0^{lr} Z^4(x) \, dx \right] \tag{2-7}$$

陡峭度用来描述纵坐标值概率密度函数的陡峭程度。

9. 表面粗糙度轮廓单元的平均宽度 *RSm*

在取样长度 *lr* 内,轮廓单元宽度值 *Xs* 的平均值,如图 2-14 所示,即

$$RSm = \frac{1}{m} \sum_{i=1}^m Xs_i \tag{2-8}$$

10. 表面粗糙度轮廓的支承长度率 *Rmr*(*c*)

在给定的水平位置 *c* 上,轮廓的实体材料长度 $Ml(c)$ 与评定长度 *ln* 的比例。如图 2-15(a)

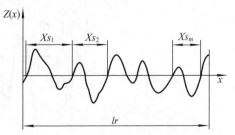

图 2-14 表面粗糙度轮廓单元宽度

所示，在给定水平位置 c_1 时，$Rmr(c_1)=35\%$；当在给定水平位置 c_2 时，$Rmr(c_2)=100\%$。

11. 表面粗糙度轮廓的支承长度率曲线

表示轮廓的支承长度率随水平位置变化的关系曲线，如图 2-15（b）所示。

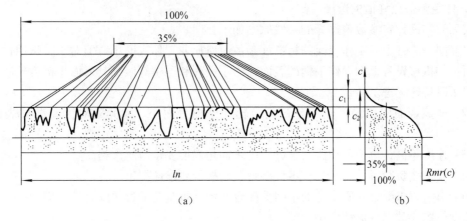

（a）　　　　　　　　　　　　　　（b）

图 2-15　轮廓的支承长度率

第三节　表面粗糙度评定参数的选用

一、表面粗糙度轮廓技术要求的内容

规定表面粗糙度轮廓的技术要求时，必须给出表面粗糙度轮廓幅度参数及允许值和测量时的取样长度值这两项基本要求，必要时可规定轮廓其他的评定参数（如 RSm）、表面加工纹理方向、加工方法或（和）加工余量等附加要求。如果采用标准取样长度，则在图样上可以省略标注取样长度值。

表面粗糙度轮廓的评定参数及允许值的大小应根据零件的功能要求和经济性来选择。

二、表面粗糙度轮廓评定参数的选择

在机械零件精度设计中，通常只给出幅度参数 Ra 或 Rz 及允许值，根据功能需要，可附加选用间距参数或其他的评定参数及相应的允许值。参数 Ra 的概念颇直观，Ra 值反映表面粗糙度轮廓特性的信息量大，而且 Ra 值用触针式轮廓仪测量比较容易。因此，对于光滑表面和半光滑表面，普遍采用 Ra 作为评定参数。但由于触针式轮廓仪功能的限制，它不宜测量极光滑表面和粗糙表面，因此对于极光滑表面和粗糙表面，采用 Rz 作为评定参数。

三、表面粗糙度轮廓参数允许值的选择

表面粗糙度轮廓参数允许值应从国家标准 GB/T 1031—2009 规定的参数值系列中选取。Ra、Rz、RSm 的数值越大，则表面越粗糙。

一般来说，零件表面粗糙度轮廓参数值越小，它的工作性能就越好，使用寿命也越长。

但不能不顾及加工成本来追求过小的参数值。因此，在满足零件功能要求的前提下，应尽量选用较大的参数值，以获得最佳的技术经济效益。此外，零件运动表面过于光滑，不利于在该表面上储存润滑油，容易使运动表面形成半干摩擦或干摩擦，从而加剧该表面磨损。

1. 评定参数允许值的选择原则

表面粗糙度评定参数值选择的一般原则如下：

（1）同一零件上，工作表面的粗糙度参数值应比非工作表面小。但对于特殊用途的非工作表面，如机械设备上的操作手柄的表面，为了美观和手感舒服，其表面粗糙度轮廓参数允许值应予以特殊考虑。

（2）摩擦表面的粗糙度轮廓参数值应比非摩擦表面小，尤其是对滚动摩擦表面应更严格。

（3）速度越高，单位面积压力越大，则表面粗糙度要求应越严格。

（4）受交变负荷时，特别是在零件圆角、沟槽处要求应严格。

（5）对于要求配合性质稳定的小间隙配合和承受重载荷的过盈配合，它们的孔、轴的表面粗糙度轮廓参数允许值都应小。

（6）在确定表面粗糙度轮廓参数允许值时，应注意它与孔、轴尺寸的标准公差等级协调。这可参考表 2-1 所列的比例关系来确定。一般来说，孔、轴尺寸的标准公差等级越高，则该孔或轴的表面粗糙度轮廓参数值就应越小。对于同一标准公差等级的不同尺寸的孔或轴，小尺寸的孔或轴的表面粗糙度轮廓参数值应比大尺寸的小一些。在确定零件配合表面的粗糙度时，应与其尺寸公差相协调。

表 2-1　表面粗糙度轮廓幅度参数值与尺寸公差值、形状公差值的一般关系

形状公差 t 占尺寸公差 T 的百分比/（%）	表面粗糙度轮廓幅度参数值占尺寸公差值的百分比/（%）	
	Ra/T	Rz/T
约 60	≤5	≤30
约 40	≤2.5	≤15
约 25	≤1.2	≤7

（7）凡有关标准业已对表面粗糙度轮廓技术要求作出具体规定的特定表面，应按该标准的规定来确定其表面粗糙度轮廓参数允许值。

（8）对于防腐蚀、密封性要求高的表面以及要求外表美观的表面，其粗糙度轮廓参数允许值应小。

确定表面粗糙度轮廓参数允许值，除有特殊要求的表面外，通常采用类比法。附表 2-1 给出了表面粗糙度选用实例，附表 2-2 给出了典型零件的表面粗糙度参数值，可供设计时参考。

此外，还应考虑加工方法、应用场合等其他一些特殊因素和要求。

2. 评定参数值的规定及取样长度、评定长度的选用

表面粗糙度各评定参数值的规定及取样长度、评定长度的选用要点如下：

（1）在规定表面粗糙度要求时，必须给出表面粗糙度参数值和测量时的取样长度两项基本要求，必要时还要加选附加参数、表面加工纹理、加工方法等。

（2）表面粗糙度的评定不包括表面缺陷，如沟槽、气孔和划痕等。

（3）对 Ra 和 Rz 参数值的选用见表 2-2。

（4）在测量参数 Ra 和 Rz 时，国家标准推荐按表 2-3 选用相应的取样长度 lr 和评定长度 ln。采用表中规定的取样长度时，在图样上可以省略取样长度值的标注。当有特殊要求时，设计者可自行规定取样长度值，如被测表面均匀性较好，测量时可选用小于表 2-2 所规定的长度；均匀性较差的表面可选用大于表中规定的数值。

（5）轮廓单元的平均宽度 RSm 的数值系列如下：0.006、0.0125、0.025、0.05、0.1、0.2、0.4、0.8、1.6、3.2、6.3、12.5（单位为 mm）。

（6）轮廓的支承长度率 $Rmr(c)$ 的数值系列如下：10%、15%、20%、25%、30%、40%、50%、60%、70%、80%、90%。选用 $Rmr(c)$ 时必须同时给出水平截距 c 值，它可用 μm 或 Rz 的百分数表示。百分数系列如下：Rz 的 5%、10%、15%、20%、25%、30%、40%、50%、60%、70%、80%、90%。

表 2-2　表面粗糙度与尺寸公差、形状公差的对应关系

尺寸公差等级		IT5			IT6			IT7			IT8		
相应的形状公差		I	II	III	I	II	III	I	II	III	I	II	III
公称尺寸/mm		\multicolumn{12}{表面粗糙度参数值/μm}											
至 18	Ra	0.20	0.10	0.05	0.40	0.20	0.10	0.80	0.40	0.20	0.80	0.40	0.20
	Rz	1.00	0.50	0.25	2.00	1.00	0.50	4.00	2.00	1.00	4.00	2.00	1.00
>18~50	Ra	0.40	0.20	0.10	0.80	0.40	0.20	1.60	0.80	0.40	1.60	0.80	0.40
	Rz	2.00	1.00	0.50	4.00	2.00	1.00	6.30	4.00	2.00	6.30	4.00	2.00
>50~120	Ra	0.80	0.40	0.20	1.60	0.80	0.40	1.60	1.60	0.80	1.60	1.60	0.80
	Rz	4.00	2.00	1.00	4.00	2.00	1.00	6.30	4.00	2.00	6.30	6.30	4.00
>120~500	Ra	0.80	0.40	0.20	1.60	0.80	0.40	1.60	1.60	0.80	1.60	1.60	0.80
	Rz	4.00	2.00	1.00	6.30	4.00	2.00	6.30	6.30	4.00	6.30	6.30	4.00

尺寸公差等级		IT9			IT10			IT11			IT12、IT13	IT14、IT15	
相应的形状公差		I、II	III	IV	I、II	III	IV	I、II	III	IV	I、II	III	I、II	III
公称尺寸/mm		\multicolumn{表面粗糙度参数值/μm}												
至 18	Ra	1.60	0.80	0.40	1.60	0.80	0.40	3.20	1.60	0.80	6.30	3.20	6.30	6.30
	Rz	6.30	4.00	2.00	6.30	4.00	2.00	12.5	6.30	4.00	25.0	12.5	25.0	25.0
>18~50	Ra	1.60	1.60	0.80	3.20	1.60	0.80	3.20	1.60	0.80	6.30	3.20	12.5	6.30
	Rz	6.30	6.30	4.00	12.5	6.30	4.00	12.5	6.30	4.00	25.0	12.5	50.0	25.0
>50~120	Ra	3.20	1.60	0.80	3.20	1.60	0.80	6.30	3.20	1.60	12.5	6.30	25.0	12.5
	Rz	12.5	6.30	4.00	12.5	6.30	4.00	25.0	12.5	6.30	50.0	25.0	100.0	50.0
>120~500	Ra	3.20	3.20	1.60	3.20	3.20	1.60	6.30	3.20	1.60	12.5	6.30	25.0	12.5
	Rz	12.5	12.5	6.30	12.5	12.5	6.30	25.0	12.5	6.30	50.0	25.0	100.0	50.0

注：I 为形状公差在尺寸极限之内；II 为形状公差相当于尺寸公差的 60%；III 为形状公差相当于尺寸公差的 40%；IV 为形状公差相当于尺寸公差的 25%。

表 2-3 *lr* 和 *ln* 的数值

$Ra/\mu m$	≥0.008～0.02	>0.02～0.10	>0.10～2.0	>2.0～10.0	>10.0～80.0
$Rz/\mu m$	≥0.025～0.10	>0.10～0.50	>0.50～10.0	>10.0～50.0	>50.0～320
lr/mm	0.08	0.25	0.8	2.5	8.0
ln/mm（$ln \approx 5lr$）	0.4	1.25	4.0	12.5	40.0

第四节 表面粗糙度的标注

确定零件表面粗糙度轮廓评定参数及允许值和其他技术要求后，应按 GB/T 131—2006 的规定，把表面粗糙度轮廓技术要求正确地标注在零件图上。

一、表面粗糙度的符号、代号及其含义

表面粗糙度的符号及含义如表 2-4 所示。

表 2-4 表面粗糙度符号、代号的含义（GB/T 131—2006）

符 号	含 义
√	基本图形符号，未指定工艺方法的表面，当通过一个注释解释时可单独使用
√	扩展图形符号，用去除材料方法获得的表面；仅当其含义是"被加工表面"时可单独使用
√	扩展图形符号，不去除材料的表面，也可用于表示保持上道工序形成的表面，不管这种状况是通过去除材料或不去除材料形成的
√ √ √	在上述三个符号的长边上均可加一横线，用于标注有关参数和说明
√ √ √	在上述三个符号上均可加一小圈，表示所有表面具有相同的表面粗糙度要求

图 2-16 所示为 GB/T 131—2006 规定的有关表面粗糙度的评定参数及其数值、各种补充要求在表面粗糙度完整符号中的注写位置。其中：

位置 a 标注表面粗糙度参数代号、极限值和传输带或取样长度。为了避免误解，在参数代号和极限值间应插入空格。传输带或取样长度后应有一斜线"/"，之后是表面粗糙度参数代号，最后是数值见，表 2-5；

位置 a 和 b 注写两个或多个表面粗糙度要求；

位置 c 注写加工方法、表面处理、涂层或其他加工工艺要求等，如车、磨、镀等加工表面，见表 2-6；

位置 d 注写表面纹理和方向，见表 2-6 和表 2-7；

位置 e 注写加工余量，以毫米为单位给出数值，见表 2-6。

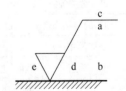

图 2-16 GB/T 131—2006 中
表面粗糙度完整
符号的注写规定

表 2-5　表面粗糙度单向极限或双向极限的标注（GB/T 131—2006）

符　　号	含义/解释
$\sqrt{}$ $Rz\ 0.4$	表示不允许去除材料，单向上限值，粗糙度的最大高度 0.4 μm，评定长度为 5 个取样长度（默认），"16% 规则"（默认）
$\sqrt{}$ $Rz_{max}\ 0.2$	表示去除材料，单向上限值，粗糙度最大高度的最大值 0.2 μm，评定为 5 个取样长度（默认）
$\sqrt{}$ U $Ra_{max}\ 3.2$ L $Ra\ 0.8$	表示不允许去除材料，双向极限值，两极限值均使用默认传输带，R 轮廓，上限值：算术平均偏差 3.2 μm，评定长度为 5 个取样长度（默认），"最大规则"，下限值：算术平均偏差 0.8 μm，评定长度为 5 个取样长度（默认），"16% 规则"（默认）
$\sqrt{}$ $-0.8/Ra\ 3\ 3.2$	表示去除材料单向上限值，传输带—根据 GB/T 6062，取样长度 0.8 μm（λ_s 默认 0.0025 mm），R 轮廓，算术平均偏差 3.2 μm，评定长度包含 3 个取样长度："16% 规则"（默认）

　　表 2-5 中的"16%"规则是表面粗糙度要求标注的默认规则，是指对于按一个参数的上限值（GB/T 131—2006）规定要求时，如果在所选参数都用同一评定长度上的全部实测值中，大于图样或技术文件中规定值的个数不超过总数的 16%，则该表面是合格的；对于给定表面参数下限值的场合，如果在同一评定长度上的全部实测值中，小于图样或技术文件中规定值的个数不超过总数的 16%，则该表面也是合格的。

　　"最大规则"是指检验时，若规定了参数的最大值要求（GB/T 131—2006），则在被检的整个表面上测得的参数值一个也不应超过图样或技术文件中的规定值。为了指明参数的最大值，应在参数符号后面增加一个"max"的标记。

表 2-6　带有补充注释的符号（GB/T 131—2006）

符　　号	含　　义
$\overset{铣}{\sqrt{}}$	加工方法：铣削
$\sqrt{}$ M	表面纹理：纹理呈多方向
$\sqrt{}$	对投影视图上封闭的轮廓线所表示的各表面有相同的表面结构要求
$\overset{3}{\sqrt{}}$	加工余量 3 mm

注：本表所给出的加工方法、表面纹理和加工余量仅作为示例；本表中的标注可以与表 2-4 中相应图形符号一起使用。

表 2-7　表面纹理的标注（GB/T 131—2006）

符　　号	解释和示例
=	纹理平行于视图所在的投影面 纹理方向
⊥	纹理垂直于视图所在的投影面 纹理方向

符　　号	解释和示例
×	纹理呈两斜向交叉且与视图所在的投影面相交 纹理方向 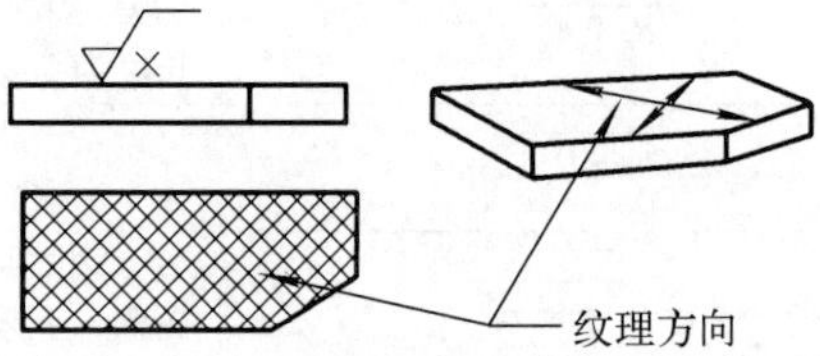
M	纹理呈多方向 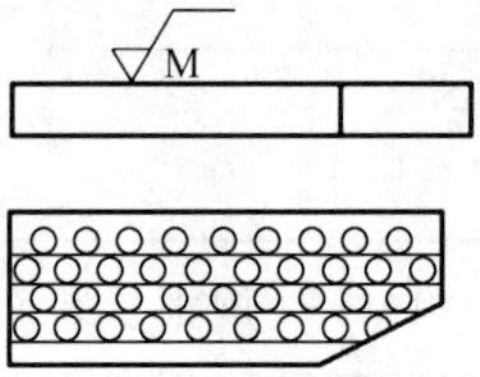
C	纹理呈近似同心圆且圆心与表面中心相关 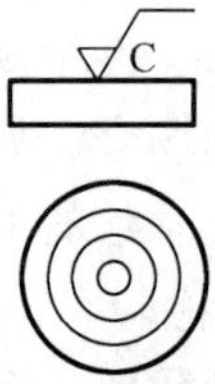
R	纹理呈近似放射状且与表面圆心相关 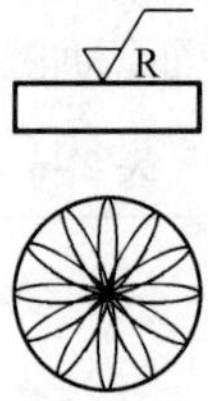
P	纹理呈微粒、凸起，无方向 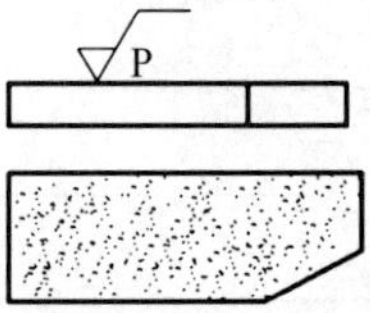

注：如果表面纹理不能清楚地用这些符号表示，必要时，可以在图样上加注说明。

二、表面粗糙度技术要求的图样标注

表面粗糙度要求对每一表面一般只标注一次，并尽可能注在相应的尺寸及其公差的同一视图上。除非另有说明，所标注的表面粗糙度是对完工零件表面的要求。

1. 表面粗糙度要求的标注位置与方向

（1）表面粗糙度的注写和读取方向与尺寸的注写和读取方向一致，如图 2-17 所示。

（2）表面粗糙度可标注在轮廓线上，其符号应从材料外指向并接触表面，如图 2-18 所示。必要时，表面粗糙度符号也可用带箭头或黑点的指引线引出标注，如图 2-19 所示。

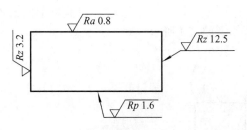

图 2-17 表面粗糙度要求的注写方法

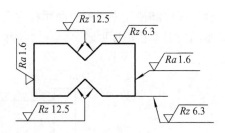

图 2-18 表面粗糙度要求在轮廓线上的标注

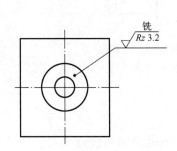
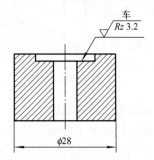

图 2-19 用指引线引出标注表面粗糙度要求

（3）在不致引起误解时，表面粗糙度可以标注在给定的尺寸线上，如图 2-20 所示。

（4）表面粗糙度可标注在形位公差框格的上方，如图 2-21 所示。

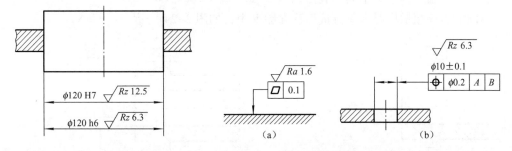

图 2-20 表面粗糙度要求标注在尺寸线上 图 2-21 表面粗糙度要求标注在形位公差框格的上方

（5）表面粗糙度可以直接标注在延长线上，或用带箭头的指引线引出标注，如图 2-18 和图 2-22 所示。

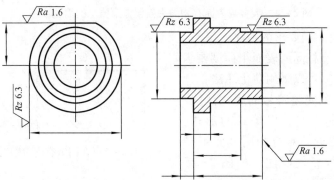

图 2-22 表面粗糙度要求标注在圆柱特征的延长线上

（6）圆柱和棱柱表面的表面粗糙度要求只标注一次，如图 2-22 所示。如果每个棱柱表面有不同的表面粗糙度要求，则应分别单独标注，如图 2-23 所示。

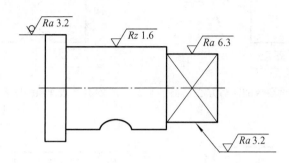

图 2-23　圆柱和棱柱的表面粗糙度要求的注法

2. 表面粗糙度要求的简化标注

1）有相同表面粗糙度要求的简化注法

如果在工件的多数（包括全部）表面有相同的表面粗糙度要求，则其表面粗糙度要求可统一标注在图样的标题栏附近。此时（除全部表面有相同要求的情况外），表面粗糙度要求的符号后面应有：

（1）在圆括号内给出无任何其他标注的基本符号，如图 2-24（a）所示；

（2）在圆括号内给出不同的表面结构要求，如图 2-24（b）所示。

不同的表面粗糙度要求应直接标注在图形中，如图 2-24 所示。

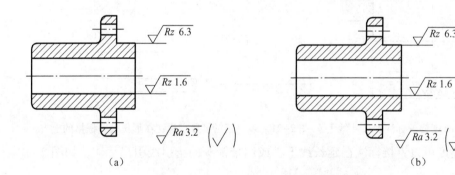

图 2-24　大多数表面有相同表面粗糙度要求的简化注法

2）多个表面有共同要求的标注

当多个表面具有相同的表面粗糙度要求或图纸空间有限时，可以采用简化注法。

（1）用带字母的完整符号的简化注法。可用带字母的完整符号，以等式的形式，在图形或标题栏附近，对有相同表面粗糙度要求的表面进行简化标注，如图 2-25 所示。

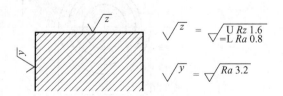

图 2-25　在图纸空间有限时的简化注法

（2）只用表面粗糙度符号的简化注法。可用表面粗糙度符号，以等式的形式给出对多个表面共同的表面粗糙度要求，如图 2-26 所示。

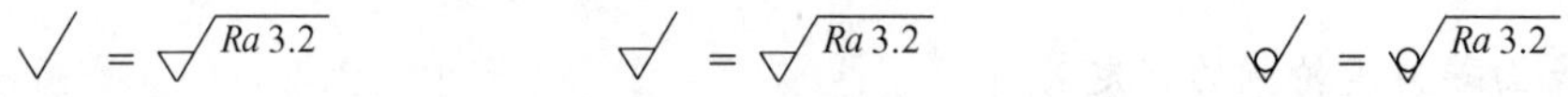

$$\sqrt{\quad} = \sqrt{Ra\,3.2}$$
（a）未指定工艺方法

$$\sqrt{\quad} = \sqrt{Ra\,3.2}$$
（b）要求去除材料

$$\oslash = \oslash^{Ra\,3.2}$$
（c）不允许去除材料

图 2-26　多个表面粗糙度要求的简化注法

第五节　表面粗糙度的测量

常用表面粗糙度测量的方法有比较法、光切法、干涉法和印模法。

一、比较法

比较法是将被测表面和表面粗糙度样板直接进行比较，两者的加工方法和材料应尽可能相同，否则将产生较大误差。可用肉眼或借助放大镜、比较显微镜比较；也可用手摸、指甲划动的感觉来判断被测表面的粗糙度。

这种方法多用于车间，评定一些表面粗糙度参数值较大的工件，评定的准确性在很大程度上取决于检验人员的经验。

二、光切法

应用"光切原理"来测量表面粗糙度的方法称之为光切法。常用的仪器是双管显微镜。该种仪器适宜于测量车、铣、刨或其他类似加工方法所加工的零件平面和外圆表面。

三、干涉法

干涉法是利用光波干涉原理来测量表面粗糙度。被测表面直接参与光路，同一标准反射镜比较，以光波波长来度量干涉条纹弯曲程度，从而测得该表面的粗糙度。

干涉法测量表面粗糙度的仪器是干涉显微镜。目前国内生产的干涉显微镜有 6J 型、6JA 型等。

四、印模法

利用石蜡、低熔点合金或其他印模材料，压印在被测零件表面，取得被测表面的复印模型，放在显微镜上间接地测量被检验表面的粗糙度。印模法适宜于对笨重零件及内表面，如孔、横梁等不便用仪器测量的面进行测量。

本章小结

1. 主要内容

（1）表面粗糙度轮廓的概念

零件表面粗糙度形状一般呈起伏的波状，其中波距小于 1 mm 的微观几何形状误差属于表面粗糙度轮廓，它将对零件的工作性能产生影响。

（2）国家标准在评定表面粗糙度轮廓的参数时，规定了取样长度 lr、评定长度 ln 和中线。

（3）表面粗糙度轮廓的评定参数

有幅度参数（包括轮廓的算术平均偏差 Ra、轮廓的最大高度 Rz）和间距特征参数（轮廓单元的平均宽度 RSm）

（4）表面粗糙度轮廓的技术要求

包括表面粗糙度轮廓幅度参数及允许值和测量时的取样长度值这两项基本要求。通常只给出幅度参数 Ra 或 Rz 及允许值，必要时可规定轮廓其他的评定参数、表面加工纹理方向、加工方法或（和）加工余量等附加要求。如果采用标准取样长度，则在图样上可以省略标注取样长度值。

（5）国家标准规定了表面粗糙度轮廓的标注方法。

（6）表面粗糙度轮廓的检测主要方法有比较检验法、针描法、光切法和干涉法。

2. 新旧国标对比

（1）国家标准 GB/T 3505 – 2009 和 GB/T 3505 – 1983 两者的基本术语、参数及符号的主要区别见表 2 – 8。

表 2 – 8　GB/T 3505—2009 与 GB/T 3505—1983 之间的基本术语、参数及符号的比较

主要基本术语	1983 版	2009 版	主要评定参数		1983 版	2009 版
取样长度	l	lr	幅度参数 （高度参数）	轮廓的算术平均偏差	R_a	Ra
评定长度	l_n	ln		轮廓的最大高度	R_y	Rz
轮廓峰高	y_p	Zp		微观不平度十点高度	R_z	—
轮廓谷深	y_v	Zv	间距参数	微观不平度的平均间距	S_m	—
				轮廓单元的平均宽度	—	Rsm

（2）国家标准 GB/T 131—2006 和 GB/T 131—1993 中关于表面粗糙度标注的区别见表 2-9。

表 2-9　GB/T 131—2006 和 GB/T 131—1993 中表面粗糙度要求图形标注的比较

序号	GB/T 131 的版本		说明主要问题的示例
	1993（第二版）[b]	2006（第三版）[c]	
a	1.6／　1.6✓	✓ $Ra\,1.6$	Ra 只采用 "16% 规则"
b	$Ry\,3.2$／　$Ry\,3.2$✓	✓ $Rz\,3.2$	除了 Ra "16% 规则" 的参数
c	1.6max✓	✓ $Ra\,\text{max}\,1.6$	"最大规则"
d	3.2 1.6✓	✓ $-0.8/Ra\,1.6$	Ra 加取样长度
e	_d	✓ $0.025-0.8/Ra\,1.6$	传输带

续表

序号	GB/T 131 的版本		说明主要问题的示例
	1993（第二版）[b]	2006（第三版）[c]	
f	$Ry\,3.2\,/\,0.8$	$\sqrt{}\ -0.8/Ra\,6.3$	除 Ra 外其他参数及取样长度
g	$Ry\,1.6/6.3$	$\sqrt{}\ \begin{matrix}Ra\,1.6\\Rz\,6.3\end{matrix}$	Ra 及其他参数
h	$Ry\,3.2$	$\sqrt{}\ Rz3\,6.3$	评定长度中的取样后长度个数如果不是"5"
j	__d	$\sqrt{}\ L\,Ra\,1.6$	下限值
k	$\sqrt{}\ \begin{matrix}U\,Ra\,3.2\\L\,Ra\,1.6\end{matrix}$	$X\sqrt{}\ a$	上、下限值

注：

a：既没有定义默认值也没有其他的细节，尤其是：

无默认评定长度；

无默认取样长度；

无"16% 规则"或"最大规则"。

b：在 GB/T 3505—1983 和 GB/T 10610—1989 中定义的默认值和规则仅用于参数 Ra，Ry 和 Rz（十点高度）。此外，GB/T 131—1993 中存在着参数代号书写不一致问题，标准正文要求参数代号第二个字母标注为下标，但在所有的图表中，第二个字母都是小写，而当时所有的其他表面结构标准都使用下标。

c：新的 Rz 为原 Ry 的定义，原 Ry 的符号不再使用。

d：表示没有该项。

附　　录

附录 1　GB/T 3505—1983 中的术语及定义

国家标准 GB/T 3505—1983《表面粗糙度　术语　表面及其参数》目前在企业仍普遍使用。

一、术语及定义

1. 取样长度 l

取样长度是指测量或评定表面粗糙度时所规定的一段基准线长度，它在轮廓总的走向上量取。规定取样长度的目的在于限制或削弱其他几何形状误差，特别是表面波度对测量结果的影响。

表面越粗糙，取样长度就应越大，因为表面越粗糙，波距也越大，较大的取样长度才能反映一定数量的微量高低不平的痕迹。

2. 评定长度 l_n

由于零件表面各部分的表面粗糙度不一定很均匀，在一个取样长度上往往不能合理地反映某一表面的粗糙度特征，故需在其一定长度范围内的不同部位进行测量。评定长度包括一个或几个取样长度。一般取 $l_n = 5l$。对均匀性好的表面，可少于五个，反之可多于五个，最后取各取样长度内测得值的算术平均值作为测量结果。

3. 轮廓中线

轮廓中线是评定表面粗糙度参数值大小的一条参考线。中线的几何形状与工件表面几何轮廓的走向一致。中线包括最小二乘中线和算术平均中线。

1）轮廓最小二乘中线

轮廓的最小二乘中线是根据实际轮廓用最小二乘法确定的划分轮廓的基准线，即在取样长度内，使被测轮廓上各点至一条假想线的距离的平方和为最小，即 $\sum\limits_{i=1}^{n} y_i^2$ 为最小，这条假想线就是最小二乘中线，如附图 1–1 所示。

最小二乘中线符合最小二乘原则。从理论上讲，是很理想的基准线。但实际上很难确切地找到它，故很少应用。

2）轮廓算术平均中线

在取样长度内，由一条假想线将实际轮廓分成上下两个部分，且使上部分面积之和等于下部分面积之和，即 $\sum\limits_{i=1}^{n} F_i = \sum\limits_{i=1}^{n} F_i'$，这条假想的线就是算术平均中线，如附图 1–2 所示。

算术平均中线与最小二乘中线相差很小，故实用中常用它来代替最小二乘中线。通常用目测估计的办法来确定它。

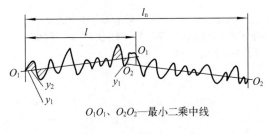

O_1O_1、O_2O_2—最小二乘中线

附图 1–1 最小二乘中线

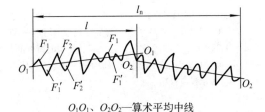

O_1O_1、O_2O_2—算术平均中线

附图 1–2 算术平均中线

二、评定参数

为了满足对零件表面不同的功能要求，国家标准 GB/T 3505—1983 从表面微观几何形状的高度、间距和形状等三个方面，相应地规定了表面粗糙度与高度特性有关的评定参数、与间距特性有关的评定参数和与形状特性有关的评定参数。

1. 与高度特性有关的评定参数

该类参数是沿垂直于评定基准线的方向计量的。

1）轮廓算术平均偏差 Ra

在取样长度 l 内，被测轮廓上各点至基准线的偏距 y_i 的绝对值的算术平均值，称为轮廓算术平均偏差，如附图 1–3 所示，即

$$Ra = \frac{1}{l} \int_0^l |y| \, \mathrm{d}x \qquad\qquad (\text{附 } 1\text{–}1)$$

或近似为

$$Ra = \frac{1}{n} \sum_{i=1}^{n} |y_i| \qquad\qquad (\text{附 } 1\text{–}2)$$

式中，n 为在取样长度内所测点的数目。

测得的 Ra 值越大，则表面越粗糙。Ra 能客观地反映表面微观几何形状的特性，但因

Ra 一般用电动轮廓仪进行测量，而表面过于粗糙或太光滑时均不宜用轮廓仪测量，所以这个参数的使用受到一定的限制。

2）微观不平度十点平均高度 Rz

在取样长度 l 内，被测轮廓上五个最大轮廓峰高 $y_{\text{p}i}$ 的平均值与五个最大轮廓谷深（$y_{\text{v}i}$）的平均值之和称为微观不平度十点平均高度，如附图 1–4 所示，即

$$Rz = \frac{1}{5}\left(\sum_{i=1}^{5} y_{\text{p}i} + \sum_{i=1}^{5} y_{\text{v}i} \right) \tag{附 1-3}$$

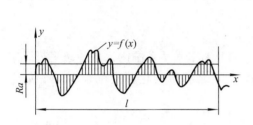

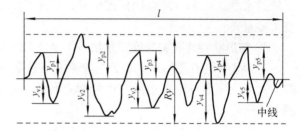

附图 1–3　轮廓算术平均偏差　　　　　附图 1–4　最大轮廓峰高和最大轮廓谷深

测得的 Rz 值越大，则表面越粗糙。Rz 只能反映被测表面轮廓凸峰的高度，不能反映轮廓的几何特性（峰顶的尖锐或平钝等），且测量结果易受测量者的主观影响，如取点不同，所得 Rz 值往往相差很大。

3）轮廓最大高度 Ry

在取样长度 l 内，轮廓的最高峰顶线和最低谷底线之间的垂直距离称为轮廓最大高度 Ry，如附图 2–4 所示。

Ry 只是对被测轮廓峰与谷的最大高度的单一评定，因此它不如 Rz 值反映的几何特性全面，在测量均匀性较差的表面尤其如此，但由于 Ry 本身的定义使其测量非常方便，同时也弥补了 Rz 不能测量极小表面（如刀刃、顶尖、圆弧表面）的不足，所以也广泛地被许多国家所采用。它还常与 Ra 或 Rz 联用，控制微观不平度谷深，从而控制表面微观裂纹的深度，常用于评定受交变应力作用的表面，如齿廓表面。

2. 与间距特性有关的评定参数

该类参数是沿评定基准线方向测量的，能直接反映表面加工纹理细密程度。

（1）轮廓微观不平度平均间距 S_{m}

在取样长度 l 内，轮廓微观不平度间距 $S_{\text{m}i}$ 的平均值，称为轮廓微观不平度的平均间距 S_{m}。

所谓轮廓微观不平度的间距 $S_{\text{m}i}$ 是指含有一个轮廓峰和相邻轮廓谷的一段中线长度，如附图 2–5 所示，即

$$S_{\text{m}} = \frac{1}{n} \sum_{i=1}^{n} S_{\text{m}i} \tag{附 1-4}$$

式中，$S_{\text{m}i}$ 表示第 i 个轮廓微观不平度的间距。

（2）轮廓单峰平均间距 S

在取样长度 l 内，轮廓的单峰间距 S_i 的平均值，称为轮廓单峰平均间距 S。

所谓轮廓单峰间距 S_i 是指两相邻单峰的最高点之间的距离投影在中线上的长度，如附图 1-5 所示，即

$$S = \frac{1}{n} \sum_{i=1}^{n} S_i \qquad\qquad (\text{附} 1-5)$$

式中，S_i 表示第 i 个轮廓单峰间距。

轮廓微观不平度平均间距 S_m 和轮廓单峰平均间距 S 两个参数反映了轮廓表面的横向特性，可对表面加工纹理的细密度作出评价，S_m 反映了轮廓对于中线的交叉密度，S 则表征了峰的密度。S_m 和 S 在各国标准中被广泛采用，它对评价承载能力，耐磨性和密封性都具有重要意义。

3. 与形状特性有关的评定参数

与形状特性有关的评定参数是轮廓支承长度率。在取样长度 l 范围内，取一条平行于中线的直线，该线与轮廓相截，在轮廓上各段截线长度 b_i 之和称为轮廓支承长度 η_p，如附图 1-6所示，即

$$\eta_p = \sum_{i=1}^{n} b_i \qquad\qquad (\text{附} 1-6)$$

式中，b_i 表示第 i 截线长度。

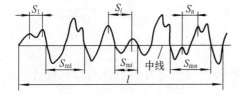

附图 1-5　表面粗糙度的间距参数　　　　　　附图 1-6　轮廓支承长度

轮廓支承长度率 t_p 是指轮廓支承长度 η_p 与取样长度 l 之比，即

$$t_p = \frac{\eta_p}{l} \qquad\qquad (\text{附} 1-7)$$

由附图 1-6 可知，从峰顶向下所取的水平截距 c 不同，其支承长度率 t_p 也不同。因此，t_p 值必须对应于水平截距 c 给出。

轮廓支承长度率 t_p 用百分比表示，水平截距 c 用 μm 或轮廓最大高度 Ry 的百分数表示。水平截距 c 相同时，支承长度越长，表面接触刚度越大，耐磨性也越好。

附录 2　GB/T 131—1993 规定的表面粗糙度在图样中的标注

附图 2-1 为 GB/T 131—1993 规定的有关表面粗糙度的评定参数及其数值，各种补充要求在表面粗糙度符号中的注写位置。其中：

位置 a_1、a_2 标注表面粗糙度高度特征参数代号及其数值（单位为 μm），见附录表 2-1；

位置 b 标注加工要求、镀覆、涂覆或其他说明等；

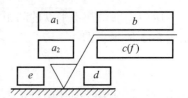

附图 2-1　GB/T 131—1993 中
表面粗糙度符号的注写规定

位置 c 标注取样长度（单位为 mm）；

位置 d 标注加工纹理方向符号；

位置 e 标注加工余量（单位为 mm）；

位置 f 标注表面粗糙度间距特征参数值（单位为 mm）或形状特征参数值。

附录表 2-1　表面粗糙度高度特征参数的标注（GB/T 131—1993）

代　号	意　义	代　号	意　义
3.2	用任何方法获得的表面粗糙度，Ra 的上限值为 3.2 μm	3.2max	用任何方法获得的表面粗糙度，Ra 的最大值为 3.2 μm
3.2	用去除材料方法获得的表面粗糙度，Ra 的上限值为 3.2 μm	3.2max	用去除材料方法获得的表面粗糙度，Ra 的最大值为 3.2 μm
3.2	用不去除材料方法获得的表面粗糙度，Ra 的上限值为 3.2 μm	3.2max	用不去除材料方法获得的表面粗糙度，Ra 的最大值为 3.2 μm
3.2 / 1.6	用去除材料方法获得的表面粗糙度，Ra 的上限值为 3.2 μm，Ra 的下限值为 1.6 μm	3.2max / 1.6min	用去除材料方法获得的表面粗糙度，Ra 的最大值为 3.2 μm，Ra 的最小值为 1.6 μm
Rz 200	用不去除材料方法获得的表面粗糙度，Rz 的上限值为 200 μm	Rz 200max	用不去除材料方法获得的表面粗糙度，Rz 的最大值为 200 μm
Rz 3.2 Rz 1.6	用去除材料方法获得的表面粗糙度，Rz 的上限值为 3.2 μm，下限值为 1.6 μm	Rz 3.2max Rz 1.6min	用去除材料方法获得的表面粗糙度，Rz 的最大值为 3.2 μm，最小值为 1.6 μm

附录表 2-1 中，当允许在表面粗糙度参数的所有实测值中超过规定值的个数少于总数的 16% 时，应在图样上标注表面粗糙度参数的上限值、下限值；当要求表面粗糙度参数的所有实测值均不得超过规定值时，应在图样上标注表面粗糙度参数的最大值或最小值。

表面粗糙度代（符）号一般标注于图样的可见轮廓线处，但也可标注于尺寸界线或其延长线上，符号的尖端应从材料外指向被测表面。代号数字及符号的注写方向必须与尺寸数字方向一致，如附图 2-2 所示。

当零件的大部分表面的粗糙度值要求相同时，不必一一标注，对其中使用最多的一种符号、代号可统一注在图样的右上角，并加注"其余"两字，如附图 2-3 所示。

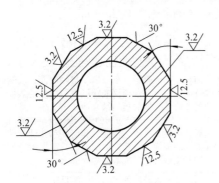

附图 2-2　表面粗糙度代号标注方法

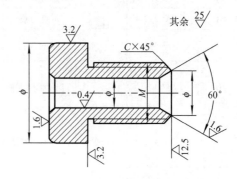

附图 2-3　表面粗糙度代号的图样上标注示例

齿轮、渐开线花键、螺纹等工作表面没有画出齿（牙）形时，其表面粗糙度特征代号可分别按附图 2-4～附图 2-6 的方式标注。

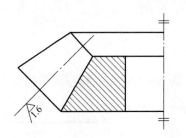

附图 2-4　齿面粗糙度标注示例

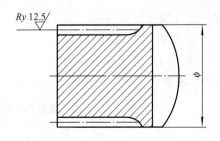

附图 2-5　花键粗糙度标注示例

若零件需要局部热处理或局部镀（涂）时，应使用粗点画线画出其范围，并标注相应的尺寸，也可将热处理要求注在表面粗糙度符号内，如附图 2-7 所示。

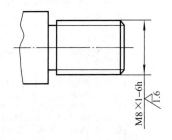

附图 2-6　螺纹粗糙度标注示例

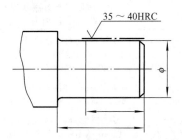

附图 2-7　表面处理件粗糙度标注示例

附　表　二

附表 2-1　表面粗糙度选用实例

表面粗糙度	相当表面光洁度	表面形状特征		应 用 举 例
>40～80	▽1	粗糙度	明显可见刀痕	粗糙度很高的加工面，一般很少采用
>20～40	▽2		可见刀痕	
>10～20	▽3		微见刀痕	粗加工表面比较精确的一级，应用范围较广，如轴端面、倒角、穿螺钉孔和铆钉孔的表面、垫圈的接触面等
>5～10	▽4	光半	可见加工轨迹	半精加工面，支架、箱体、离合器、带轮侧面、凸轮侧面等非接触的自由表面，与螺栓头和铆钉头相接触的表面，所有轴和孔的退刀槽，一般遮板的结合面等
>2.5～5	▽5		微见加工轨迹	半精加工面，箱体、支架、盖板、套筒等与其他零件连接而没有配合要求的表面，需要发蓝的表面，需要滚花的预先加工面，主轴非接触的全部外表面等
>1.25～2.5	▽6		看不清加工轨迹	基面及表面质量要求较高的表面，中型机床工作台面（普通精度），组合机床主轴箱和盖面的结合面，中等尺寸平带轮和 V 带轮的工作表面，衬套、滑动轴承的压入孔、一般低速转动的轴颈

续表

表面粗糙度	相当表面光洁度	表面形状特征		应 用 举 例
>0.63～1.25	▽7	光	可辨加工轨迹的方向	中型机床（普通精度）滑动导轨面，导轨压板，圆柱销和圆锥销的表面，一般精度的刻度盘，需镀铬抛光的外表面，中速转动的轴颈，定位销压入孔等
>0.32～0.63	▽8	光	难辨加工轨迹的方向	中型机床（提高精度）滑动导轨面，滑动轴承瓦的工作表面，夹具定位元件和钻套的主要表面，曲轴和凸轮轴的工作轴颈，分度盘表面，高速工作下的轴颈及衬套的工作面等
>0.16～0.32	▽9	光	不可辨加工轨迹的方向	精密机床主轴锥孔，顶尖圆锥面，直径小的精密心轴和转轴结合面，活塞的活塞销孔，要求气密的表面和支承面
>0.08～0.16	▽10	光最	暗光泽面	精密机床主轴箱与套筒配合的孔，仪器在使用中要承受摩擦的表面，如导轨、槽面等，液压传动用的孔的表面，阀的工作面，气缸内表面，活塞销的表面等
>0.04～0.08	▽11	光最	亮光泽面	特别精密的滚动轴承套圈滚道、滚珠及滚柱表面，量仪中中等精度间隙配合零件的工作表面，工作量规的测量表面等
>0.02～0.04	▽12	光最	镜状光泽面	特别精密的滚动轴承套圈滚道、滚珠及滚柱表面，高压油泵中柱塞和柱塞套的配合表面，保证高度气密的结合表面等
>0.01～0.02	▽13	光最	雾状光泽面	仪器的测量表面，量仪中高精度间隙配合零件的工作表面，尺寸超过 100 mm 的量块工作表面等
>0.01	▽14		镜面	量块工作表面，高精度测量仪器的测量面，光学测量仪器的金属镜面等

附表 2-2 典型零件的表面粗糙度参数值　　　　　单位：μm

表 面 特 征	部 位	表面粗糙度 Ra 值不大于			
滑动轴承的配合表面	表面	公差等级			液体摩擦
		IT7～IT9	IT11～IT12		
	轴	0.2～3.2	1.6～3.2		0.1～0.4
	孔	0.4～1.6	1.6～3.2		0.2～0.8
带密封的轴颈表面	密封方式	轴颈表面速度/（m/s）			
		≤3	≤5	>5	≤4
	橡胶	0.4～0.8	0.2～0.4	0.1～0.2	
	毛毡				0.4～0.8
	迷宫	1.6～3.2			
	油槽	1.6～3.2			
圆锥结合	表面	密封结合	定心结合	其他	
	外圆锥表面	0.1	0.4	1.6～3.2	
	内圆锥表面	0.2	0.8	1.6～3.2	

表面特征	部 位		表面粗糙度 Ra 值不大于			
螺纹	类别		螺纹公差等级			
			4	5	6	
	粗牙普通螺纹		0.4~0.8	0.8	1.6~3.2	
	细牙普通螺纹		0.2~0.4	0.8	1.6~3.2	

表面特征	部 位		表面粗糙度 Ra 值不大于		
键结合	结合型式		键	轴槽	毂槽
	工作表面	沿毂槽移动	0.2~0.4	1.6	0.4~0.8
		沿轴槽移动	0.2~0.4	0.4~0.8	1.6
		不动	1.6	1.6	1.6~3.2
	非工作表面		6.3	6.3	6.3

表面特征	部 位		表面粗糙度 Ra 值不大于		
矩形齿花键	定心方式		外径	内径	键侧
	外径 D	内花键	1.6	6.3	3.2
		外花键	0.8	6.3	0.8~3.2
	内径 d	内花键	6.3	0.8	3.2
		外花键	3.2	0.8	0.8
	键宽 b	内花键	6.3	6.3	3.2
		外花键	3.2	6.3	0.8~3.2

表面特征	部位	齿轮公差等级					
		5	6	7	8	9	10
齿轮	齿面	0.2~0.4	0.4	0.4~0.8	1.6	3.2	6.3
	外圆	0.8~1.6	1.6~3.2	1.6~3.2	1.6~3.2	3.2~6.3	3.2~6.3
	端断面	0.4~0.8	0.4~0.8	0.8~3.2	0.8~3.2	3.2~6.3	3.2~6.3

表面特征	部位		蜗轮蜗杆公差等级				
			5	6	7	8	9
蜗杆	蜗杆	齿面	0.2	0.4	0.4	0.8	1.6
		齿顶	0.2	0.4	0.4	0.8	1.6
		齿根	3.2	3.2	3.2	3.2	3.2
	蜗轮	齿面	0.4	0.4	0.8	1.6	3.2
		齿根	3.2	3.2	3.2	3.2	3.2

第3章 几何精度

在加工过程中，零件受到力变形、热变形、刀具磨损、工件材料内应力变化等影响，以及机床—夹具—刀具—工件系统本身存在的几何误差的影响，使零件几何要素不可避免地产生误差。这些误差包括尺寸误差、形状与位置误差、表面形貌误差。其中形状与位置误差即指零件几何要素自身的形状误差和零件的不同几何要素之间、不同零件的几何要素之间的位置误差，简称几何误差。例如，在车削圆柱表面时，刀具的运动轨迹若与工件的旋转轴线不平行，会使完工零件表面产生圆柱度误差；铣轴上的键槽时，若铣刀杆轴线的运动轨迹相对于零件的轴线有偏离或倾斜，则会使加工出的键槽产生对称度误差等。

零件几何要素的形位误差又会直接影响机械产品的工作精度、连接强度、运动平稳性、密封性、耐磨性、使用寿命和可装配性等。例如，零件的圆柱度误差会影响圆柱结合要素的配合均匀性：在间隙配合中，会使间隙分布不均匀，加快局部磨损，从而降低零件的工作寿命；在过盈配合中，则会使过盈量各处不一致，影响连接强度。齿轮轴线的平行度误差会影响齿轮的啮合精度和承载能力；键槽的对称度误差会使键安装困难并且安装后受力状况恶化等。形状和位置公差就是为了控制零件的形位精度而针对构成零件的点、线、面等几何要素的各几何误差所规定的，简称为几何公差。

因此，为了满足零件装配后的功能要求，以及保证零件的互换性和经济性，必须对零件的几何公差进行合理的设计，即对零件的几何要素规定合理的几何公差几何特征及其公差值，以便对零件的几何要素的相应形位误差予以限制。

近年来，根据科学技术和经济发展的需要，按照与国际标准接轨的原则，我国对几何公差国家标准进行了几次修订，本章涉及的现行国家推荐性标准主要有：

GB/T 1182—2008《产品几何技术规范（GPS）几何公差 形状、方向、位置和跳动公差标注》

GB/T 1184—1996《形状和位置公差 未注公差值》

GB/T 4249—2009《产品几何技术规范（GPS） 公差原则》

GB/T 16671—1996《形状和位置公差 最大实体要求、最小实体要求和可逆要求》

GB/T 18780.1—2002《产品几何量技术规范（GPS） 几何要素 第1部分：基本术语和定义》

GB/T 1958—2004《产品几何量技术规范（GPS） 形状和位置公差 检测规定》

GB/T 18779.1—2002《产品几何量技术规范（GPS） 工件与测量设备的测量检验 第1部分：按规范检验合格或不合格的判定规则》

GB/T 18779.2—2002《产品几何量技术规范（GPS） 工件与测量设备的测量检验 第2部分：测量设备校准和产品检验中 GPS 测量的不确定度评定指南》

GB/T 17851—1999《形状和位置公差 基准和基准体系》

GB/T 17852—1999《形状和位置公差 轮廓的尺寸和公差标注》

上述现行国家标准分别替代以下旧国标：

GB/T 1182—1996《形状和位置公差　通则、定义、符号和图样表示法》

GB/T 1184—1980《形状和位置公差　未注公差》

GB/T 4249—1996《公差原则》

GB/T 1958—1980《形状和位置公差　检测规定》

第一节　几何公差的概述

进行几何精度的设计，首先要了解几何公差的研究对象和几何公差几何特征项目。机械零件的结构组成、复杂程度等不尽相同，但却都是由点、线、面等几何要素构成，零件上的各几何要素即为几何公差的研究对象；而不同的零件由于其使用性能、技术要求、几何特征等的不同，对其上几何要素的形状、位置的控制要求也不尽相同，即为几何公差几何特征项目。

一、几何公差的研究对象

如前所述，几何公差的研究对象就是零件的几何要素。不同零件尽管形状各异，但却都是由点、线、面所构成，这些几何要素可按以下方式进行分类。

1. 按几何特征分类

几何要素按几何特征可分为组成要素和导出要素。

（1）组成要素。组成要素是构成零件的外轮廓并能为人们直接感觉到的要素。如图3-1（a）中的球面、圆锥面、端平面、圆柱面、锥顶、素线等。

（2）导出要素。导出要素是由一个或几个组成要素得到的中心点、中心线或中心面。虽然不能为人们直接感觉到，但却随着相应的组成要素的存在而客观地存在着。如图3-1（b）中的球心、轴线、中心平面等。

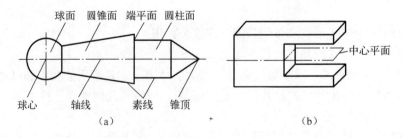

图3-1　组成要素和导出要素

需要注意，在后面各节中，术语"轴线"和"中心平面"一律用于具有理想形状的导出要素；术语"中心线"和"中心平面"一律用于非理想形状的导出要素。

2. 按存在的状态分类

几何要素按存在的状态可分为公称要素和实际要素。

（1）公称组成要素。公称要素是由技术制图或其他方法确定的理论正确的要素。它们具有几何学意义，不存在任何误差。图样是用以表达设计意图的，零件图就是设计者在零件的理想几何状态基础上，加上尺寸公差、几何公差等技术条件绘制而成的。因此，图样上组成零件的点、线、面，都是指理想状态下的点、线、面，它们就是没有几何误差的公称要素。

由一个或几个公称组成要素导出的中心线、轴线或中心平面称为公称导出要素。

（2）实际（组成）要素。实际（组成）要素是由接近实际（组成）要素所限定的工件实际表面的组成要素部分，是零件上实际存在的要素。零件加工时，由于种种原因会产生形位误差，所以实际零件上存在的是有几何误差的要素。

3. 按在几何公差检测中的功能分类

几何要素按在几何公差检测中的功能可分为提取要素和拟合要素。

（1）提取要素。提取要素是提取组成要素和提取导出要素的统称。

提取组成要素是按规定方法由实际（组成）要素提取有限数目的点所形成的实际（组成）要素的近似替代，用来在工件检测过程中替代工件上的实际（组成）要素。该替代（的方法）由要素所要求的功能确定，每个实际（组成）要素可以有几个这种替代。

提取导出要素是由一个或几个提取组成要素得到的中心点、中心线或中心面。

受到测量误差影响，对于具体零件的不同位置其提取组成要素各不相同，零件的实际（组成）要素只能由提取组成要素的平均状态来代替，故实际（组成）要素并非该要素的真实情况。

（2）拟合要素。拟合要素是拟合组成要素和拟合导出要素的统称。

拟合组成要素是按规定的方法由提取组成要素形成的并具有理想形状的组成要素，用来在工件评定过程中替代工件上具有理想形状的实际（组成）要素。

拟合导出要素是由一个或几个拟合组成要素导出的中心点、轴线或中心平面。

这些几何要素之间的相互关系见表 3-1。

表 3-1　几何要素分类之间的相互关系

注：A——公称组成要素；B——公称导出要素；C——实际要素；D——提取组成要素；E——提取导出要素；
F——拟合组成要素；G——拟合导出要素。

4. 按在几何公差中的功能分类

几何要素按在几何公差中所处的地位可分为被测要素和基准要素。

（1）被测要素。被测要素是被测公称要素和被测提取要素的统称。

被测要素是指给出了形状或（和）位置公差要求的组成要素或导出要素。在技术图样中，被测要素都是没有形位误差的要素，即为被测公称要素，如图 3-2 所示，根据零件的功能要求，对 ϕd_2 圆柱面和 ϕd_2 圆柱的台肩面设计了形位精度。而在完工零件上，它们是检测的对象，即为被测提取要素。

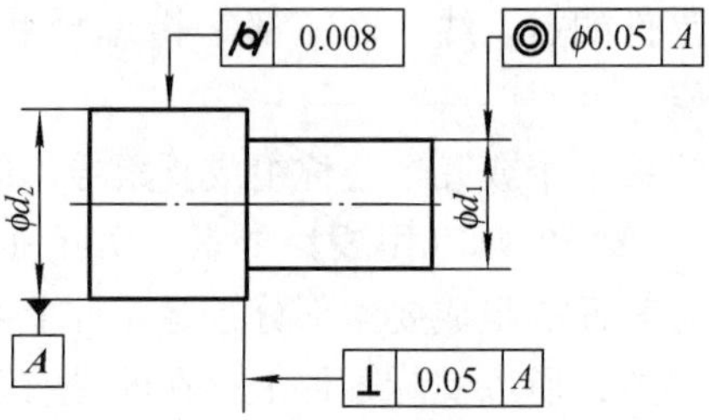

被测要素按功能关系又可分为单一要素和关联要素。

图 3-2　被测要素与基准要素

单一要素是仅针对本身给出形状公差要求的被测要素，如图 3-2 中 ϕd_2 圆柱面。关联要素是与零件上其他要素有功能关系而给出位置公差要求的被测要素，如图 3-2 中 ϕd_1 圆柱的轴线和 ϕd_2 圆柱的台肩面。

（2）基准要素。基准要素是用来确定被测要素的方向或（和）位置的组成要素或导出要素。在技术图样中，基准要素都是没有形位误差的要素，即为基准公称要素，通常称为基准，如图 3-2 所示，ϕd_2 圆柱的台肩面方向和 ϕd_1 圆柱的轴线位置是用 ϕd_2 圆柱的轴线来确定的，因此，ϕd_2 圆柱轴线是基准。在完工零件上，由于加工误差的影响基准要素本身也是有一定的形位误差的，即为基准提取要素；在完工零件的检测过程中，为了保证被测零件检测的准确性，基准提取要素则通过基准的建立和体现被其基准拟合要素所替代。基准建立和体现的方法在本章第二节中有具体介绍。

二、几何公差带

几何公差带是由一个或几个理想的几何线或面所限定的、由线性公差值表示其大小的区域。即，公差带的形状由提取要素被给定的几何公差的几何特征及其标注方式决定，其主要形状见表 3-2；公差带的大小由线性公差值决定，线性公差值是指符合提取要素在评定时被给定的几何公差的相应几何特征的最小包容区域的宽度和直径。

表 3-2　几何公差带的形状

公差带形状	几何公差带描述
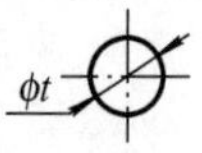 ϕt	一个圆内的区域
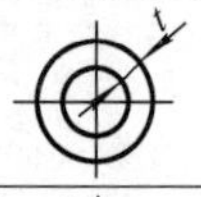	两同心圆之间的区域
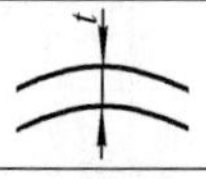 	两等距线或两平行直线之间的区域

续表

公差带形状	几何公差带描述
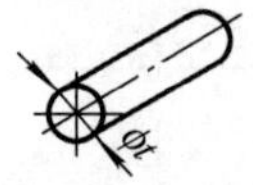	一个圆柱面内的区域
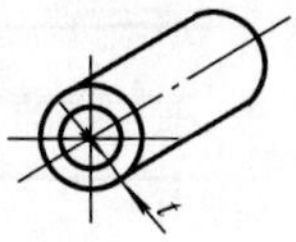	两同轴圆柱面之间的区域
	两等距面或两平行平面之间的区域
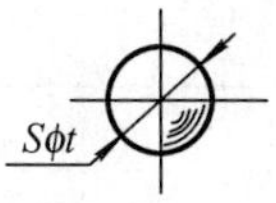	一个圆球面内的区域

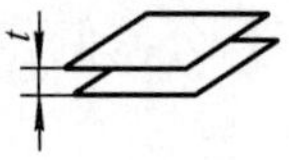

对要素规定的几何公差确定了其公差带，该要素就应限定在公差带之内。故公差带是用来限制要素的变动区域的，只要要素完全落在给定的公差带内，就表示其几何公差符合设计要求。

三、几何公差的几何特征、符号和附加符号

按设计要求表示几何公差几何特征的符号，称为几何特征符号。

GB/T 1182—2008 中规定的几何公差的几何特征、符号见表 3-3。

表 3-3　几何公差的几何特征及其符号

公差类型	几何特征	符　号	有无基准
形状公差	直线度	—	无
	平面度	▱	无
	圆度	○	无
	圆柱度	⌭	无
	线轮廓度	⌒	无
	面轮廓度	⌓	无
方向公差	平行度	//	有
	垂直度	⊥	有
	倾斜度	∠	有
	线轮廓度	⌒	有
	面轮廓度	⌓	有

续表

公差类型	几何特征	符 号	有无基准
位置公差	位置度	⊕	有或无
	同心度（用于中心点）	◎	有
	同轴度（用于轴线）	◎	有
	对称度	≡	有
	线轮廓度	⌒	有
	面轮廓度	⌓	有
跳动公差	圆跳动	↗	有
	全跳动	↗↗	有

　　GB/T 1182—2008 规定了被测要素和基准要素的标注要求、与公差值和基准有关的附加符号等内容。其中，几何公差的附加符号见表3-4。

表3-4　几何公差附加符号

说　明	符　号	说　明	符　号
被测要素	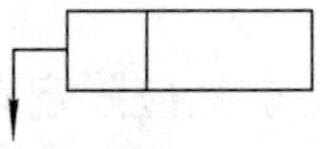	全周（轮廓）	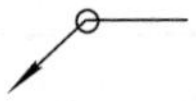
		包容要求	Ⓔ
基准要素	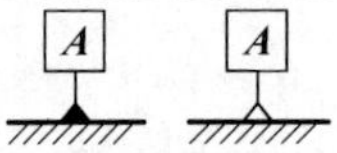 A A	公共公差带	CZ
基准目标	φ2/A1	小径	LD
理论正确尺寸	50	大径	MD
延伸公差带	Ⓟ	中径、节径	PD
最大实体要求	Ⓜ	线素	LE
最小实体要求	Ⓛ	不凸起	NC
自由状态条件（非刚性零件）	Ⓕ	任意横截面	ACS

　　注：1. GB/T 1182—1996 中规定的基准符号为 Ⓐ。 
　　　　2. 如需标注可逆要求，可采用符号 Ⓡ，见 GB/T 16671—2009。

四、几何公差的标注

　　GB/T 1182—2008 中规定了几何公差标注的基本要求和方法，并说明了适用于工件的几何公差标注。

1. 被测要素的标注

1）被测要素标注符号

几何公差标注符号由公差框格和指引线（带箭头）组成，如图3-3（a）所示。

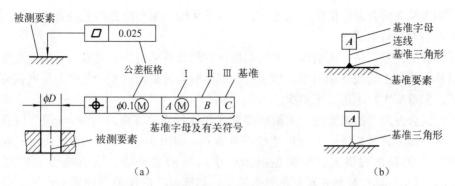

图 3-3　几何公差标注符号和基准标注符号

公差框格是划分为两格或多格的矩形框格。一般，形状公差的公差框格为两格，位置公差的公差框格为三至五格。公差框格在图样上一般水平放置，特殊情况下也允许竖直放置。

公差要求就注写在公差框格内，对于水平放置的公差框格，各格按自左至右顺序依次填写几何特征符号，公差值、基准，如图 3-4（a）～（d）所示。

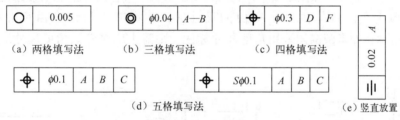

图 3-4　公差框格填写

（1）几何特征符号。按设计要求标注表 3-3 中的相应几何特征符号。

（2）公差值。以线性尺寸单位表示的量值。如果公差带为圆形或圆柱形，公差值前应加注符号"ϕ"；如果公差带为圆球形，公差值前应加注符号"$S\phi$"。其余公差带形状，只注写公差数值。

（3）基准。一般用一个字母表示单个基准，用几个字母表示基准体系或公共基准，如图 3-4（b）～（e）所示。

如果公差框格是竖直放置，则应自下向上依次填写几何特征符号、公差值、基准，如图 3-4（e）所示。

如果需要限制被测要素在公差带内的形状，可在公差值后加注表 3-5 内的相应符号，或在公差框格下方注明"NC"字样。

表 3-5　被测要素的形状在公差带内有进一步限定时与公差值相关的符号

含　义	符　号	举　例	含　义	符　号	举　例
只许中间向材料内凹下	（-）	— | $t(-)$	只许从左至右减小	（▷）	∠ | $t(▷)$
只许中间向材料外凸起	（+）	▱ | $t(+)$	只许从右至左减小	（◁）	∠ | $t(◁)$

2）被测要素标注的基本要求和方法

对于有几何公差要求的被测要素应该用指引线将其与公差框格连接。连接时，指引线无箭头的一端应从几何公差框格的一端连出，而有箭头的一端则应指向被测要素。指引线箭头的方向不影响对公差的定义。

水平放置的公差框格，指引线可以从框格的左端或右端引出；垂直放置的公差框格，指引线可以从框格的上端或下端引出。指引线从框格引出时必须垂直于框格，指向被测要素时允许弯折，但弯折次数不得多于两次。

（1）几何公差涉及的被测要素为组成要素（轮廓线或轮廓面）。指引线箭头应直接指向该要素的轮廓线或其延长线，并与尺寸线明显错开，如图3-5（a）、（b）所示；如果被测要素为视图上的局部表面时，箭头也可指向引出线的水平线，引出线引自被测面，如图3-5（c）所示；如果被测要素只是要素的某一局部时，应用粗点划线示出该部分并加注尺寸，如图3-5（d）、（e）所示。

（2）几何公差涉及的被测要素为导出要素（中心线、中心面或中心点）。指引线箭头应与被测要素相应的组成要素的尺寸线对齐，必要时，指引线箭头可替代其中一个尺寸线箭头，如图3-5（f）～（h）所示。如果被测要素是圆锥体的导出要素时，箭头应与圆锥体大端或小端的尺寸线对齐，如图3-5（i）、（j）所示；如果直径尺寸不能明显地区别圆锥体与圆柱体时，则应在圆锥体内画出空白的尺寸线，并将箭头与该空白尺寸线对齐，如图3-5（k）所示；如果圆锥体采用角度尺寸标注，则箭头应对着该角度尺寸线，如图3-5（l）所示。

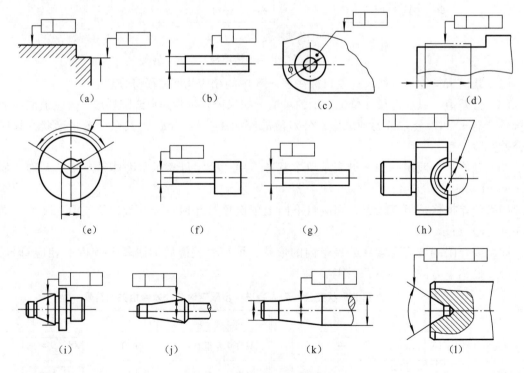

图3-5 被测要素的标注

在被测要素的形式产生歧义，需要指明其是线而不是面时，在公差框格下方标注"LE"字样以示区别，如图3-29所示。

2. 基准要素的标注

1）基准要素标注符号

与公差框格第三至五格内的基准字母相对应的基准要素，在图样上必须用基准标注符号来表示。基准标注符号由基准三角形、连线、方框和基准字母组成，如图 3-3（b）所示。字母标注在基准方框内，连线一端应从基准方框垂直引出，与一个涂黑的或空白的三角形相连，涂黑的和空白的基准三角形含义相同。必要时连线可以弯折一次，以保证与水平放置的基准方框垂直，如图 3-6（h）～（l）所示。

代表基准的字母采用大写英文字母，为了避免混淆，规定不能采用 E、F、I、J、M、L、O、P、R。

2）基准要素标注的基本要求和方法

（1）当基准是组成要素（轮廓线或轮廓面）时，基准三角形放置在要素的轮廓线或其延长线上，且与尺寸线明显错开，如图 3-6（a）～（c）所示；如果基准为视图上的局部表面时，基准三角形也可放置在该轮廓面引出线的水平线上，如图 3-6（d）所示；如果基准只是要素的某一局部时，则应用粗点画线示出该部分并加注尺寸，如图 3-6（e）所示。

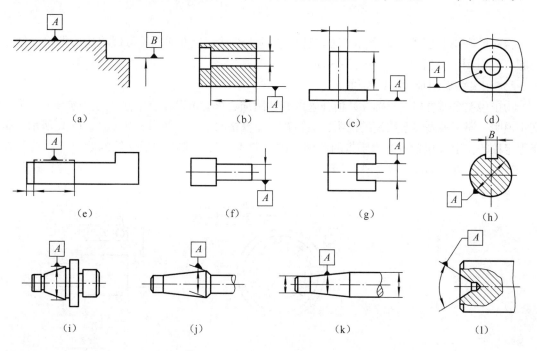

图 3-6　基准要素的标注

（2）当基准是尺寸要素确定的导出要素（轴线、中心平面、中心点）时，基准三角形应放置在该尺寸延长线上，没有足够的位置标注基准要素尺寸的两个尺寸箭头时，基准三角形可替代其中一个尺寸线箭头，如图 3-6（f）～（h）所示。如果基准是圆锥体的轴线时，基准三角形应与圆锥体大端或小端的尺寸线对齐，如图 3-6（i）、（j）所示；如果直径尺寸不能明显地区别圆锥体与圆柱体时，则应在圆锥体内画出空白的尺寸线，并将基准三角形与该空白尺寸线对齐，如图 3-6（k）所示；如果圆锥体采用角度尺寸标注，则基准三角形应对着该角度尺寸线,如图3-6(1)所示。

3. 几何公差的其他标注方法

1)被测要素的简化标注方法

当多个被测要素具有相同几何特征和公差值时,可以用一个几何公差框格和多条指引线标注,如图3-7(a)所示,此时对于这几个被测要素的公差要求是各自独立的,即它们具有各自独立的公差带。如果要求这几个被测要素具有公共公差带,则应在公差值后加注"CZ"字样,如图3-7(b)所示。

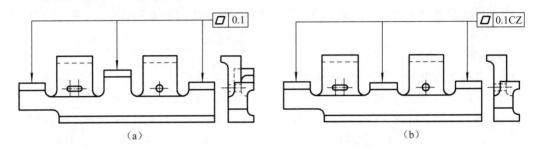

(a) (b)

图3-7 简化标注之一

当对同一被测要素有多个几何公差特征项目要求时,为方便起见可以将这些框格绘制在一起,只引用一根指引线,如图3-8所示。

2)用文字做附加说明的标注

为了说明公差框格中所标注几何公差的其他附加要求,可以在公差框格的上方或下方附加文字说明,属于被测要素数量的说明,应写在公差框格的上方,如图3-9(a)、(b)所示;属于限定性的规定(包括对被测要素的范围、被测要素在公差带内的形状等的要求等)应写在公差框格的下方,如图3-9(c)、(d)所示。

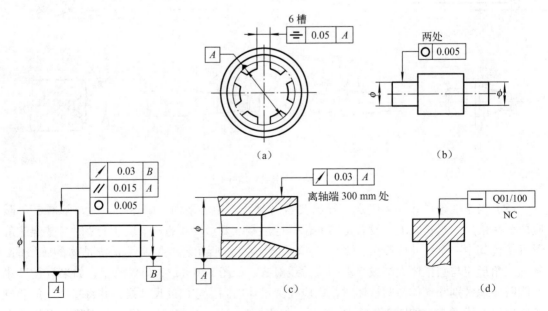

图3-8 简化标注之二 图3-9 几何公差有附加要求时的标注

3）公差原则的标注

当被测要素或者基准要素采用某种公差原则时，应根据需要，采用规范的公差原则符号，单独或者同时标注在相应公差值和（或）基准字母的后面，如图 3-10 所示。

4）理论正确尺寸的标注

理论正确尺寸没有公差，并标注在一个方框内。理论正确尺寸是指当给出一个或一组要素的位置、方向或轮廓度公差时，分别用来确定其理论正确位置、方向或轮廓的尺寸，如图 3-11（a）所示；也可用于确定基准体系中各基准之间的方向、位置关系，如图 3-11（b）所示。

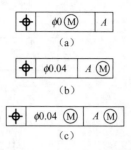

图 3-10　公差原则的标注

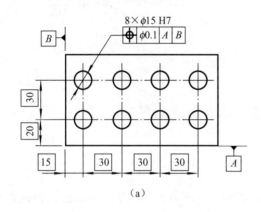

（a）

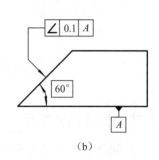

（b）

图 3-11　理论正确尺寸的标注

5）附加标记的标注

（1）如果轮廓度特征适用于横截面的整周轮廓或由该轮廓所示的整周表面时，应采用"全周"符号标注，如图 3-12 所示。"全周"符号并不包括整个工件的所有表面，只包括由轮廓和公差标注所表示的各个表面。

（2）当以螺纹轴线为被测要素或基准要素时，默认是螺纹中径圆柱的轴线，标注时，图样中应画出螺纹中径，并且将指引线箭头（或基准三角形）与中径尺寸线对齐，如图 3-13（a）、（b）所示；否则应在

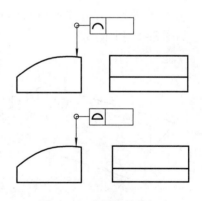

图 3-12　全周符号的标注

几何公差框格（或基准方框）下方另加说明，如采用大径轴线用"MD"表示，采用小径轴线用"LD"表示，如图 3-13（c）、（d）所示。

当以齿轮、花键轴线为被测要素或基准要素时，情况与螺纹类似，只是采用节径轴线用"PD"表示，采用大径轴线用"MD"表示，采用小径轴线用"LD"表示。

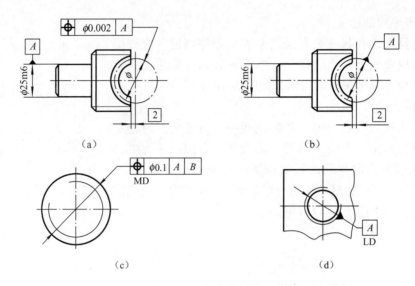

图 3-13　螺纹的标注

第二节　几何公差及其公差带

一、形状公差及其公差带

形状公差是被测提取要素对其拟合要素所允许的最大变动量。形状公差包括直线度、平面度、圆度和圆柱度四个公差项目。

（1）直线度公差。

① 公差带为在给定平面内和给定方向上，间距等于公差值 t 的两平行直线所限定的区域，如图 3-14 所示。

在任一平行于图示投影面的平面内，上平面的提取（实际）线应限定在间距等于 0.1 的两平行直线之间。

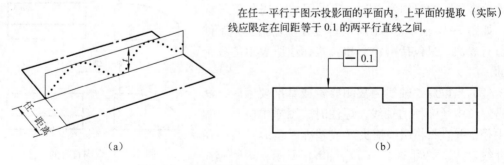

图 3-14　给定平面内的直线度公差带及标注

② 在给定棱边上，公差带为间距等于公差值 t 的两平行平面所限定的区域，如图 3-15 所示。

③ 在给定任意方向，公差值前加注符号 ϕ，公差带为直径等于公差值 ϕt 的圆柱面所限定的区域，如图 3-16 所示。

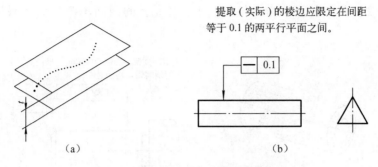

提取（实际）的棱边应限定在间距
等于 0.1 的两平行平面之间。

（a）　　　　　　　　　　（b）

图 3-15　给定棱边的直线度公差带及标注

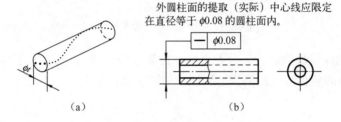

外圆柱面的提取（实际）中心线应限定
在直径等于 $\phi 0.08$ 的圆柱面内。

（a）　　　　　　　　　　（b）

图 3-16　任意方向的直线度公差带及标注

（2）平面度公差。公差带为间距等于公差值 t 的两平行平面所限定的区域，如图 3-17 所示。

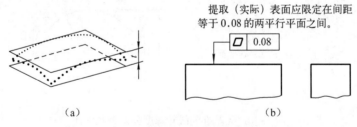

提取（实际）表面应限定在间距
等于 0.08 的两平行平面之间。

（a）　　　　　　　　　　（b）

图 3-17　平面度公差带及标注

（3）圆度公差。公差带为在给定横截面内、半径差等于公差值 t 的两同心圆所限定的区域，如图 3-18 所示。

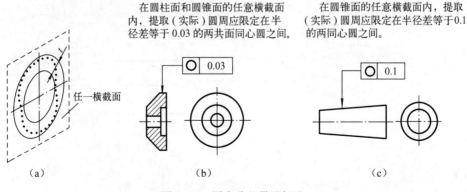

在圆柱面和圆锥面的任意横截面
内，提取（实际）圆周应限定在半
径差等于 0.03 的两共面同心圆之间。

在圆锥面的任意横截面内，提取
（实际）圆周应限定在半径等于 0.1
的两同心圆之间。

任一横截面

（a）　　　　　　　　　　（b）　　　　　　　　　　（c）

图 3-18　圆度公差带及标注

（4）圆柱度公差。公差带为半径差等于公差值 t 的两同轴圆柱面所限定的区域，如图 3-19 所示。

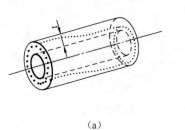
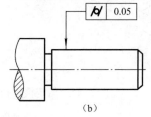

提取（实际）圆柱面应限定在半径差等于 0.05 的两同轴圆柱面之间。

（a）　　　　　　　　　　（b）

图 3-19　圆柱度公差带及标注

（5）无基准的线轮廓度公差。公差带为直径等于公差值 t、圆心位于具有理论正确几何形状上的一系列圆的两包络线所限定的区域，如图 3-20 所示。

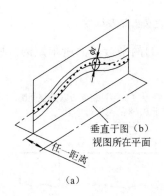
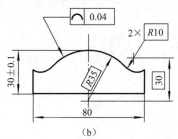

在任一平行于图示投影面的截面内，提取（实际）轮廓线应限定在直径等于 0.04、圆心位于被测要素理论正确几何形状上的一系列圆的两包络线之间。

垂直于图（b）视图所在平面

任一距离

（a）　　　　　　　　　　（b）

图 3-20　无基准的线轮廓度公差带及标注

（6）无基准的面轮廓度公差。公差带为直径等于公差值 t、球心位于被测要素理论正确形状上的一系列圆球的两包络面所限定的区域，如图 3-21 所示。

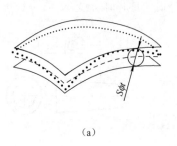
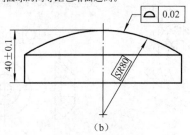

提取（实际）轮廓面应限定在直径等于 0.02、球心位于被测要素理论正确几何形状上的一系列圆球的两等距包络面之间。

（a）　　　　　　　　　　（b）

图 3-21　无基准的面轮廓度公差带及标注

二、定向公差及其公差带

定向公差是被测提取要素对一具有确定方向的拟合要素所允许的最大变动量，拟合要素的方向由基准确定。定向公差包括平行度、垂直度、倾斜度三个公差项目。当拟合要素的方向与基准的夹角为 0° 时是平行度，为 90° 时是垂直度，为任意角度时是倾斜度。显然，平行度与垂直度可以看作是倾斜度的特例。另外根据被测要素和基准要素分别可以是"线"要素或者"面"要素，每种定向公差的公差带定义也有不同形式。

1. 平行度公差

平行度公差是被测提取要素对一具有理论正确方向的拟合要素所允许的最大变动量，拟合要素的理论正确方向应平行于基准。

1）线的平行度公差

① 线对基准体系（由一条基准轴线和一个基准平面组成）。在给定面内，公差带为间距等于公差值 t、平行于两基准的两平行平面所限定的区域，如图 3-24 所示；在给定方向上，公差带为间距等于公差值 t、平行于基准轴线且垂直于基准平面的两平行平面所限定的区域，如图 3-25 所示；在给定相互垂直两个方向上，公差带为平行于基准轴线和平行或垂直于基准平面、间距分别等于公差直 t_1 和 t_2、且相互垂直的两组平行平面所限定的区域，如图 3-26 所示。

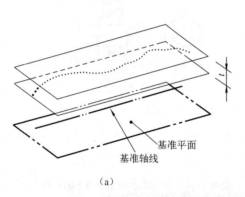

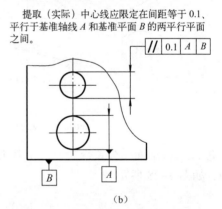

提取（实际）中心线应限定在间距等于 0.1、平行于基准轴线 A 和基准平面 B 的两平行平面之间。

(a)　　　　　　　　　　　　　(b)

图 3-24　线对基准体系在给定面内的平行度公差带及标注

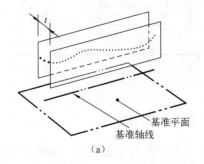

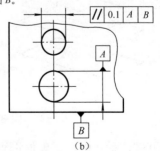

提取（实际）中心线应限定在间距等于 0.1 的两平行平面之间。该两平行平面平行于基准轴线 A 且垂直于基准平面 B。

(a)　　　　　　　　　　　　　(b)

图 3-25　线对基准体系在给定方向上的平行度公差带及标注

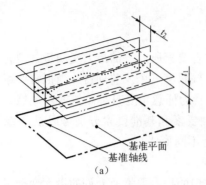

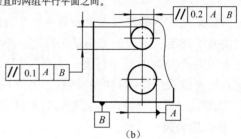

提取（实际）中心线应限定在平行于基准轴线 A 和平行或垂直于基准平面 B、间距分别等于公差值 0.1 和 0.2，且相互垂直的两组平行平面之间。

图 3-26　线对基准体系给定相互垂直两个方向上的平行度公差带及标注

② 线对基准线。公差值前加注符号 ϕ，公差带为平行于基准轴线、直径等于公差值 ϕt 的圆柱面所限定的区域，如图 3-27 所示。

提取（实际）中心线应限定在平行于基准轴线 A、直径等于 $\phi 0.03$ 的圆柱面内。

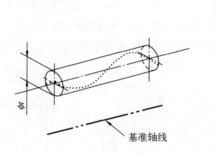

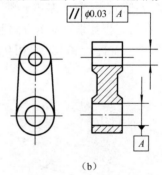

图 3-27　线对基准线的平行度公差带及标注

③ 线对基准面。公差带为平行于基准平面、间距等于公差值 t 的两平行平面所限定的区域，如图 3-28 所示。

提取（实际）中心线应限定在平行于基准平面 A、间距等于 0.01 的两平行平面之间。

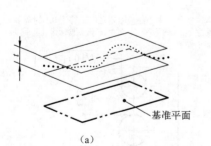

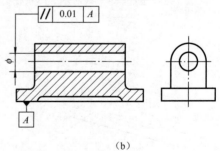

图 3-28　线对基准面的平行度公差带及标注

④ 线对基准体系（由两个基准平面组成）。公差带为间距等于公差值 t 的两平行直线所限定的区域，该两平行直线平行于基准平面 A 且处于平行于基准平面 B 的平面内，如图 3-29 所示。

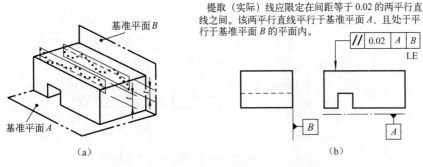

图 3-29　线对基准体系的平行度公差带及标注

2）面的平行度公差

① 面对基准线。公差带为间距等于公差值 t、平行于基准轴线的两平行平面所限定的区域，如图 3-30 所示。

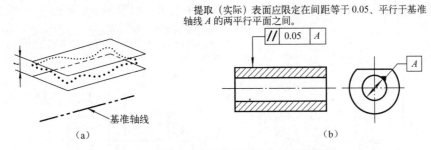

图 3-30　面对基准线的平行度公差带及标注

② 面对基准面。公差带为间距等于公差值 t、平行于基准平面的两平行平面所限定的区域，如图 3-31 所示。

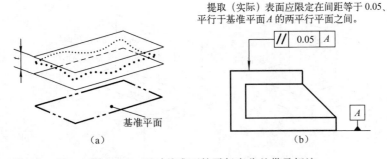

图 3-31　面对基准面的平行度公差带及标注

2. 垂直度公差

垂直度公差是被测提取要素对一具有理论正确方向的拟合要素所允许的最大变动量，拟合要素的理论正确方向应垂直于基准。

1）线的垂直度公差

① 线对基准线。公差带为间距等于公差值 t、垂直于基准线的两平行平面所限定的区域，如图 3-32 所示。

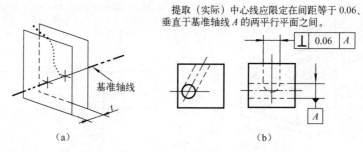

提取（实际）中心线应限定在间距等于 0.06、
垂直于基准轴线 A 的两平行平面之间。

（a） （b）

图 3-32 线对基准线的垂直度公差带及标注

② 线对基准体系（由两个基准平面组成）。在给定方向上，公差带为间距等于公差值 t 的两平行平面所限定的区域。该两平行平面垂直于基准平面 A，且平行于基准平面 B，如图 3-33 所示；在给定相互垂直两个方向上，公差带为间距分别等于公差值 t_1 和 t_2，且互相垂直的两组平行平面所限定的区域。该两组平行平面都垂直于基准平面 A。其中一组平行平面垂直于基准平面 B，另一组平行平面平行于基准平面 B，如图 3-34 所示。

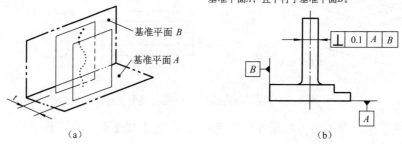

圆柱面的提取（实际）中心线应限定在间距等
于0.1的两平行平面之间。该两平行平面垂直于
基准平面A，且平行于基准平面B。

（a） （b）

图 3-33 线对基准体系在给定方向上的垂直度公差带及标注

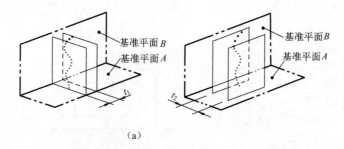

（a）

圆柱的提取（实际）中心线应限定在间距分别等于0.1和0.2、
且相互垂直的两组平行平面内。该两组平行平面垂直于基准平
面A且垂直或平行于基准平面B。

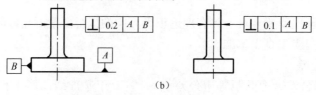

（b）

图 3-34 线对基准体系在给定相互垂直两个方向上的垂直度公差带及标注

③ 线对基准面。公差值前加注符号 ϕ，公差带为直径等于公差值 ϕt、轴线垂直于基准平面的圆柱面所限定的区域，如图 3-35 所示。

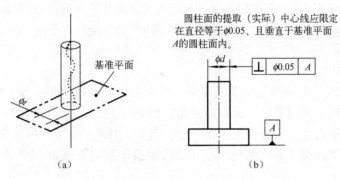

图 3-35　线对基准面的垂直度公差带及标注

将图 3-34 与图 3-35 进行比较可以看出，虽然两零件的结构完全相同，但由于对零件的使用功能要求不同，所以对被测要素与基准要素的选择不一样，其公差带的定义也随之不同。

2）面的垂直度公差

① 面对基准线。公差带为间距等于公差值 t、垂直于基准轴线的两平行平面所限定的区域，如图 3-36 所示。

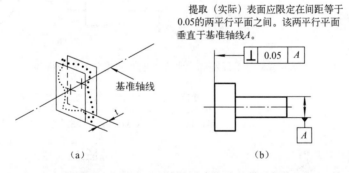

图 3-36　面对基准线的垂直度公差带及标注

② 面对基准面。公差带为间距等于公差值 t、垂直于基准平面的两平行平面所限定的区域，如图 3-37 所示。

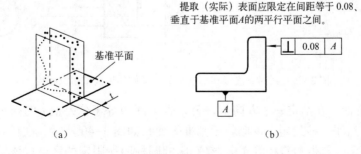

图 3-37　面对基准面的垂直度公差带及标注

3. 倾斜度公差

倾斜度公差是被测提取要素对一具有理论正确方向的拟合要素所允许的最大变动量，拟合要素的理论正确方向应与基准倾斜某一规定角度，此角度由理论正确角度来确定。对于平行度和垂直度，由于相应的理论正确角度为0°和90°，都是特殊角度，故在图样上可以省略理论正确角度的标注。

1）线的倾斜度公差

① 线对基准线。被测线与基准线在同一平面上，公差带为间距等于公差值 t 的两平行平面所限定的区域。该两平行平面按给定角度倾斜于基准轴线，如图 3-38 所示；被测线与基准线在不同平面上，公差带为间距等于公差值 t 的两平行平面所限定的区域。该两平行平面按给定角度倾斜于基准轴线，基准轴线应投影到包含被测线的平面内，如图 3-39 所示。

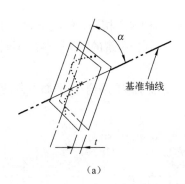

提取（实际）中心线应限定在间距等于0.08的两平行平面之间。该两平行平面按理论正确角度60°倾斜于公共基准轴线 A—B。

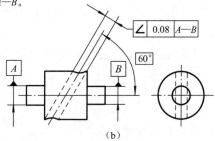

（a）　　　　　　　　　　　　　　　（b）

图 3-38　线对基准线在同一平面上的倾斜度公差带及标注

提取（实际）中心线应限定在间距等于0.08的两平行平面之间。该两平行平面按理论正确角度60°倾斜于公共基准轴线 A—B，公共基准轴线应该投影到包含被测线的平面内。

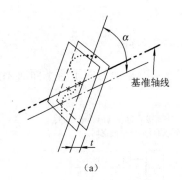

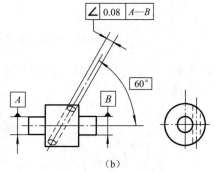

（a）　　　　　　　　　　　　　　　（b）

图 3-39　线对基准线在不同平面上的倾斜度公差带及标注

② 线对基准面。在给定一个方向上，公差带为间距等于公差值 t 的两平行平面所限定的区域。该两平行平面按给定角度倾斜于基准平面，如图 3-40 所示；在任意方向上，公差值前加注符号 ϕ，公差带为直径等于公差值 ϕt 的圆柱面所限定的区域。该圆柱面公差带的轴线按给定角度倾斜于基准平面 A 且平行于基准平面 B，如图 3-41 所示。

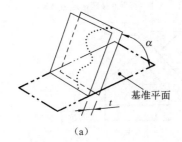

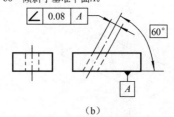

提取（实际）中心线应限定在间距等于0.08的两平行平面之间。该两平行平面按理论正确角度60°倾斜于基准平面A。

（a）　　　　　　　　　　（b）

图 3-40　线对基准面在给定方向上的倾斜度公差带及标注

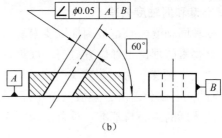

提取（实际）中心线应限定在直径等于φ0.05的圆柱面内。该圆柱面的中心线按理论正确角度60°倾斜于基准平面A且平行于基准平面B。

（a）　　　　　　　　　　　　　（b）

图 3-41　线对基准面在任意方向上的倾斜度公差带及标注

2）面的倾斜度公差

① 面对基准线。公差带为间距等于公差值 t 的两平行平面所限定的区域。该两平行平面按给定角度倾斜于基准直线，如图 3-42 所示。

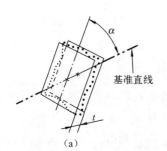

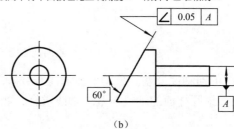

提取（实际）表面应限定在间距等于0.05的两平行平面之间。该两平行平面按理论正确角度60°倾斜于基准轴线A。

（a）　　　　　　　　　　　（b）

图 3-42　面对基准线的倾斜度公差带及标注

② 面对基准面。公差带为间距等于公差值 t 的两平行平面所限定的区域。该两平行平面按给定角度倾斜于基准平面，如图 3-43 所示。

三、定位公差及其公差带

定位公差是被测提取要素对一具有确定位置的拟合要素的变动量，拟合要素的位置由基准和理论正确尺寸确定。定位公差包括同心度和同轴度、对称度、位置度三个公差项目。当拟合要素的位置与基准的距离为零时是同心度和同轴度、对称度，为任意长度时是位置度。

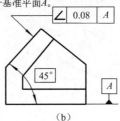

图 3-43 面对基准面的倾斜度公差带及标注

显然，同心度和同轴度、对称度可以看做是位置度的特例。

1. 同心度和同轴度公差

同心度和同轴度公差是被测提取要素对一具有理论正确位置的拟合要素所允许的最大变动量，拟合要素的理论正确位置应与基准重合。根据被测要素和基准要素分别可以是"点"要素或者"线"要素，公差带定义有点的同心度和轴线的同轴度两种。

1）点的同心度公差。公差值前加注符号 ϕ，公差带为直径等于公差值 ϕt 的圆周所限定的区域。该圆周的圆心与基准点重合，如图 3-44 所示。

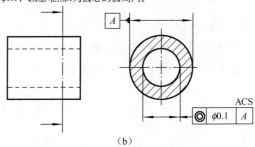

图 3-44 点的同心度公差带及标注

2）轴线的同轴度公差。公差值前加注符号 ϕ，公差带为直径等于公差值 ϕt 的圆柱面所限定的区域。该圆柱面的轴线与基准轴线重合，如图 3-45 所示。

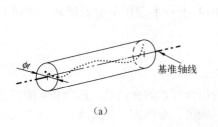

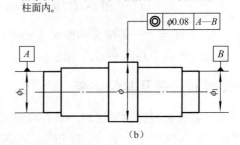

图 3-45 轴线的同轴度公差带及标注

2. 对称度公差

对称度公差是被测提取要素对一具有理论正确位置的拟合要素所允许的最大变动量，拟合要素的理论正确位置应与基准重合，通常适用于导出要素。被测要素一般为"面"，基准要素可以是"线"要素或者"面"要素，公差带定义只有一种。

中心平面的对称度公差。公差带为间距等于公差值 t，对称于基准中心平面的两平行平面所限定的区域，如图 3-46 所示。

提取（实际）中心面应限定在间距等于0.08、对称于公共基准中心平面*A—B*的两平行平面之间。

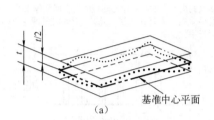
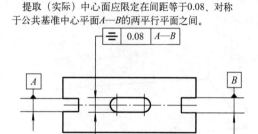

图 3-46 中心平面的对称度公差带及标注

3. 位置度公差

位置度公差是被测提取要素对一具有理论正确位置的拟合要素所允许的最大变动量，拟合要素的理论正确位置应由基准和理论正确尺寸决定。对于同心度和同轴度、对称度，由于相应的理论正确尺寸为零，都是特殊尺寸，故在图样上可以省略理论正确尺寸的标注。根据被测要素和基准要素分别可以是"点"要素、"线"要素或者"面"要素，公差带定义有以下几种形式。

1）点的位置度。公差值前加注符号 $S\phi$，公差带为直径等于公差值 $S\phi t$ 的圆球面所限定的区域。该圆球面中心的理论正确位置由基准 A、B、C 和理论正确尺寸确定，如图 3-47 所示。

提取（实际）球心应限定在直径等于*Sφ*0.3的圆球面内。该圆球面的中心由基准平面*A*、基准平面*B*、基准中心平面*C*和理论正确尺寸30、25确定。

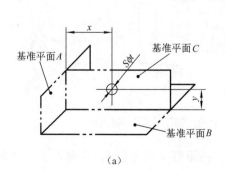
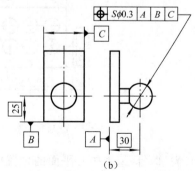

图 3-47 点的位置度公差带及标注

2）线的位置度公差。在给定一个方向上，公差带为间距等于公差值 t、对称于线的理论正确位置的两平行平面所限定的区域。线的理论正确位置由基准平面 A、B 和理论正确尺寸确定。公差只在一个方向上给定，如图 3-48 所示；在给定相互垂直两个方向上，公差带为间距分别等于公差值 t_1 和 t_2、对称于线的理论正确（理想）位置的两对相互垂直的平行平面所限定的区域。线的理论正确位置由基准平面 C、A 和 B 及理论正确尺寸确定。该公差在基准体系的两个方向上给定，如图 3-49 所示；在给定任意方向上，公差值前加注符号 ϕ，公差带为直径等于公差值 ϕt 的圆柱面所限定的区域。该圆柱面的轴线的位置由基准平面 C、A、B 和理论正确尺寸确定，如图 3-50 所示。

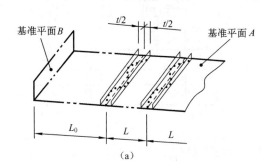
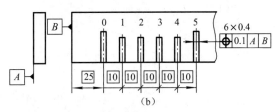

图 3-48　线在给定一个方向上的位置度公差带及标注

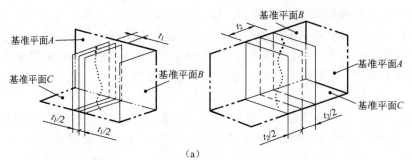

各孔的提取（实际）中心线在给定方向上应各自限定在间距分别等于0.05和0.2、且相互垂直的两对平行平面内。每对平行平面对称于由基准平面C、A、B和理论正确尺寸20、15、30确定的各孔轴线的理论正确位置。

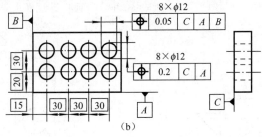

图 3-49　线在给定相互垂直两个方向上的位置度公差带及标注

3）轮廓平面或者中心平面的位置度。公差带为间距等于公差值 t，且对称于被测面理论正确位置的两平行平面所限定的区域。面的理论正确位置由基准平面、基准轴线和理论正确尺寸确定，如图 3-51 所示。

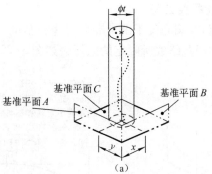

(a)

提取（实际）中心线应限定在直径等于 φ0.08 的圆柱面内。该圆柱面的轴线的位置应处于由基准平面C、A、B和理论正确尺寸100、68确定的理论正确位置上。

各提取（实际）中心线应各自限定在直径等于 φ0.05 的圆柱面内。该圆柱面的轴线 应处于由基准平面C、A、B和理论正确尺寸20、15、30确定的各孔轴线的理论正确位置上。

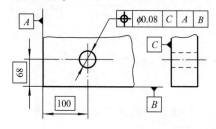

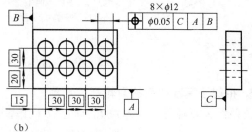

(b)

图 3-50　线在任意方向上的位置度公差带及标注

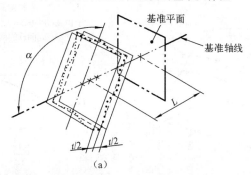

(a)

提取（实际）表面应限定在间距等于0.05、且对称于被测面的理论正确位置的两平行平面之间。该两平行平面对称于由基准平面A、基准轴线B和理论正确尺寸15、105°确定的被测面的理论正确位置。

提取（实际）中心面应限定在间距等于0.05的两平行平面之间。该两平行平面对称于由基准轴线A和理论正确角度45°确定的各被测面的理论正确位置。

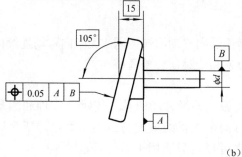

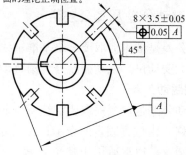

(b)

图 3-51　平面或中心平面的位置度公差带及标注

4. 相对于基准体系的线轮廓度公差

公差带为直径等于公差值 t、圆心位于由基准平面 A 和基准平面 B 确定的被测要素理论正确几何形状上的一系列圆的两包络线所限定的区域，如图 3-22 所示。

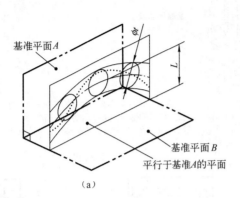

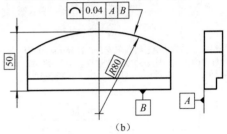

在任一平行于图示投影平面的截面内，提取（实际）轮廓线应限定在直径等于 0.04、圆心位于由基准平面 A 和基准平面 B 确定的被测要素理论正确几何形状上的一系列圆的两等距包络线之间。

（a）　　　　　　　　　　　　　　　　（b）

图 3-22　相对基准体系的线轮廓度公差带及标注

5. 相对于基准体系的面轮廓度公差

公差带为直径等于公差值 t、球心位于由基准平面 A 确定的被测要素理论正确几何形状上的一系列圆球的两包络面所限定的区域，如图 3-23 所示。

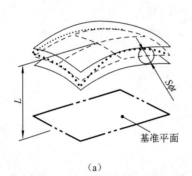

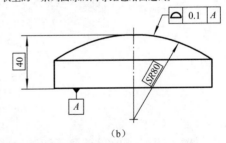

提取（实际）轮廓面应限定在直径等于 0.1、球心位于由基准平面 A 确定的被测要素理论正确几何形状上的一系列圆球的两等距包络面之间。

（a）　　　　　　　　　　　　　　　　（b）

图 3-23　相对基准体系的面轮廓度公差带及标注

四、跳动公差及其公差带

跳动公差是被测提取要素绕基准轴线做无轴向移动回转一周或无轴向移动连续回转时所允许的最大变动量。跳动公差分为圆跳动公差和全跳动公差两种。

1. 圆跳动公差

圆跳动公差是被测提取要素绕基准轴线做无轴线移动回转一周时（零件和测量仪器间无轴向位移）由位置固定的指示计在给定方向上测得的最大与最小示值之差所允许的最大变动量。圆跳动通常适用于整个要素，但也可规定只适用于局部要素的某一指定部分，如图 3-52（c）所示。

　　按检测位置的不同，圆跳动公差包括径向圆跳动、轴向圆跳动和斜向圆跳动三个公差项目。当检测方向垂直于基准轴线时为径向圆跳动，平行于基准轴线时为轴向圆跳动，既不垂直也不平行于基准轴线但一般为被测表面的法线方向时为斜向圆跳动。

　　1）径向圆跳动公差。公差带为在任一垂直于基准轴线的横截面内、半径差等于公差值 t、圆心在基准轴线上的两同心圆所限定的区域，如图 3-52 所示。

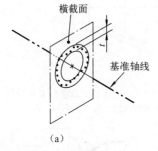

（a）

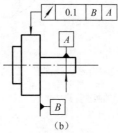

在任一平行于基准平面 B、垂直于基准轴线 A 的截面上，提取（实际）圆应限定在半径差等于0.1，圆心在基准轴线 A 上的两同心圆之间

（b）

在任一垂直于基准轴线 A 的横截面内，提取（实际）圆弧应限定在半径差等于0.2、圆心在基准轴线 A 上的两同心圆弧之间。

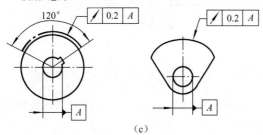

（c）

在任一垂直于公共基准轴线 $A-B$ 的横截面内，提取（实际）圆应限定在半径差等于0.1、圆心在基准轴线 $A-B$ 上的两同心圆之间。

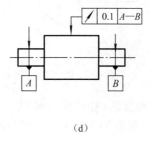

（d）

图 3-52　径向圆跳动公差带及标注

　　2）轴向圆跳动公差。公差带为与基准轴线同轴的任一半径的圆柱截面上，间距等于公差值 t 的两圆所限定的圆柱面区域，如图 3-53 所示。

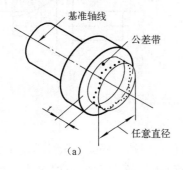

（a）

在与基准轴线 D 同轴的任一圆柱形截面上，提取（实际）圆应限定在轴向距离等于0.1的两个等圆之间。

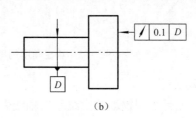

（b）

图 3-53　轴向圆跳动公差带及标注

　　3）斜向圆跳动公差。用于除圆柱面和端面要素之外的其他回转要素（如圆锥面、球面等）。

① 不给定方向的斜向圆跳动公差。公差带为与基准轴线同轴的某一圆锥截面上，间距等于公差值 t 的两圆所限定的圆锥面区域。除非另有规定，测量方向应沿被测表面的法向，如图 3-54 所示。

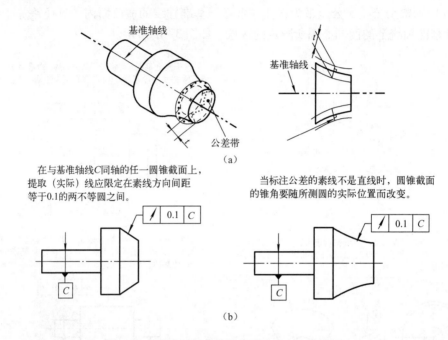

图 3-54　不给定角度的斜向圆跳动公差带及标注

② 给定角度的斜向圆跳动公差。公差带为在与基准轴线同轴的、具有给定锥角的任一圆锥截面上，间距等于公差值 t 的两不等圆所限定的区域，如图 3-55 所示。

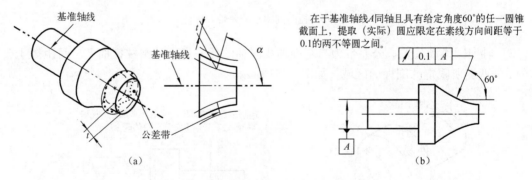

图 3-55　给定角度的斜向圆跳动公差带及标注

2. 全跳动公差

全跳动公差是被测提取要素绕基准轴线做无轴向移动回转，同时指示计沿给定方向的理想直线连续移动（或被测提取要素每回转一周，指示计沿给定方向的理想直线做间断移动），由指示计在给定方向上测得的最大与最小示值之差所允许的最大变动量。

按测量位置的不同，全跳动公差包括径向全跳动和轴向全跳动两个公差项目。当检测方向垂直于基准轴线时为径向全跳动，平行于基准轴线时为轴向全跳动。

1）径向全跳动公差。公差带为半径差等于公差值 t，与基准轴线同轴的两圆柱面所限定的区域，如图 3-56 所示。

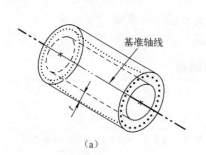

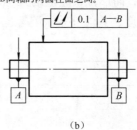

提取（实际）表面应限定在半径差等于0.1，与公共
基准轴线A—B同轴的两圆柱面之间。

图 3-56　径向全跳动公差带及标注

2）端面全跳动公差。公差带为间距等于公差值 t，垂直于基准轴线的两平行平面所限定的区域，如图 3-57 所示。

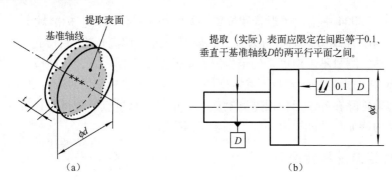

提取（实际）表面应限定在间距等于0.1、
垂直于基准轴线D的两平行平面之间。

图 3-57　轴线全跳动公差带及标注

跳动公差与其他公差不同，是以检测方法定义的公差项目。

跳动公差是综合性公差项目，具有综合控制被测提取要素形位误差的功能。例如，径向圆跳动可以综合地控制被测圆柱面的圆度误差、轴线和素线的直线度误差、同轴度误差；轴向圆跳动在一定情况下可以综合控制面对基准线的垂直度误差；径向全跳动可以控制被测圆柱面的圆柱度误差、同轴度误差等。另外，由于对于回转体零件而言，跳动公差的检测方法比其他公差相对简便易行，故在满足功能要求的前提下，对于回转体零件优先标注跳动公差。

但必须注意，不同的公差项目，定义有区别，而且对于非回转体零件不能标注跳动公差，所以相互之间不可随意替代，必须要考虑零件的实际使用要求。

第三节　几何公差的检测与评定

要想实现对零件形状和位置精度的控制，只是通过设计在图样上给出零件相应几何要素的几何公差要求是不够的，还必须要通过相应的检测，以确定完工零件是否符合设计要求。

形位误差的检测很复杂。形位误差项目较多，不同项目其检测方法也各不相同，同一项目也可应用不同检测原理和检测方案对其进行检查，同一种测量方法也可以用于检测不同的项目，见表3-6；而形位误差值的大小，除了与被测要素和基准要素等本身因素有关，与检测条件、仪器精度、其他外观缺陷等也有很大的关系。

表3-6 常用检测仪器

测量项目	测量仪器
直线度误差	刀口尺、优质钢丝和测量显微镜、水平仪、自准直仪和反射镜等
平面度误差	三坐标测量机、平板和带指示表的表架（打表法）、水平仪、平晶、自准直仪和反射镜等
圆度误差	圆度仪、光学分度头、三坐标测量机V形架和带指示表的表架、千分尺投影仪等
线、面轮廓度误差	轮廓样板、投影仪、仿形装置、坐标测量装置等
跳动误差	跳动仪

GB/T 1958—2004 中给出了形状和位置误差的相关检测规定。标准规定，形位误差测量的标准条件，温度为 20℃，测量力为零。必要时应进行偏离标准条件对测量结果影响的测量不确定度评估，测量不确定度是确定检测方案的重要依据之一，选择检测方案时应按 GB/T 18779.2—2002 的规定进行测量不确定度评估；形位误差在测量时应将表面粗糙度、划痕、擦伤以及塌边等排除在外；形位误差测量截面的布置、测量点的数目及其布置方法，应根据被测要素的结构特征、功能要求和加工工艺等因素决定。

一、形位误差的检测原则

为了正确检测形位误差，便于选择合理的检测方案，国家标准共规定了五种形位误差检测原则。

（1）与拟合要素比较原则。将被测提取要素与其拟合要素相比较，比较时，拟合要素用模拟方法获得，量值由直接法或间接法获得，根据这些量值来评定形位误差。该原则应用最广，如用样板测量螺纹牙型半角误差。

（2）测量坐标值原则。因为被测提取要素的几何特征总是可以在坐标系中反映出来，所以此原则就是通过测量被测提取要素上各点的坐标值（如直角坐标值、极坐标值、圆柱面坐标值），并经过数据处理获得形位误差值。该原则在位置度和轮廓度误差的检测中应用广泛，如轴线位置度误差的测量。

（3）测量特征参数原则。此原则是通过测量被测提取要素上的特征参数来表示形位误差值，用来检测相关形位误差。特征参数就是指能近似反映有关形位误差的参数，如直径尺寸的变动可以反映圆度误差，直径的尺寸就是圆度误差的特征参数。例如，检测圆度误差时，可以在轴或孔一个横截面内的几个方向上测量直径误差，取最大直径误差与最小直径误差之差的二分之一作为该截面的圆度误差。该原则的测量值虽为近似值，但因其简单而又易于实现，应用也较为普遍。

（4）测量跳动原则。将被测提取要素绕基准轴线回转过程中，沿给定方向测量其对某参考点或线的变动量，变动量为指示计最大与最小示值之差。这是一种按照跳动定义提出的原则，主要用于测量圆跳动和全跳动，如齿圈的径向跳动量的测量。

（5）控制实效边界原则。检测被测实际要素是否超过实效边界，是判断零件合格与否的一种原则。该原则适用于有相关要求的场合，如螺纹与矩形花键的综合检测。

二、形位误差及其评定

形位误差是指被测提取要素对其拟合要素的变动量，而几何公差就是用来限定这个变动量，将其控制在要求的范围之内。必须对形位误差的测量结果进行评定，才能判断其合格性，实现几何公差的控制功能。

1. 形状误差及其评定

形状误差是指被测单一提取要素对其拟合要素的变动量。

1）评定原则——最小条件

对于实际零件而言，被测提取要素并不唯一，故其拟合要素也不唯一，那么得到的被测提取要素对其拟合要素的变动量也就不唯一，这样就无法实现确定的检测。为了正确和统一地进行形状误差的评定，国家标准规定拟合要素的位置应符合最小条件。最小条件是评定形状误差的基本原则。

最小条件是指被测提取要素对其拟合要素的最大变动量为最小。如图 3-58（a）所示，拟合要素 A_1B_1、A_2B_2、A_3B_3 分别处于不同位置，被测提取要素相对于拟合要素的最大变动量分别为 h_1、h_2、h_3 且 $f_1 = h_1 < h_2 < h_3$，所以只有拟合要素 A_1B_1 的位置符合最小条件。

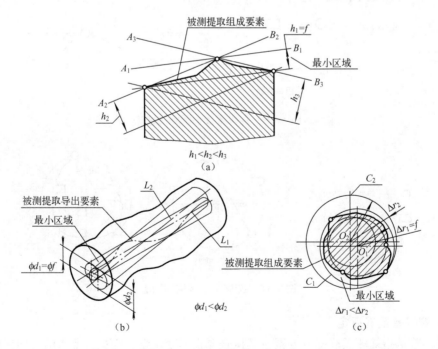

图 3-58　最小条件和最小区域

对于提取组成要素（线、面轮廓度除外），最小条件是其拟合要素位于实体之外且与被测提取组成要素相接触，并使被测提取组成要素与其拟合要素的最大变动量为最小，如图 3-58（a）、（c）所示。

对于提取导出要素，最小条件是其拟合要素位于被测提取导出要素之中，并使被测提取导出要素与其拟合要素的最大变动量为最小，如图 3-58（b）所示。

2）评定方法——最小包容区域

应用最小条件原则评定形状误差时，形状误差值是用最小包容区域的宽度或直径表示的。最小包容区域是指按最小条件包容被测提取要素时，具有最小宽度 f 或直径 ϕf 的包容区域，简称最小区域，如图 3-58（a）～（c）所示。

各形位误差项目最小区域的形状分别和各自的公差带形状一致，但其最小区域的宽度 f 或直径 ϕf 则是由被测提取要素的本身状态来决定的。

最小区域是按最小条件来评定零件的形状误差能得到的唯一最小的结果，是评定形状误差的一个基本方法，可以最大限度地保证合格件通过。但是由于加工水平和检验手段的限制，最小条件在实践中不一定都能找到，而某些近似的评定方法在检测和数据处理方面较为简单、方便，所以国家标准又规定，在满足零件功能要求的前提下，允许采用近似方法来评定形状误差，即通过被测提取要素与包容区域的接触状态判别而得到最小区域。

例如，评定给定平面内的直线度误差，当在给定平面内两平行直线包容提取要素时，成高低相间三点接触即表示被测线已为最小区域所包容，如图 3-59 所示的两种情况之一；评定圆度误差，当两同心圆包容被测提取轮廓时，至少有四个实测点内外相间地在两个圆周上即表示被测圆已为最小区域所包容，如图 3-60 所示。

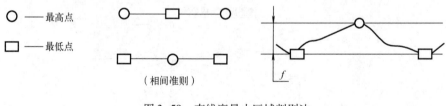

图 3-59　直线度最小区域判别法

图 3-60　圆度最小区域判别法

2. 位置误差及其评定

位置误差是指被测关联提取要素对其拟合要素的变动量。而拟合要素的方向或位置是相对于基准的方向或位置来确定的，基准的方向或位置也必须要符合最小条件。这就是说，在位置误差中有被测要素与基准要素之分，基准要素是确定被测要素理想状态（即被测提取要素的拟合要素）的前提，有了基准要素才能确定被测要素的理想状态，进而将被测提取要素与其拟合要素比较，就可以得到其变动量。

1）定向误差的评定

定向误差是指被测提取要素对一具有确定方向的拟合要素的变动量，拟合要素的方向由基准确定。定向误差值用定向最小包容区域（简称定向最小区域）的宽度或直径表示。定向最小区域是按拟合要素的方向包容被测提取要素时，具有最小宽度 f 或直径 ϕf 的包容区域，如图 3-61 所示。

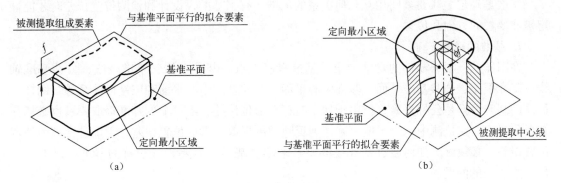

图 3-61　定向最小区域

2）定位误差的评定

定位误差是指被测实际要素对具有确定位置的理想要素的变动量，是用定位最小区域来评定的。定位最小区域是按理想要素定位来包容被测实际要素时，具有最小宽度 f 或直径 ϕf 的包容区域。理想要素的位置由基准和理论正确尺寸确定。定位误差值用定位最小包容区域的宽度或直径表示，如图 3-62 所示。

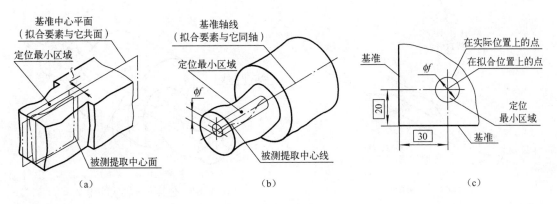

图 3-62　定位最小区域

理论正确尺寸在图样上用加方框的尺寸来表示，是确定被测实际要素理想形状、方向、位置的尺寸。这种尺寸不附带公差，但不是自由尺寸，此时，被测要素的实际尺寸由给定的几何公差控制。

3）跳动的评定

（1）圆跳动。被测提取要素绕基准轴线做无轴向移动回转一周时，由位置固定的指示计在给定方向上测得的最大与最小示值之差。

（2）全跳动。被测提取要素绕基准轴线做无轴向移动回转，同时指示计沿给定方向的理想直线连续移动（或被测提取要素每回转一周，指示计沿给定方向的理想直线做间断移动），由指示计在给定方向上测得的最大与最小示值之差。

三、基准的建立和体现

基准是确定关联要素间相互几何关系的依据。有了基准，设计和检测位置公差时才能确定被测要素的方向和位置。

1. 基准的建立

在图样上，根据零件的功能要求，基准有基准点、基准直线、基准轴线、公共基准轴线、基准平面、公共基准平面、基准中心平面、公共基准中心平面和三基面体系等。图样上标注的基准要素是公称要素，但由于加工时存在形位误差，零件上的基准提取要素也必然存在形位误差。在检测中，为了能够确切地反映被测提取要素的位置误差，正确且合理地评定位置误差，必须解决如何通过基准提取要素来建立基准拟合要素（也称为基准，以下一律称为基准）的问题。

GB/T 1958—2004 中规定基准建立的基本原则是基准应符合最小条件，即由基准要素建立基准时，基准为该基准要素的拟合要素，拟合要素的位置应符合最小条件。这时，基准提取要素对基准的最大变动量为最小。因此，最小条件不仅是评定形状误差的原则，也是建立基准的原则。例如，基准轴线的建立，就是由提取中心线按最小条件建立其拟合轴线，如图3-63所示；公共基准轴线的建立，就是由两条或两条以上提取中心线（组合基准要素）按最小条件建立其共有拟合轴线，如图3-64 所示。

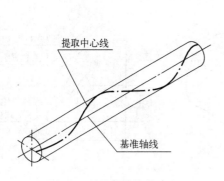

图3-63　基准轴线的建立

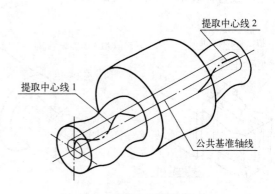

图3-64　公共基准轴线的建立

三基面体系是由三个互相垂直的平面组成的。这三个平面按功能要求分别称为第一基准平面、第二基准平面和第三基准平面。

三基面体系可以由提取表面建立，如图3-65 所示；也可以由提取中心线建立，如图3-66所示。

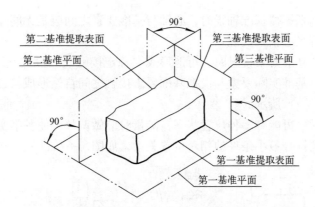

图 3-65 由提取表面建立三基面体系

由提取表面建立基准体系时，第一基准平面由第一基准提取表面建立，为该提取表面的拟合平面；第二基准平面由第二基准提取表面建立，为该提取表面垂直于第一基准平面的拟合平面；第三基准平面由第三基准提取表面建立，为该提取表面垂直于第一和第二基准平面的拟合平面。

由提取中心线建立基准体系时，由提取中心线建立的基准轴线构成两基准平面的交线。当基准轴线为第一基准时，则该轴线构成第一和第二基准平面的交线，如图 3-66（a）所示；当基准轴线为第二基准时，则该轴线垂直第一基准平面构成第二和第三基准平面的交线，如图 3-66（b）所示。

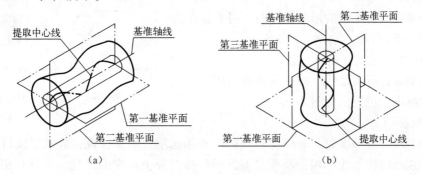

图 3-66 由提取中心线建立三基面体系

设计几何公差时，应根据零件的功能要求来确定零件基准的类型、数量及其顺序，加工和检测时，不可随意更换设计时所确定的基准和基准顺序，以保证设计时提出的功能要求。

2. 基准的体现

在设计中确定的基准，还需在完工零件上将基准体现出来，这样才能在加工和检测中实际使用。

GB/T 1958—2004 中规定了四种常用的基准体现方法，即模拟法、分析法、直接法和目标法。

1）模拟法

通常采用具有足够精确形状的表面来体现基准平面、基准轴线、基准点等，如以平板、仪器平台的表面模拟基准平面，以心轴的轴线模拟基准轴线等。此外，还常用 V 形架来模拟基准轴线。用心轴来模拟基准轴线时，心轴与基准要素之间应是无间隙配合，通常用带有很小锥度的心轴或可胀心轴来实现。

基准要素与模拟基准要素接触时，可能形成"稳定接触"，也可能形成"非稳定接触"。

（1）稳定接触：基准实际要素与模拟基准要素接触之间自然形成符合最小条件的相对位置关系，如图3-67（a）所示。

（2）非稳定接触：可能有多种位置状态，测量时应做调整，使基准实际要素与模拟基准要素之间尽可能达到符合最小条件的相对位置关系，如图3-67（b）、（c）所示。

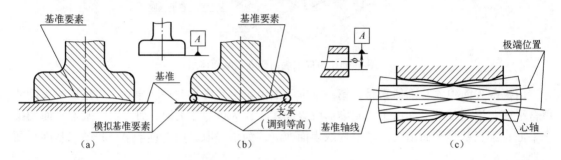

图3-67 模拟法体现基准时的稳定接触和非稳定接触

由于模拟法所体现的基准测量简单、方便，如能正确运用也能满足测量精度要求，因而应用最广。

2）直接法

当基准要素具有足够的形状精度时，可直接作为基准，如图3-68所示。

3）分析法

对基准要素进行测量后，根据测得数据用图解或计算法确定基准的位置，如图3-69所示。

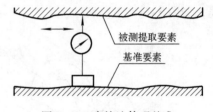

图3-68 直接法体现基准

4）目标法

由基准目标体现基准时，基准"点目标"可用球端支承来体现；基准"线目标"可用刀口状支承或由圆棒素线体现；基准"面目标"按图样上规定的形状，用具有相应形状的平面支承来体现。

以上各方法，GB/T 1958—2004中均有更加详细的介绍，在实际应用中碰到问题，可查询标准寻求解决办法。

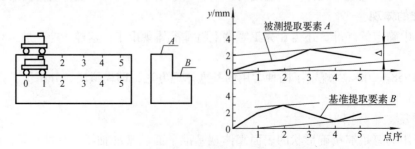

图3-69 分析法体现基准

四、形位误差的检测方案实例

GB/T 1958—2004 的附录 A 根据所检测的几何公差项目及其公差带的特点，为实现检测目的而拟定了相关检测方案，这里仅举三例说明，如有进一步的需要，可查阅该标准。

1. 利用水平仪测量平面度误差

水平仪是用来测量工件表面相对水平位置倾斜微小角度的常用量具，有条式和框式两种，如图 3-70 所示。水平仪的基本器件是水准器，在水平仪上通常装有纵向和横向水准器。其中纵向水准器为主水准器，要求精度高。水准器是一个内壁制成一定曲率半径的封闭玻璃管，管内装有乙醚或酒精，并留有一定的空隙，形成气泡，外表面刻有刻度。当水准器处于水平位置时，气泡位于正中间，即零位；当有倾斜时，气泡移向高的一端，倾斜角度的大小由刻线读出。气泡移动的距离 L，水准器倾斜角 φ 与水准器玻璃的曲率半径 R 的关系为

$$L = R\varphi$$

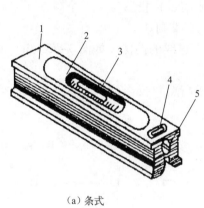

（a）条式

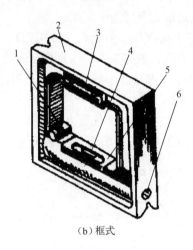

（b）框式

图 3-70　水平仪

（a）1—主体；2—盖板；3—主水准器；
4—横水准器；5—调零装置

（b）1—横水准器；2—主体；3—手把；
4—主水准器；5—盖板；6—调零装置

水平仪测量所用仪器为平板、水平仪、桥板、固定和可调支承，测量步骤如下：

（1）根据被测长度选择适当跨距的桥板。

（2）将工件放置在工作台上，调节可调支承，使被测表面大致在同一水平面，如图 3-71 所示。

（3）将水平仪放在桥板上，首尾相接的移动桥板进行分段测量，即前一次桥板的末点与后一次桥板的始点重合，按布置的测量点依次测量，如图 3-72（a）所示，并记录数据，如图 3-72（b）所示。

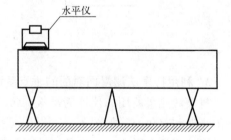

图 3-71　利用水平仪测量平面度误差

（4）由于测量数据为后一点相对于前点的高度差，所以首先将测量数据换算成统一基准平面上的坐标值，取 a_1 点为起始点，各读数顺序累加，所得结果为各点对同一水平基准的坐标值，如图 3-72（c）所示。

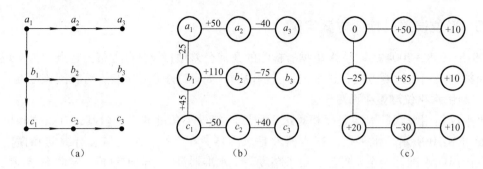

图 3-72　测量数据

（5）用最小区域法评定平面度误差，即通过基面转换的方法——旋转法，使得上面测得数据符合下面三种形式之一者，则符合最小条件，构成最小区域。此时各测点中的最大正值和最大负值之差即为平面度误差。

① 三个高点与一个低点（或相反）：低点（或高点）投影位于三个高点（或低点）组成的三角形内，如图 3-73（a）所示，常称为三角形准则。

② 两个高点与两个低点：两高点投影于两低点连线的两侧，如图 3-73（b）所示，常称为交叉准则。

③ 两个高点与一个低点（或相反）：低点（或高点）投影位于两高点（或低点）连线之上，如图 3-73（c）所示，常称为直线准则。

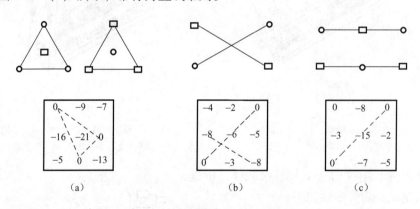

图 3-73　平面度最小区域的三种形式

2. 利用打表法测量面对面的垂直度误差

打表法测量所用的仪器为平板、带指示计的测量架和直角座，如图 3-74 所示。测量时，用平板体现基准平面，用直角座体现精确的垂直角度，用测量架固定指示计进行测量。

测量步骤如下：

（1）将被测工件、直角座和测量架放置于平板上，将指示计安装到测量架上。

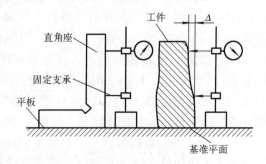

图 3-74　打表法测量面对面的垂直度误差

（2）对指示计进行调零，即当测量架上的固定支承与直角座表面接触时，转动表盘，使指示针指向零刻度。

（3）对工件进行测量，使测量架上的固定支承与被测表面接触，改变指示计在测量架上的高度位置，对被测表面的不同位置进行测量，若工件表面与平板绝对垂直，则指示计读数始终为零。否则，指示计的最大示值与最小示值之差即为被测实际表面相对于基准平面的垂直度误差。

3. 轴线位置度的测量

如图 3-75 所示，被测量为 ϕD 孔的轴线的位置度误差。用一理想心轴的外圆面模拟被测要素。先以 A 为基准测量出 x_1、x_2，再以 B 为基准测量出 y_1、y_2。则实际孔轴线坐标为

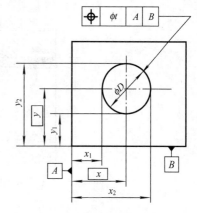

$$x_a = (x_1 + x_2)/2, \quad y_a = (y_1 + y_2)/2$$

x、y 方向上的位置度误差为

$$\Delta x = x_a - x, \Delta y = y_a - y$$

则孔轴线的位置度误差为

$$\phi f = 2 \sqrt{(\Delta x)^2 + (\Delta y)^2}$$

在进行形位误差检测时需注意，当图样上已给定检　图 3-75　孔轴线的位置度误差测量
测方案时，则按该方案进行仲裁；当由于采用不同方法评定形位误差而引起争议时，对于形状误差、定向误差、定位误差分别以最小区域、定向最小区域、定位最小区域的宽度或直径所表示的误差值作为仲裁。

第四节　公差原则与公差要求

在零件设计中，尺寸公差用于控制零件的尺寸误差，保证零件的尺寸精度要求；几何公差用于控制零件的形位误差，保证零件的形位精度要求。它们是影响零件质量的两个方面。根据零件功能要求，尺寸公差与几何公差可以相对独立，也可以互相影响，互相补偿。为了保证设计要求，正确判断零件是否合格，必须明确这二者之间的关系。

GB/T 4249—2009 规定，确定尺寸（线性尺寸和角度尺寸）公差和几何公差之间相互关系时所遵循的原则称为公差原则。该标准规定的公差原则包括独立原则和相关要求（包容要求、最大实体要求、最小实体要求、可逆要求）。

图样上或技术文件中采用 GB/T 4249—2009 规定的独立原则和相关要求时，应注明"公差原则按 GB/T 4249"的字样。

一、有关术语及定义

1. 局部实际尺寸

局部实际尺寸（简称实际尺寸）是指在实际要素的任意正截面上，两对应点之间测得的距离。内表面（孔）的实际尺寸用 D_a 表示，外表面（轴）的实际尺寸用 d_a 表示。由于存在形状误差，局部实际尺寸具有不确定性。

2. 体外作用尺寸

体外作用尺寸是指在被测要素的给定长度上，与实际内表面（孔）体外相接的最大理想面或与实际外表面（轴）体外相接的最小理想面的直径或宽度，是对零件装配起作用的尺寸。

对于单一要素，内表面（孔）的体外作用尺寸用 D_{fe} 表示，外表面（轴）的体外作用尺寸用 d_{fe} 表示，如图 3-76 所示。

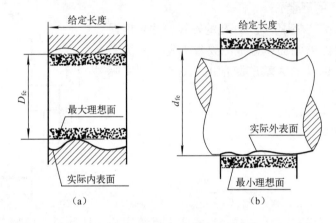

图 3-76　单一要素的体外作用尺寸标注

对于关联要素，该理想面的轴线或中心平面必须与基准保持图样给定的几何关系（方向或位置关系）。其体外作用尺寸分别称为定向体外作用尺寸（孔和轴分别以 $\phi D'_{fe}$ 和 $\phi d'_{fe}$ 表示）、定位体外作用尺寸（孔和轴分别以 $\phi D''_{fe}$ 和 $\phi d''_{fe}$ 表示），如图 3-77、图 3-78 所示。

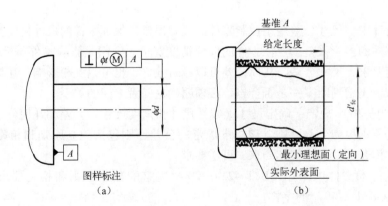

图 3-77　关联要素的定向体外作用尺寸标注

3. 体内作用尺寸

体内作用尺寸是指在被测要素的给定长度上，与实际内表面（孔）体内相接的最小理想面或与实际外表面（轴）体内相接的最大理想面的直径或宽度，也是对零件装配起作用的尺寸。

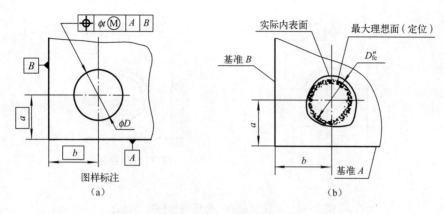

图 3-78 关联要素的定位体外作用尺寸标注

对于单一要素，内表面（孔）的体内作用尺寸用 D_{fi} 表示，外表面（轴）的体内作用尺寸用 d_{fi} 表示，如图 3-79 所示。

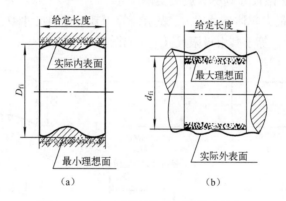

图 3-79 单一要素的体内作用尺寸标注

对于关联要素，该理想面的轴线或中心平面必须与基准保持图样给定的几何关系（方向或位置关系）。其体内作用尺寸分别称为定向体内作用尺寸（孔和轴分别用 $\phi D'_{fi}$ 和 $\phi d'_{fi}$ 表示）、定位体内作用尺寸（孔和轴分别用 $\phi D''_{fi}$ 和 $\phi d''_{fi}$ 表示，如图 3-80、图 3-81 所示。

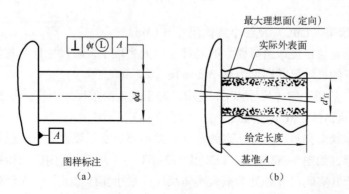

图 3-80 关联要素的定向体内作用尺寸标注

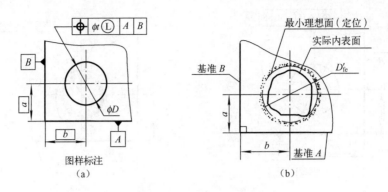

图 3-81　关联要素的定位体内作用尺寸标注

4. 最大实体状态（MMC）及最大实体尺寸（MMS）

最大实体状态是假定提取组成要素的局部尺寸处之位于极限尺寸且使其具有实体最大时的状态，此状态下的极限尺寸则称为最大实体尺寸。

内表面（孔）的最大实体尺寸用 D_M 表示，等于其下极限尺寸 D_{min}；外表面（轴）的最大实体尺寸用 d_M 表示，等于其上极限尺 d_{max}，如图 3-82 所示。

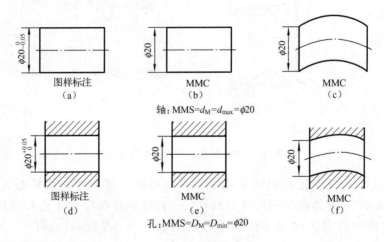

图 3-82　最大实体尺寸

5. 最小实体状态（LMC）及最小实体尺寸（LMS）

最小实体状态是假定提取组成要素的局部尺寸处之位于极限尺寸且使其具有实体最小时的状态，此状态下的极限尺寸则称为最小实体尺寸。

内表面（孔）的最小实体尺寸以 D_L 表示，等于其上极限尺寸 D_{max}；外表面（轴）的下实体尺寸以 d_L 表示，等于其下极限尺 d_{min}，如图 3-83 所示。

按照最大实体状态和最小实体状态的定义，并不要求实际要素具有理想形状，也就是允许其具有形状误差，如图 3-82（c）、（f）及图 3-83（c）、（f）所示，虽然孔、轴的轴线有形状误差，但由于其实际尺寸处处为最大实体尺寸或最小实体尺寸，因而仍处于最大或最小实体状态。

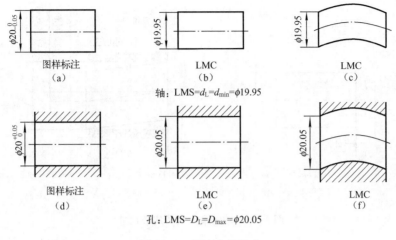

图 3-83　最小实体尺寸

6. 最大实体实效状态（MMVC）及最大实体实效尺寸（MMVS）

最大实体实效状态是在给定长度上实际要素处于最大实体状态且其导出要素的形位误差等于给出公差值时的综合极限状态，此状态下的体外作用尺寸则称为最大实体实效尺寸。

内表面（孔）的最大实体实效尺寸以 D_{MV} 表示，等于其最大实体尺寸减几何公差值（加注符号Ⓜ的）；外表面（轴）的最大实体实效尺寸以 d_{MV} 表示，等于最大实体尺寸加几何公差值（加注符号Ⓜ的）。即满足式（3-1）和式（3-2）。

$$对于孔：D_{MV} = D_M - t \tag{3-1}$$

$$对于轴：d_{MV} = d_M + t \tag{3-2}$$

如图 3-84（a）所示，$\phi 20_{\ 0}^{+0.05}$ 孔的轴线的直线度公差 $t = \phi0.02$ Ⓜ，当孔的局部实际尺寸处处等于其最大实体尺寸 $\phi20\,mm$ 即孔处于最大实体状态且其轴线的直线度误差等于给出的公差值 $f = \phi0.02\,mm$ 时，则该孔即处于最大实体实效状态。此状态下，该孔的体外作用尺寸即为其最大实体实效尺寸，如图 3-84（b）所示。图 3-85 所示为轴的最大实体实效尺寸。

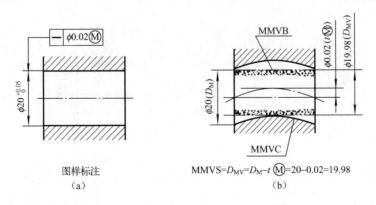

图 3-84　孔的最大实体实效尺寸

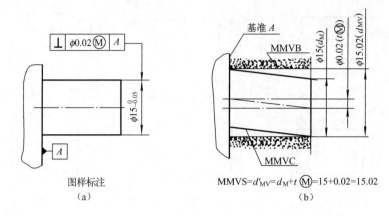

图 3-85　轴的最大实体实效尺寸

可见，最大实体实效状态是最大实体状态的一种特殊情况。即被测要素的尺寸处于等于最大实体尺寸，且其导出要素的形位误差等于图样给出的几何公差值（$t\,\text{Ⓜ}$）时的状态，所以最大实体实效状态也是零件的一个综合极限状态。

7. 最小实体实效状态（LMVC）**及最小实体实效尺寸**（LMVS）

最小实体实效状态是在给定长度上实际要素处于最小实体状态且其导出要素的形状或位置误差等于给出公差值时的综合极限状态，此状态下的体内作用尺寸则称为最小实体实效尺寸。

内表面（孔）的最小实体实效尺寸以 D_{LV} 表示，等于其最小实体尺寸加几何公差值（加注符号Ⓛ的）；外表面（轴）的最小实体实效尺寸以 d_{LV} 表示，等于其最小实体尺寸减几何公差值（加注符号Ⓛ的）。即满足式（3-3）和式（3-4）。

$$对于孔：D_{LV} = D_L + t \tag{3-3}$$

$$对于轴：d_{LV} = d_L - t \tag{3-4}$$

如图 3-86（a）所示，$\phi 20^{+0.05}_{0}$ 孔的轴线的直线度公差 $t = \phi 0.02$ Ⓛ，当孔的局部实际尺寸处处等于其最小实体尺寸 $\phi 20.05\,\text{mm}$，即孔处于最小实体状态且其轴线的直线度误差等于给出的公差值 $f = \phi 0.02\,\text{mm}$ 时，则该孔即处于最小实体实效状态。此状态下，该孔的体内作用尺寸即为其最小实体实效尺寸，如图 3-86（b）所示。图 3-87 所示为轴的最小实体实效尺寸。

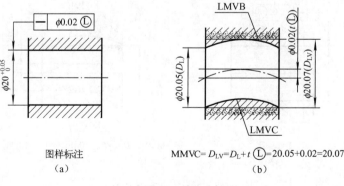

图 3-86　孔的最小实体实效尺寸

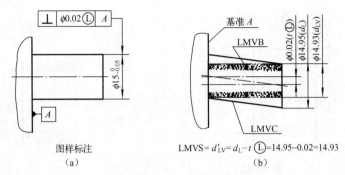

$$\text{LMVS}= d'_{LV}=d_{L}-t \text{ⓛ}=14.95-0.02=14.93$$

图样标注　　　　　　　（b）
（a）

图 3-87　轴的最小实体实效尺寸

可见，最小实体实效状态是最小实体状态的一种特殊情况。即被测要素的尺寸处之等于最小实体尺寸，且其导出要素的形位误差等于图样给出的几何公差值（t ⓛ）时的状态，所以最小实体实效状态也是零件的一个综合极限状态。

8. 边界

由设计给定的具有理想形状的极限包容面称为边界，边界的尺寸为（孔或轴的）极限包容面的直径或宽度。

（1）最大实体边界（MMB）。尺寸为最大实体尺寸的边界。

单一要素的最大实体边界具有确定的形状和大小，但其方向和位置是不确定的，如图 3-88 所示。

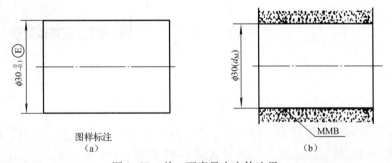

图样标注
（a）　　　　　　　　　　　（b）

图 3-88　单一要素最大实体边界

关联要素的定向或定位最大实体边界，不仅应具有确定的形状和大小，其导出要素还应相对于基准保持图样给定的方向或位置关系，如图 3-89 和图 3-90 所示。

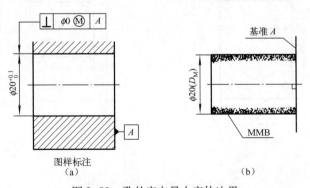

图样标注
（a）　　　　　　　　　　　（b）

图 3-89　孔的定向最大实体边界

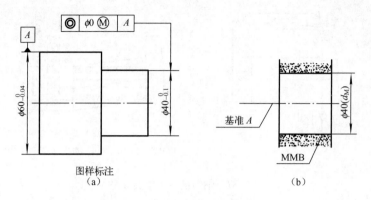

图 3-90 轴的定位最大实体边界

（2）最小实体边界（LMB）。尺寸为最小实体尺寸的边界。

单一要素的最小实体边界具有确定的形状和大小，但其方向和位置是不确定的，如图 3-91 所示。

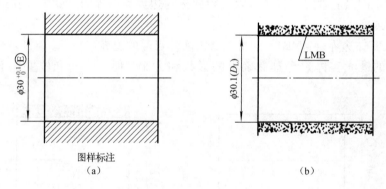

图 3-91 单一要素最小实体边界

关联要素的定向或定位最小实体边界，不仅具有确定的形状和大小，而且其导出要素应对基准保持图样给定的方向或位置关系，如图 3-92 和图 3-93 所示。

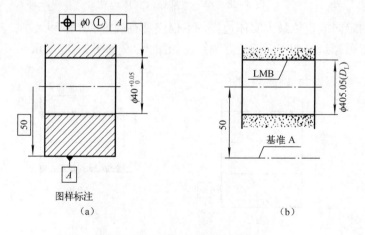

图 3-92 孔的定位最小实体边界

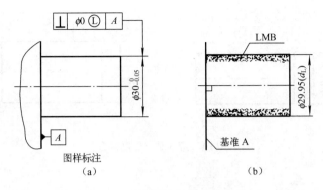

图 3-93　轴的定向最小实体边界

（3）最大实体实效边界（MMVB）。尺寸为最大实体实效尺寸的边界。

（4）最小实体实效边界（LMVB）。尺寸为最小实体实效尺寸的边界。

二、独立原则

独立原则是尺寸公差和几何公差的相互关系遵循的基本原则。

1. 含义

独立原则是指对于零件上的某一要素，在图样上给定的每一个尺寸公差、几何公差要求各自独立，彼此无关，应分别满足各自要求，也是对零件精度要求较严的一种公差原则，适用于零件上的一切要素。

独立原则既适用于单独注出的公差，又适用于一般公差（未注公差），而且一般公差总是遵守独立原则的。按独立原则标注尺寸公差和几何公差的零件在加工之后，其各项公差要求分别得到满足才能判定为合格，如果其中任何一项公差要求不能得到满足，该零件都应判定为不合格。

2. 标注

遵循独立原则时，在图样中对于零件上的某要素不给出任何表示尺寸公差和几何公差之间特定关系的符号（如Ⓔ、Ⓜ、Ⓛ、ⓂⓇ、ⓁⓇ）或文字说明来规定它们之间的关系。

3. 检测方法

采用独立原则确定的零件，检测时常用通用测量仪器分别测出其尺寸误差和形位误差的具体数值，而不采用综合量规，对检验员的技术水平要求较高。

4. 图样解释

如图 3-94（a）所示，该轴的实际尺寸应在 $\phi 29.979 \sim 30$ mm 范围内，素线直线度误差应不大于 0.01 mm，圆度误差应不大于 0.005 mm。这时，图样上应注明"公差原则按 GB/T 4249"的字样。图 3-94（b）表示，该轴的实际尺寸应在 $\phi 29.979 \sim 30$ mm 范围内，圆度误差应不大于 0.005 mm，其余形位误差应不大于按 GB/T 1184 确定的一般（未注）公差值。这时，在技术说明里还应用文字注明"公差原则按 GB/T 4249，未注几何公差按 GB/T 1184—×"的字样，"×"为所选择的一般（未注）几何公差的公差等级代号（H、K、L）。

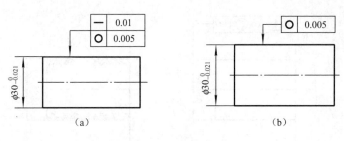

图 3-94 遵守独立原则的零件

5. 应用范围

（1）对于尺寸公差与几何公差需分别满足要求而不发生联系的要素，不论公差等级高低均采用独立原则。例如，用于保证配合功能、运动精度、磨损寿命、旋转平衡等要求的部位。

图 3-95 所示为测量平板。在测量时用其工作表面模拟理想平面，对精度的重点要求是控制工作表面的平面度误差。因此，对测量平板工作表面应严格规定平面度公差，而平板的厚度对模拟理想平面这一功能则无影响，尺寸公差可规定得较松，故两者的关系应该采用独立原则。

图 3-96 所示为某零件上的通油孔。它独立使用而不与其他零件配合，只要控制该孔的尺寸，就能保证一定的流量，而该孔的形位精度如轴线的弯曲并不影响其功能要求。因此，按独立原则规定，使通油孔的尺寸公差较严而几何公差较松是经济而合理的。

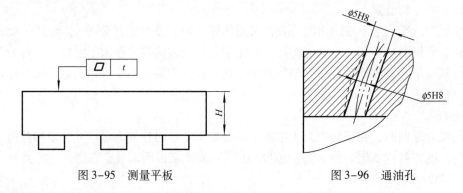

图 3-95 测量平板   图 3-96 通油孔

（2）对于退刀槽、倒角、没有配合要求的结构尺寸等，采用独立原则。

（3）对于要素的形位精度要求极高的时候，应采用独立原则。

图 3-97 所示为汽车制动用空气压缩机的连杆。该连杆的小头孔（基本尺寸为 $\phi 12.5\,\text{mm}$）与活塞销配合，在功能上要求该孔的圆柱度公差不大于 $0.003\,\text{mm}$。若用尺寸公差控制形状误差，将会增加尺寸加工的难度。考虑到该零件是大量生产的，按照生产经验，可以规定较松的尺寸公差（$\phi 12.5^{+0.008}_{-0.007}$）和严格的圆柱度公差 $0.003\,\text{mm}$，并采用分组装配来满足功能要求。这样，该孔的尺寸公差和圆柱度公差设计就经济合理了。

（4）当关联要素和基准要素的定形尺寸公差不能控制它们之间的位置精度时，二者之间的公差关系则应采用独立原则。

图 3-98 所示为链条套筒或滚子，其内、外圆柱面轴线的同轴度误差对链条节距和链长

的影响很大，但这种零件的内、外圆柱面直径 D 和 d 的尺寸变化无法控制它们的同轴度误差。因此，为了保证它们的同轴度精度，应另外规定相应的同轴度公差或径向圆跳动公差 t，且 t 与 D 或 d 的尺寸公差之间的关系应该采用独立原则。

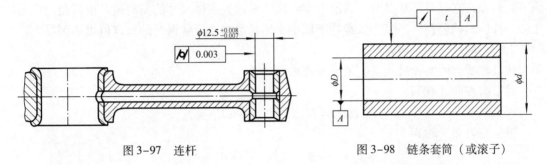

图 3-97　连杆　　　　　　　　图 3-98　链条套筒（或滚子）

（5）对于未注尺寸公差的要素，由于它们仅有装配方便、减轻零件重量等要求而没有配合性质的特殊要求，则其一般尺寸公差与一般几何公差也遵守独立原则。

需要注意的是：独立原则的概念不仅适用于线性尺寸公差、角度公差和几何公差，而且可以扩大应用于图样上给出的其他技术要求，如表面粗糙度轮廓、力学性能、理化性能、表面处理等；独立原则只是作为图样上公差标注的基本原则而提出的，并不意味着同一要素上按独立原则标注的各项公差要求在功能上是相互无关的，因为实际被测要素的功能通常取决于其实际尺寸与形位误差的综合效应。例如，同一公称尺寸的孔与轴装配后的配合性质就取决于它们各自的实际尺寸与形状误差的综合效应。

三、相关要求

1. 包容要求

1）含义

包容要求是要求单一实际要素不是违反其最大实体状态的一种相关要求，即单一要素的实际轮廓不得超出最大实体边界，其实际尺寸不得超出最小实体尺寸适用于零件的圆柱表面或两平行平面的单一要素。图 3-99 所示为用最大实体边界控制被测要素的实际尺寸和形状误差的综合效应，该被测要素的实际轮廓 S 不得超出最大实体边界。

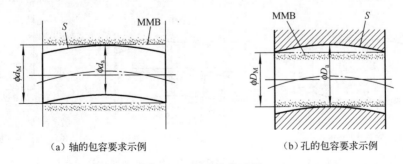

（a）轴的包容要求示例　　　　　　（b）孔的包容要求示例

图 3-99　最大实体边界

包容要求的规定如下：

（1）被测要素的实际轮廓在给定的长度上应处处遵守最大实体边界，即其体外作用尺寸不应超出（对孔不小于，对轴不大于）最大实体尺寸。

（2）在一定条件下，允许尺寸公差补偿形状公差。即当实际要素处于最大实体状态时，它应具有理想形状，此时允许的形状公差为零；当实际尺寸由最大实体尺寸向最小实体尺寸偏离时，允许它具有形状误差，其值为实际尺寸对最大实体尺寸的偏离量，也就是允许用尺寸公差补偿形状公差；当实际要素处于最小实体状态时，形状误差的允许值可达到最大，为图样上标注的尺寸公差的数值。

故被测要素的实际尺寸应满足下列要求。

对于内表面（孔）：

$$D_{fe} \geq D_M = D_{min} \quad 且 \quad D_a \leq D_L = D_{max}$$

对于外表面（轴）：

$$d_{fe} \leq d_M = d_{max} \quad 且 \quad d_a \geq d_L = d_{min}$$

很明显，遵守包容要求时局部实际尺寸不能超出（对孔不大于，对轴不小于）最小实体尺寸。

2）标注

单一要素采用包容要求时，在该要素的尺寸标注后加代号Ⓔ。

3）检测方法

采用包容要求的零件应使用光滑极限量规检验。量规的通规模拟被测零件的最大实体边界，用来检验该零件的实际轮廓是否在最大实体边界范围内；止规体现两点法测量，用来判断该零件的实际尺寸是否超出最小实体尺寸。

4）图样解释

（1）有一轴遵守包容要求，标注示例如图3-100所示。其含义应包括以下几点：

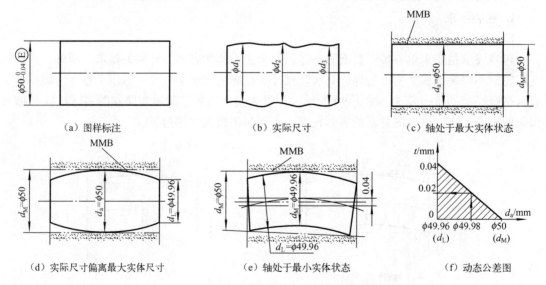

图3-100　包容要求应用于轴公差的图样解释

① 实际轴应该遵守最大实体边界，即轴的体外作用尺寸不能超越最大实体尺寸$\phi 50\,mm$。当轴的局部实际尺寸处处为最大实体尺寸$\phi 50\,mm$时，不允许轴线有直线度误差

（见图 3-100（c））。

②　轴的局部实际尺寸不能小于最小实体尺寸 $\phi49.96$ mm。

③　当轴的实际尺寸由最大实体尺寸向最小实体尺寸偏离时，允许轴线有直线度误差。例如，当轴的局部实际尺寸处处为 $\phi49.98$ mm 时，轴线直线度误差的最大允许值为 $\phi50$ mm $- \phi49.98$ mm $= \phi0.02$ mm；当轴的局部实际尺寸处处为最小实体尺寸 $\phi49.96$ mm 时，轴线直线度误差的最大允许值为 $\phi0.04$ mm（即图样上给定的尺寸公差值），如图 3-100（e）所示。局部实际尺寸与直线度误差允许值的关系如图 3-100（f）所示。

（2）有一孔遵守包容要求，标注示例如图 3-101 所示。其含义应包括以下几点：

①　实际孔应该遵守最大实体边界，即孔的体外作用尺寸不能超越最大实体尺寸 $\phi50$ mm。当孔的局部实际尺寸处处为最大实体尺寸 $\phi50$ mm 时，不允许孔的轴线有直线度误差，如图 3-101（c）所示。

②　孔的局部实际尺寸不能大于最小实体尺寸 $\phi50.05$ mm。

③　当孔的实际尺寸由最大实体尺寸向最小实体尺寸偏离时，才允许孔的轴线有直线度误差。例如，当孔的局部实际尺寸处处为 $\phi50.03$ mm 时，孔的轴线直线度误差的最大允许值可为 $\phi50.03$ mm $- \phi50$ mm $= \phi0.03$ mm；当孔的局部实际尺寸处处为最小实体尺寸 $\phi50.05$ mm 时，孔的轴线直线度误差的最大允许值为 $\phi0.05$ mm（即图样上给定的尺寸公差值），如图 3-101（e）所示。局部实际尺寸与直线度误差允许值的关系如图 3-101（f）所示。

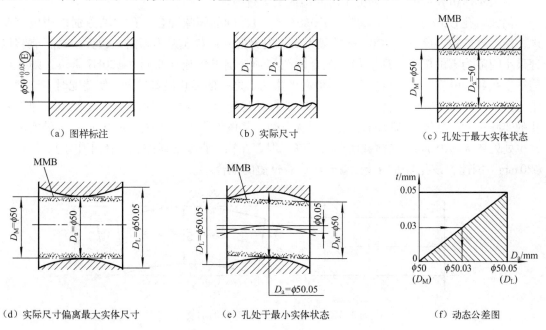

（a）图样标注　　　　　（b）实际尺寸　　　　　（c）孔处于最大实体状态

（d）实际尺寸偏离最大实体尺寸　　（e）孔处于最小实体状态　　（f）动态公差图

图 3-101　包容要求应用于孔公差的图样解释

（3）按包容要求设计的零件，若对尺寸公差控制的单一要素有更高的形状精度要求（如与滚动轴承配合的轴颈和箱体轴承孔）时，还可进一步给出数值小于该要素尺寸公差的形状公差值。图 3-102（a）所示标注示例中的 $\phi40\mathrm{j6}\left(^{+0.011}_{-0.005}\right)$Ⓔ mm 轴颈的圆柱度误差允许值为 0.004 mm，不允许达到尺寸公差值。图 3-102（b）为其动态公差图，表示：轴颈的实际尺寸偏离最大实体尺寸 40.011 mm 至 40.007 mm，轴颈的圆柱度误差允许值增加至 0.004 mm，之后无论实际尺寸再偏离多少，甚至到最小实体尺寸 39.995 mm，圆柱度误差允许值都为 0.004 mm，不允许达到 0.016 mm。

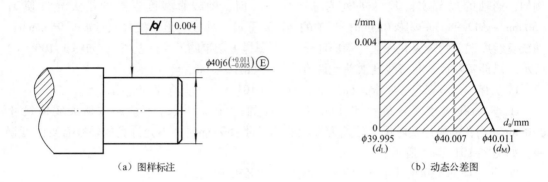

（a）图样标注   （b）动态公差图

图 3-102   单一要素采用包容要求并对形状精度提出更高要求

d_M、d_L—最大、最小实体尺寸；d_a—实际尺寸；t—圆柱度误差允许值

5）应用

包容要求主要用于保证零件上单一要素配合的配合性质，特别是配合公差较小的精密配合，最大实体边界可保证所需的最小间隙或最大过盈。

例如，孔 $\phi20H7(^{+0.021}_{0})$Ⓔ孔与 $\phi20h6(^{0}_{-0.013})$Ⓔ轴的间隙配合，孔和轴分别采用包容要求，用各自的边界尺寸为 $\phi20$ mm 的最大实体边界限制形状误差不超出该边界，这就能够保证最小间隙为零的配合性质。如果配合的孔和轴分别采用独立原则（$\phi20H7/h6$），则有可能产生孔和轴的实际尺寸虽然合格，但两者或两者之一的形状误差过大，使装配时不能满足指定的最小间隙为零的配合性质，反而形成有过盈配合的现象，如图 3-103 所示。加工后孔的实际尺寸处处皆为 $\phi20$ mm，孔的形状正确，其体外作用尺寸 $D_{fe}=\phi20$ mm；轴的实际尺寸也处处皆为 $\phi20$ mm，其横截面形状正确，但存在轴线直线度误差，其体外作用尺寸 $d_{fe}>\phi20$ mm，因此，该孔与轴的装配就会形成有过盈的配合。

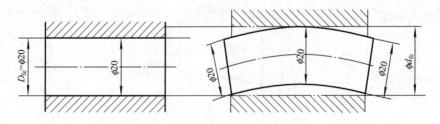

图 3-103   理想孔与轴线弯曲的轴装配

2. 最大实体要求（MMR）

1）含义

最大实体要求是要求被测要素不得违反其最大实体实效状态的一种相关要求，即控制被测要素的实际轮廓不得超越其最大实体实效边界，适用于零件的轴线、中心平面等导出要素。可以用于被测要素，也可以用于基准要素。

如图 3-104 所示，用最大实体要求设计的零件，其被测要素的实际轮廓 S 不得超出最大实体实效边界 MMVB；图样上标注的几何公差值是被测要素的实际轮廓处于最大实体状态时给出的几何公差值，当其实际尺寸偏离最大实体尺寸时允许其形位误差值超出其给出的几何公差值，即被测要素或（和）基准要素偏离最大实体状态时其几何公差可获得补偿的一种相关要求。关联要素的最大实体实效边界应与基准保持图样上给定的几何关系，如图 3-104（b）所示，最大实体实效边界的轴线应垂直于基准平面 A。

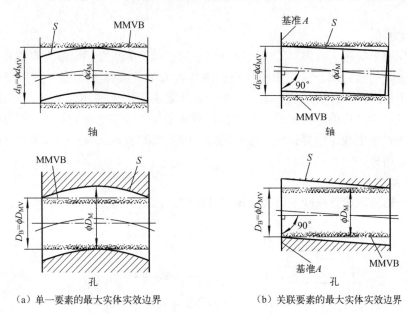

（a）单一要素的最大实体实效边界　　　　（b）关联要素的最大实体实效边界

图 3-104　最大实体要求遵循最大实体实效边界的含义

S—实际被测要素；MMVB—最大实体实效边界；d_B、D_B—轴孔边界尺寸；

d_{MV}、D_{MV}—轴孔最大实体实效尺寸；d_M、D_M—最大实体尺寸；A—基准

最大实体要求的规定如下：

（1）应用于被测要素时，被测要素的实际轮廓在给定的长度上处处不得超过最大实体实效边界，即其体外作用尺寸不应超出（对孔不小于，对轴不大于）最大实体实效尺寸，且其局部实际尺寸不得超出最大实体尺寸和最小实体尺寸。

（2）在一定条件下，允许尺寸公差补偿几何公差。即当实际要素处于最大实体状态时，它的形位误差不得大于图样上标注的几何公差值；当实际尺寸由最大实体尺寸向最小实体尺寸偏离时，它的形位误差允许大于图样上标注的几何公差值，即允许用尺寸公差余量补偿几何公差；当实际要素处于最小实体状态时，所允许形位误差的数值可达到最大，为图样上标注的几何公差与尺寸公差的数值之和。

故被测要素应满足下列要求。

对于内表面（孔）：

$$D_{fe} \geqslant D_{MV} \quad 且 \quad D_M = D_{min} \leqslant D_a \leqslant D_L = D_{max}$$

对于外表面（轴）：

$$d_{fe} \leqslant d_{MV} \quad \text{且} \quad d_M = d_{max} \geqslant d_a \geqslant d_L = d_{min}$$

2）标注

最大实体要求应用于被测要素时，应在被测要素几何公差框格中的公差值之后标注符号 Ⓜ；最大实体要求应用于基准要素时，应在几何公差框格中相应的基准字母代号后标注符号 Ⓜ，如图 3-10 所示。若被测要素采用最大实体要求时，其给出的几何公差值为零，则称为最大实体要求的零几何公差，并在几何公差框格中用 0Ⓜ 或 ϕ0Ⓜ 表示，如图 3-10（a）所示。

3）检测方法

最大实体要求应用于被测要素时，被测要素的实际轮廓是否超出最大实体实效边界，应该使用功能量规的检验部分（它模拟体现被测要素的最大实体实效边界）来测量；其实际尺寸是否超出极限尺寸，用两点法测量。最大实体要求应用于被测要素对应的基准要素时，可以使用同一功能量规的定位部分（它模拟体现基准要素应遵守的边界），来检验基准要素的实际轮廓是否超出规定边界；或者使用光滑极限量规的通规，来检验基准要素的实际轮廓是否超出规定边界。

4）图样解释

（1）有一轴的轴线直线度按最大实体要求设计，标注示例如图 3-105 所示。其含义应包括以下几点：

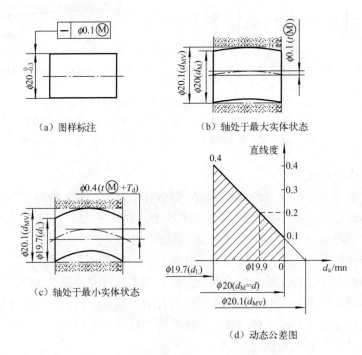

（a）图样标注　　　　（b）轴处于最大实体状态

（c）轴处于最小实体状态　　　　（d）动态公差图

图 3-105　最大实体要求应用于单一要素轴的图样解释

① 轴的实际轮廓遵守最大实体实效边界，即轴的体外作用尺寸不能超出最大实体实效尺寸 $\phi(20+0)$ mm $+\phi0.1$ mm $=\phi20.1$ mm。图样上的轴线直线度公差值是在轴的局部实际尺寸处处为最大实体尺寸 $\phi20$ mm 时给定的，即当轴的局部实际尺寸处处为最大实体尺寸

$\phi20\,\text{mm}$ 时，轴线直线度误差的最大允许值为图样上标注的公差值 $\phi0.1\,\text{mm}$，如图 3–105 (b) 所示。

② 轴的局部实际尺寸在最小实体尺寸（等于最小极限尺寸）$\phi19.7\,\text{mm}$ 与最大实体尺寸 $\phi20\,\text{mm}$ 之间。

③ 当轴的实际尺寸由最大实体尺寸向最小实体尺寸偏离时，轴线直线度误差可以大于规定的公差值 $\phi0.1\,\text{mm}$。例如，当轴的局部实际尺寸处处为 $\phi19.9\,\text{mm}$ 时，轴线直线度误差的最大允许值可为 $(\phi20-\phi19.9)\,\text{mm}+\phi0.1\,\text{mm}=\phi0.2\,\text{mm}$；当轴的局部实际尺寸处处为最小实体尺寸 $\phi19.7\,\text{mm}$ 时，轴线直线度误差的最大允许值为 $\phi0.4\,\text{mm}$（即图样上给定的尺寸公差值 0.3 与直线度公差值 0.1 之和），如图 3–105 (c) 所示。局部实际尺寸与直线度公差允许值的关系如图 3–105 (d) 所示。

(2) 有一孔的轴线垂直度按最大实体要求设计，标注示例如图 3–106 所示。又由于图样上对关联要素给出的几何公差值为零，故为最大实体要求的零几何公差，在几何公差框格第二格中以"$0\,\text{Ⓜ}$"表示。其含义应包括如下几点：

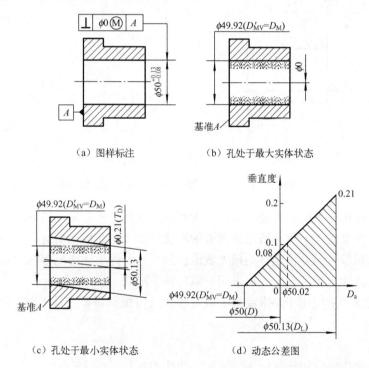

(a) 图样标注　　(b) 孔处于最大实体状态

(c) 孔处于最小实体状态　　(d) 动态公差图

图 3–106　零几何公差的最大实体要求应用于关联要素的图样解释

① 孔的实际轮廓遵守最大实体实效边界，即孔的体外作用尺寸不能超出最大实体实效尺寸 $\phi(50+(-0.08))\,\text{mm}-\phi0\,\text{mm}=\phi49.92\,\text{mm}$。图样上孔的轴线垂直度公差值 0 是在孔的局部实际尺寸处处为最大实体尺寸 $\phi49.92\,\text{mm}$ 时给定的，即当孔的局部实际尺寸处处为最大实体尺寸 $\phi49.92\,\text{mm}$ 时，孔的轴线垂直度不允许有误差，即为图样上标注的公差值 $\phi0\,\text{mm}$，如图 3–106 (b) 所示。

② 孔的局部实际尺寸不能超出最小实体尺寸 $\phi50.13\,\text{mm}$ 与最大实体尺寸 $\phi49.92\,\text{mm}$。

③ 当孔的实际尺寸由最大实体尺寸向最小实体尺寸偏离时，孔的轴线允许有垂直度误差，即大于规定的公差值 $\phi 0\,mm$。例如，当孔的局部实际尺寸处处为 $\phi 50.02\,mm$ 时，孔的轴线垂直度误差的最大允许值为（$\phi 50.02 - \phi 49.92$）$mm + \phi 0\,mm = \phi 0.1\,mm$；当孔的局部实际尺寸处处为最小实体尺寸 $\phi 50.13\,mm$ 时，孔的轴线垂直度误差的最大允许值为 $\phi 0.21\,mm$（即图样上给定的尺寸公差值 0.21 与垂直度公差值 0 之和），如图 3-106（c）所示。局部实际尺寸与垂直度公差的关系如图 3-106（d）所示。

（3）关联要素采用最大实体要求并限制最大定向误差值的孔的标注示例如图 3-107 所示。图 3-107（a）的图样标注表示，上框格按最大实体要求标注孔的轴线垂直度公差值为 $\phi 0.08\,mm$，它与孔尺寸公差的关系采用最大实体要求；下框格规定孔的轴线垂直度误差允许值不应大于 $\phi 0.12\,mm$。因此，无论孔的实际尺寸偏离其最大实体尺寸到什么程度，其轴线垂直度误差值也不得大于 $\phi 0.12\,mm$。此例的含义如图 3-107（b）所示。

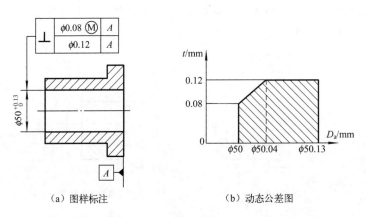

（a）图样标注　　　　　　　　　（b）动态公差图

图 3-107　采用最大实体要求并限制最大形位误差值

应当指出，导出要素的位置公差采用最大实体要求时，相应要素的形状误差由最大实体实效边界控制。如果图样上没有给定该要素的形状公差，则在极端情况下，该尺寸要素的形状误差值可以达到位置误差值允许的最大数值；如果不允许上述情况存在，则该要素可采用包容要求，或单独注出形状公差，或采用一般公差来限制。

有关最大实体要求应用于基准要素的规定和含义可根据需要查阅 GB/T 16671 中的具体内容。

5）应用

最大实体要求主要应用于保证零件装配互换性的场合。

间隙配合的孔和轴，能否自由装配或保证功能要求，取决于它们各自的实际尺寸与形位误差的综合效应。例如，图 3-108（a）所示操纵杆 1 的孔与销轴 2 的配合，当它们的实际尺寸分别为最大实体尺寸时（孔径尺寸为最小极限尺寸 D_{min}，销轴尺寸为最大极限尺寸 d_{max}），且它们的形状误差（轴线直线度误差）分别达到给定形状公差值时，其装配间隙 X 为最小值，如图 3-108（b）所示。

当孔和销轴的实际尺寸分别偏离各自的最大实体尺寸时，即使它们的形状误差超出图样上给定的形状公差值（但不超出最大实体实效边界），它们之间仍会有一定的间隙，因此，不会影响它们的自由装配；当孔和销轴实际尺寸偏离最大实体尺寸而达到最小实体尺寸且形状误差为零时，其装配间隙 X 达到最大值，如图 3-108（c）所示。

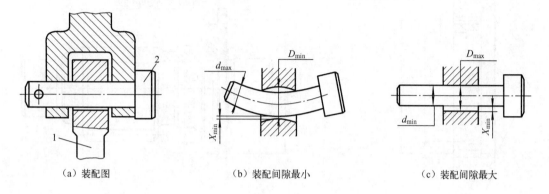

（a）装配图　　　　　　（b）装配间隙最小　　　　　　（c）装配间隙最大

图 3-108　操纵杆孔与销轴的配合
1—操纵杆；2—销轴

上述装配效果取决于各配合要素的实际尺寸和形位误差的综合效应，这就是最大实体要求的基础。当要求轴线或中心平面等导出要素的几何公差与对应的组成要素的尺寸公差相关时，以及同时要求该导出要素的位置公差与对应的基准要素的尺寸公差相关时，就可以采用最大实体要求，以获得最佳的技术经济效益。

最大实体要求的主要应用范围如下：

（1）多用于要求保证可装配性，包括大多数无严格要求的静止配合部位，使用后不致破坏配合性能。

（2）用于有装配关系的类似包容件或被包容件（如孔、槽等面和轴、凸台等面）。

（3）用于公差带方向一致的公差项目，如形状公差、位置公差。其中形状公差只有直线度公差，位置公差包括定向公差（垂直度、平行度、倾斜度等）的线对线、线对面、面对线，定位公差（同轴度、对称度、位置度等）的轴线或对称中心平面和中心线；用于跳动公差的基准轴线不方便测量的场合；用于尺寸公差不能控制几何公差的场合，如销轴轴线直线度。

图 3-109 所示为解放牌载重汽车的后桥齿轮实例。从动圆锥齿轮与齿轮轴装配后用螺栓把它们紧固。这两个零件圆周上均布的 12 个 $\phi10.2H12$ 通孔的位置精度只要求螺栓能够自由穿过两者对应的通孔，即只要求保证装配互换，故其位置度公差应采用最大实体要求。

图 3-110 所示为减速器滚动轴承部件组合结构实例。用四个螺钉把端盖（轴承盖）紧固在箱体上，端盖上圆周均布的四个 $\phi11H12$ 通孔的位置精度只要求紧固件螺钉能够自由穿过，拧入箱体上对应的螺孔中，即只要求保证装配互换，因此 $4 \times \phi11H12$ 通孔轴线的位置度公差应采用最大实体要求，如图 3-110（b）所示。此外，$\phi80e9$ 定位圆柱面（第二基准 B）应垂直于基准端面（第一基准 A），为了充分利用 $\phi80e9$ 圆柱面的尺寸公差并保证它与箱体轴承孔的配合，则其轴线对基准端面的垂直度公差应采用最大实体要求的零几何公差。

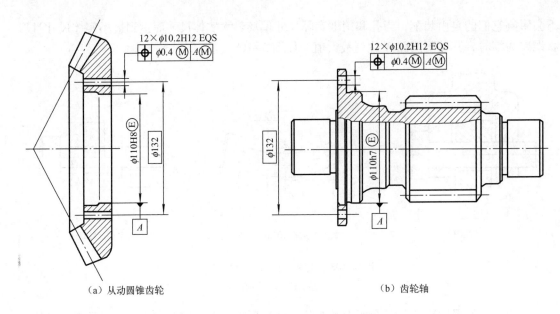

（a）从动圆锥齿轮　　　　　　　　　　　（b）齿轮轴

图 3-109　圆周布置的通孔采用最大实体要求

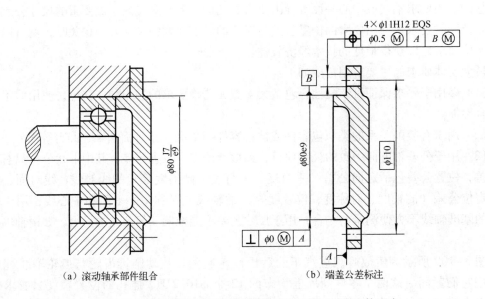

（a）滚动轴承部件组合　　　　　　　　　　　（b）端盖公差标注

图 3-110　端盖圆周布置通孔和定位圆柱面采用最大实体要求

零几何公差的应用范围如下：

（1）用于保证可装配性，有一定配合间隙的零件的关联要素。

（2）用于几何公差要求较严，相对地尺寸公差要求较松的零件的关联要素。

（3）用于轴线或对称中心面有几何公差要求的零件，即零件的配合要素必须是包容件和被包容件的关联要素。

（4）用于扩大尺寸公差值。即由几何公差补偿给尺寸公差，以解决实际上应该合格，而经检测被判定为不合格零件的验收问题。

在某些情况下，孔、轴的指定配合性质不能采用包容要求来获得，而采用最大实体要求的零几何公差来获得。图 3-111（a）中立式电动机 1 的凸缘与机座 2 的孔的间隙定位配合采用 $\phi180H8/h7$ 配合，要求在电动机定位平面与机座对应定位平面贴合状态下保持指定的配合性质。如果机座孔和凸缘（轴）分别采用包容要求 $\phi180H8$ Ⓔ 和 $\phi180h7$ Ⓔ（不考虑定位平面），如图 3-111（b）所示，则当孔或（和）轴相对于各自的定位平面分别有垂直度误差而拧紧螺栓使这两个定位平面贴合时，孔与轴之间就可能产生局部过盈，使装配发生困难。因此，上述孔和轴应按关联要素采用最大实体要求的零几何公差标注它们对各自的定位平面的垂直度公差 "0 Ⓜ"，如图 3-111（c）所示，从而保证指定的定位间隙配合性质和垂直度精度。

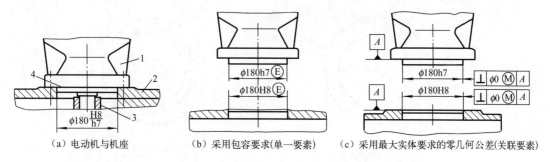

（a）电动机与机座　　　（b）采用包容要求（单一要素）　（c）采用最大实体要求的零几何公差（关联要素）

图 3-111　电动机凸缘于机座孔的配合

1—电动机；2—机座；3—联轴器；4—定位平面

3. 最小实体要求（LMR）

1）含义

最小实体要求是被测要素不得违反其最小实体实效状态的一种相关要求，即控制被测要素的实际轮廓不得超越其最小实体实效边界，适用于零件的轴线、中心平面等导出要素。可以用于被测要素，也可以用于基准要素。

图 3-112 表示，用最小实体要求设计的零件，其被测要素的实际轮廓 S 不得超出最小实体实效边界 LMVB；图样上标注的几何公差值是被测要素的实际轮廓处于最小实体状态时给出的几何公差值，当其实际尺寸偏离最小实体尺寸时允许其形位误差值超出其给出的几何公差值，即被测要素偏离最小实体状态时其几何公差可获得补偿的一种相关要求。关联要素的最小实体实效边界应与基准保持图样上给定的几何关系，如图 3-112（b）所示，最小实体实效边界的轴线应与基准轴线 C 重合。

最小实体要求的含义和规定如下：

（1）应用于被测要素时，被测要素的实际轮廓在给定的长度上处处不得超过最小实体实效边界，即其体内作用尺寸不能超出（对孔不大于，对轴不小于）最小实体实效尺寸，且其局部实际尺寸不得超出最大实体尺寸和最小实体尺寸。

（2）在一定条件下，允许尺寸公差补偿几何公差。即当实际要素处于最小实体状态时，它的形位误差不得大于图样上标注的几何公差值；当实际尺寸由最小实体尺寸向最大实体尺寸偏离时，它的形位误差允许大于图样上标注的几何公差值，也就是允许用尺寸公差补偿几何公差；当实际要素处于最大实体状态时，所允许形位误差的数值可达到最大，为图样上标注的几何公差与尺寸公差的数值之和。

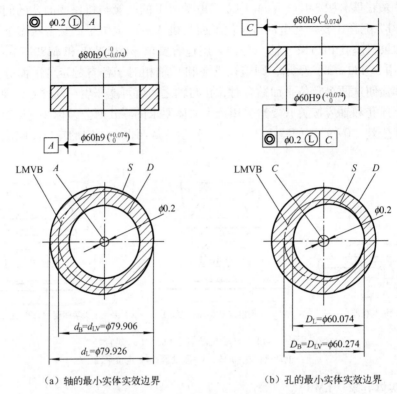

图 3-112　最小实体实效边界示例

S—实际被测要素；LMVB—最小实体实效边界；d_B、D_B—轴、孔边界尺寸；

d_{LV}、D_{LV}—轴、孔最小实体实效尺寸；d_L、D_L—轴、孔最小实体尺寸；A、C—基准轴线

故被测要素应满足下列要求。

对于内表面（孔）：

$$D_{fi} \leqslant D_{LV} \quad \text{且} \quad D_M = D_{min} \leqslant D_a \leqslant D_L = D_{max}$$

对于外表面（轴）：

$$d_{fi} \geqslant d_{LV} \quad \text{且} \quad d_M = d_{max} \geqslant d_a \geqslant d_L = d_{min}$$

2）标注

最小实体要求应用于被测要素时，应在被测要素几何公差框格中的公差值之后标注符号 Ⓛ；最小实体原则应用于基准要素时，应在几何公差框格中相应的基准字母代号后标往符号 Ⓛ，如图 3-113 所示。若被测要素采用最小实体原则时，其给出的几何公差值为零，则称为最小实体要求的零几何公差，并以 0 Ⓛ或 ϕ0 Ⓛ表示，如图 3-113（a）所示。

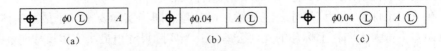

图 3-113　最小实体要求的标注

3）检测方法

对于采用最小实体要求的要素，其形位误差使用普通计量器具测量，其实际尺寸则用两点法测量。

因为，虽然最小实体要求属于相关要求，但最小实体实效边界是自最小实体状态朝着入体方向叠加形成的（而最大实体实效边界则是自最大实体状态朝着体外方向叠加形成的），所以设计不出随外表面实际尺寸增大或随内表面实际尺寸减小而允许其形位误差相应增大的量规，无法模拟体现最小实体要求。

4）图样解释

（1）有一零件上孔的轴线位置度按最小实体要求设计，标注示例如图 3–114 所示。其含义应包括以下几点。

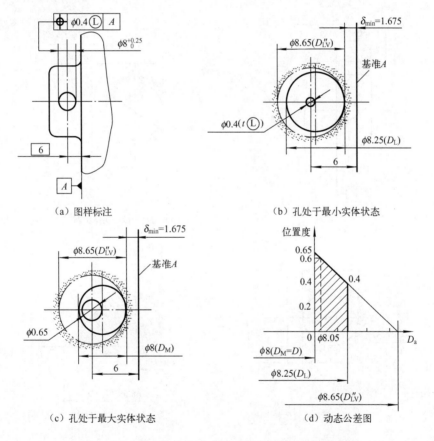

（a）图样标注　　　　　　　（b）孔处于最小实体状态

（c）孔处于最大实体状态　　　　　　（d）动态公差图

图 3–114　最小实体要求应用于关联要素孔的图样解释

① 孔的实际轮廓应该遵守最小实体实效边界，即孔的体内作用尺寸不能超出最小实体实效尺寸 $\phi(8+(+0.25))\,\text{mm}+\phi0.4\,\text{mm}=\phi8.65\,\text{mm}$。图样上孔的轴线位置度公差值是在孔的局部实际尺寸处处为最小实体尺寸 $\phi8.25\,\text{mm}$ 时给定的，即当孔的局部实际尺寸处处为最小实体尺寸 $\phi8.25\,\text{mm}$ 时，孔的轴线位直度误差的最大允许值为图样上标注的公差值 $\phi0.4\,\text{mm}$，如图 3–114（b）所示。

② 孔的局部实际尺寸不能超出最小实体尺寸 $\phi8.25$ mm 与最大实体尺寸 $\phi8$ mm。

③ 当孔的实际尺寸偏离最小实体尺寸时，孔的轴线位置度误差可以大于规定的公差值 $\phi0.4$ mm。例如，当孔的局部实际尺寸处处为 $\phi8.05$ mm 时，轴线直线度误差的最大允许值可为 $(\phi8.25 - \phi8.05)$ mm + $\phi0.4$ mm = $\phi0.6$ mm；当孔的局部实际尺寸处处为最大实体尺寸 $\phi8$ mm 时，孔的轴线位置度误差的最大允许值为 $\phi0.65$ mm（即图样上给定的尺寸公差值 0.25 与直线度公差值 0.4 之和），如图 3–114（c）所示。局部实际尺寸与位置度误差允许值的关系如图 3–114（d）所示。

（2）有一零件上孔的位置度按最小实体要求设计，标注示例如图 3–115 所示。又由于图样上对关联要素给出的几何公差值为零，故称为最小实体要求的零几何公差，并在几何公差框格第二格中以"0 Ⓛ"表示。其含义应包括如下几点。

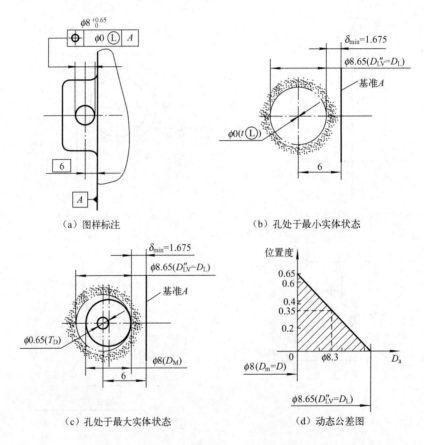

（a）图样标注

（b）孔处于最小实体状态

（c）孔处于最大实体状态

（d）动态公差图

图 3–115　零几何公差的最小实体要求应用于关联要素孔的图样解释

① 孔的实际轮廓应该遵守最小实体实效边界，即孔的体内作用尺寸不能超出最小实体实效尺寸 $\phi(8 + (+0.65))$ mm + $\phi0$ mm = $\phi8.65$ mm。图样上孔的轴线位置度公差值是在孔的局部实际尺寸处处为最小实体尺寸 $\phi8.65$ mm 时给定的，即当孔的局部实际尺寸处处为最小实体尺寸 $\phi8.65$ mm 时，孔的轴线位置度就不允许有任何误差，即为图样上标注的公差值 $\phi0$ mm，如图 3–115（b）所示。

② 孔的局部实际尺寸不能超出最小实体尺寸 $\phi 8.65$ mm 与最大实体尺寸 $\phi 8$ mm。

③ 当孔的实际尺寸偏离最小实体尺寸时，孔的轴线允许有位置度误差，即大于规定的公差值 $\phi 0$ mm。例如，当孔的局部实际尺寸处处为 $\phi 8.3$ mm 时，孔的轴线位置度误差的最大允许值可为 $(\phi 8.65 - \phi 8.3)$ mm $+ \phi 0$ mm $= \phi 0.35$ mm；当孔的局部实际尺寸处处为最大实体尺寸 $\phi 8$ mm 时，孔的轴线位置度误差的最大允许值为 $\phi 0.65$ mm（即图样上给定的尺寸公差值 0.65 与垂直度公差值 0 之和），如图 3-115（c）所示。局部实际尺寸与位置度误差允许值的关系如图 3-115（d）所示。

5）应用

最小实体要求主要应用于控制同一零件上关联要素间的极限位置，以获得最佳技术经济效益：控制最小壁厚，以保证零件强度；控制特定表面至理想导出要素所在位置的最大距离，以保证分度精度或定位精度。

在产品和零件设计中，有时要涉及保证同一零件上相邻内、外尺寸要素（组成要素）间的最小壁厚和控制同一零件上特定表面至理想导出要素的最大距离等的功能要求。例如，图 3-116 中 $\phi 4^{+0.12}_{0}$ 小孔有特定的位置要求，同时还要求该小孔的孔壁与 D_2 孔两端面之间的最小壁厚不得小于最小实体实效尺寸这样的功能要求。

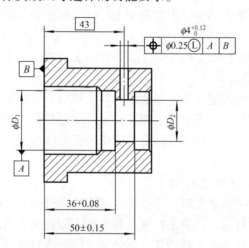

图 3-116　应用最小实体要求保证最小壁厚

此例中，小孔所处的最不利状态是它的实际尺寸等于它的最小实体尺寸（$\phi 4.12$ mm），并且它的实际轴线在位置度公差带范围内从理想位置偏移 0.25 mm，到达最靠近 D_2 孔的一个端面的极限位置，同时 D_2 孔两端面之间的距离为最小极限值。这时小孔与该端面之间的最小壁厚 $\delta_{\min}$ 等于 D_2 孔两端面之间的最小距离减去小孔最小实体尺寸与其位置度公差之和所得差值的 1/2。即

$$\delta_{\min} = \frac{[(50 - 0.15) - (36 + 0.08) - (4.12 + 0.25)]}{2} \text{mm} = 4.7 \text{mm}$$

当小孔的实际尺寸偏离最小实体尺寸时，它就不再处于最不利状态，即使它的位置度误差大于图样上标注的位置度公差，只要它的实际尺寸和位置度误差的综合效应不超出最不利状态，就仍然能够保证实际壁厚不小于最小极限值的功能要求。

按照图样标注，当小孔的实际尺寸偏离最小实体尺寸 4.12 mm 而减小到最大实体尺寸 4 mm 时，小孔的位置度误差允许值可以大于图样上标注的位置度公差值 $\phi 0.25$ mm，并可达到 $\phi[0.25+(4.12-4)]$ mm $=\phi 0.37$ mm，最小壁厚仍为

$$\delta_{min} = [(49.85-36.08)-(4+0.37)]/2 \text{ mm} = 4.7 \text{ mm}$$

为了在保证实际壁厚不小于最小极限值的功能要求的同时，又能获得最佳的技术经济效益，设计时应在图样上规定（标注）最小实体状态下的位置度公差值。在这种情况下，不宜采用独立原则，因其允许的位置度公差值是固定不变的，不能充分利用尺寸公差带，也不宜采用最大实体要求来实现同时保证被测要素所要求的位置度精度和最小壁厚，而应采用最小实体要求。

4. 可逆要求（RR）

采用最大实体要求与最小实体要求时，只允许将尺寸公差补偿给几何公差，那么尺寸公差与几何公差是否可以相互补偿呢？

实践发现，当最大实体要求或最小实体要求应用于被测要素时，如果只需要控制其边界和最大、最小极限尺寸中的一个极限尺寸，即最小实体尺寸（对于最大实体要求）或最大实体尺寸（对于最小实体要求），而不需要控制其边界和两个极限尺寸，就能够满足零件的功能要求，则当被测导出要素的形位误差值小于图样上标注的几何公差值时，就可以允许对应要素的实际尺寸超出最大实体尺寸（对于最大实体要求）或最小实体尺寸（对于最小实体要求），使被测要素的尺寸公差从固定公差变成动态公差，以获得更佳的技术经济效益。这就是可逆要求的实践基础。

针对这一问题，国家标准定义了可逆要求，即当导出要素的形位误差值小于给出的几何公差值时，允许在满足零件功能要求的前提下扩大尺寸公差的一种公差原则。它通常与最大实体原则、最小实体原则一起应用。可逆要求用于最大实体要求或最小实体要求时并不改变这两种公差要求原有的含义。

1）可逆要求用于最大实体要求

可逆要求应用于最大实体要求时，应在被测要素的几何公差框格中的公差值后面标注双重符号Ⓜ Ⓡ，如图 3-117 所示。这表示在被测要素的实际轮廓不超出其最大实体实效边界的条件下，允许被测要素的尺寸公差补偿其几何公差，同时也允许被测要素的几何公差补偿其尺寸公差；当被测要素的形位误差值小于图样上标注的几何公差值或等于零时，允许被测要素的实际尺寸超出其最大实体尺寸，甚至可以等于其最大实体实效尺寸，即允许被测要素的尺寸误差值大于图样上标注的尺寸公差值。即被测要素应满足下列要求。

对于轴：

$$d_{fe} \leqslant d_{MV} \quad 且 \quad d_{MV} \geqslant d_a \geqslant d_L$$

对于孔：

$$D_{fe} \geqslant D_{MV} \quad 且 \quad D_L \geqslant D_a \geqslant D_{MV}$$

图 3-117 所示为一轴类零件采用可逆要求应用于最大实体要求的标注示例，其含义如下。

实际轮廓遵守最大实体实效边界，即轴的体外作用尺寸不能超出（应不大于）最大实体实效尺寸 $\phi(20+0)$ mm $+\phi 0.2$ mm $=\phi 20.2$ mm，允许轴的尺寸公差与轴线垂直度公差

相互补偿，轴的局部实际尺寸不能超出最大实体实效尺寸 $\phi20.2$ mm 与最小实体尺寸 $\phi19.9$ mm。

在遵守最大实体实效边界 MMVB 的条件下，当轴处于最大实体状态时，其轴线垂直度误差允许值为图样上给出的轴线垂直度公差值 $\phi0.2$ mm，如图 3-117（b）所示；当轴处于最小实体状态时，其轴线垂直度误差值可以达到最大，即图样上给定的尺寸公差 0.1 与轴线垂直度公差 0.2 之和 $\phi0.3$ mm，如图 3-117（c）所示；反之，如果轴线垂直度误差值小于图样上给定的垂直度公差甚至为零，则该轴的实际尺寸允许大于最大实体尺寸 $\phi20$ mm，甚至达到最大实体实效尺寸 $\phi20.2$ mm，即允许该轴的轴线垂直度公差补偿其尺寸公差，尺寸公差值最大可达图样上给定的轴线垂直度公差 0.2 与尺寸公差 0.1 之和 0.3 mm，如图 3-117（d）所示。局部实际尺寸与垂直度公差的关系如图 3-117（e）所示。

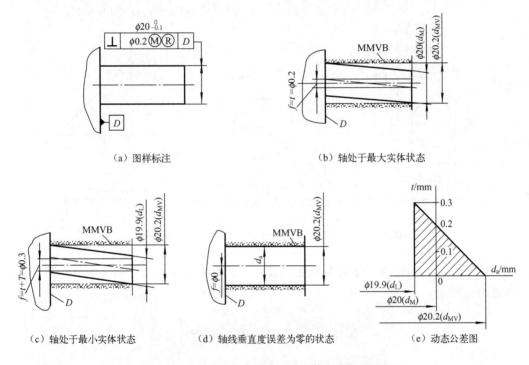

（a）图样标注　　　　　　（b）轴处于最大实体状态

（c）轴处于最小实体状态　　　（d）轴线垂直度误差为零的状态　　　（e）动态公差图

图 3-117　可逆要求应用于最大实体要求的图样解释

2）可逆要求用于最小实体要求

可逆要求应用于最小实体要求时，应在被测要素的几何公差框格中的公差值后面标注双重符号 $Ⓛ Ⓡ$，如图 3-118 所示。这表示在被测要素的实际轮廓不超出其最小实体实效边界的条件下，允许被测要素的尺寸公差补偿其几何公差，同时也允许被测要素的几何公差补偿其尺寸公差；当被测要素的形位误差值小于图样上标注的几何公差值甚至等于零时，允许被测要素的实际尺寸超出其最小实体尺寸，甚至可以等于其最小实体实效尺寸，即允许被测要素的尺寸误差值大于图样上标注的尺寸公差值。即被测要素应满足下列要求。

对于轴：

$$d_{\text{fi}} \geqslant d_{\text{LV}} \quad 且 \quad d_{\text{M}} \geqslant d_{\text{a}} \geqslant d_{\text{LV}}$$

对于孔：

$$D_{fi} \leqslant D_{LV} \quad \text{且} \quad D_{LV} \geqslant D_a \geqslant D_M$$

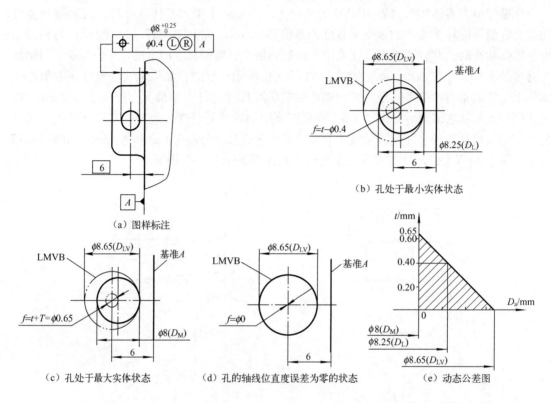

图 3-118　可逆要求应用于最小实体要求的图样解释

图 3-118 所示为一孔类零件采用可逆要求应用于最小实体要求的标注示例，其含义可按上例进行分析。

第五节　几何精度的确定

形位精度的设计对保证轴类零件的旋转精度、保证结合件的连接强度和密封性、保证齿轮传动零件的承载均匀性等都有很重要的影响，直接关系到产品的质量、使用性能及加工经济性。因此，在进行形位精度设计时，必须根据产品的功能要求、结构特点以及制造使用条件等多方面的因素，正确合理地选择几何公差项目、基准和几何公差数值。

形位精度的设计包括几何公差项目的选择、公差原则的选择和公差数值的选择三个方面。

一、几何公差项目的选择

1. 几何公差项目的选用原则

选择几何公差项目的原则是在保证零件形位精度要求的前提下，应用的形状公差项目尽可能少，同时也要考虑检测的方便性。一般可以从零件的几何特征、零件的使用要求和检测的方便性三个方面考虑。

1）零件的几何特征

零件不同的几何特征，会产生不同的几何公差。

形状公差项目主要是按被测要素的几何形状特征制定的，因此，被测要素的几何特征是选择单一要素形状公差项目的基本依据。例如，控制平面的形状误差应选择平面度公差；控制导轨导向面的形状误差应选择直线度公差；控制圆柱面的形状误差应选择圆度或圆柱度公差等。

位置公差项目主要是按被测要素间几何方位关系制定的，所以，关联要素的公差项目应以它与基准间的几何方位关系为基本依据。对线（轴线）、面中心平面可规定定向和定位公差；对点只能规定位置度公差；只有回转零件才能规定同轴度公差和跳动公差。

2）零件的使用要求

零件的功能要求不同，对几何公差提出的要求也就不同，所以，在选择几何公差项目时，应分析形位误差对零件使用性能的影响。例如，平面的形状误差会影响支承面安置的平稳性、定位的可靠性、贴合面的密封性、滑动面的磨损状况等，需规定平面度公差；圆柱面的形状误差将影响定位配合的连接强度和可靠性，影响转动配合的间隙均匀性和运动平稳性，则需规定圆柱度公差。因此，为了保证机床的回转精度和工作精度，一般都会对机床导轨面规定平面度公差，对机床主轴轴颈规定圆柱度和同轴度公差。齿轮箱两孔轴线的不平行，将影响齿轮的正常啮合，降低承载能力，故应规定平行度公差；滚动轴承的定位轴肩与轴线不垂直，将影响轴承旋转时的精度，故应规定垂直度公差；为了使箱盖、法兰盘等零件上的各螺栓孔能自由装配，则需规定孔组的位置度公差。

3）检测的方便性

在满足同样的功能要求的前提下，有时可将所需的公差项目用控制效果相同或相近的公差项目来代替。为了检测的方便，一般都会选用测量简便的项目代替测量较难的项目。例如，被测要素为圆柱面时，圆柱度是理想的几何特征项目，因为它综合控制了圆柱面的各种形状误差，但是由于圆柱度检测不便，故可选用圆度、直线度等进行分项控制，或者选用径向跳动公差进行综合控制；同样，可近似地用端面圆跳动代替端面对轴线的垂直度公差要求。因为跳动公差都是综合性的公差项目，如径向圆跳动可控制被测要素的圆度和同轴度，端面全跳动可控制要素的平面度和面对线的垂直度等，所以在不影响设计要求的前提下，对于回转体零件应首选跳动公差项目。

2. 几何公差项目的选择方法

几何公差项目的具体选择方法如下：

1）用尺寸公差控制形位精度

（1）用尺寸公差控制形位精度已能满足要求，且又符合经济性时，可不再单独给出几何公差，即需采用包容原则，如图 3–119 所示。

（2）尺寸精度低而形位精度要求高，应单独给出几何公差，即需采用独立原则。图 3–120 所示为印刷机或印染机的滚筒实例，滚筒直径精度要求很低，但圆柱度要求较高。此时，若再用尺寸公差直接控制形位精度，将会影响工艺经济性。

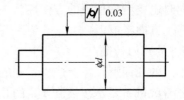

图 3-119　轴　　　　　　　　　　图 3-120　印刷机或印染机的滚筒

2）综合控制与单项控制

（1）定向公差可以综合控制被测要素的方向精度和形状精度，故当某被测要素已给出定向公差后，若对形状精度无进一步要求，则不再另行给出形状公差。图 3-121 中对孔的轴线给出了垂直度公差，因对其直线度无进一步要求，故不需再另行给出直线度公差而直接由垂直度公差控制。但是若对被测要素的形状精度有特殊的要求，则需共同给出定向公差和形状公差，并且形状公差要求都比已给出的定向公差要求高，即形状公差值小于定向公差值，如图 3-122 所示。

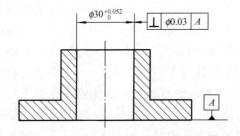

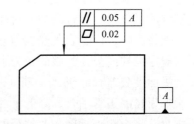

图 3-121　定向公差综合控制要素的方向、形状　　　图 3-122　形状精度高于定向精度的设计

（2）当某被测要素的定向精度或形状精度高于定位精度时，应另外给出定向公差或形状公差，且给出的定向公差值或形状公差值要小于定位公差值，如图 3-123 所示。

（3）跳动公差可以综合控制被测要素的形状和位置精度。图 3-124（a）中给出了径向圆跳动公差，就不再另给被测要素的形状公差或同轴度公差。只有对形状精度或位置精度有特殊要求时，才需进一步给出形状公差或位置公差，但其值必须要小于跳动公差值，如图 3-124（b）所示。

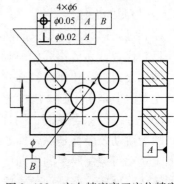

图 3-123　定向精度高于定位精度

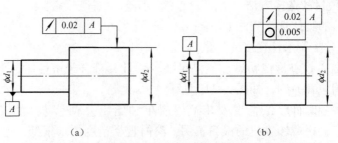

（a）　　　　　　　　　　（b）

图 3-124　跳动公差控制被测要素的形状精度和位置精度

3）公差项目替换

几何公差项目有单项控制的项目，如直线度、圆度等；还有综合控制的项目，如圆柱度、定向公差、定位公差和跳动公差项目。其中某些单项控制项目之间、综合控制项目之间以及单项和综合相互之间都可以替换，其关系见表 3-7。

表 3-7　公差项目替换

综合控制项目	综合或单项控制项目
圆柱度	圆度、直线度、平行度
径向圆跳动 端面圆跳动 斜向圆跳动	圆度、同轴度 垂直度（不充分） 同轴度、圆度（不充分）
径向全跳动 端面全跳动	同轴度、圆柱度 平面度、垂直度

4）基准的选择

基准是位置公差的依据，在选择位置公差项目时，必须同时考虑要采用的基准。基准有单一基准、组合基准及基准体系几种形式。选择基准时，一般应从以下几个方面考虑。

（1）根据要素的功能及对被测要素间的几何关系来选择基准，以满足功能要求的主要方面为基准。在选定基准体系中基准的顺序时，也以最主要的要素为第一基准，其次是第二基准，再其次是第三基准，如图 3-125 所示。端盖在装配及使用时若以端面贴平为主要方面，而 ϕd_1 与孔配合为次要方面时，则以端面 P 为基准，若要求 ϕd_1 与孔配合定位为主要方面，则以 ϕd_1 的轴线为基准；在确定孔位置时，若以端面 P 贴平为主要方面，则端面 P 为第一基准，ϕd_1 轴线为第二基准；若以 ϕd_1 与孔配合定位为主要方面，则以 ϕd_1 的轴线为第一基准，端面 P 为第二基准。

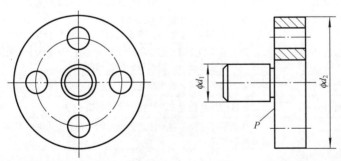

图 3-125　端盖

（2）根据装配关系选择基准。应以零件上相互配合、相互接触的定位要素作为各自的基准。例如，盘、套类零件多以其内孔轴线径向定位装配或以其端面轴向定位装配，因此，根据需要可选其轴线或端面作为基准。

（3）从零件结构考虑，应选择定位稳定性较好的宽大的平面、较长的轴线等要素作为基准，对结构复杂的零件，一般应选择三基面体系，以确定被测要素在空间的方向和位置，如图 3-126 所示。ϕd_1 与 ϕd_2 有同轴度要求，且 ϕd_1 对底面 A 有垂直度要求，则以底面 A 为第一基准，ϕd_2 的轴线为第二基准，标出同轴度公差即可。若以 ϕd_1 对底面 A 和 ϕd_2 的轴线分别提出几何公差要求，则在工艺上不易保证精度。

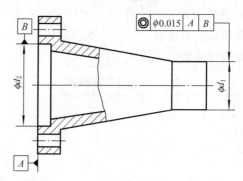

图 3-126　根据定位稳定性选择基准

（4）从加工、检测方面考虑，应选择在夹具（加工）或检具（检测）中起定位作用的要素为基准，这样易于实现设计、加工和检测三者基准的统一。

（5）若根据需要必须以非加工的毛坯面为基准时，应采用基准目标建立基准，以保证工艺、检测的稳定性。

二、公差原则的选择

选择公差原则时，应根据被测要素的功能要求和各公差原则的应用场合、可行性、经济性等方面来考虑，表 3-8 列出了公差原则的应用场合及示例，可供参考。

表 3-8　公差原则的应用场合及示例

公差原则	应用场合	示例
独立原则	尺寸精度与形位精度需要分别满足要求	齿轮箱体孔的尺寸精度与两孔轴线的平行度，连杆活塞销孔的尺寸精度与圆柱度，滚动轴承内、外圈滚道的尺寸精度与形状精度
	尺寸精度与形位精度要求相差较大	滚筒类零件尺寸精度要求很低，形状精度要求较高；平板的尺寸精度要求不高，形状精度要求很高；通油孔的尺寸有一定精度要求，形状精度无要求
	尺寸精度与形位精度无联系	滚子链条的套筒或滚子的尺寸精度与内、外圆柱面的轴线同轴度，发动机连杆上的尺寸精度与孔轴线间的位置精度
	保证运动精度	导轨的形状精度要求严格，尺寸精度一般
	保证密封性	气缸的形状精度要求严格，尺寸精度一般
	未注公差	凡未注尺寸公差与未注几何公差都采用独立原则，如退刀槽、倒角、圆角等非功能要素
包容要求	保证国家标准规定的配合性质	如 $\phi30H7$ Ⓔ 孔与 $\phi30h6$ Ⓔ 轴的配合，可以保证配合的最小间隙等于零
	尺寸公差与几何公差间无严格比例关系要求	一般的孔与轴配合，只要求作用尺寸不超越最大实体尺寸，局部实际尺寸不超越最小实体尺寸
最大实体要求	保证关联作用尺寸不超越最大实体尺寸	关联要素的孔与轴有配合性质要求，在公差值后标注 "0 Ⓜ"
	保证可装配性	轴承盖上用于穿过螺钉的通孔，法兰盘上用于穿过螺栓的通孔
最小实体要求	保证零件强度和最小壁厚	孔组轴线在任意方向的位置度公差，采用最小实体要求可保证孔组间的最小壁厚
可逆要求	与最大（小）实体要求联用	能充分利用公差带，扩大被测要素实际尺寸的变动范围，在不影响使用性能要求的前提下可以选用

公差原则的选择可以考虑以下几个方面：

（1）被控制对象的功能要求。

（2）应充分发挥公差的职能特长。

（3）采用该项公差原则的可行性与经济性。

三、几何公差值（或等级）的选择

GB/T 1184—1996 规定图样中标注的几何公差有两种形式：未注公差值和注出公差值。

1. 未注几何公差值

未注几何公差值考虑了各类工厂的一般制造精度，是各类工厂中常用设备都能保证的精度。零件大部分要素的几何公差值均应遵循未注公差值的要求，不必注出，这样可以简化图样，节省设计时间。图样上采用未注几何公差的零件要素，其形位精度应按下列规定设计：

（1）对未注直线度、平面度、垂直度、对称度和圆跳动各规定了 H、K、L 三个公差等级，其公差值见附表 3-1 ～附表 3-4。

（2）圆度的未注公差值等于标准的直径公差值，但不能大于附表 3-4 所列的径向圆跳动公差值。

（3）圆柱度的未注公差值由圆度、直线度和相对素线的平行度的注出公差值和未注公差值控制。如因功能要求，圆柱度公差值应小于圆度、直线度和相对素线的平行度的未注公差的综合结果，应在被测要素上按规定注出圆柱度公差值。

（4）平行度的未注公差值等于给出的尺寸公差值，或是直线度和平面度未注公差值中的相应公差值取较大者。应取两要素中的较长者作为基准，若两要素的长度相等则可选任一要素为基准。

（5）同轴度的未注公差值可以和附表 3-4 中规定的径向圆跳动的未注公差值相等。应选择两要素中的较长者为基准，若两要素长度相等可选任一要素为基准。

（6）除此之外，其他项目如线、面轮廓度、倾斜度、位置度和全跳动均应由各要素的注出或未注几何公差、线性尺寸公差或角度公差控制。

采用规定的未注公差值时，应在标题栏附近或在技术要求、技术文件（如企业标准）中注出标准号及公差等级代号："GB/T 1184—×"。例如，当某零件采用中等级未注几何公差值时，则需在标题栏附近或技术要求中标注 "GB/T 1184—K" 的字样。

需注意的是只有当要求被测要素的公差值小于未注公差值，或者要求被测要素的公差值大于未注公差值而给出大的公差值并能给工厂的加工带来经济效益时，才需要在图样中标注出几何公差要求。

2. 注出几何公差值

注出几何公差要求的形位精度高低是用公差等级数字的大小来表示的。按国家标准的规定，对 14 项几何公差特征，除线、面轮廓度及位置度未规定公差等级外，其余项目均有规定。一般划分为 12 级，即 1 ～ 12 级，1 级精度最高，12 级精度最低；圆度和圆柱度注出几何公差值，划分为 13 级，即 0 ～ 12 级；对位置度，国家标准则规定了公差值系数。

GB/T 1184—1996 在附录 B 中给出了除线、面轮廓度之外的各公差项目的注出公差值，分别列于附表 3-5 ～附表 3-9 中，表中的公差值是以零件和量具在标准温度（20℃）下测量所得的。

3. 选择原则

在保证零件功能要求的前提下，兼顾加工的经济性和零件的结构、刚性等情况，按标准所给未注或注出公差值，尽量选取最低的几何公差等级，即最大的公差值。一般可以参考表 3-9 所列的公差原则特点进行选择。

表 3-9　公差原则的主要特点

公差原则	独立原则	相关要求				
		包容要求	最大实体要求	最小实体要求	可逆要求	
					可逆的最大实体要求	可逆的最小实体要求
几何公差与尺寸公差的关系	无关	有关				
遵守的边界		最大实体边界	最大实体实效边界	最小实体实效边界	同最大实体要求	同最小实体要求
图样标注	无符号	注Ⓔ	注Ⓜ	注Ⓛ	注ⓂⓇ	注ⓁⓇ
合格性条件　孔	$D_{min} \leqslant D_a \leqslant D_{max}$	$D_{fe} \geqslant D_M (D_{min})$ $D_a \leqslant D_L (D_{max})$	$D_{fe} \geqslant D_{MV}$ $D_M \leqslant D_a \leqslant D_L$	$D_{fi} \leqslant D_{LV}$ $D_M \leqslant D_a \leqslant D_L$	与最大实体要求联用	与最小实体要求联用
合格性条件　轴	$d_{min} \leqslant d_a \leqslant d_{max}$	$d_{fe} \geqslant d_M (d_{max})$ $d_a \leqslant d_L (d_{min})$	$d_{fe} \geqslant d_{MV}$ $d_L \leqslant d_a \leqslant d_M$	$d_{fi} \geqslant d_{LV}$ $d_L \leqslant d_a \leqslant d_M$	与最大实体要求联用	与最小实体要求联用
几何误差值的合格范围	$f \leqslant t$	$f \leqslant 0 \sim T$	$f \leqslant t \sim (T+t)$	$f \leqslant t \sim (T+t)$	与最大实体要求联用	与最小实体要求联用
公差原则	独立原则	相关要求				
		包容要求	最大实体要求	最小实体要求	可逆要求	
					可逆的最大实体要求	可逆的最小实体要求
检测手段　尺寸	两点法量仪	光滑极限量规	两点法通用量仪	用间接方法测量	与最大实体要求联用	与最小实体要求联用
检测手段　形位	通用量仪	光滑极限量规	位置量规	用间接方法测量	与最大实体要求联用	与最小实体要求联用
主要应用场合	保证功能要求	保证配合性质要求	保证可装配性要求	保证强度要求	与最大实体要求联用	与最小实体要求联用

注：f 为几何误差值，t 为几何公差值，T 为尺寸公差值 [A1]。

4. 选择方法

几何公差值的选择方法有计算法和类比法。

1）计算法

用计算法确定几何公差值，目前还没有成熟的、系统的计算步骤和方法，一般是根据产品的功能要求，在有条件的情况下计算求得几何公差值。

示例　图（3-127）中 H8 孔和 e7 轴的配合，为保证轴能在孔中自由回转，要求最小功能间隙（配合孔、轴尺寸并考虑几何误差后所得到的间隙）X_{minf} 不得小于 0.025 mm，试确定孔和轴的几何公差。

解：此部件主要要求保证配合性质，对轴、孔的形

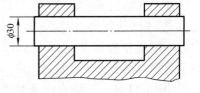

图 3-127　示例图

状精度无特殊的要求，故可分别采用包容要求给出孔、轴的尺寸精度和几何精度。两孔的同轴度误差对配合性质有较大影响，且同轴度为综合性较好的几何公差项目，故以两孔轴线建立公共基准轴线，并给出两孔轴线对公共基准轴线的同轴度公差即可。

由 H8 和 e7，并查附表 1-1 和附表 1-2 可知，$T_h = 0.033$ mm，$T_s = 0.021$ mm，es = -0.020 mm；则孔 $\phi 30^{+0.033}_{0}$ mm，轴为 $\phi 30^{-0.040}_{-0.061}$ mm。

由于考虑到尺寸误差和几何误差的综合极限状态，则功能间隙与尺寸公差、几何公差间应满足下列条件：

$$X_{minf} = EI - es - (t_h - t_s) \quad X_{minf} = EI - es - (t_h + t_s)$$

代入上述查表结果可得：

$$0.025 = 0 - (0.040) - (t_h + t_s)$$

$$t_h + t_s = (0.040 - 0.025) \text{ mm} = 0.015 \text{ mm}$$

轴采用包容要求后，在最大实体状态下其 $t_s = 0$，故孔的同轴度公差为 $\phi 0.015$ mm。其标注见图（3-128）所示。

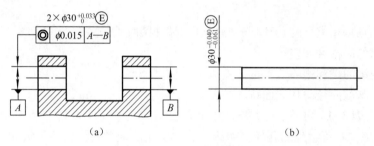

图 3-128　示例图标注

2）类比法

类比法是参考同类型产品，经过比照来选定几何公差值或公差等级，几何公差值常用类比法确定。按照类比法确定公差值的时候，主要考虑零件的使用性能、加工的可能性和经济性等因素，还应注意下列关系的正确处理。

（1）形状公差与位置公差的关系。在同一要素上给定的形状公差值应小于位置公差值，一般满足下列关系：$t_{形状} < t_{定向} < t_{定位}$。

（2）形状公差和尺寸公差的关系。圆柱形零件的形状公差（轴线的直线度除外）一般情况下应小于其尺寸公差值；平行度公差值应小于其相应的距离公差值。

圆度、圆柱度公差值约为同级的尺寸公差的 50%，因而一般可按同级选取。例如，尺寸公差为 IT6，则圆度、圆柱度公差通常也选 IT6，必要时也可比尺寸公差等级高 1 或 2 级。

位置度公差通常需要经过计算确定，对用螺栓连接两个或两个以上零件时，若被连接零件均为光孔，则光孔的位置度公差的计算公式为

$$t \leqslant KX_{min}$$

式中，t 为位置度公差（μm）；K 为间隙利用系数，其推荐值为不需调整的固定连接 $K = 1$，需调整的固定连接 $K = 0.6 \sim 0.8$；X_{min} 为光孔与螺栓间的最小间隙（μm）。

用螺钉连接时，被连接零件中有一个是螺孔，而其余零件均是光孔，则光孔和螺孔的位置度公差计算公式为

$$t \leqslant 0.6 X_{min}$$

按以上公式计算确定的位置度公差，经圆整并按附表3-9选择标准的位置度公差值。

（3）形状公差与表面粗糙度的关系。通常表面粗糙度 Ra 值可以约占形状公差值的20% ～ 50%。

（4）考虑零件的结构特点。对于下列情况，考虑到加工的难易程度和除主参数外其他参数的影响，在满足零件功能的要求下，适当降低1或2级选用：

① 孔相对于轴；

② 细长比较大的轴或孔；

③ 距离较大的轴或孔；

④ 宽度较大（一般大于1/2长度）的零件表面；

⑤ 线对线和线对面相对于面对面的平行度；

⑥ 线对线和线对面相对于面对面的垂直度。

（5）对于已有标准规定应采用什么几何公差等级或相应公差数值的情况，则按有关规定进行选择：

① 与滚动轴承相配合的孔和轴的圆柱度和端面圆跳动公差；

② 单键槽的对称度公差；

③ 矩形花键的键和槽的位置度公差以及对称度公差；

④ 齿轮坯基准面径向和端面跳动公差。

表3-10 ～表3-13列举了一些典型的几何公差应用的经验资料，表3-14 ～表3-17为一些常用的加工方法可达到的几何公差等级，供类比法选择几何公差等级和公差值时参考。

表3-10 直线度、平面度公差等级应用举例

公差等级	应 用 举 例
1、2	用于精密量具，测量仪器以及精度要求较高的精密机械零件，如0级样板、平尺、0级宽平尺、工具显微镜等精密测量仪器的导轨面，喷油嘴针阀体端面平面度，液压泵柱塞套端面的平面度等
3	用于0级及1级宽平尺工作面，1级样板平尺的工作面，测量仪器圆弧导轨的直线度、测量仪器的测杆等
4	用于量具，测量仪器和机床导轨，如1级宽平尺、0级平板，测量仪器的V形导轨，高精度平面磨床的V形导轨和滚动导轨，轴承磨床及平面磨床床身直线度等
5	用于1级平板，2级宽平尺，平面磨床纵导轨、垂直导轨、立柱导轨和平面磨床的工作台，液压龙门刨床导轨面，六角车床床身导轨面，柴油机进排气门导杆等
6	用于1级平板，普通车床床身导轨面，龙门刨床导轨面，滚齿机立柱导轨，床身导轨及工作台，自动车床床身导轨，平面磨床垂直导轨，卧式镗床工作台，铣床工作台，以及机床主轴箱导轨，柴油机进排气门导杆直线度，柴油机机体上部结合面等
7	用于2级平板，0.02游标卡尺尺身的直线度，机床主轴箱体，滚齿机床身导轨的直线度，镗床工作台，摇臂钻底座工作台，柴油机气门导杆，液压泵盖的平面度，压力机导轨及滑块等
8	用于2级平板，车床溜板箱体、机床主轴箱体、机床传动箱体、自动车床底座的直线度，气缸盖结合面、气缸座、内燃机连杆分离面的平面度，减速机壳体的结合面等
9	用于3级平板，机床溜板箱体，立钻工作台，螺纹磨床的挂轮架，金相显微镜的载物台，柴油机气缸体连杆的分离面，缸盖的结合面，阀片的平面度，空气压缩机气缸体，柴油机缸孔环面的平面度，以及辅助机构和手动机械的支承面等
10	用于3级平板，自动车床床身底面的平面度，车床挂轮架的平面度，柴油机气缸体，摩托车的曲轴箱体，汽车变速器的壳体与汽车发动机缸盖结合面，阀片的平面度，以及液压、管件和法兰的连接面等
11、12	用于易变形的薄片零件，如离合器的摩擦片，汽车发动机缸盖的结合面等

表 3–11 圆度、圆柱度公差等级应用举例

公差等级	应 用 举 例
1	高精度量仪主轴，高精度机床主轴，滚动轴承的滚珠和滚柱等
2	精密量仪主轴、外套、阀套，高压油泵柱塞及套，纺锭轴承，高速柴油机进、排气门，精密机床主轴轴颈，针阀圆柱表面，喷油泵柱塞及柱塞套等
3	工具显微镜套管外圆，高精度外圆磨床轴承，磨床砂轮主轴套筒，喷油嘴针、阀体，高精度微型轴承内外圈等
4	较精密机床主轴、精密机床主轴箱孔，高压阀门活塞、活塞销，阀体孔，工具显微镜顶尖，高压油泵柱塞，较高精度滚动轴承配合轴，铣削动力头箱体孔等
5	一般量仪主轴，测杆外圆，陀螺仪轴颈，一般机床主轴，较精密机床主轴及主轴箱孔，柴油机、汽油机活塞、活塞销孔，铣削动力头轴承箱座孔，高压空气压缩机十字头销、活塞，较低精度滚动轴承配合轴等
6	仪表端盖外圆，一般机床主轴及箱体孔，中等压力下液压装置工作面（包括泵、压缩机的活塞和气缸），汽车发动机凸轮轴，纺机锭子，通用减速器轴颈，高速船用发动机曲轴、拖动机曲轴主轴颈等
7	大功率低速柴油机曲轴、活塞、活塞销、连杆、气缸，高速柴油机箱体孔，千斤顶或压力油缸活塞，液压传动系统的分配机构，机车传动轴，水泵及一般减速器轴颈等
8	低速发动机，减速器，大功率曲柄轴轴颈，压气机连杆盖、体，拖拉机气缸体、活塞，炼胶机冷铸轴辊，印刷机传墨辊，内燃机曲轴，柴油机机体孔、凸轮轴，拖拉机、小型船用柴油机气缸套等
9	空气压缩机缸体，液压传动筒，通用机械杠杆与拉杆用套筒销子，拖拉机活塞环、套筒孔等
10	印染机导布辊，铰车、吊车、起重机滑动轴承轴颈等

表 3–12 平行度、垂直度公差等级应用举例

公差等级	应 用 举 例		
	面对面 平行度应用举例	面对线、线对线 平行度应用举例	垂直度应用举例
1	高精度机床，高精度测量仪器以及量具等主要基准面和工作面		高精度机床，高精度测量仪器以及量具等主要基准面和工作面等
2、3	精密机床，精密测量仪器、量具以及夹具的基准面和工作面等	精密机床上重要箱体主轴孔对基准面及对其他孔的要求等	精密机床导轨，普通机床重要导轨，机床主轴轴向定位面，精密机床主轴肩端面，滚动轴承座圈端面，齿轮测量仪的心轴，光学分度头心轴端面，精密刀具、量具的工作面和基准面等
4、5	普通车床，测量仪器、量具的基准面和工作面，高精度轴承座圈、端盖，挡圈的端面等	机床主轴孔对基准面要求，重要轴承孔对基准面要求，主轴箱体重要孔间要求，齿轮泵的端面等	普通机床导轨，精密机床重要零件，机床重要支承面，普通机床主轴偏摆，测量仪器，刀具，量具，液压传动轴瓦端面，刀具、量具的工作面和基准面等
6、7、8	一般机床零件的工作面和基准面，一般刀、量、夹具等	机床一般轴承孔对基准面要求，床头箱一般孔间要求，主轴花键对定心直径要求，刀具、量具、模具等	普通精度机床主要基准面和工作面，回转工作台端面，一般导轨，主轴箱体孔，刀架、砂轮架及工作台回转中心，一般轴肩对其轴线等
9、10	低精度零件，重型机械滚动轴承端盖等	柴油机和煤油发动机的曲轴孔、轴颈等	花键轴轴肩端面，带运输机法兰盘等对端面、轴线，手动卷扬机及传动装置中轴承端面，减速器壳体平面等

续表

公差等级	应 用 举 例		
	面对面 平行度应用举例	面对线、 线对线平行度应用举例	垂直度应用举例
11、12	零件的非工作面、卷扬机、运输机上用的减速器壳体平面等		农业机械齿轮端面等

表 3-13　同轴度、对称度、跳动公差等级应用举例

公差等级	应 用 举 例
1～4	用于同轴度或旋转精度要求很高的零件，如1、2级用于精密测量仪器的主轴和顶尖，柴油机喷油嘴针阀等；3、4级用于机床主轴轴颈，砂轮轴轴颈，汽轮机主轴，测量仪器的小齿轮轴，高精度滚动轴承内、外圈等
5～7	应用范围较广的公差等级，用于精度要求比较高的零件，如5级常用在机床轴颈，测量仪器的测量杆，汽轮机主轴，柱塞油泵转子，高精度滚动轴承外圈，一般精度轴承内圈；6、7级用于内燃机曲轴，凸轮轴轴颈，水泵轴，齿轮轴，汽车后桥输出轴，电机转子，0级精度滚动轴承内圈，印刷机传墨辊等
8～10	用于一般精度要求的零件，如8级用于拖拉机、发动机分配轴轴颈，9级以下齿轮轴的配合面，水泵叶轮，离心泵泵体，棉花精梳机前后滚子；9级用于内燃机气缸套配合面，自行车中轴；10级用于摩托车活塞，印染机导布辊，内燃机活塞环槽底径对活塞中心，气缸套外圈对内孔等
11、12	用于无特殊要求的零件

表 3-14　常用加工方法可达到的直线度、平面度公差等级

加 工 方 法			直线度、平面度公差等级											
			1	2	3	4	5	6	7	8	9	10	11	12
车	普通车	粗											○	○
	立车	细									○	○		
	自动车	精					○	○	○	○				
铣	万能铣	粗											○	○
		细									○	○		
		精					○	○	○	○				
刨	龙门刨	粗											○	○
		细									○	○		
	牛头刨	精							○	○				
磨	无心磨	粗									○	○	○	
	外圆磨	细												
	平磨	精		○	○	○	○	○	○					
研磨	机动研磨 手动研磨	粗				○	○							
		细			○									
		精	○	○										
刮研		粗							○	○				
		细				○	○							
		精	○	○	○									

表 3-15　常用加工方法可达到的圆度、圆柱度公差等级

表面	加工方法		圆度、圆柱度公差等级											
			1	2	3	4	5	6	7	8	9	10	11	12
轴	精密车削				○	○	○							
	普通车削						○	○	○	○	○	○		
	普通立车	粗						○	○					
		细							○	○	○	○		
	自动、半自动车	粗								○	○			
		细							○	○				
		精						○	○					
	外圆磨	粗					○	○	○					
		细			○	○	○							
		精	○	○	○									
	无心磨	粗						○	○					
		细		○	○	○	○							
	研磨			○	○	○								
	精磨		○	○										
孔	钻									○	○	○	○	○	○
	普通镗	粗								○	○	○		
		细					○	○	○	○				
		精				○	○							
	金刚石镗	细			○	○								
		精	○	○	○									
	铰孔							○	○	○				
	扩孔							○	○	○				
	内圆磨	细					○							
		精			○	○								
	研磨	细					○	○	○					
		精	○	○	○	○								
	珩磨							○	○	○				

表 3-16　常用加工方法可达到的平行度、垂直度公差等级

加工方法	平行度、垂直度精度等级											
	1	2	3	4	5	6	7	8	9	10	11	12
面对面												
研磨	○	○	○	○								
刮	○	○	○	○	○	○						

续表

加工方法		平行度、垂直度精度等级											
		1	2	3	4	5	6	7	8	9	10	11	12
面对面													
磨	粗					○	○	○	○				
	细				○	○	○						
	精		○	○	○								
铣								○	○	○	○	○	○
刨								○	○	○	○	○	
拉								○	○	○			
插								○	○				
轴线对轴线（或平面）													
磨	粗							○	○				
	细				○	○	○	○					
镗	粗									○	○	○	
	细							○	○				
	精						○	○					
金刚石镗					○	○	○						
车	粗										○	○	
	细							○	○	○	○		
铣							○	○	○	○	○		
钻										○	○	○	○

表 3–17　常用加工方法可达到的同轴度、圆跳动公差等级

加工方法		公差等级											
		1	2	3	4	5	6	7	8	9	10	11	12
同轴度、对称度和径向圆跳动													
车	粗								○	○	○		
	细							○	○				
镗	精				○	○	○	○					
铰	细						○	○					
磨	粗							○	○				
	细					○	○						
	精	○	○	○	○								
内圆磨	细					○	○	○					
珩 磨			○	○	○								
研 磨		○	○	○	○								

续表

加工方法		公 差 等 级											
		1	2	3	4	5	6	7	8	9	10	11	12
		斜向和端面圆跳动											
车	粗										○	○	
	细								○	○	○		
	精						○	○	○	○			
磨	细					○	○	○	○	○			
	精				○	○	○	○					
刮	细		○	○	○	○							

四、几何公差设计示例

图 3-129 所示为减速器的输出轴实例。两轴颈 φ55j6 与 P0 级滚动轴承内圈相配合，为保证配合性质，采用了包容要求，为保证轴承的旋转精度，在遵循包容要求的前提下，又进

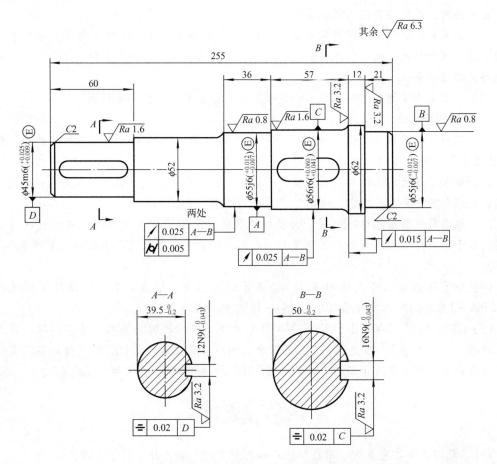

图 3-129　减速器输出轴几何公差设计

一步提出圆柱度公差要求，其公差值由附表 3-6 查得为 0.005 mm。该两轴颈上安装滚动轴承后，将分别与减速器箱体的两孔配合，因此，需限制两轴颈的同轴度误差，以保证轴承外圈和箱体孔的安装精度，为检测方便，实际给出了两轴颈的径向圆跳动公差 0.025 mm（跳动公差 7 级）。$\phi62$ mm 处的两轴肩都是止推面，起一定的定位作用，故为保证定位精度，提出了两轴肩相对于基准轴线的端面圆跳动公差 0.015 mm，由附表 3-8 查得。

$\phi56$r6 和 $\phi45$m6 分别与齿轮和带轮配合，为保证配合性质，也采用了包容要求，为保证齿轮的运动精度，对与齿轮配合的 $\phi56$r6 圆柱又进一步提出了对基准轴线的径向圆跳动公差 0.025 mm（跳动公差 7 级）。对 $\phi56$r6 和 $\phi45$m6 轴颈上的键槽 16N9 和 12N9 都提出了对称度公差 0.02 mm（对称度公差 8 级），以保证键槽的安装精度和安装后的受力状态。

本章小结

1. 主要内容

（1）几何公差的研究对象；几何公差及其公差带；几何公差的标注；几何公差的检测和评定公差原则；几何公差的选择及其应用。

（2）国家标准规定了 7 种几何公差带，14 个几何公差项目，这些几何公差项目在一定条件下还可互相替代，因此，几何公差的选择比较灵活，在同种工艺条件下可能会有不同的几何公差项目组合。

（3）本章重点掌握几何公差及其公差带、几何公差的标注、公差原则。

2. 新旧国标对比

（1）几何要素的基本术语变化。"轮廓要素"改为"组成要素"，"中心要素"改为"导出要素"，"理想要素"改为"拟合要素"，"测得要素"改为"提取要素"。

（2）增加了最大实体边界、最小实体边界、包容要求的定义，简化了最大实体要求、最小实体要求和可逆要求的内容，删去了"零几何公差"附录内容。

（3）基准符号与国际标准统一，由横短粗实线改为涂黑的或空白的三角形（两者含义相同，基于国家标准的示例均使用涂黑的三角形，故本书中亦采用了涂黑的三角形作为基准符号）。

（4）所有给出未注公差值的项目、公差等级的划分、给出的未注公差值皆以现行的ISO 2768-2为准，不再采用原 GB/T 1184-1980 的数值体系。

（5）GB/T 1182-2008 是于 2008 年 8 月 1 日公布实行的国家标准，将"形状和位置公差"改为"几何公差"。但是这一名称的改动，不能算是技术性变化，对于该标准没有什么实质性的影响。故本章所介绍的"几何公差"即旧国标中的"形状和位置公差"。

习 题

3-1　几何公差共有多少个项目？它是如何分类的？各用什么符号表示？

3-2　比较形状公差带、定向公差带、定位公差带的特点。

3-3　根据图 3-130 中的标注，填写表 3-18。

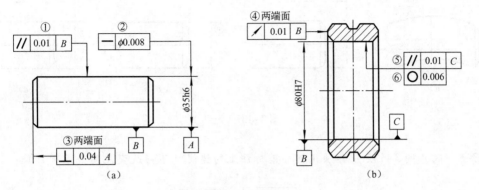

图 3-130　题 3-3

表 **3-18**　题 **3-3**

序　号		被 测 要 求	基　准	公差带形状	公差大小 /mm	公差带方向	公差带位置
(a)	①						
	②						
	③						
(b)	④						
	⑤						
	⑥						

3-4　说明下列几何公差项目之间的区别：

（1）线轮廓度与面轮廓度；　　　　　　（2）径向圆跳动与同轴度；

（3）端面圆跳动与面对线的垂直度；　　（4）径向全跳动与圆柱度。

3-5　形状误差最小区域的确定与定向误差最小区域和定位误差最小区域的确定有何不同？

3-6　跳动公差项目是如何产生的？它与其他几何公差项目有何不同？

3-7　如果一平面对其基准要素的平行度误差为 0.02，则其平面度误差是否会大于 0.02？

3-8　图 3-131（a）所示为一完工的实际轴，该实际轴按图 3-131（b）所示的技术要求检测是否合格？按图 3-131（c）、（d）所示的技术要求检验是否合格？为什么？

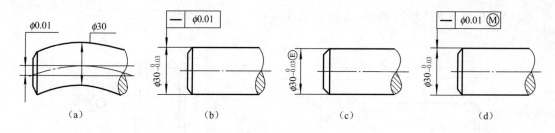

图 3-131 题 3-8

3-9 改正图 3-132 中各项几何公差标注上的错误（不得改变几何公差项目）。

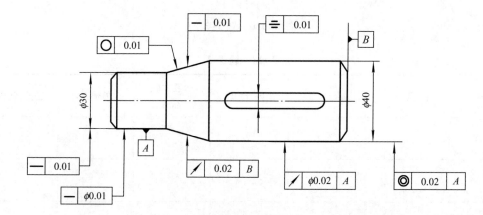

图 3-132 题 3-9

3-10 将液压元件的技术要求标注于图 3-133 所示图样上。

（1）$\phi5^{+0.05}_{-0.03}$ 的圆柱度误差不大于 0.02 mm，圆度误差不大于 0.0015 mm。

（2）B 面的平面度误差不大于 0.001 mm，B 面对 $\phi5^{+0.05}_{-0.03}$ 的轴线的端面圆跳动不大于 0.04 mm，B 面对 C 面的平行度误差不大于 0.03 mm。

（3）平面 F 对 $\phi5^{+0.05}_{-0.03}$ 轴线的端面圆跳动不大于 0.04 mm。

（4）$\phi18d11$ 外圆柱面的轴线对 $\phi5^{+0.05}_{-0.03}$ 孔轴线的同轴度误差不大于 0.2 mm。

（5）$90°30''$ 密封锥面 G 对 $\phi5^{+0.05}_{-0.03}$ 孔轴线的同轴度误差不大于 0.16 mm。

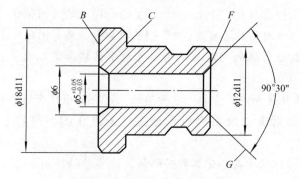

图 3-133 题 3-10 液压元件

（6）锥面 G 的圆度误差不大于 0.002 mm。

3-11 根据图 3-134 完成表 3-19。

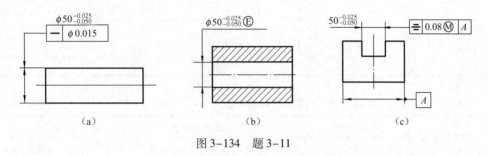

图 3-134 题 3-11

表 3-19 题 3-11

图号	所采用的公差原则	遵守的理想边界名称	边界尺寸/mm	最大实体状态时的几何公差/mm	最小实体状态时的几何公差/mm	合格性条件
(a)						
(b)						
(c)						

3-12 已知如图 3-135 标注的零件图，计算（必须要有计算公式、过程、结果）后回答下列问题：

（1）$\phi 35$ 孔，若测得实际尺寸 $D_a = \phi 35.010$，形位误差 $f = 0.015$，问孔是否合格？

（2）$\phi 50$ 的轴，若测得实际尺寸 $d_a = \phi 49.990$，形位误差 $f = 0.025$，问轴是否合格？

（3）$\phi 20$ 的孔，若测得实际尺寸 $D_a = \phi 20.010$，试求此时孔的垂直度误差的允许值。

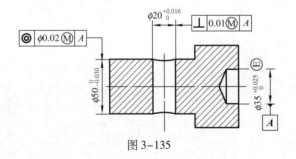

图 3-135

附 表 三

附表 3-1 直线度和平面度的未注公差值（GB/T 1184—1996） 单位：mm

公差等级	基本长度范围					
	≤10	>10～30	>30～100	>100～300	>300～1 000	>1 000～3 000
H	0.02	0.05	0.1	0.2	0.3	0.4
K	0.05	0.1	0.2	0.4	0.6	0.8
L	0.1	0.2	0.4	0.8	1.2	1.6

附表 3-2　垂直度未注公差值（GB/T 1184—1996）　　　单位：mm

公差等级	基本长度范围			
	≤100	>100～300	>300～1 000	>1 000～3 000
H	0.2	0.3	0.4	0.5
K	0.4	0.6	0.8	1
L	0.6	1	1.5	2

附表 3-3　对称度未注公差值（GB/T 1184—1996）　　　单位：mm

公差等级	基本长度范围			
	≤100	>100～300	>300～1 000	>1 000～3 000
H	0.5			
K	0.6		0.8	1
L	0.6	1	1.5	2

附表 3-4　圆跳动的未注公差值（GB/T 1184—1996）　　　单位：mm

公差等级	圆跳动公差值
H	0.1
K	0.2
L	0.5

附表 3-5　直线度、平面度（GB/T 1184—1996）

主参数 L/mm	公差等级											
	1	2	3	4	5	6	7	8	9	10	11	12
	公差值/μm											
≤10	0.2	0.4	0.8	1.2	2	3	5	8	12	20	30	60
>10～16	0.25	0.5	1	1.5	2.5	4	6	10	15	25	40	80
>16～25	0.3	0.6	1.2	2	3	5	8	12	20	30	50	100
>25～40	0.4	0.8	1.5	2.5	4	6	10	15	25	40	60	120
>40～63	0.5	1	2	3	5	8	12	20	30	50	80	150
>63～100	0.6	1.2	2.5	4	6	10	15	25	40	60	100	200
>100～160	0.8	1.5	3	5	8	12	20	30	50	80	120	250
>160～250	1	2	4	6	10	15	25	40	60	100	150	300
>250～400	1.2	2.5	5	8	12	20	30	50	80	120	200	400
>400～630	1.5	3	6	10	15	25	40	60	100	150	250	500
>630～1 000	2	4	8	12	20	30	50	80	120	200	300	600
>1 000～1 600	2.5	5	10	15	25	40	60	100	150	250	400	800
>1 600～2 500	3	6	12	20	30	50	80	120	200	300	500	1 000
>2 500～4 000	4	8	15	25	40	60	100	150	250	400	600	1 200
>4 000～6 300	5	10	20	30	50	80	120	200	300	500	800	1 500
>6 300～10 000	6	12	25	40	60	100	150	250	400	600	1 000	2 000

主参数 L 图例：

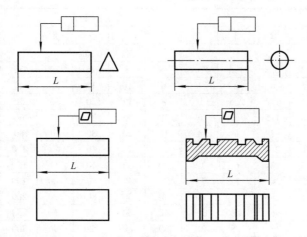

附表 3-6　圆度、圆柱度（GB/T 1184—1996）

主参数 $d(D)$/mm	公差等级												
	0	1	2	3	4	5	6	7	8	9	10	11	12
	公差值/μm												
≤3	0.1	0.2	0.3	0.5	0.8	1.2	2	3	4	6	10	14	25
>3～6	0.1	0.2	0.4	0.6	1	1.5	2.5	4	5	8	12	18	30
>6～10	0.12	0.25	0.4	0.6	1	1.5	2.5	4	6	9	15	22	36
>10～18	0.15	0.25	0.5	0.8	1.2	2	3	5	8	11	18	27	43
>18～30	0.2	0.3	0.6	1	1.5	2.5	4	6	9	13	21	33	52
>30～50	0.25	0.4	0.6	1	1.5	2.5	4	7	11	16	25	39	62
>50～80	0.3	0.5	0.8	1.2	2	3	5	8	13	19	30	46	74
>80～120	0.4	0.6	1	1.5	2.5	4	6	10	15	22	35	54	87
>120～180	0.6	1	1.2	2	3.5	5	8	12	18	25	40	63	100
>180～250	0.8	1.2	2	3	4.5	7	10	14	20	29	46	72	115
>250～315	1.0	1.6	2.5	4	6	8	12	16	23	32	52	81	130
>315～400	1.2	2	3	5	7	9	13	18	25	36	57	89	140
>400～500	1.5	2.5	4	6	8	10	15	20	27	40	63	97	155

主参数 $d(D)$ 图例：

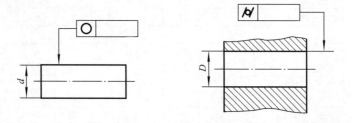

附表 3-7　平行度、垂直度、倾斜度（GB/T 1184—1996）

主参数 $L, d(D)$/mm	公差等级											
	1	2	3	4	5	6	7	8	9	10	11	12
	公差值/μm											
≤10	0.4	0.8	1.5	3	5	8	12	20	30	50	80	120
>10～16	0.5	1	2	4	6	10	15	25	40	60	100	150
>16～25	0.6	1.2	2.5	5	8	12	20	30	50	80	120	200
>25～40	0.8	1.5	3	6	10	15	25	40	60	100	150	250
>40～63	1	2	4	8	12	20	30	50	80	120	200	300
>63～100	1.2	2.5	5	10	15	25	40	60	100	150	250	400
>100～160	1.5	3	6	12	20	30	50	80	120	200	300	500
>160～250	2	4	8	15	25	40	60	100	150	250	400	600
>250～400	2.5	5	10	20	30	50	80	120	200	300	500	800
>400～630	3	6	12	25	40	60	100	150	250	400	600	1 000
>630～1 000	4	8	15	30	50	80	120	200	300	500	800	1 200
>1 000～1 600	5	10	20	40	60	100	150	250	400	600	1 000	1 500
>1 600～2 500	6	12	25	50	80	120	200	300	500	800	1 200	2 000
>2 500～4 000	8	15	30	60	100	150	250	400	600	1 000	1 500	2 500
>4 000～6 300	10	20	40	80	120	200	300	500	800	1 200	2 000	3 000
>6 300～10 000	12	25	50	100	150	250	400	600	1 000	1 500	2 500	4 000

主参数 $L, d(D)$ 图例：

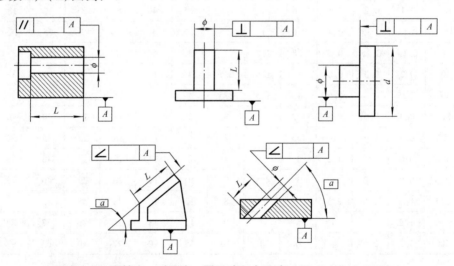

附表 3-8　同轴度、对称度、圆跳动和全跳动（GB/T 1184—1996）

主参数 $d(D), B, L$/mm	公差等级											
	1	2	3	4	5	6	7	8	9	10	11	12
	公差值/μm											
≤1	0.4	0.6	1	1.5	2.5	4	6	10	15	25	40	60
>1～3	0.4	0.6	1	1.5	2.5	4	6	10	20	40	60	120
>16～6	0.5	0.8	1.2	2	3	5	8	12	25	50	80	120
>6～10	0.6	1	1.5	2.5	4	6	10	15	30	60	100	200
>10～18	0.8	1.2	2	3	5	8	12	20	40	80	120	250
>18～30	1	1.5	2.5	4	6	10	15	25	50	100	150	300

续表

主参数 $d(D)$, B, L/mm	公差等级											
	1	2	3	4	5	6	7	8	9	10	11	12
	公差值/μm											
>30～50	1.2	2	3	5	8	12	20	30	60	120	200	400
>50～120	1.5	2.5	4	6	10	15	25	40	80	150	250	500
>120～250	2	3	5	8	12	20	30	50	100	200	300	600
>250～500	2.5	4	6	10	15	25	40	60	120	250	400	800
>500～800	3	5	8	12	20	30	50	80	150	300	500	1000
>800～1250	4	6	10	15	25	40	60	100	200	400	600	1200
>1250～2000	5	8	12	20	30	50	80	120	250	500	800	1500
>2000～3150	6	10	15	25	40	60	100	150	300	600	1000	2000
>3150～5000	8	12	20	30	50	80	120	200	400	800	1200	2500
>5000～8000	10	15	25	40	60	100	150	250	500	1000	1500	3000
>8000～10000	12	20	30	50	80	120	200	300	600	1200	2000	4000

主参数 $d(D)$, B, L 图例：

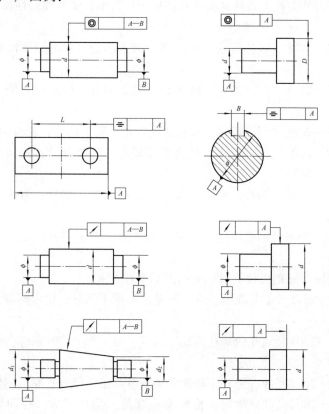

当被测要素为圆锥面时，取 $d = \dfrac{d_1 + d_2}{2}$。

附表 3-9　位置度数系（GB/T 1184—1996）　　　　　单位：μm

1	1.2	1.5	2	2.5	3	4	5	6	8
1×10^n	1.2×10^n	1.5×10^n	2×10^n	2.5×10^n	3×10^n	4×10^n	5×10^n	6×10^n	8×10^n

注：n 为正整数。

第4章　渐开线圆柱齿轮传动精度设计

齿轮传动是一种重要的传动形式，用以传递运动和动力，在机器和仪器仪表中应用极为广泛。齿轮传动有圆柱齿轮传动、圆锥齿轮传动、齿轮齿条传动和圆柱蜗轮蜗杆传动等。这些传动装置分别由齿轮副、齿条副或蜗杆副以及轴、轴承、机座等主要零件组成。因此，齿轮传动的质量不仅与齿轮副、齿条副或蜗杆副的制造精度有关，还与轴、轴承、机座等有关零件的制造精度以及整个传动装置的安装精度有关。

影响齿轮传动质量的因素是多方面的，其中许多重要因素来自齿轮、齿条或蜗杆、蜗轮的制造和安装精度。

本章仅介绍渐开线圆柱齿轮传动精度及其应用。目前，渐开线圆柱齿轮的精度由以下最新国家标准组成：

GB/T 10095.1—2008《圆柱齿轮　精度制　第1部分：轮齿同侧齿面偏差的定义和允许值》；

GB/T 10095.2—2008《圆柱齿轮　精度制　第2部分：径向综合偏差与径向跳动的定义和允许值》；

GB/Z 18620.1—2008《圆柱齿轮　检验实施规范　第1部分：轮齿同侧齿面的检验》；

GB/Z 18620.2—2008《圆柱齿轮　检验实施规范　第2部分：径向综合偏差、径向跳动、齿厚和侧隙的检验》；

GB/Z 18620.3—2008《圆柱齿轮　检验实施规范　第3部分：齿轮坯、轴中心距和轴线平行度的检验》；

GB/Z 18620.4—2008《圆柱齿轮　检验实施规范　第4部分：表面结构和轮齿接触斑点的检验》。

上述最新国家标准分别代替了以下旧国家标准：

GB/T10095.1—2001《渐开线圆柱齿轮　精度　第1部分：轮齿同侧齿面偏差的定义和允许值》

GB/T10095.2—2001《渐开线圆柱齿轮　精度　第2部分：径向综合偏差与径向跳动的定义和允许值》

GB/Z18620.1—2002《圆柱齿轮　检验实施规范　第1部分：轮齿同侧齿面的检验》

GB/Z18620.2—2002《圆柱齿轮　检验实施规范　第2部分：径向综合偏差、径向跳动、齿厚和侧隙的检验》

GB/Z18620.3—2002《圆柱齿轮　检验实施规范　第3部分：齿轮坯、轴中心距和轴线平行度》

GB/Z18620.4—2002《圆柱齿轮　检验实施规范　第4部分：表面结构和轮齿接触斑点的检验》

由于齿轮不仅是一种产品，更是一种商品，所以，齿轮精度标准的应用主要遵循供需双方协商一致的原则。上述各项国家标准都不具有强制性。

本章通过对齿轮传动的使用要求、齿轮传动的主要加工误差和齿轮标准及应用等内容的学习，了解圆柱齿轮传动互换性必须满足的四项基本使用要求；通过分析各种加工误差对齿轮传动使用要求的影响，理解渐开线圆柱齿轮精度标准所规定公差项目的含义和作用，学会选用圆柱齿轮精度等级和精度项目，以及确定常用齿轮副的侧隙和齿厚偏差，掌握齿轮技术要求在图样上的标注。

第一节　齿轮传动的使用要求与加工误差

一、齿轮传动的使用要求

由于齿轮传动的类型很多，应用又极为广泛，因此对齿轮传动的使用要求也是多方面的，归纳起来有以下四项：

（1）传递运动的准确性。传递运动的准确性就是要求从动轮与主动轮的运动转角有一定的严格关系，以此限制齿轮在一转范围内传动比的不均匀性，从而保证从动齿轮与主动齿轮的运动准确协调。

（2）传递运动的平稳性。传递运动的平稳性就是要求在传递运动的过程中工作平稳，没有振动、冲击和噪声，这就要求限制瞬时传动比的变动范围。

（3）载荷分布的均匀性。载荷分布的均匀性就是要求齿轮啮合时，啮合轮齿沿全齿宽均匀接触，使齿面上的载荷分布均匀，避免因局部接触应力过大，导致齿面过早磨损，甚至轮齿断裂，影响齿轮的使用寿命。

（4）侧隙的合理性。为了储存润滑油，补偿由于温度、弹塑性变形、制造误差及安装误差所引起的尺寸变形，防止齿轮卡死等，要求齿轮副啮合时非工作齿面间应留有一定的间隙，这就是齿侧间隙（简称侧隙）。对于工作时需要反转的读数或分度齿轮，对其侧隙要有严格要求。

虽然对齿轮传动的使用要求是多方面的，但根据齿轮传动的用途和具体工作条件在齿轮制造过程中应有所侧重地加以满足。

二、齿轮的主要加工误差及其来源

齿轮的加工方法很多，按齿廓形成的原理可分为：仿形法，如用成型铣刀在铣床上铣齿；展成法，即用滚刀或插齿刀在滚齿机、插齿机上与齿坯作啮合滚切运动，加工出渐开线齿轮。高精度齿轮还需进行磨齿、剃齿等精加工工序。齿轮通常采用展成法加工。在滚切过程中，齿轮的加工误差来源与组成工艺系统的机床、刀具、夹具和齿坯本身的误差以及安装调整误差有关。下面以滚切直齿圆柱齿轮为代表来分析齿轮的主要加工误差。

1. 影响传递运动准确性的主要误差

影响传递运动准确性的主要误差是以齿轮一转为周期的误差，即所谓低频误差，主要来源于几何偏心和运动偏心。

1）几何偏心

几何偏心是指齿坯在机床上的安装偏心。这种偏心是由于加工时齿坯定位孔与心轴之间有间隙，使齿坯定位孔的轴线 O_1O_1 与机床工作台的回转轴线 OO 不重合而产生的偏心，$e_j = OO_1$，如图 4-1 和图 4-2 所示。

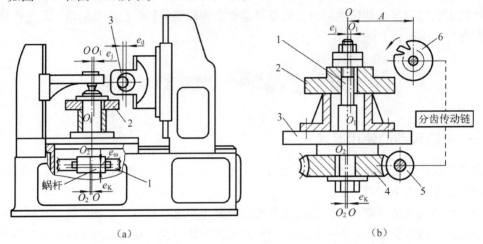

（a）   （b）

图 4-1 滚齿加工

（a）1—分度蜗轮；2—齿轮坯；3—滚刀 （b）1—心轴；2—齿轮坯；3—工作台；4—分度蜗轮；
5—分度蜗杆；6—滚刀

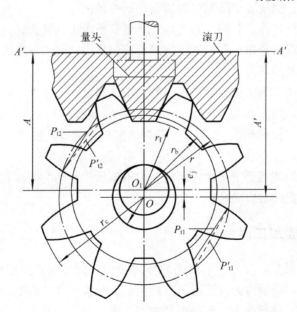

图 4-2 几何偏心对齿轮齿距的影响

2）运动偏心

运动偏心是由于机床分度蜗轮的加工误差和安装偏心的综合影响，使分度蜗轮的几何中心 O_2O_2 与旋转中心 OO（也就是切齿时的旋转中心）不重合而产生的蜗轮几何偏心，即 $e_K = OO_2$，如图 4-3 所示。

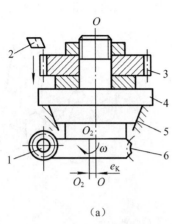
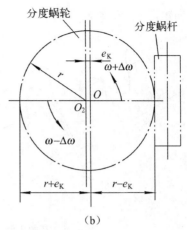

（a）　　　　　　　　　　　　　（b）

图 4-3　运动偏心的影响示意图

1—蜗杆；2—刀具；3—齿坯；4—工作台；5—回导轨；6—分度蜗轮

必须指出，运动偏心造成的齿轮误差，除了也以齿轮一转为周期这一点之外，其性质与几何偏心造成的齿轮误差是不同的：有几何偏心时，齿轮上各个轮齿的形状和位置，相对于切齿时加工中心 OO 来说是没有误差的，但相对于其几何中心 O_1O_1 来说就有误差了，各轮齿的齿高是变化的，如图 4-2 所示；而有运动偏心时，虽然滚刀切削刃相对于切齿时加工中心 OO 的位置是不变的，但齿轮上各个轮齿的形状和位置，相对于加工中心 OO 来说是有误差的，而各轮齿的齿高却是不变的。

机床的几何偏心和运动偏心是同时存在的，它们的影响均以齿轮一转为周期。齿轮传递运动的准确性由它们的综合结果来评定，也可以同时用几何偏心和运动偏心的大小来评定。

2. 影响传动平稳性的主要误差

影响传动平稳性的主要误差是齿轮的基圆齿距偏差和齿形误差。它们是以齿轮一个齿距角为周期的误差，即所谓的高频误差。

1）基圆齿距偏差

被切齿轮的基圆齿距偏差是指实际基圆齿距与公称基圆齿距之差，主要是由刀具的基圆齿距偏差和齿形角误差造成的。

从齿轮的啮合原理可知，相啮合齿轮的基圆齿距相等是渐开线齿轮正确啮合的必要条件之一。如果两齿轮的基圆齿距不相等，轮齿在进入或退出啮合时则会引起瞬时传动比的变化，引起冲击，产生振动和噪声，影响传动平稳性。

设齿轮 1 为主动轮，其实际基圆齿距等于公称基圆齿距，齿轮 2 为从动轮。当主动轮基圆齿距 p_{b1} 大于从动轮基圆齿距 p_{b2}，即从动轮具有负基圆齿距偏差（$-\Delta f_{pb}$），如图 4-4（a）所示。当主动轮基圆齿距 p_{b1} 小于从动轮基圆齿距 p_{b2}，即从动轮具有正基圆齿距偏差（$+\Delta f_{pb}$），如图 4-4（b）所示。由上述两种情况可知，两齿轮基圆齿距不等，就会使得齿轮啮合时的实际啮合点不在啮合线上，造成齿轮啮合时的瞬时速度发生变化，使齿轮在一转中多次重复出现撞击、加速、降速，引起振动和噪声，从而影响了传动平稳性。

2）齿形误差

齿形误差是指端截面上渐开线的形状误差，主要是由刀具的制造误差和安装误差（径向跳动和轴向窜动）、分度蜗杆的误差、齿坯的安装误差造成的，如图 4-5 所示。

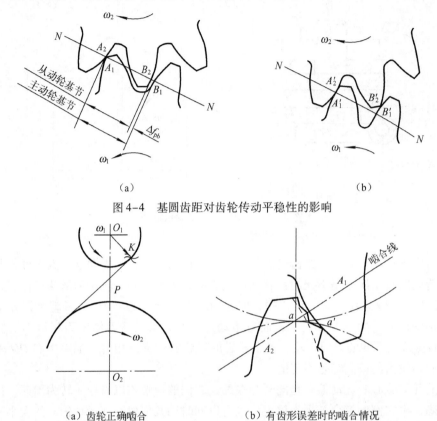

图 4-4　基圆齿距对齿轮传动平稳性的影响

（a）齿轮正确啮合　　　　　　　　（b）有齿形误差时的啮合情况

图 4-5　齿形误差对啮合的影响

3. 影响载荷分布均匀性的主要误差

齿轮工作时，齿面接触不良会影响载荷在齿面上分布的均匀性。影响齿高方向载荷分布均匀性的是基圆齿距偏差和齿形误差，影响齿宽方向载荷分布均匀性的是齿向误差。

齿向误差是指齿侧面与分度圆柱面的交线（即齿线）的形状和方向误差，主要是由机床刀架导轨位置不精确和齿坯的基准端面对定位孔轴线的端面圆跳动产生的。

4. 影响侧隙的主要误差

影响侧隙大小和均匀性的主要误差是齿厚偏差及其变动量。齿厚偏差是指实际齿厚与公称齿厚之差。为了保证最小侧隙，必须规定齿厚的最小减薄量，即齿厚上偏差；为了限制侧隙使之不致过大，必须规定齿厚公差。齿厚公差与切齿时刀具的调整误差有关。

第二节　单个齿轮精度指标

根据齿轮传动要素的构成特点，可以将一组渐开线齿面的几何特征参数分为：尺寸（齿厚）、形状（齿廓）、方向（齿向）和位置（齿距）等几种。各项几何特征参数的误差都会对上述各使用要求产生影响。此外，作为齿轮工作基准轴线的尺寸（中心距）和方向

（平行度）也是影响使用要求的重要几何参数。

本节将按渐开线齿面的形状（齿廓）、位置（齿距）、方向（齿向）的顺序分别讨论评定单个齿轮精度要求的精度指标。

本节中所介绍的精度指标除 F''_i、f''_i 和 F_r 是由 GB/T 10095.2—2008 规定的之外，其余指标均由 GB/T 10095.1—2008 规定。

一、齿廓精度

用于控制实际齿廓对设计齿廓变动的齿廓精度要求有三项：齿廓总偏差 F_α、齿廓形状偏差 $f_{f\alpha}$ 和齿廓倾斜偏差 $\pm f_{H\alpha}$。

1. 齿廓总误差 ΔF_α 及其偏差 F_α

齿廓总偏差 F_α 是齿廓总误差 ΔF_α 允许的变动量。

齿廓总误差 ΔF_α 是在齿廓的计值范围内，包容实际齿廓迹线且距离为最小的两条设计齿廓迹线之间的距离，如图 4-6 所示。计值范围的长度 L_α 约占齿廓有效长度的 92%，齿廓有效长度是指齿廓从齿顶倒棱或倒圆的起始点 A 到齿根与配对齿轮或基本齿条啮合的终点 B 之间的长度。

在图 4-6 所示的实际齿廓记录图形中，横坐标为实际齿廓上各点的展开角，纵坐标为实际齿廓对理想渐开线的变动。因此，当实际齿廓为理想渐开线时，其记录图形为一条平行于横坐标的直线。

有时，为了进行工艺或功能分析，可以用齿廓形状偏差 $f_{f\alpha}$ 和齿廓倾斜偏差 $\pm f_{H\alpha}$ 来代替齿廓总偏差 F_α，它们分别用来控制齿廓形状误差 $\Delta f_{f\alpha}$ 和齿廓倾斜偏差 $\Delta f_{H\alpha}$。

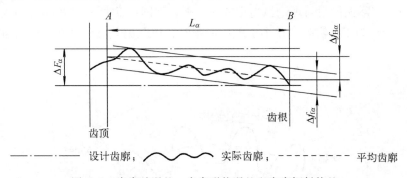

图 4-6　齿廓总误差、齿廓形状误差和齿廓倾斜偏差

2. 齿廓形状误差 $\Delta f_{f\alpha}$ 及其偏差 $f_{f\alpha}$

齿廓形状误差 $\Delta f_{f\alpha}$ 是在齿廓的计值范围内，包容实际齿廓且距离为最小的两条平均齿廓之间的距离，如图 4-6 所示。平均齿廓是指实际齿廓的最小二乘中线。

齿廓形状偏差 $f_{f\alpha}$ 是齿廓形状误差 $\Delta f_{f\alpha}$ 允许的变动量。

3. 齿廓倾斜误差 $\Delta f_{H\alpha}$ 及其偏差 $\pm f_{H\alpha}$

齿廓倾斜误差 $\Delta f_{H\alpha}$ 是在齿廓的计值范围内，与平均齿廓两端相交的两条设计齿廓之间的距离，如图 4-6 所示。当实际齿廓记录图形的平均齿廓的齿顶高于齿根时，即实际压力角小于公称压力角时，定义齿廓倾斜偏差为正；反之，实际压力角大于公称压力角，则定义齿廓倾斜偏差为负。其允许值为齿廓倾斜偏差 $\pm f_{H\alpha}$。

当设计齿廓为修形的渐开线（如鼓形齿）时，定义齿廓总误差和平均齿廓的曲线也应作相应的修形，而不再是直线。

齿廓误差主要影响传动平稳性。

齿廓误差的存在，将破坏齿轮副的正常啮合，使啮合点偏离啮合线，从而引起瞬时速比的变化，致使传动不平稳，是用来评定齿轮传动平稳性的指标。

在一般情况下要求满足式（4-1）

$$\Delta F_\alpha \leqslant F_\alpha \tag{4-1}$$

在特定情况下，也可以要求满足式（4-2）

$$\Delta f_{f\alpha} \leqslant f_{f\alpha} \text{且} -f_{H\alpha} \leqslant \Delta f_{H\alpha} \leqslant +f_{H\alpha} \tag{4-2}$$

齿廓误差可以用专用的渐开线检查仪进行测量（参考第八章第四节）。

二、齿距精度

用于控制实际齿廓圆周分布位置变动的齿距精度要求有三项：单个齿距偏差 $\pm f_{pt}$、齿距累积偏差 $\pm F_{pk}$ 和齿距累积总偏差 F_p。

1. 单个齿距误差 Δf_{pt} 及其偏差 $\pm f_{pt}$

单个齿距偏差（简称齿距偏差）$\pm f_{pt}$ 是单个齿距偏差（简称齿距偏差）Δf_{pt} 允许变化的界限值。

齿距误差 Δf_{pt} 是在齿轮端平面上，在接近齿高中部的一个与齿轮轴线同心的圆上（一般在分度圆上），实际弧齿距与理论弧齿距的代数差，如图4-7所示。实际齿距大于理论齿距时，齿距偏差 Δf_{pt} 为正；实际齿距小于理论齿距时，齿距偏差 Δf_{pt} 为负。理论齿距由测量条件确定。

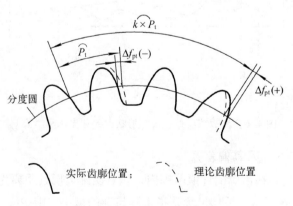

图 4-7　齿距偏差和齿距累积偏差

$\pm f_{pt}$ 是允许单个齿距偏差 f_{pt} 的两个极限值。当齿轮存在齿距偏差时，不管正值还是负值，都会在一对轮齿啮合完毕而另一对轮齿进入啮合瞬间，主动齿轮与从动齿轮发生碰撞，影响齿轮传动的平稳性。

2. 齿距累积误差 ΔF_{pk} 及其偏差 $\pm F_{pk}$

齿距累积偏差 $\pm F_{pk}$ 是齿距累积误差 ΔF_{pk} 允许变化的界限值。

齿距累积误差 ΔF_{pk} 是在齿轮端平面上，在接近齿高中部的一个与齿轮轴线同心的圆上，任意 k 个齿距的实际弧长与理论弧长的代数差，如图 4-7 所示。理论上它等于这 k 个齿距的各单个齿距偏差的代数和。

除另有规定，ΔF_{pk} 值被限定在不大于 1/8 的圆周上评定。因此，ΔF_{pk} 的允许值适用于齿数 k 为 $2 \sim z/8$ 的弧段内。通常，ΔF_{pk} 取 $k = z/8$ 就足够了，如果对于特殊的应用（如高速齿轮）还需要检验较小弧段，并规定相应的 k 数。

3. 齿距累积总误差 ΔF_p 及其总偏差 F_p

齿距累积总偏差 F_p 是齿距累积总误差 ΔF_p 的允许变动量。

齿距累积总误差 ΔF_p 是在齿轮端平面上，在接近齿高中部的一个与齿轮轴线同心的圆上（一般在分度圆上），任意两个同侧齿面间的实际弧长与理论弧长之差的最大绝对值，也就是齿距累积偏差曲线的总幅度值。在图 4-8（a）中，取第 1 齿面作为计算齿距累积偏差的原点，即该齿面的实际位置与理论位置重合，位置偏差为零。第 1 齿面至第 3 齿面之间的实际弧长与其理论弧长之差 $\Delta F_{p(1\sim3)}$ 最大，第 1 齿面至第 7 齿面之间的实际弧长与其理论弧长之差 $\Delta F_{p(1\sim7)}$ 最小，则该齿轮的第 3 齿面至第 7 齿面之间的实际弧长与其理论弧长之差的绝对值即为该齿轮的齿距累积总误差，即

$$\Delta F_{p(3\sim7)} = \Delta F_{p(1\sim7)} - \Delta F_{p(1\sim3)}$$

显然，第 7 齿面至第 3 齿面之间的实际弧长与理论弧长之差（见图 4-8（b））为

$$\Delta F_{p(7\sim3)} = \Delta F_{p(1\sim3)} - \Delta F_{p(1\sim7)} = -\Delta F_{p(3\sim7)}$$

单个齿距误差 Δf_{pt} 主要是由于机床蜗杆偏心及轴向窜动而引起的，在一定程度上反映了基圆齿距误差和齿形误差的综合影响。因此，单个齿距误差 Δf_{pt} 揭示机床周期误差所造成的齿轮瞬时传动比的变化，可用于评定齿轮的传动平稳性。

从加工误差来源可知，无论是径向误差还是切向误差都会引起齿轮分度圆上的齿距累积总误差 ΔF_p，因此，该指标既可以反映齿轮的径向误差，又可以反映切向误差，是评定齿轮传动准确性的较全面的指标。齿距累积误差 ΔF_{pk} 则反映多齿数齿轮的齿距累积总误差在整个齿圈上分布的均匀性。

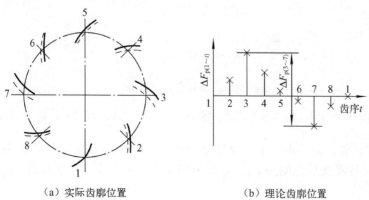

（a）实际齿廓位置　　　　　　　　（b）理论齿廓位置

图 4-8　齿距累积总误差

在一般情况下要求满足式（4-3）

$$-f_{pt} \leqslant \Delta f_{pt} \leqslant +f_{pt}, \qquad \Delta F_p \leqslant F_p \qquad (4-3)$$

对于齿数较多的齿轮，也可以附加要求满足式（4-4）

$$-F_{pk} \leqslant \Delta F_{pk} \leqslant +F_{pk} \qquad (4-4)$$

齿距的测量方法有相对法（齿距仪）和绝对法。测量得到的数据经过一定的计算得到齿距累积总误差和齿距累积误差，取其中最大者作为单个齿距偏差（参考第 7 章第四节）。

三、齿向精度

用于控制实际齿面方向变动的齿向精度要求有三项：螺旋线总偏差 F_β、螺旋线形状偏差 $f_{f\beta}$ 和螺旋线倾斜偏差 $\pm f_{H\beta}$。

螺旋线（齿向线）是齿面与分度圆柱面的交线。不修形的直齿轮的齿线为直线，不修形的斜齿轮的齿线为螺旋线。由于直线可以看作是螺旋线的特例（升角为 90°），故可以只给出斜齿轮的各项齿向标准，并相应地分别称为螺旋线总偏差 F_β、螺旋线形状偏差 $f_{f\beta}$ 和螺旋线倾斜偏差 $\pm f_{H\beta}$。

1. 螺旋线总误差 ΔF_β 及其偏差 F_β

螺旋线总偏差 F_β 是螺旋线总误差 ΔF_β 的允许变动量。

螺旋线总误差 ΔF_β 是在螺旋线的计值范围内，包容实际螺旋线迹线且距离为最小的两条设计螺旋线迹线之间的距离，如图 4-9 所示。螺旋线的计值范围等于齿宽 b 的两端各减去齿宽的 5% 或一个模数的长度（取两者中的较小值）后的齿线长度 L_β。

在图 4-9 所示的实际螺旋线记录图形中，横坐标为齿轮轴线方向，纵坐标为实际螺旋线迹线对理想螺旋线迹线的变动量。因此，当实际螺旋线为理想螺旋线时，其记录图形为一条平行于横坐标的直线。

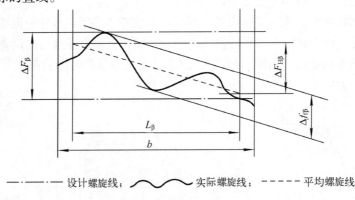

——·——— 设计螺旋线；～～～ 实际螺旋线；----- 平均螺旋线

图 4-9　螺旋线总误差、螺旋线形状误差和螺旋线倾斜误差

与齿廓精度相似，为了进行工艺或功能分析，也可以用螺旋线形状偏差 $f_{f\beta}$ 和螺旋线倾斜偏差 $\pm f_{H\beta}$ 来代替螺旋线总偏差 F_β，它们分别用来控制螺旋线形状误差 $\Delta f_{f\beta}$ 和螺旋线倾斜误差 $\Delta f_{H\beta}$。

2. 螺旋线形状误差 $\Delta f_{f\beta}$ 及其偏差 $f_{f\beta}$

螺旋线形状误差 $\Delta f_{f\beta}$ 是在螺旋线的计值范围内，包容实际螺旋线迹线且距离为最小的两条平均螺旋线之间的距离，如图 4-9 所示。平均螺旋线是指实际螺旋线的最小二乘中线。

螺旋线形状偏差 $f_{f\beta}$ 是螺旋线形状误差 $\Delta f_{f\beta}$ 的允许变动量。

3. 螺旋线倾斜误差 $\Delta f_{H\beta}$ 及其偏差 $\pm f_{H\beta}$

螺旋线倾斜误差 $\Delta f_{H\beta}$ 是在螺旋线的计值范围内，与平均螺旋线两端相交的两条设计螺旋线之间的距离，如图 4-9 所示。对于斜齿轮，当实际螺旋角大于理论螺旋角时，螺旋线倾斜误差为正；当实际螺旋角小于理论螺旋角时，螺旋线倾斜误差为负。对于直齿轮，螺旋线倾斜误差的正负可以任意选定。螺旋线倾斜误差允许值为齿线倾斜偏差 $\pm f_{H\beta}$。

当采用修形的设计螺旋线（如鼓形齿）时，定义螺旋线总偏差和平均螺旋线的曲线也应作相应的修形。

螺旋线误差主要是由齿坯端面跳动和刀架导轨倾斜造成的，它的存在，会使齿轮的实际接触线段变短，尤其是螺旋线的方向偏差，会使齿轮的接触部位落在齿端。故可以用来评定齿轮载荷分布的不均匀性。

在一般情况下要求满足式（4-5）

$$\Delta F_\beta \leqslant F_\beta \tag{4-5}$$

在特定情况下，也可以要求满足式（4-6）

$$\Delta f_{f\beta} \leqslant f_{f\beta} \text{ 且 } -f_{H\beta} \leqslant \Delta f_{H\beta} \leqslant +f_{H\beta} \tag{4-6}$$

四、综合精度

以上各项是渐开线齿面影响齿轮传动功能要求（合理侧隙除外）的形状、位置和方向等单项几何特征参数的精度。考虑到各单项误差的叠加和抵消的综合作用，还可以采用各种综合精度的指标。

1. 切向综合总误差 $\Delta F_i'$ 及其偏差 F_i'

切向综合总偏差 F_i' 是切向综合总误差 $\Delta F_i'$ 的允许变动量。

切向综合总误差 $\Delta F_i'$ 是被测齿轮与理想精确的测量齿轮在理论中心距下实现单面啮合传动时，其分度圆的实际圆周位移与理论圆周位移在被测齿轮一转范围内的最大差值，如图 4-10 所示。

2. 一齿切向综合误差 $\Delta f_i'$ 及其偏差 f_i'

一齿切向综合偏差 f_i' 是一齿切向综合误差 $\Delta f_i'$ 的允许变动量。

一齿切向综合误差 $\Delta f_i'$ 是被测齿轮与理想精确的测量齿轮在理论中心距下实现单面啮合传动时，其分度圆的实际圆周位移与理论圆周位移在被测齿轮一个齿距范围内的最大差值，如图 4-10 所示。

切向综合误差是由刀具的制造和安装误差、机床传动链的短周期误差（主要是分度蜗杆齿侧面的跳动及其蜗杆本身的制造误差），更接近齿轮的实际工作状态，评定完善。

理想精确的测量齿轮是一种精度远高于被测齿轮的工具齿轮。齿轮的切向综合误差需专用的齿轮单面啮合综合检查仪（有机械式、光栅式及磁分度式等多种）进行测量。测量齿

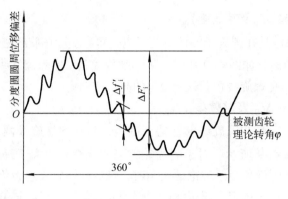

图 4-10　切向综合误差

轮用基准蜗杆或侧头代替。对于规格较大的齿轮只能在齿轮安装好以后，测量齿轮副的综合误差，再用数据处理的方法分离出各单个齿轮的切向综合误差。

　　由于切向综合误差的测量费用较高，但却能较好地反映齿轮的实际传动情况，所以对于较重要的齿轮，为了保证传动精度，应要求满足式（4-7）。

$$\Delta F'_i \leqslant F'_i \tag{4-7}$$

为了保证传动平稳，应要求满足式（4-8）。

$$\Delta f'_i \leqslant f'_i \tag{4-8}$$

　　对于一般的齿轮，可以规定径向综合总偏差 F''_i 和一齿径向综合公差 f''_i 来分别控制齿轮的径向综合总误差 $\Delta F''_i$ 和一齿径向综合误差 $\Delta f''_i$。

3. 径向综合总误差 $\Delta F''_i$ 及其偏差 F''_i

　　径向综合总误差 $\Delta F''_i$ 是被测齿轮与理想精确的测量齿轮双面啮合传动时，其双啮中心距 a'' 在被测齿轮一转范围内的最大变动量，如图 4-11 所示。

4. 一齿径向综合误差 $\Delta f''_i$ 及其公差 f''_i

　　一齿径向综合误差 $\Delta f''_i$ 是被测齿轮与理想精确的测量齿轮双面啮合传动时，其双啮中心距 a'' 在被测齿轮一个齿距范围内的最大变动量，如图 4-11 所示。

　　图 4-11（a）是测量径向综合误差的双面啮合齿轮测量仪的原理图。被测齿轮 1 空套在固定轴 3 上，理想精确的测量齿轮 2 空套在径向滑座 4 的轴 5 上，并借助弹簧 6 推动滑座向

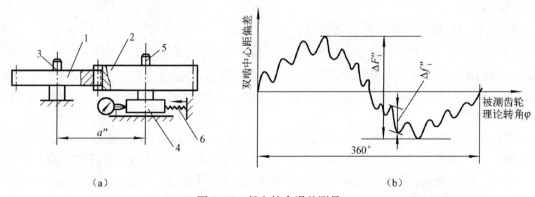

（a）　　　　　　　　　　　　　　　（b）

图 4-11　径向综合误差测量

左，使两齿轮紧密啮合，即形成无侧隙的双面啮合。一对互啮齿轮在双面啮合条件下的中心距称为双啮中心距 a''。当被测齿轮转动时，由于其各种几何特征参数误差的影响，将使双啮中心距 a'' 发生相应的变化。双啮中心距变动的记录图形如图 4-11（b）所示。

当采用双啮仪综合检查时，啮合状态跟切齿时的状态相似，能够反映齿坯和刀具的安装误差，且仪器结构简单，环境适应性好，操作方便，测量效率高，故使用广泛。在测量之前供需双方应就测量齿轮的设计、齿宽、公差等级以及公差值等达成协议。

一齿径向综合误差 $\Delta f_i''$ 更接近齿轮切齿时的状态，只反映由刀具制造和安装误差引起的径向误差，评定不够完善，要跟相应的反映切向误差的评定指标联合评定。但是测量仪器结构简单，操作方便。

当被测齿轮的规格较大时，由于受测量仪器的限制，可以用径向跳动公差代替径向综合总偏差。

5. 径向跳动 ΔF_r 及其公差 F_r

径向跳动公差 F_r 是允许的径向跳动 ΔF_r。

径向跳动 ΔF_r 是在齿轮一转范围内，测头（球形、圆柱形、砧形）相继至于每个齿槽内时，从它到齿轮轴线的最大和最小径向距离之差。检测时，测头应在近似齿高中部与左右齿面接触，如图 4-12 所示。

由此可见，径向综合总误差 $\Delta F_i''$ 与径向跳动 ΔF_r 都只反映了齿轮的径向位置误差。所以对于传动精度要求不高的齿轮，可以只要求满足式（4-9）。

$$\Delta F_i'' \leqslant F_i'' \text{ 或 } \Delta F_r \leqslant F_r \qquad (4-9)$$

对于传动平稳要求不高的齿轮，可以要求满足式（4-10）。

$$\Delta f_i'' \leqslant f_i'' \qquad (4-10)$$

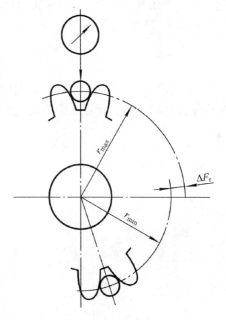

图 4-12　径向跳动

显然，切向综合精度（F_i'、f_i'）只与齿轮同侧齿面的误差有关，比较接近齿轮的实际工作状态，可以满足较高精度齿轮的传动功能要求；径向综合精度（F_i''、f_i''、F_r）与齿轮两侧齿面的误差的综合结果有关，只适用于一般和较低精度齿轮的传动功能要求。此外，由实际测量方法可以看出，径向综合误差和径向跳动只反映齿面对齿轮轴线的径向位置误差，而直接影响齿轮传动精度的是其切向位置误差。例如，用分度法切齿时，只要刀具与被切齿坯轴线的径向相对位置不变，就不会造成齿轮的径向综合误差或齿圈径向跳动。而分度机构的分度误差则会导致齿面的圆周分布（切向位置）误差，从而直接影响齿轮的传动精度。故根据齿轮的功能要求，在齿轮加工时有目的的加以保证。

第三节　齿轮配合精度指标

齿轮配合是指装配好的齿轮非工作齿面间的间隙状态，它不同于包容件与被包容件形成的配合。齿轮配合的特征用非工作齿面间的间隙（侧隙）的大小表示。影响侧隙的主要几何参数是互啮齿轮的齿厚（S_1、S_2）和中心距（a），如图 4-13 所示。此外，齿距、齿向和轴线平行度等，也会影响侧隙的均匀性。

本节介绍的精度指标均由 GB/Z 18620.2—2008 规定。

一、侧隙

齿轮传动的侧隙可以分为：法向侧隙 j_{bn}、圆周侧隙 j_{wt} 和径向侧隙 j_r。

法向侧隙 j_{bn} 是装配好的齿轮副的工作齿面相互接触时，非工作齿面间的最小距离；圆周侧隙 j_{wt} 是装配好的齿轮副中的一个齿轮固定时，另一齿轮所能转动的节圆弧长；径向侧隙 j_r 是互啮齿轮双面啮合（无侧隙啮合）时的实际中心距与理论中心距之差。三种侧隙的关系如图 4-14 和式（4-11）。

$$\begin{cases} j_{bn} = j_{wt}\cos\alpha \\ j_r = j_{wt}/2\tan\alpha \end{cases} \tag{4-11}$$

为了保证传动的正常工作，必须规定足够大的最小侧隙（j_{bnmin}）。由于较大侧隙不会影响齿轮传动的功能，所以通常不规定最大侧隙（j_{bnmax}）。

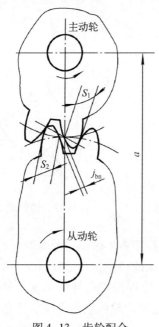

图 4-13　齿轮配合

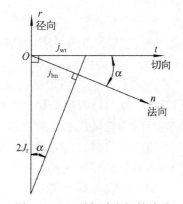

图 4-14　三种侧隙之间的关系

二、齿厚

为了保证获得合理的侧隙，主要应控制齿轮的齿厚精度。通常，在设计时规定齿厚的偏差（上偏差 E_{sns}、下偏差 E_{sni}）作为齿厚偏差 E_{sn} 允许变化的界限值。

齿厚偏差 E_{sn} 是实际齿厚 S_{na} 与理论齿厚 S_n 之差。理论齿厚是互啮齿轮在理论中心距下实现无侧隙啮合时的齿厚，它可按式 4-12、式 4-13 计算

$$对外齿轮\ S_n = m_n\left(\frac{\pi}{2} + 2\tan\alpha_n x\right) \tag{4-12}$$

$$对内齿轮\ S_n = m_n\left(\frac{\pi}{2} - 2\tan\alpha_n x\right) \tag{4-13}$$

式中，α_n 为法向压力角（°）；x 为齿廓变位系数。

则

$$E_{sn} = S_{na} - S_n \tag{4-14}$$

实际齿厚 S_{na} 是通过测量得到的齿厚，可以用齿厚游标卡尺进行测量，齿厚在测量时以齿顶圆为基准。

由于齿轮传动必须保证有侧隙，因此实际齿厚必须小于理论齿厚，即齿厚上、下偏差均应为负值。要求满足式（4-15）

$$E_{sni} \leqslant E_{sn} \leqslant E_{sns} \tag{4-15}$$

与尺寸公差相似，齿厚公差 T_{sn} 等于齿厚上、下偏差之差，它是实际齿厚的允许变动量，如图 4-15 所示。

$$T_{sn} = E_{sns} - E_{sni} \tag{4-16}$$

对于斜齿轮，齿厚应在法向平面内测量。

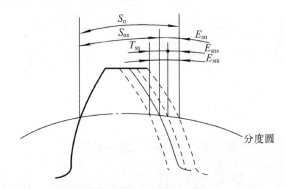

图 4-15　齿厚偏差与公差

三、公法线

齿厚偏差也可以通过齿轮的公法线长度来控制。

公法线是渐开线齿轮任两个异侧齿面的公共法线，即任两个异侧齿面间的基圆的切线。跨 k 个齿的公法线长度 W_k 等于 $(k-1)$ 个基圆齿距与 1 个基圆齿厚之和。所以，可以规定公法线偏差（上偏差 E_{bns}、下偏差 E_{bni}）作为公法线长度偏差 E_{bn} 允许变化的界限值，从而间接控制齿厚偏差。

公法线长度偏差 E_{bn} 是公法线的实际长度 W_{ka} 与其理论长度 W_k 之差。跨 k 个齿的公法线长度 W_k 可按式（4-17）计算。

$$W_k = m_n\cos\alpha_n\left[(k-0.5)\pi + z\,\mathrm{inv}\alpha_t + 2\tan\alpha_n x\right] \tag{4-17}$$

式中，α_t 为端面压力角（°）；z 为齿数；k 为度量时所跨过的齿数。

则有
$$E_{bn} = W_{ka} - W_k \tag{4-18}$$

跨齿数 k 的选择应使公法线与两异侧齿面在分度圆附近相交。

公法线长度偏差也可以由齿厚偏差计算得到式（4-19）
$$\left. \begin{array}{l} E_{bns} = E_{sns}\cos\alpha_n \\ E_{bni} = E_{sni}\cos\alpha_n \end{array} \right\} \tag{4-19}$$

显然，公法线长度偏差也都是负值，要求满足式（4-20）
$$E_{bni} \leqslant E_{bn} \leqslant E_{bns} \tag{4-20}$$

公法线长度公差 T_{bn} 可按式（4-21）计算
$$T_{bn} = E_{bns} - E_{bni} = T_{sn}\cos\alpha_n \tag{4-21}$$

公法线长度偏差与公差如图 4-16 所示。公法线长度误差由基圆齿距偏差造成，可以用公法线千分尺进行测量。因为其测量不以齿顶圆定位，测量精度较高，是比较理想的侧隙评定方法。

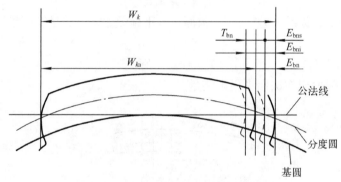

图 4-16　公法线长度偏差与公差

第四节　齿轮安装精度指标

为保证齿轮工作基准的精度，应该分别规定齿轮传动的中心距偏差 $\pm f_a$ 和两个相互垂直方向上的轴线平行度公差 $f_{\Sigma\delta}$、$f_{\Sigma\beta}$。这三个精度指标不是单个齿轮的评定指标，而是一对齿轮在确定安装条件下的评定指标，均由 GB/Z 18620.3—2008 规定。

1. 中心距误差 Δf_a 及其极限偏差 $\pm f_a$

中心距误差是指实际中心距与理论中心距之差。

中心距误差会影响齿轮工作时侧隙的大小。当实际中心距小于设计中心距时，会使侧隙减小；反之，会使侧隙增大。为保证侧隙要求，可以用中心距极限偏差来控制中心距误差。在齿轮只是单向承载运转而不经常反转的情况下，最大侧隙不是主要的控制因素，此时中心距极限偏差主要取决于对重合度的考虑；对于控制运动用齿轮，确定中心距极限偏差必须考虑对侧隙的控制；当齿轮上的负载常常反向时，确定中心距极限偏差所考虑的因素有轴、箱体和轴承的偏斜，齿轮轴线不共线，齿轮轴线偏斜，安装误差，轴承跳动，温度影响，旋转件的离心伸胀等。

中心距极限偏差 $\pm f_a$ 是中心距偏差 Δf_a 允许变动的界限，要求满足式（4-22）

$$-f_a \leqslant \Delta f_a \leqslant +f_a \tag{4-22}$$

2. 公共平面内轴线平行度误差 $\Delta f_{\Sigma\delta}$ 及其公差 $f_{\Sigma\delta}$

公共平面内轴线平行度误差 $\Delta f_{\Sigma\delta}$ 是指在公共平面上两轴线的平行度误差，公共平面应通过较长的轴线和另一轴线的某一端点，如图 4-17 所示。如果两条轴线长度相等，则公共平面应通过小齿轮轴的轴线和大齿轮轴的轴线的某个端点。

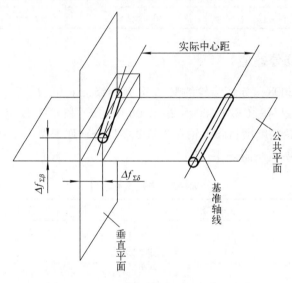

图 4-17　实际中心距和轴线平行度误差

3. 垂直平面内轴线平行度误差 $\Delta f_{\Sigma\beta}$ 及其公差 $f_{\Sigma\beta}$

垂直平面内轴线平行度误差 $\Delta f_{\Sigma\beta}$ 是指在与公共平面垂直的平面上两轴线的平行度误差。

由于齿轮轴要通过轴承安装在箱体或其他构件上，所以轴线的平行度误差与轴承的跨距有关。一对齿轮副的轴线若产生平行度误差，必然会影响齿面的正常接触，使载荷分布不均匀，同时还会使侧隙在全齿宽上分布不均匀。为此，必须对齿轮副的平行度误差进行控制，要求满足式（4-23）

$$\begin{aligned} \Delta f_{\Sigma\alpha} \leqslant f_{\Sigma\alpha} \\ \Delta f_{\Sigma\beta} \leqslant f_{\Sigma\beta} \end{aligned} \tag{4-23}$$

该项目可按形位误差的测量方法进行测量。

第五节　齿轮精度标准及应用

一、使用范围

GB/T 10095.1—2008 规定了单个渐开线圆柱齿轮轮齿同侧齿面的精度制，包括齿距（位置）、齿廓（形状）、齿向（方向）和切向综合精度。GB/T 10095.2—2008 规定了单个渐开线圆柱齿轮有关径向综合与径向跳动的精度。这两项标准均只适用于单个齿轮的各要素，而不包括相互啮合的齿轮副。其规定的公差等级和参数范围如表 4-1 所示。

表 4-1　GB/T 10095 的适用范围

标准编号		精度等级	法向模数 m_n/mm	分度圆直径 d/mm	齿宽 b_n/mm
GB/T 10095.1—2008		0～12	0.5～70	5～10 000	4～1 000
GB/T 10095.2—2008	F_r				—
	F_i'', f_i''	4～12	0.2～10	5～1 000	

二、公差等级及公差值

GB/T 10095.1—2008 规定了齿轮的 13 个公差等级，即 0、1、2、…、12 级。其中 0 级精度最高，12 级精度最低。GB/T 10095.2—2008 中的 F_i'' 和 f_i'' 只规定了 4～12 共 9 个精度等级。标准规定的齿轮精度项目和齿轮安装精度项目分别列于表 4-2 和表 4-3。各项目的公差或偏差值，见附表 4-1～附表 4-13。

表 4-2　齿轮精度项目

项　目		代号	合格条件	项　目		代号	合格条件
齿廓	总误差 总偏差	ΔF_α F_α	$\Delta F_\alpha \leq F_\alpha$	齿距	（单个）误差 偏差	Δf_{pt} $\pm f_{pt}$	$-f_{pt} \leq \Delta f_{pt} \leq +f_{pt}$
	形状误差 形状偏差	$\Delta f_{f\alpha}$ $f_{f\alpha}$	$\Delta f_{f\alpha} \leq f_{f\alpha}$		累积误差 累积偏差	ΔF_{pk} $\pm F_{pk}$	$-F_{pk} \leq \Delta F_{pk} \leq +F_{pk}$
	倾斜误差 倾斜偏差	$\Delta f_{H\alpha}$ $\pm f_{H\alpha}$	$-f_{H\alpha} \leq \Delta f_{H\alpha} \leq +f_{H\alpha}$		累积总误差 累积总偏差	ΔF_p F_p	$\Delta F_p \leq F_p$
齿向（螺旋线）	总误差 总偏差	ΔF_β F_β	$\Delta F_\beta \leq F_\beta$	切向综合	总误差 总偏差	$\Delta F_i'$ F_i'	$\Delta F_i' \leq F_i'$
	形状误差 形状偏差	$\Delta f_{f\beta}$ $f_{f\beta}$	$\Delta f_{f\beta} \leq f_{f\beta}$		一齿误差 一齿偏差	$\Delta f_i'$ f_i'	$\Delta f_i' \leq f_i'$
	倾斜误差 倾斜偏差	$\Delta f_{H\beta}$ $\pm f_{H\beta}$	$-f_{H\beta} \leq \Delta f_{H\beta} \leq +f_{H\beta}$	径向综合	总误差 总偏差	$\Delta F_i''$ F_i''	$\Delta F_i'' \leq F_i''$
径向跳动 径向跳动公差		ΔF_r F_r	$\Delta F_r \leq F_r$		一齿误差 一齿偏差	$\Delta f_i''$ f_i''	$\Delta f_i'' \leq f_i''$

表 4-3　齿轮安装精度项目

项　目	代　号	合格条件
中心距误差、中心距极限偏差	Δf_a、$\pm f_a$	$-f_a \leq \Delta f_a \leq +f_a$
公共平面内：轴线平行度误差、轴线平行度公差	$\Delta f_{\Sigma\delta}$、$f_{\Sigma\delta}$	$\Delta f_{\Sigma\delta} \leq f_{\Sigma\delta}$
垂直平面内：轴线平行度误差、轴线平行度公差	$\Delta f_{\Sigma\beta}$、$f_{\Sigma\beta}$	$\Delta f_{\Sigma\beta} \leq f_{\Sigma\beta}$

其中，齿廓和螺旋线的形状公差和倾斜偏差（$f_{f\alpha}$、$\pm f_{H\alpha}$、$f_{f\beta}$、$\pm f_{H\beta}$）不是必须规定的精度项目。一齿切向综合公差f_i' 按附表4-5 查得相应的f_i'/K 值后，乘以与总重合度ε_r 有关的系数 K 以后得到。切向公差F_i'按式（4-23）计算得到。

$$F_i' = F_p + f_i' \tag{4-24}$$

附表4-12 列出的中心距偏差 $\pm f_a$ 是推荐性的，不是国家标准规定的数值。

各精度项目与齿轮传动使用要求的关系见表4-4。

表4-4　各精度项目与齿轮传动功能关系要求的关系

功 能 要 求	精 度 项 目
传动准确	F_p、$\pm F_{pk}$、F_i'、F_i''、F_r
传动平稳	F_α（$f_{f\alpha}$、$\pm f_{H\alpha}$）、$\pm f_{pt}$、f_i'、f_i''
承载能力	F_β（$f_{f\beta}$、$\pm f_{H\beta}$）、$f_{\sum\delta}$、$f_{\sum\beta}$

三、精度等级和精度项目的选用

齿轮精度等级的选择必须以其用途、工作条件及技术要求为依据，如运动精度、圆周速度、传递的功率、振动和噪声、工作持续时间和使用寿命等，同时还要考虑工艺的可能性和经济性。选择公差等级的方法有计算法和类比法。

1. 计算法

按整个传动链传动精度的要求计算出允许的转角误差（推算出 $\Delta F_i'$），确定传递运动准确性的等级；根据机械动力学和机械振动学计算并考虑振动、噪声以及圆周速度，确定传动平稳性的精度等级；在强度计算或寿命计算的基础上确定承载能力的精度等级。

由于齿轮传动中受力的动态情况很复杂，所以用计算法来确定精度有时比较复杂。大多数情况下，精度等级是用类比法来确定的。

2. 类比法

按已有的经验资料，设计类似的齿轮传动时可以采用相近的精度等级。

各类机械产品中的齿轮常用的精度等级范围见表4-5。表4-6 还列出了4～9 级齿轮的切齿方法、应用范围及与传动平稳性的精度等级相适应的齿轮圆周速度范围，可供设计时参考。

表4-5　各类机械中齿轮的公差等级

应 用 范 围	公差等级	应 用 范 围	公差等级
测量齿轮	2～5	载重汽车	6～9
透平齿轮	3～6	一般减速器	6～9
精密切削机床	3～7	拖拉机	6～10
航空发动机	4～8	起重机械	7～10
一般切削机床	5～8	轧钢机	6～10
内燃或电气机车	5～8	地质矿山铰车	7～10
轻型汽车	5～8	农业机械	8～11

精度项目的选用主要考虑公差等级、项目间的协调、生产批量和检测费用等因素。

公差等级较高的齿轮，应该选用同侧齿面的精度项目，如齿廓偏差、齿距偏差、螺旋线偏差、切向综合偏差等。精度等级较低的齿轮，可以选用径向综合偏差或径向跳动等双侧齿面的精度项目。因为同侧齿面的精度项目比较接近齿轮的实际工作状态，而双侧齿面的精度项目受非工作齿面精度的影响，反映齿轮实际工作状态的可靠性较差。

表 4-6　各级精度齿轮的切齿方法和应用范围

精 度 等 级		4级	5级	6级	7级	8级	9级
切齿方法		精密滚齿机床滚切，精密磨齿，对大齿轮可滚齿后研齿或剃齿	精密滚齿机床滚切，精密磨齿，对大齿轮可滚齿后研齿或剃齿	精密滚齿机床滚切，精密磨齿，对大齿轮可滚齿后研齿或剃齿，磨齿或精密剃齿	在较精密机床上滚齿、插齿、剃齿、磨齿、珩齿或研齿	滚齿、插齿、铣齿，必要时剃齿、珩齿或研齿	滚齿或成型刀具分度切齿，不要求精加工
应用范围		极精密分度机械的齿轮，非常高速、要求平稳与无噪声的齿轮，高速透平齿轮，检查7级齿轮的测量齿轮	精密分度机械的齿轮，高速并要求平稳、无噪声的齿轮，高速透平齿轮，检查8、9级齿轮的测量齿轮	高速、平稳、无噪声高效率齿轮，航空、汽车、机床中的重要齿轮，分度机构齿轮，读数机构齿轮	高速、小动力或反转的齿轮，金属切削机床中进给齿轮，航空齿轮，读数机构齿轮，具有一定速度的减速器齿轮	一般机器中普通齿轮，汽车、拖拉机减速器中一般齿轮，航空中不重要齿轮，农机中的重要齿轮	无精度要求的比较粗糙的齿轮
圆周速度 /(m·s⁻¹)	直齿	<35	<20	<15	<10	<6	<2
	斜齿	<70	<40	<30	<15	<10	<4

当传动准确性的要求选用切向综合总偏差 F_i' 时，传动平稳性的要求最好选用一齿切向综合偏差 f_i'，因为这两项指标可以采用同一种方法测量；同时，当传递运动准确性的要求选用齿距累积总偏差 F_p 时，传动平稳性的要求最好选用单个齿距极限偏差 $\pm f_{pt}$。

生产批量较大时，宜采用综合性项目，如切向综合偏差和径向综合偏差，以减少测量费用。精度项目的选定还应考虑测量设备等实际条件，在保证满足齿轮功能要求的前提下，应充分考虑测量过程的经济性。

表 4-7 列出了各类齿轮推荐选用的精度项目组合。

表 4-7　各类齿轮推荐选用的精度项目组合

用途		分度、读数	航空、汽车、机车		拖拉机、减速器、农用机械	透平机、轧钢机	
公差等级		3～5	4～6	6～8	7～12	3～6	6～8
功能要求	传动准确	F_i' 或 F_p	F_i' 或 F_p	F_r 或 F_i''	F_r 或 F_i''	F_p	
	传动平稳	f_i' 或 F_α 与 $\pm f_{pt}$	f_i' 或 F_α 与 $\pm f_{pt}$	f_i''	$\pm f_{pt}$	F_α 与 $\pm f_{pt}$	$\pm f_{pt}$
	承载能力	F_β					

各精度项目组合所使用的测量器具及其应用说明列于表 4-8。

必须指出，在齿轮精度设计时，如果给出按 GB/T 10095.1—2008 的某级精度而无其他规定时，则该齿轮的同侧齿面的各精度项目（齿廓 F_α，齿距 F_p、$\pm f_{pk}$、$\pm f_{pt}$，螺旋线 F_β

等）均按该公差等级确定其偏差值。切向综合偏差（F_i', f_i'），齿廓和螺旋线的形状偏差与倾斜偏差（$f_{f\alpha}$、$\pm f_{H\alpha}$、$f_{f\beta}$、$\pm f_{H\beta}$）都不是必检的项目。

表 4-8 各精度项目组合的测量器具

精度项目			公差等级	测量仪器	应用说明
传动准确	传动平稳	承载能力			
F_i'	f_i'	F_β	3～6	万能齿轮测量机、齿向仪	属高、精仪器，反映误差真实、准确，并能分析单项误差，适用于精密、分度、读数、高速、测量等齿轮和齿轮刀具
			5～8	整体误差测量仪	能反映转角误差和轴向误差，也能分析单项误差，适用于机床、汽车等齿轮
			6～8	单面啮合仪、齿向仪	用测量齿轮作基准件，接近齿轮工作状态，反映转角误差真实，适用于大批量齿轮，易于实现自动化
F_p	F_α、$\pm f_{pt}$	F_β	3～7	半自动齿距仪、渐开线检查仪、齿向仪	准确度高，有助于齿轮机床调整做工艺分析，适用于中高精度、磨削后的齿轮，宽斜、人字齿轮，还适用于剃、插齿刀
F_i''	f_i''	F_β	6～9	双面啮合仪、齿向仪	接近加工状态，经济性好，适用于大量或成批生产的汽车、拖拉机齿轮
F_p	$\pm f_{pt}$	F_β	7～9	万能测量仪、齿向仪	适用于大尺寸齿轮，或多齿数的滚切齿轮
F_r	F_α	F_β	5～7	跳动仪、齿形仪、齿向仪	准确度高，有助于齿轮机床调整做工艺分析，适用于中高精度、磨削后的齿轮，宽斜、人字齿轮，还适用于剃、插齿刀，适用于滚齿、剃齿、插齿
F_r	$\pm f_{pt}$	F_β	8～12	跳动仪、齿距仪、齿向仪	适用于中、低精度齿轮、多齿数滚切齿轮，便于工艺分析

GB/T 10095.1—2008 还规定，根据供需双方的协议，齿轮的工作齿面和非工作齿面可以给出不同的精度等级，也可以只给出工作齿面的精度等级，而不对非工作齿面提出精度要求。

此外，GB/T 10095.2—2008 规定的径向综合偏差（F_i''、f_i''）和径向跳动公差（F_r）不一定要选用与 GB/T 10095.1—2008 规定的同侧齿面的精度项目相同的精度等级。因此，在技术文件中说明齿轮精度等级时，应注明标准编号（GB/T 10095.1—2008 或 GB/T 10095.2—2008）。

关于齿轮精度等级标注建议如下：

（1）若齿轮的检验项目同为某一精度等级时，可标注精度等级和标准号，如齿轮检验项目同为 7 级，则标注为

7 GB/T 10095. 1—2008 或 7 GB/T 10095. 2—2008

（2）若齿轮检验项目的精度等级不同时，如齿廓总偏差 F_α 为 6 级，而齿距累积总偏差 F_p 和螺旋线总偏差 F_β 均为 7 级时，则标注为

6（F_α）、7（F_p、F_β）GB/T 10095. 1—2008

四、接触斑点

除了按国家标准规定选用适当的精度等级及精度项目，以满足齿轮的功能要求以外，实际上还可以用轮齿的接触斑点的检验来控制齿轮轮齿在齿宽方向上的精度，以保证满足承载能力的要求。接触斑点是由 GB/Z 18620. 4—2008 规定的。

接触斑点主要是将产品齿轮与测量齿轮安装在具有要求中心距的机架上，在轻载的作用下对滚，使一个齿轮轮齿上的印痕涂料转移到相配齿轮的轮齿上。再根据涂料转移后的斑点状况评定轮齿的载荷分布。它主要用作齿向精度的评估，也受齿廓精度的影响。

接触斑点的检验具有简易、快捷，测试结果的可再现性等特点，特别适用于大型齿轮、圆锥齿轮和航天齿轮。必要时，也可直接检验相配齿轮副的接触斑点。

通常采用装配用的蓝色印痕涂料或红丹粉，涂层厚度应为 0. 006 ～ 0. 012 mm。

接触斑点的评定可以用高度 h_c 占有效齿面高度 h 一定百分比的斑点长度 b_c 占齿宽 b 的百分比来表示，如图 4-18 所示，表 4-9 为直齿齿轮的接触斑点。

例如，某直齿齿轮的接触斑点中，高度 $h_{c1} > 50\% h$ 的斑点长度 $b_{c1} = 40\% b$，高度 $h_{c2} > 30\% h$ 的斑点长度 $b_{c2} = 35\% b$，则由表 4-9 可知，该齿轮属于 7 级或 8 级精度。

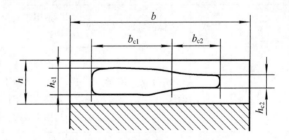

图 4-18　接触斑点的评定

表 4-9　直齿齿轮的接触斑点（GB/Z 18620. 4—2008）

公 差 等 级	h_{c1}	b_{c1}	h_{c2}	b_{c2}
≤4	>70% h	>50% b	>50% h	>40% b
5、6	>50% h	>45% b	>30% h	>35% b
7、8	>50% h	>35% b	>30% h	>35% b
9、10、11、12	>50% h	>25% b	>30% h	>25% b

由于实际接触斑点的形状不一定常常与图 4-18 所示的相同，其评估结果更多地取决于实际经验。因此，接触斑点的评定不能替代国家标准规定的精度项目的评定。

五、配合的选用

为了保证齿轮传动的正常工作，装配好的齿轮副必须形成间隙配合。所以齿轮配合的选用就是合理侧隙的选用。

侧隙的作用主要是为了保证润滑和补偿变形，所以，虽然在理论上应该规定两个极限侧隙（最大极限侧隙和最小极限侧隙）来限制实际侧隙，但由于最大侧隙一般不影响齿轮传动的功能。因此，通常只需规定最小（极限）侧隙，且最小侧隙不能为零。

最小侧隙可以计算获得，也可以用类比法查表确定。表 4-10 列出了一般中、大模数齿轮传动推荐的最小法向侧隙 j_{bnmin} 的数值，供设计时参考。

表 4-10　对于中、大模数齿轮最小法向侧隙 j_{bnmin} 的推荐值（GB/Z 18620.2—2008）

单位：mm

法向模数 m_n	中 心 距				
	>50	>100	>200	>400	>800
1.5	0.09	0.11	—	—	—
2	0.10	0.12	0.15	—	—
3	0.12	0.14	0.17	0.24	—
5	—	0.18	0.21	0.28	—
8	—	0.24	0.27	0.34	0.47
12	—	—	0.35	0.42	0.55

在用计算法确定最小法向侧隙时应考虑下列因素。

1）齿轮副的工作温度

补偿箱体和齿轮副温升的侧隙值为

$$j_{nmin1} = a(\alpha_1 \times \Delta t_1 - \alpha_2 \times \Delta t_2) \times 2\sin\alpha_n \tag{4-25}$$

式中，a 为中心距（mm）；Δt_1，Δt_2 为齿轮和箱体在正常工作下对标准温度（20℃）的温差（℃）；α_1，α_2 为齿轮和箱体材料的线膨胀系数（℃$^{-1}$）；α_n 为法向压力角（°）。

2）润滑方式及齿轮圆周速度

对于无强迫润滑的低速传动（油池润滑），所需的最小侧隙可取

$$j_{nmin2} = (0.005 \sim 0.01)m_n \tag{4-26}$$

式中，m_n 为法向模数（mm）。

对于喷油润滑，最小侧隙可按圆周速度确定：

当 $v \leqslant 10$ m/s 时，$j_{nmin2} \approx 0.01m_n$；

当 $10 < v \leqslant 25$ m/s 时，$j_{nmin2} \approx 0.02m_n$；

当 $25 < v \leqslant 60$ m/s 时，$j_{nmin2} \approx 0.03m_n$；

当 $v > 60$ m/s 时，$j_{nmin2} \approx (0.03 \sim 0.05)m_n$。

当考虑上面（1）、（2）两项因素，最小法向侧隙（μm）应为

$$j_{nmin} \geqslant 1\,000(j_{nmin1} + j_{nmin2}) \tag{4-27}$$

必要时，可以将法向侧隙折算成圆周侧隙或径向侧隙。

影响侧隙的因素除了中心距以外，主要是齿轮的齿厚 S。径向进给量的调整是切齿过程中控制齿厚，从而获得必要合理侧隙的主要工艺手段。

齿厚上偏差（E_{sns1}、E_{sns2}）不仅应满足齿轮副工作时最小法向侧隙的要求，而且要补偿其他误差（如齿距、齿向、轴线平行度等）所引起的侧隙减小量 J_n。J_n 值可按式（4-28）估算。

$$J_n = \sqrt{(f_{pt1}^2 + f_{pt2}^2)\ \cos^2\alpha + 2F_\beta^2} \tag{4-28}$$

两互啮齿轮齿厚上偏差值可由 j_{bnmin}、J_n 和 f_a 按式（4-29）计算得到。

$$E_{sns1} + E_{sns2} = -\left(\frac{J_{bnmin} + J_n}{\cos\alpha} + 2f_a\tan\alpha\right) \tag{4-29}$$

若取 $E_{sns1} = E_{sns2} = E_{sns}$，则

$$E_{sns} = -\left(\frac{j_{bnmin} + J_n}{2\cos\alpha} + f_a\tan\alpha\right) \tag{4-30}$$

再根据工艺条件（切齿方法）确定可以达到的齿厚公差 T_{sn}，则齿厚下偏差 E_{sni} 可按式（4-31）计算。

$$E_{sni} = E_{sns} - T_{sn} \tag{4-31}$$

齿厚公差可以按式（4-32）估算。

$$T_{sn} = \sqrt{F_r^2 + b_r^2} \times 2\tan\alpha \tag{4-32}$$

式中，b_r 是与切齿方法有关的系数，其推荐值见表4-11。

表 4-11　渐开线圆柱齿轮的 b_r 的推荐值

切 齿 方 法	公 差 等 级	b_r
磨	4	1.26IT7
	5	IT8
	6	1.26IT8
滚、插	7	IT9
	8	1.26IT9
铣	9	IT10

注：IT 值根据齿轮分度圆直径由附表1-1查得。

由于齿厚下偏差只影响齿轮副的最大侧隙，所以通常可以由工艺保证。齿厚合格条件可以简化为式（4-33）。

$$E_{sna} \leqslant E_{sns} \tag{4-33}$$

式中，E_{sna} 为实际齿厚误差。

应该注意，为了保证最小侧隙，齿厚偏差必须为负值，即实际齿厚应小于理论齿厚，故在工艺上就是通过减薄齿厚来获得侧隙。

由于齿厚测量通常以齿顶圆作为测量基准，测量准确度不高，所以可以用公法线偏差代替齿厚偏差。相应地，规定公法线长度上、下偏差，代替齿厚上、下偏差，要求满足式(4-34)

$$E_{bni} \leqslant E_{bn} \leqslant E_{bns} \tag{4-34}$$

以上关于齿轮配合的项目基本上与齿轮精度无关。齿轮配合项目及其合格条件如表4-12所示。

表 4-12　齿轮配合项目

项　目		代号	合格条件	项　目		代号	合格条件
齿轮副	法向侧隙 最小法向侧隙 （最大法向侧隙）	j_{bn} j_{bnmin} j_{bnmax}	$j_{bn} \geqslant j_{bnmin}$ $(j_{bn} \leqslant j_{bnmax})$	齿轮	齿厚偏差 齿厚上偏差 （齿厚下偏差）	E_{sn} E_{sns} E_{sni}	$E_{sna} \leqslant E_{sns}$
	圆周侧隙 最小圆周侧隙 （最大圆周侧隙）	j_{wt} j_{wtmin} j_{wtmax}	$j_{wt} \geqslant j_{wtmin}$ $(j_{wt} \leqslant j_{wtmax})$		公法线长度偏差 公法线长度上偏差 （公法线长度下偏差）	E_{bn} E_{bns} E_{bni}	$E_{bni} \leqslant E_{bn} \leqslant E_{bns}$
	径向侧隙 最小径向侧隙 （最大径向侧隙）	j_r j_{rmin} j_{rmax}	$j_r \geqslant j_{rmin}$ $(j_r \leqslant j_{rmax})$				

第六节　齿　坯　精　度

齿坯是指在切齿工序前的工件（或毛坯）。齿坯的精度对切齿工序的精度有很大的影响。适当提高齿坯精度，可以获得较高的齿轮精度，而且比提高切齿工序的精度更为经济。

由于齿轮的齿廓、齿距和齿向等要素的精度都是相对于其轴线定义的，因此，对齿坯的精度要求主要是指明基准轴线并给出相关要素的几何公差要求。

齿坯的工作基准主要有三种确定方法：一个长圆柱（锥）面的轴线；两个短圆柱（锥）面（一般为轴承安装轴径的轴线）的公共轴线；垂直于一个端平面而且通过一个短圆柱面的轴线。图4-19、图4-20和图4-21分别示出了这三种基准轴线的图样标注及对相关表面的形状和位置公差要求。图中除了基准要素以外，其他标注几何公差要求的要素则是切齿加工时的定位面或找正面。图4-20中带键槽的圆柱面用于安装另一个齿轮。表面粗糙度可按附表4-13选取，几何公差值可按附表4-14选取。

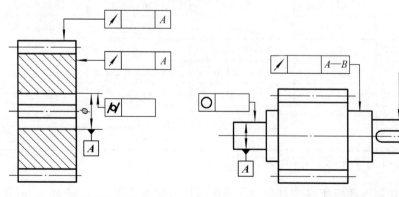

图 4-19　内孔圆柱面轴线作基准　　　　图 4-20　两个短圆柱面公共轴线作基准

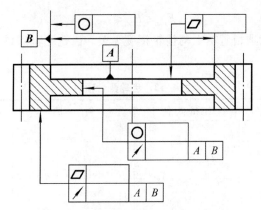

图 4-21　垂直于端面的短圆柱面轴线作基准

当制造时的定位基准与工作基准不统一时，还需考虑基准转换所引起的误差，适当提高有关表面的精度。

第七节　应　用　示　例

示例 4-1　已知某渐开线直齿圆柱齿轮传动的模数 $m = 5 \text{ mm}$，齿宽 $b = 50 \text{ mm}$，小齿轮的齿数 $z_1 = 20$，大齿轮的齿数 $z_2 = 100$，精度等级为 7 级（GB/T 10095.1—2008 和 GB/T 10095.2—2008 均为 7 级）。试确定其主要精度项目的公差或偏差值。

解：经查表可确定其主要精度项目的公差或偏差值，见表 4-13。

表 4-13　齿轮应用示例

项目名称	项目符号	小 齿 轮	大 齿 轮	备　注
齿数	z	20	100	已知
分度圆直径	d	100 mm	500 mm	$d = mz$
齿廓总偏差	F_α	19 μm	24 μm	附表 4-3
单个齿距偏差	$\pm f_{\text{pt}}$	±13 μm	±16 μm	附表 4-1
齿距累积差	F_{p}	39 μm	66 μm	附表 4-2
齿线总公差	F_β	20 μm	22 μm	附表 4-4
一齿切向综合公差	F_i'	40×0.67 μm	48×0.67 μm	附表 4-5
切向综合总偏差	f_i'	39＋27＝66 μm	66＋31＝97 μm	$F_i' = F_{\text{p}} + f_i'$
径向综合总偏差	F_i''	62 μm	84 μm	附表 4-6
一齿径向综合公差	f_i''	31 μm	31 μm	附表 4-7
径向跳动公差	F_{r}	31 μm	53 μm	附表 4-8

注：按已知条件可得 $\varepsilon_r \approx 1.7$，则 $K = 0.2(\varepsilon_r + 4)/\varepsilon_r = 0.2 \times (1.7 + 4)/1.7 = 0.67$。

示例 4-2　若已知某普通机床内一对渐开线直齿圆柱齿轮副的模数 $m = 3 \text{ mm}$，齿宽 $b = 24 \text{ mm}$，小齿轮的齿数 $z_1 = 26$，大齿轮的齿数 $z_2 = 56$，主动齿轮（小齿轮）的转速为 $n_1 =$

1 000 r/min。试确定主动齿轮的公差等级和精度项目，列出其公差或偏差值，以及齿厚偏差和齿坯精度要求。

解：

（1）确定齿轮的基本参数

小齿轮的分度圆直径 $d_1 = mz_1 = 3 \times 26 = 78$ mm，大齿轮的分度圆直径 $d_2 = mz_2 = 3 \times 56 = 168$ mm，中心距 $a = m(z_1 + z_2)/2 = 3 \times (26 + 56)/2 = 3 \times 82/2 = 123$ mm。

（2）确定精度等级

已知所检测齿轮为普通机床的用齿轮，可以按其圆周速度确定公差等级。

齿轮的圆周速度 $v = \dfrac{\pi m z_1 n_1}{60 \times 1\,000} = \dfrac{\pi \times 3 \times 26 \times 1\,000}{60 \times 1\,000} \approx 4.08$ m/s。

查表 4-6 选定该齿轮为 8 级精度。并选定 GB/T 10095.1—2008 和 GB/T 10095.2—2008 的各精度项目具有相同的公差等级。

（3）选定精度项目及其公差值

参照表 4-7，传递运动准确性可用 F_r 或 F_i'' 评定，传动平稳性可用 f_i'' 或 $\pm f_{pt}$ 评定，考虑到检测的经济性和一致性，选定 F_i''、f_i'' 和 F_β 三个精度项目分别评定传递运动准确性、传动平稳性和载荷分布均匀性。分别由附表 4-6、附表 4-7 和附表 4-4 查得其公差值或偏差值：

$$F_i'' = 72\ \mu m,\ f_i'' = 29\ \mu m,\ F_\beta = 24\ \mu m$$

（4）确定最小法向侧隙及齿厚偏差

由表 4-11 可选定最小法向侧隙 $j_{bnmin} = 0.14$ mm。

为确定侧隙减小量 J_n，可由附表 4-1 查得：$f_{pt1} = 17\ \mu m$，$f_{pt2} = 18\ \mu m$。则

$$J_n = \sqrt{(f_{pt1}^2 + f_{pt2}^2)\cos^2\alpha + 2 \times F_\beta^2} = \sqrt{(17^2 + 18^2)\cos^2 20° + 2 \times 24^2} \approx 41\ (\mu m)$$

又由附表 4-12 查得 $f_a = 31.5\ \mu m$，则

$$E_{sns} = -\left(\frac{j_{bnmin} + J_n}{2\cos\alpha} + f_a\tan\alpha\right) = -\left(\frac{0.14 + 0.041}{2 \times \cos 20°} + 0.0315 \times \tan 20°\right) \approx -0.108\ (mm)$$

由表 4-12 可得

$$b_r = 1.26 \times IT9 = 1.26 \times 74 = 93\ (\mu m)$$

由附表 4-8 可得

$$F_r = 43\ \mu m$$

则齿厚公差

$$T_{sn} = \sqrt{F_r^2 + b_r^2} \times 2\tan\alpha = \sqrt{43^2 + 93^2} \times 2 \times \tan 20° \approx 75\ (\mu m)$$

所以

$$E_{sni} = E_{sns} - T_{sn} = -0.108 - 0.075 = -0.183\ (mm)$$

再由附表 4-13 和附表 4-14 选用齿轮有关表面的表面粗糙度和几何公差要求后，一并标注在零件图上，如图 4-22 所示。

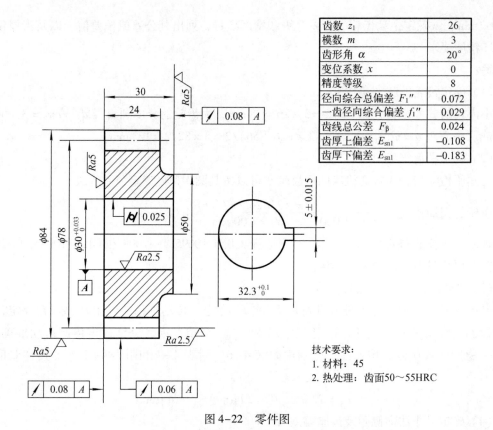

齿数 z_1	26
模数 m	3
齿形角 α	20°
变位系数 x	0
精度等级	8
径向综合总偏差 F_1''	0.072
一齿径向综合偏差 f_1''	0.029
齿线总公差 F_β	0.024
齿厚上偏差 E_{sn1}	−0.108
齿厚下偏差 E_{sn1}	−0.183

技术要求：
1. 材料：45
2. 热处理：齿面50~55HRC

图 4-22 零件图

第八节 渐开线圆柱齿轮精度测量

一、齿廓总误差的测量

1. 测量原理

根据渐开线的形成规律，利用精密机构产生正确的渐开线与实际齿廓进行比较，以确定齿廓总误差。成批生产且精度不高的齿轮可用渐开线样板检测其齿廓。小模数齿轮可在投影仪上将正确的渐开线图形放大，与放大相同倍数的实际齿廓影像相比较进行测量。专用的基圆盘式渐开线检查仪结构简单、传动链短，若装调适当，可获得较高的测量精度，但当测量不同基圆直径的齿轮时，需要更换基圆盘。专用的基圆盘式渐开线检查仪的通用性差，只适用于少数品种的批量生产。通用的基圆盘式渐开线检查仪可测量不同基圆直径的齿轮，不需更换基圆盘，通用性好，适用于多品种的批量生产。这里只介绍专用基圆盘式渐开线检查仪，如图 4-23 所示。

2. 测量仪器

齿廓总误差 ΔF_α 可以用专用的基圆盘式渐开线检查仪或通用的基圆盘式渐开线检查仪进行测量。

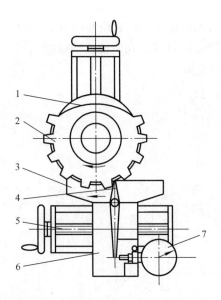

图 4-23　专用基圆盘式渐开线检查仪

1—基圆盘；2—被测齿轮；3—直尺；4—杠杆；5—丝杠；6—拖板；7—指示表

3. 测量步骤

齿廓总误差的测量步骤如下：

（1）将被测齿轮 2 与基圆盘 1 装在同一心轴上，基圆盘 1 的直径等于被测齿轮 2 的基圆直径，与装在拖板 6 上的直尺 3 相切。

（2）转动丝杠 5 带动拖板 6 移动时，直尺 3 与基圆盘 1 相互做纯滚动，测头与被测齿廓接触点相对于基圆盘 1 的运动轨迹应该是理想渐开线。若被测实际齿廓不是理想渐开线，则杠杆 4 在弹簧作用下产生摆动。

（3）指示表 7 读数的最大值与最小值之差即为 ΔF_α。

二、基圆齿距误差的测量

基圆齿距误差 Δf_{pb} 通常采用基节检查仪测量。高精度齿轮可在万能测齿仪上测量，对于小模数齿轮可在万能工具显微镜上用投影法测量。

1. 测量仪器

测量仪器为基节检查仪。如图 4-24 所示，活动量爪 5 通过杠杆和齿轮与指示表 6 相连，旋转调节螺杆 1 和螺杆 2 可分别调节固定量爪 3 和辅助支脚 4 的位置。采用相对测量法进行测量。

2. 测量步骤

基圆齿距误差的测量步骤如下：

（1）计算基节的理论值 $P_b = \pi m \cos\alpha$，根据计算值选取量块或组合量块，然后将组合好的量块放在调零器上，如图 4-25 所示。

（2）调整仪器零位。先转动表壳将指示表 6 的指针调至指针偏转范围的中心，再将仪器置于调零器的校对块上。松开仪器背面的锁紧螺钉，旋转调节螺杆 1，使固定量爪 3 的测量面与校对块Ⅰ的 A 面贴合，活动量爪 5 与校对块Ⅱ的 B 面贴合，旋转调节螺杆 1 使指示表 6 指针处于零位。转动表盘的微调螺钉或表壳使指针精确指向零。此时固定量爪 3 与活动量爪 5 之间的距离为基圆齿距的理论值。

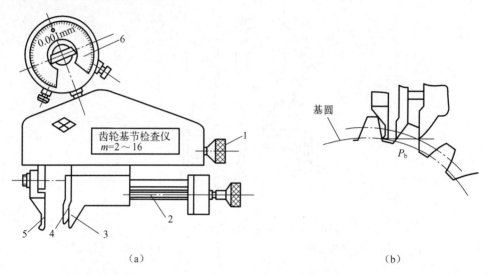

图 4-24　基节检查仪测量基节

1—调节螺杆；2—螺杆；3—固定量爪；4—辅助支脚；5—活动量爪；6—指示表

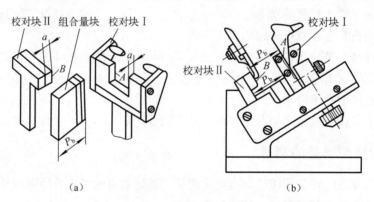

图 4-25　基节仪调零器

（3）将仪器辅助支脚 4 和固定量爪 3 跨放在被测齿廓上，借以保持测量时量爪的位置稳定性。活动量爪与相邻齿的同侧齿面接触，左右摆动仪器，指针顺时针转到最低点时读数，即为实际基圆齿距误差值。

（4）沿圆周均布的 n 个齿的左右齿廓分别测量左、右基节误差。取所有读数中绝对值最大的数作为被测齿轮的基圆齿距误差 Δf_{pb}。

三、单个齿距误差和齿距累积总误差的测量

齿距误差是在齿轮端平面上，在接近齿高中部的一个与齿轮轴线同心的圆上，实际齿距与理论齿距的代数差，齿距的测量方法有相对法和绝对法。

1. 相对测量法

1）测量原理

齿距仪是利用圆周封闭原理，以齿轮上任意一个齿距为基准，调整指示表零位，然后逐齿测量各齿对基准齿的相对齿距误差 $\Delta f_{pt相对}$。

2）测量仪器

测量仪器为齿距仪。如图 4-26（a）所示，测量时，固定量爪 8 可在仪器本体 1 的槽内移动，槽旁标有模数标尺 9，其刻度间距为 π，以便在调整时使两爪之间距离大致等于一个齿距。活动量爪 7 通过放大倍数为 2 的角杠杆与指示表 3 相连，若指示表 3 的刻度为 0.01 mm，则可获得 0.005 mm 的读数值。按齿轮的模数大小、齿数多少和精度高低，齿距仪有三种定位方式，如图 4-26 所示。其中，齿顶定位时，由于顶圆相对于齿圈中心可能有偏心，精度低；齿根定位时，由于齿根圆与齿圈同时切出，不会因偏心引起测量误差；内孔定位时，由于没有定位误差，定位精度高。

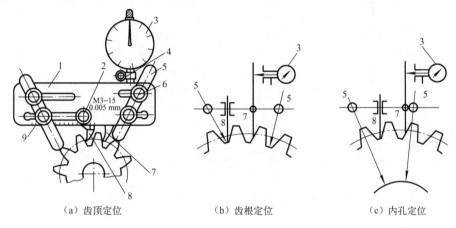

（a）齿顶定位   （b）齿根定位   （c）内孔定位

图 4-26 齿距仪测量齿距

1—仪器本体；2、6—紧固螺钉；3—指示表；4—指示表紧固螺钉；5—定位支脚；
7—活动量爪；8—固定量爪；9—模数标尺

3）测量步骤

采用相对法测量单个齿距偏差和齿距累积总误差的步骤如下：

（1）将指示表 3 装在仪器的表座里，使指示表测头与杠杆相接触，然后用指示表紧固螺钉 4 紧固。

（2）将固定量爪 8 按被测齿轮模数调整到模数标尺 9 的相应刻线上，用紧固螺钉 2 紧固。

（3）将仪器置于检验平板上，使固定量爪 8 和活动量爪 7 分别在分度圆附近与两相邻同侧齿廓相接触，并使指示表 3 有一定的压缩量，同时调整两定位支脚 5，使其末端与齿顶圆相接触或插入齿间，以齿根圆定位，用紧固螺钉 6 紧固，旋转指示表 3 的表壳，使指针指向零。以调零的这个实际齿距为测量基准，逐齿进行测量并记录数据。

（4）数据处理。测量完毕后，将测得的 $\Delta f_{pt相对}$ 填入表 4-14，逐个累加，计算出最终累加值 $\sum \Delta f_{pt相对}$ 的平均值即为基准齿距与公称齿距的差值 k。然后用 $\Delta f_{pt相对}$ 减去此差值，得到

绝对齿距误差 Δf_{pti}。其中绝对值最大者为单个齿距误差 Δf_{pt}。最后再将绝对齿距累加，累加值中最大值与最小值之差即为被测齿轮的 ΔF_p。

表 4 – 14　齿距误差测量结果　　　　　　　　　单位：μm

齿距（齿面）序号	读数（相对齿距误差）$\Delta f_{pt相对}$	齿距相对累积误差 $\sum \Delta f_{pt相对}$	齿距误差 $\Delta f_{pti} = \Delta f_{pti相对} - k$	齿距累积误差 $\Delta F_{pi} = \sum \Delta f_{pti}$
1	0	0	+2	+2
2	+1	+1	+3	+5
3	0	+1	+2	+7
4	+1	+2	+3	+10
5	+3	+5	+5	+15 ★
6	−7	−2	−5	+10
7	−4	−6	−2	+8
8	−7	−13	−5	+3
9	−6	−19	−4	−1
10	−3	−22	−1	−2
11	−5	−27	−3	−5
12	−8	−35	−6	−11
13	−8	−43	−6	−17
14	−5	−48	−3	−20 ★
15	+3	−45	+5	−15
16	+1	−44	+3	−12
17	+3	−41	+5	−7
18	+5	−36	+7	0
$\sum$			+35	−35

注：两处 ★ 分别为齿距累计误差 ΔF_{pi} 的最大值和最小值。

数据处理也可采用作图法，以横坐标为齿序，纵坐标为 $\sum \Delta f_{pt相对}$，绘出相对误差曲线，如图 4-27 所示。连接折线首尾两点的斜线作为累积误差的相对坐标轴线，然后从最高点 a 和最低点 b 分别作斜线的平行线，则两平行线之间的纵坐标的距离即代表 ΔF_p。此法简单直观，被广泛应用。

2. 绝对测量法

如图 4-28 所示，利用精密分度装置控制齿轮每次转过一个或 k 个理论齿距角，或利用

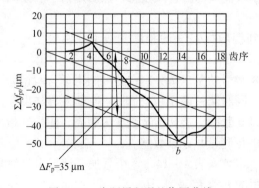

图 4-27　齿距累积误差作图曲线

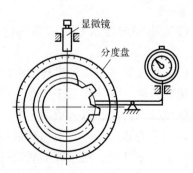

图 4-28　绝对法测量 ΔF_p 和 Δf_{pt}

定位装置控制被测齿轮每转过一个齿或 k 个齿，用角杠杆和指示表在被测齿轮上测量绝对齿距偏差，最大正负偏差的差值即为齿距累积总误差。绝对法不受测量累积误差的影响，其测量精度主要取决于分度装置，测量精度高，但检测麻烦，效率低，很少使用。

四、直齿螺旋线总误差的测量

螺旋线总误差 ΔF_β 应在齿向检查仪上或导程仪上测量，但直齿螺旋线总误差也可在偏摆仪上测量，只是需将指示表换为杠杆千分表。

1. 测量仪器

如图 4-29 所示为偏摆仪，用于测量直齿螺旋线总误差。

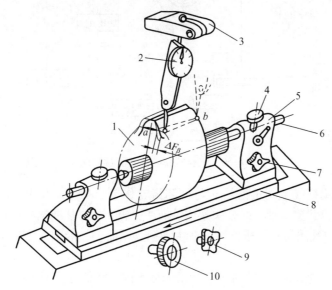

图 4-29　偏摆仪测量螺旋线总误差
1—被测齿轮；2—指示表；3—表架；4、7、9—锁紧螺钉；
5—顶尖座；6—顶尖；8—滑台；10—滑台移动手轮

2. 测量步骤

直齿螺旋线总误差的测量步骤如下：

（1）将被测齿轮 1 套在检验心轴上，并紧紧顶在两顶尖间，使其不能随意转动。用螺钉锁紧。

（2）将指示表 2 装在表架 3 上并锁紧。

（3）移动表架座，使指示表测头与齿轮在分度圆处（或齿高中部）接触，用手轻轻转动测头，使测头位移方向垂直于测量表面，并使测头有一定的压缩量。

（4）松开锁紧螺钉 9，移动表架 3，使测头沿齿面从 a 点移至 b 点，指针摆动量即为直齿螺旋线总误差 ΔF_β。

五、切向综合总误差及一齿切向综合误差的测量

切向综合总误差 $\Delta F_i'$ 用单面齿轮啮合综合检查仪进行测量，测量原理如图 4-30 所示。

信号拾取头 1 和信号拾取头 2 输出的电信号频率分别为 f_1 和 f_2，分别经过分频器分频，获得两频率相同的信号 f_1/z 和 f_2/k（z 为被测齿轮的齿数，k 为基准蜗杆的头数），最后两信号输入相位计。由于被测齿轮的运动误差，其角速度发生变化，使得两信号产生相应的相位差。经相位计比相后，输出的电压也相应地变化，记录器可绘出被测齿轮的切向综合总误差和一齿切向综合误差曲线，从而可确定 $\Delta F_i'$ 和 $\Delta f_i'$。

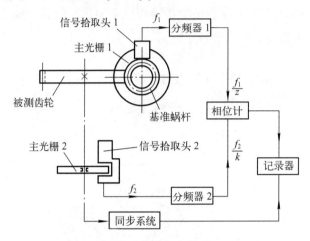

图 4-30　光栅式单啮仪的测量原理

测量时，基准蜗杆（或测量齿轮）与被测齿轮作单面啮合，其中心距固定不变。基准蜗杆由电动机经减速装置带动。蜗杆头架内装有主光栅 1，与基准蜗杆同步旋转。被测齿轮下面有主光栅 2，与被测齿轮同步旋转。在主光栅盘端面上，沿圆周方向刻有均匀分布的辐射状刻线。

圆光栅的测量原理如图 4-31 所示，指示光栅 5 固定在信号拾取头的镜筒上，见图 4-31（a），其刻线分布和间距与主光栅相同，但两者的参考圆中心具有微小的偏心量 e，使其刻线相互交叉，见图 4-31（b）、（c）。测量时，主光栅 6 相对于指示光栅 5 旋转，光源 1 通过隔热片 2、光栏 3 及聚光镜 4 产生平行光束，由指示光栅 5 和主光栅 6 透射，形成明暗相间的莫尔条纹，见图 4-31（d）。随着主光栅的连续旋转，莫尔条纹周期性地沿光栅盘径向移动。用光敏元件接收光信号，并将其转换为脉冲电信号，经放大后输出，便可精确反映出基准蜗杆和被测齿轮的角位移。

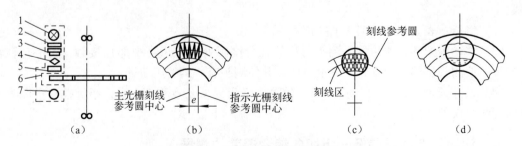

图 4-31　圆光栅的测量原理

1—光源；2—隔热片；3—光栏；4—聚光镜；5—指示光栅；6—主光栅；7—光敏元件

基准蜗杆的精度应至少比被测齿轮高 4 级。否则应对被测齿轮所引起的误差进行修正。被测齿轮也可用基准蜗杆或测头代替，但只能获得某截面上的切向综合误差，要想获得全齿宽范围内切向综合总误差，就必须在全齿宽上测量。

单面齿轮啮合综合检查仪测量切向综合总误差，测量状态与齿轮的工作状态比较接近，故误差曲线比较全面、真实地反映了齿轮的误差情况且综合了各种误差的影响，是高效、自动化、综合测量的仪器，但由于其价格昂贵，未被广泛使用。

六、径向综合总误差和一齿径向综合误差的测量

1. 测量仪器

径向综合总误差可用齿轮双面啮合综合检查仪进行测量，如图 4-32 所示。

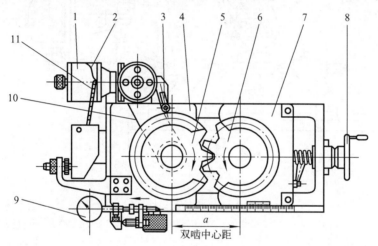

图 4-32　双啮仪测量示意图

1—记录纸；2—误差曲线；3—手柄；4—浮动托板；5—基准齿轮；6—被测齿轮；
7—固定托板；8—手轮；9—指示表；10—传送皮带；11—划针

2. 测量步骤

径向综合总误差和一齿径向综合误差的测量步骤如下：

（1）将浮动托板的控制手柄扳到正上方（即将浮动托板置于浮动范围的中间位置），装上指示表，使其压缩 1 ～ 2 圈后用螺钉紧固，并转动表盘使指针指向零。然后将手柄扳至左边，将浮动托板控制到极左位置。

（2）将被测齿轮安装在固定托板的心轴上，基准齿轮安装在浮动托板的心轴上。

（3）根据两齿轮的理论中心距转动手轮，将固定托板调整到相应位置，然后将固定托板锁紧。

（4）将浮动托板控制手柄扳至右边使之放松，在弹簧作用下，两齿轮做紧密无侧隙的双面啮合。

（5）使被测齿轮回转一周，测量数据可由指示表逐点读出，也可由记录装置绘出误差曲线。整条误差曲线最高点与最低点的高度差即为双啮中心矩 a 的总变动量 $\Delta F_i''$。一个齿距范围内最高点与最低点的高度差即为 $\Delta f_i''$。

七、径向跳动的测量

径向跳动 ΔF_r 是在齿轮旋转一周范围内，测头（球形、圆柱形、砧形）相继置于每个齿槽内时，从它到齿轮轴线的最大和最小径向距离之差，通常在齿轮跳动检查仪（或偏摆仪）上测量。

1. 测量仪器

如图 4-33 所示为齿轮跳动检查仪。

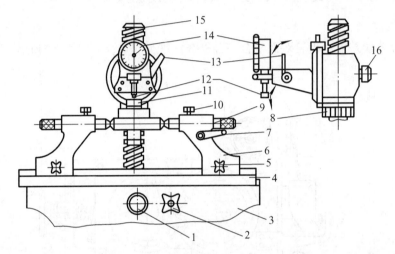

图 4-33　齿轮跳动检查仪

1—滑台移动手轮；2—滑台锁紧手柄；3—底座；4—滑台；5、10—锁紧螺钉；6—顶尖架；
7—顶尖移动手柄；8—调节螺母；9—顶尖；11—被测齿轮；12—测头；13—指示表拨动手柄；
14—指示表；15—立柱；16—立柱紧固螺钉

2. 测量步骤

径向跳动 ΔF_r 的测量步骤如下：

（1）选择合适的测头，使之能够在齿高中部与齿面双面接触，也可用辅助测量的小圆柱代替。

（2）调整好仪器，将被测齿轮安装在检验心轴上，顶在两顶尖间，使其既能灵活转动又无轴向窜动。

（3）任选一齿槽调零，同时使指示表的小指针指在量程中段。

（4）顺时针拨动被测齿轮，依次将测头（球形、圆柱形、砧形）置于每个齿槽内，在示值稳定后读数，逐齿测量一周，记下指示表读数，最大值与最小值之差即为 ΔF_r。

八、齿厚偏差的测量

齿厚以分度圆弧长计值，而测量时以弦长计值。

1. 测量仪器

齿厚偏差通常用齿厚游标卡尺测量，如图 4-34 所示。

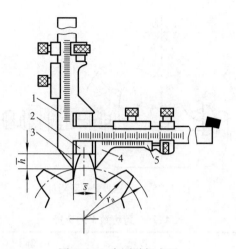

图 4-34　齿厚游标卡尺

1—直立游标尺；2—定位高度尺；3—固定量爪；4—活动量爪；5—水平游标尺

2. 测量步骤

齿厚偏差的测量步骤如下：

（1）测量被测齿轮实际齿顶圆半径 r_a'，并计算出理论的齿顶圆半径 r_a。理论齿顶圆半径的计算公式为

$$r_a = \frac{1}{2}m(z+2) \tag{4-35}$$

（2）计算出分度圆处的公称弦齿高 $\bar{h}$ 和公称弦齿厚 $\bar{s}$ 和实际分度圆弦齿高 $\bar{h}'$。计算公式分别为

$$\bar{h} = m\left[1 + \frac{z}{2}\left(1 - \cos\frac{90°}{z}\right)\right] \tag{4-36}$$

$$\bar{s} = mz\sin\frac{90°}{z} \tag{4-37}$$

$$\bar{h}' = \bar{h} - (r_a - r_a') \tag{4-38}$$

（3）将直立游标尺 1 准确地定位到 $\bar{h}'$，并用螺钉紧固。

（4）将卡尺置于齿轮上，使定位高度尺 2 的顶端与齿顶圆正中接触，然后将固定量爪 3 和活动量爪 4 充分靠近齿廓，从水平游标尺 5 上读出分度圆弦齿厚的实际尺寸。依次在圆周的 4 个等距位置上进行测量。

（5）将实际齿厚 $\bar{s}'$ 减去理论公称弦齿厚 $\bar{s}$ 即为齿厚偏差 E_{sn}，若满足 $E_{sni} \leqslant E_{sn} \leqslant E_{sns}$，则齿厚合格。

九、公法线长度偏差的测量

公法线长度偏差 E_{bn} 可以用公法线千分尺、公法线指示卡规和万能测齿仪测量，这里主要介绍公法线千分尺的使用。测量方法如图 4-35 所示，跨齿数 k 的选择应使公法线与两侧齿面在分度圆附近相交，一般取 $k = z\alpha/180° + 0.5$ 或查表 4-15 选择。

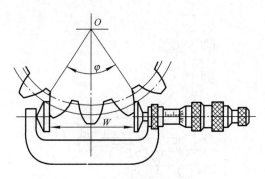

图 4-35　公法线千分尺测量

表 4-15　跨齿数 k 的选择

齿数 z	$10 \sim 18$	$19 \sim 27$	$28 \sim 36$	$37 \sim 45$
跨齿数 k	2	3	4	5

1. 测量仪器

测量仪器为公法线千分尺。测量范围有 $0 \sim 25\,\mathrm{mm}$、$25 \sim 50\,\mathrm{mm}$、$50 \sim 75\,\mathrm{mm}$ 等若干规格，分度值为 $0.01\,\mathrm{mm}$。测量时根据被测齿轮的公法线长度选取适合的规格。

2. 测量步骤

公法线长度偏差的测量步骤如下：

（1）计算公法线长度 W_k，选择适当规格的公法线千分尺，并校对零位。

（2）按确定的跨齿数 k，每跨过 n 个齿测量一条公法线长度值，在齿轮一圈中，逐齿测量所有公法线长度。

（3）计算所测公法线长度的平均值与 W_k 的差值 E_{bn}，若满足 $E_{bni} \leqslant E_{bn} \leqslant E_{bns}$，则侧隙合理。

本 章 小 结

1. 主要内容

（1）齿轮传动的使用要求与加工误差。

（2）齿轮的精度指标，齿轮配合，齿轮安装精度。

（3）齿轮精度标准及其应用。

（4）齿坯精度以及渐开线圆柱齿轮主要精度指标的测量仪器及测量方法。

（5）了解新国标的使用条件：即 GB/T 10095.1—2008 只适用于单个齿轮要素，不包括齿轮副；GB/T 10095.2—2008 径向综合偏差的公差仅适用于产品齿轮与刚量齿轮的啮合检验，而不适合两个齿轮的啮合检验。GB/Z 18620—2008 为《圆柱齿轮检验实施规范》是指导性技术文件，提供的数据不作为严格的精度判据，而作为共同协议的指南来使用。

2. 新旧国标对比

（1）对标准名称作了修改。

（2）对部分术语作了修改。

"极限偏差"均改为"偏差","k 连续的齿距数"改为"k 相继齿距数","总公差"均改为"总偏差"("齿距累积总公差"改为"齿距累积差","齿廓总公差"改为"齿廓总偏差","螺旋线总公差"改为"螺旋线总偏差","切向综合总公差"改为"切向综合总偏差")等。

（3）将"等同采用 ISO 1328 – 1：1997"改为"等同采用 ISO 1328 – 1：1995"（无 ISO 1328 – 1：1997 版）。

（4）对部分条款的文字表述作了修改。

（5）渐开线圆柱齿轮精度新标准中，没有规定齿轮的检验组，只是推荐了检验组及其检验项目；新标准重视以往贯彻旧标准取得的经验和成果。

4-1　某普通车床进给系统中的一对直齿圆柱齿轮，传递功率为 3 kW，主动齿轮齿数 $z_1 = 40$，其最高转速为 $n_1 = 700$ r/min，模数 $m = 2$ mm，$z_2 = 80$，齿宽 $b_1 = 15$ mm，齿形角 $\alpha = 20°$；齿轮的材料为 45 钢，$\alpha_1 = 11.5 \times 10^{-6} 1/℃$；箱体材料为铸铁，$\alpha_2 = 10.5 \times 10^{-6} 1/℃$；工作时，齿轮 z_1 的温度为 60℃，箱体的温度为 40℃，齿轮的润滑方式为喷油润滑。经供需双方商定，中心距偏差 $f_a = 27$ μm；齿轮需检验 f_{pt}、F_P、F_α、F_β、F_r，精度等级均为 6 级。试确定齿轮副的法向间隙、齿轮 1 的齿厚偏差、检验参数的允许值和齿坯的技术要求，绘制齿轮 1 的工作图。

4-2　某渐开线圆柱直齿齿轮，$m = 2.5$ mm，$z = 40$，$b = 25$ mm，若实测得 $\Delta F_\alpha = 12$ μm，$\Delta f_{pt} = -10$ μm，$\Delta F_\beta = 20$ μm。问该齿轮可达几级精度？

4-3　某渐开线圆柱直齿齿轮，$m = 3$ mm，$z = 30$ mm，$\alpha = 20°$，$b = 20$ mm，若实测得 $\Delta F_P = 50$ μm，$\Delta f_{pt} = -12$ μm，$\Delta F_r = 42$ μm，$\Delta F_\beta = 10$ μm，试确定该齿轮的公差等级。

4-4　一对互啮的渐开线直齿圆柱齿轮，$m = 3$ mm，$b = 20$ mm，$z_1 = 30$，$z_2 = 90$，6 级精度（GB/T 10095.1—2008、GB/T 10095.2—2008）。试查表补全表 4-16（以 μm 为单位）。

表 4-16　题 4-4

项　　目	代号	z_1	z_2
	F_α		
齿廓形状公差			
齿廓倾斜偏差			
	F_P		
齿距偏差			
	F_β		
齿线形状公差			
齿线倾斜偏差			
径向综合总偏差			
一齿径向综合公差			
齿圈径向跳动公差			

4-5 有一 7 级精度的渐开线直齿圆柱齿轮，模数 $m = 3\ \text{mm}$，齿数 $z = 30$，齿形角 $\alpha = 20°$。检测结果为 $\Delta F_r = 20\ \mu\text{m}$，$\Delta F_p = 36\ \mu\text{m}$。问该齿轮的两项评定指标是否满足设计要求？为什么？

4-6 今测得一模数 $m = 3\ \text{mm}$，齿数 $z = 12$ 的直齿圆柱齿轮的齿距累积总误差和单个齿距偏差，测得数据表 4-17。

表 4-17 题 4-6

序　号	1	2	3	4	5	6	7	8	9	10	11	12
测量读数/μm	0	+5	+5	+10	-20	-10	-20	-18	-10	-10	+15	+5

试根据定义求齿距累积总误差 ΔF_p 和单个齿距偏差 Δf_{pt}。如果该齿轮的图样标注为 8GB/T 10095.1—2008，问上述两项评定指标是否合格？

附 表 四

附表 4-1 单个齿距偏差 $\pm f_{pt}$（GB/T 10095.1—2008）　　　　　单位：μm

分度圆直径 d/mm	模数 m/mm	精 度 等 级											
		0	1	2	3	4	5	6	7	8	9	10	11	12
$5 \leqslant d \leqslant 20$	$0.5 \leqslant m \leqslant 2$	0.8	1.2	1.7	2.3	3.3	4.7	6.5	9.5	13.0	19.0	26.0	37.0	53.0
	$2 < m \leqslant 3.5$	0.9	1.3	1.8	2.6	3.7	5.0	7.5	10.0	15.0	21.0	29.0	41.0	59.0
$20 < d \leqslant 50$	$0.5 \leqslant m \leqslant 2$	0.9	1.2	1.8	2.7	3.5	5.0	7.0	10.0	14.0	20.0	28.0	40.0	56.0
	$2 < m \leqslant 3.5$	1.0	1.4	1.9	2.7	3.9	5.5	7.5	11.0	15.0	22.0	31.0	44.0	62.0
	$3.5 < m \leqslant 6$	1.1	1.5	2.1	3.0	4.3	6.0	8.5	12.0	17.0	24.0	34.0	48.0	68.0
	$6 < m \leqslant 10$	1.2	1.7	2.5	3.5	4.9	7.0	10.0	14.0	20.0	28.0	40.0	56.0	79.0
$50 < d \leqslant 125$	$0.5 \leqslant m \leqslant 2$	0.9	1.3	1.9	2.7	3.8	5.5	7.5	11.0	15.0	21.0	30.0	43.0	61.0
	$2 < m \leqslant 3.5$	1.0	1.5	2.1	2.9	4.1	6.0	8.5	12.0	17.0	23.0	33.0	47.0	66.0
	$3.5 < m \leqslant 6$	1.1	1.6	2.3	3.2	4.6	6.5	9.0	13.0	18.0	26.0	36.0	52.0	73.0
	$6 < m \leqslant 10$	1.3	1.8	2.6	3.7	5.0	7.5	10.0	15.0	21.0	30.0	42.0	59.0	84.0
	$10 < m \leqslant 16$	1.6	2.2	3.1	4.4	6.5	9.0	13.0	18.0	25.0	35.0	50.0	71.0	100.0
	$16 < m \leqslant 25$	2.0	2.8	3.9	5.5	8.0	11.0	16.0	22.0	31.0	44.0	63.0	89.0	125.0
$125 < d \leqslant 280$	$0.5 \leqslant m \leqslant 2$	1.1	1.5	2.1	3.0	4.2	6.0	8.5	12.0	17.0	24.0	34.0	48.0	67.0
	$2 < m \leqslant 3.5$	1.1	1.6	2.3	3.2	4.6	6.5	9.0	13.0	18.0	26.0	36.0	51.0	73.0
	$3.5 < m \leqslant 6$	1.2	1.8	2.5	3.5	5.0	7.0	10.0	14.0	20.0	28.0	40.0	56.0	79.0
	$6 < m \leqslant 10$	1.4	2.0	2.8	4.0	5.5	8.0	11.0	16.0	23.0	32.0	45.0	64.0	90.0
	$10 < m \leqslant 16$	1.7	2.4	3.3	4.7	6.5	9.5	13.0	19.0	27.0	38.0	53.0	75.0	107.0
	$16 < m \leqslant 25$	2.1	2.9	4.1	6.0	8.0	12.0	16.0	23.0	33.0	47.0	66.0	93.0	132.0
	$25 < m \leqslant 40$	2.7	3.8	5.5	7.5	11.0	15.0	21.0	30.0	43.0	61.0	86.0	121.0	171.0

分度圆直径 d/mm	模数 m /mm	精度等级												
		0	1	2	3	4	5	6	7	8	9	10	11	12
280 < d ≤ 560	0.5 ≤ m ≤ 2	1.2	1.7	2.4	3.3	4.7	5.5	9.5	13.0	19.0	27.0	38.0	54.0	76.0
	2 < m ≤ 3.5	1.3	1.8	2.5	3.6	5.0	7.0	10.0	14.0	20.0	29.0	41.0	57.0	81.0
	3.5 < m ≤ 6	1.4	1.9	2.7	3.9	5.5	8.0	11.0	16.0	22.0	31.0	44.0	62.0	88.0
	6 < m ≤ 10	1.5	2.2	3.1	4.4	6.0	8.5	12.0	17.0	25.0	35.0	49.0	70.0	99.0
	10 < m ≤ 16	1.8	2.5	3.6	5.0	7.0	10.0	14.0	20.0	29.0	41.0	58.0	81.0	115.0
	16 < m ≤ 25	2.2	3.1	4.4	6.0	9.0	12.0	18.0	25.0	35.0	50.0	70.0	99.0	140.0
	25 < m ≤ 40	2.8	4.0	5.5	8.0	11.0	16.0	22.0	32.0	45.0	63.0	90.0	127.0	180.0
	40 < m ≤ 70	3.9	5.5	8.0	11.0	16.0	22.0	31.0	45.0	63.0	89.0	126.0	178.0	252.0
560 < d ≤ 1 000	0.5 ≤ m ≤ 2	1.3	1.9	2.7	3.8	5.5	7.5	11.0	15.0	21.0	30.0	43.0	61.0	86.0
	2 < m ≤ 3.5	1.4	2.0	2.9	4.0	5.5	8.0	11.0	16.0	23.0	32.0	46.0	65.0	91.0
	3.5 < m ≤ 6	1.5	2.2	3.1	4.3	6.0	8.5	12.0	17.0	24.0	35.0	49.0	69.0	98.0
	6 < m ≤ 10	1.7	2.4	3.4	4.8	7.0	9.5	14.0	19.0	27.0	38.0	54.0	77.0	109.0
	10 < m ≤ 16	2.0	2.8	3.9	5.5	8.0	11.0	16.0	22.0	31.0	44.0	63.0	89.0	125.0
	16 < m ≤ 25	2.3	3.3	4.7	6.5	9.5	13.0	19.0	27.0	38.0	53.0	75.0	106.0	150.0
	25 < m ≤ 40	3.0	4.2	6.0	8.5	12.0	17.0	24.0	34.0	47.0	67.0	95.0	134.0	190.0
	40 < m ≤ 70	4.1	6.0	8.0	12.0	16.0	23.0	33.0	46.0	65.0	93.0	131.0	185.0	262.0

附表 4-2　齿距累积总偏差 F_p（GB/T 10095.1—2008）　　　　单位：μm

分度圆直径 d/mm	模数 m /mm	精度等级												
		0	1	2	3	4	5	6	7	8	9	10	11	12
5 ≤ d ≤ 20	0.5 ≤ m ≤ 2	2.0	2.8	4.0	5.5	8.0	11.0	16.0	23.0	32.0	45.0	64.0	90.0	127.0
	2 < m ≤ 3.5	2.1	2.9	4.2	6.0	8.5	12.0	17.0	23.0	33.0	47.0	66.0	94.0	133.0
20 < d ≤ 50	0.5 ≤ m ≤ 2	2.5	3.6	5.0	7.0	10.0	14.0	20.0	29.0	41.0	57.0	81.0	115.0	162.0
	2 < m ≤ 3.5	2.6	3.7	5.0	7.5	10.0	15.0	21.0	30.0	42.0	59.0	84.0	119.0	168.0
	3.5 < m ≤ 6	2.7	3.9	5.5	7.5	11.0	15.0	22.0	31.0	44.0	62.0	87.0	123.0	174.0
	6 < m ≤ 10	2.9	4.1	6.0	8.0	12.0	16.0	23.0	33.0	46.0	65.0	93.0	131.0	185.0
50 < d ≤ 125	0.5 ≤ m ≤ 2	3.3	4.6	6.5	9.0	13.0	18.0	26.0	37.0	52.0	74.0	104.0	147.0	208.0
	2 < m ≤ 3.5	3.3	4.7	6.5	9.5	13.0	19.0	27.0	38.0	53.0	76.0	107.0	151.0	214.0
	3.5 < m ≤ 6	3.4	4.9	7.0	9.5	14.0	19.0	28.0	39.0	55.0	78.0	110.0	156.0	220.0
	6 < m ≤ 10	3.6	5.0	7.5	10.0	14.0	20.0	29.0	41.0	58.0	82.0	116.0	164.0	231.0
	10 < m ≤ 16	3.9	5.5	7.5	11.0	15.0	22.0	31.0	44.0	62.0	88.0	124.0	175.0	248.0
	16 < m ≤ 25	4.3	6.0	8.5	12.0	17.0	24.0	34.0	48.0	68.0	96.0	136.0	193.0	273.0

分度圆直径 d/mm	模数 m /mm	精 度 等 级												
		0	1	2	3	4	5	6	7	8	9	10	11	12
125 < d ≤ 280	0.5 ≤ m ≤ 2	4.3	6.0	8.5	12.0	17.0	24.0	35.0	49.0	69.0	98.0	138.0	195.0	276.0
	2 < m ≤ 3.5	4.4	6.0	9.0	12.0	18.0	25.0	35.0	50.0	70.0	100.0	141.0	199.0	282.0
	3.5 < m ≤ 6	4.5	6.0	9.0	12.0	18.0	25.0	36.0	51.0	72.0	102.0	144.0	204.0	288.0
	6 < m ≤ 10	4.7	6.5	9.5	13.0	19.0	26.0	37.0	53.0	75.0	106.0	149.0	211.0	299.0
	10 < m ≤ 16	4.9	7.0	10.0	14.0	20.0	28.0	38.0	56.0	79.0	112.0	158.0	223.0	316.0
	16 < m ≤ 25	5.5	7.5	11.0	15.0	21.0	30.0	43.0	60.0	85.0	120.0	170.0	241.0	341.0
	25 < m ≤ 40	6.0	8.5	12.0	17.0	24.0	34.0	47.0	67.0	95.0	134.0	190.0	269.0	380.0
280 < d ≤ 560	0.5 ≤ m ≤ 2	5.5	8.0	11.0	16.0	23.0	32.0	46.0	64.0	91.0	129.0	182.0	257.0	364.0
	2 < m ≤ 3.5	6.0	8.0	12.0	16.0	23.0	33.0	46.0	65.0	92.0	131.0	185.0	261.0	370.0
	3.5 < m ≤ 6	6.0	8.5	12.0	17.0	24.0	33.0	47.0	66.0	94.0	133.0	188.0	266.0	376.0
	6 < m ≤ 10	6.0	8.5	12.0	17.0	24.0	34.0	48.0	68.0	97.0	137.0	193.0	274.0	387.0
	10 < m ≤ 16	6.5	9.0	13.0	18.0	25.0	36.0	50.0	71.0	101.0	143.0	202.	285.0	404.0
	16 < m ≤ 25	6.5	9.5	13.0	19.0	27.0	38.0	54.0	76.0	107.0	151.0	214.0	303.0	428.0
	25 < m ≤ 40	7.5	10.0	15.0	21.0	29.0	41.0	58.0	83.0	117.0	165.0	234.0	331.0	468.0
	40 < m ≤ 70	8.5	12.0	17.0	24.0	34.0	48.0	68.0	95.0	135.0	191.0	270.0	382.0	540.0
560 < d ≤ 1000	0.5 ≤ m ≤ 2	7.5	10.0	15.0	21.0	29.0	41.0	59.0	83.0	117.0	166.0	235.0	332.0	469.0
	2 < m ≤ 3.5	7.5	10.0	15.0	21.0	30.0	42.0	59.0	84.0	119.0	168.0	238.0	336.0	475.0
	3.5 < m ≤ 6	7.5	11.0	15.0	21.0	30.0	43.0	60.0	85.0	120.0	170.0	241.0	341.0	482.0
	6 < m ≤ 10	7.5	11.0	15.0	22.0	31.0	44.0	62.0	87.0	123.0	174.0	246.0	348.0	492.0
	10 < m ≤ 16	8.0	11.0	16.0	22.0	32.0	45.0	64.0	90.0	127.0	180.0	254.0	360.0	509.0
	16 < m ≤ 25	8.5	12.0	17.0	24.0	33.0	47.0	67.0	94.0	133.0	189.0	267.0	378.0	534.0
	25 < m ≤ 40	9.0	13.0	18.0	25.0	36.0	51.0	72.0	101.0	143.0	203.0	287.0	405.0	573.0
	40 < m ≤ 70	10.0	14.0	20.0	29.0	40.0	57.0	81.0	114.0	161.0	228.0	323.0	457.0	646.0

附表 4-3　齿廓总偏差 F_α（GB/T 10095.1—2008）　　　单位：μm

分度圆直径 d/mm	模数 m /mm	精 度 等 级												
		0	1	2	3	4	5	6	7	8	9	10	11	12
5 ≤ d ≤ 20	0.5 ≤ m ≤ 2	0.8	1.1	1.6	2.3	3.2	4.6	6.5	9.0	13.0	18.0	26.0	37.0	52.0
	2 < m ≤ 3.5	1.2	1.7	2.3	3.3	4.7	6.5	9.5	13.0	19.0	26.0	37.0	53.0	75.0
20 < d ≤ 50	0.5 ≤ m ≤ 2	0.9	1.3	1.8	2.6	3.6	5.0	7.5	10.0	15.0	21.0	29.0	41.0	58.0
	2 < m ≤ 3.5	1.3	1.8	2.5	3.6	5.0	7.0	10.0	14.0	20.0	29.0	40.0	57.0	81.0
	3.5 < m ≤ 6	1.6	2.2	3.1	4.4	6.0	9.0	12.0	18.0	25.0	35.0	50.0	70.0	99.0
	6 < m ≤ 10	1.9	2.7	3.8	5.5	7.5	11.0	15.0	22.0	31.0	43.0	61.0	87.0	123.0

分度圆直径 d/mm	模数 m/mm	精 度 等 级											
		0	1	2	3	4	5	6	7	8	9	10	11	12
50 < d ≤ 125	0.5 ≤ m ≤ 2	1.0	1.5	2.1	2.9	4.1	6.0	8.5	12.0	17.0	23.0	33.0	47.0	66.0
	2 < m ≤ 3.5	1.4	2.0	2.8	3.9	5.5	8.0	11.0	16.0	22.0	31.0	44.0	63.0	89.0
	3.5 < m ≤ 6	1.7	2.4	3.4	4.8	6.5	9.5	13.0	19.0	27.0	38.0	54.0	76.0	108.0
	6 < m ≤ 10	2.0	2.9	4.1	6.0	8.0	12.0	16.0	23.0	33.0	46.0	65.0	92.0	131.0
	10 < m ≤ 16	2.5	3.5	5.0	7.0	10.0	14.0	20.0	28.0	40.0	56.0	79.0	112.0	159.0
	16 < m ≤ 25	3.0	4.2	6.0	8.5	12.0	17.0	24.0	34.0	48.0	68.0	96.0	136.0	192.0
125 < d ≤ 280	0.5 ≤ m ≤ 2	1.2	1.7	2.4	3.5	4.9	7.0	10.0	14.0	20.0	28.0	39.0	55.0	78.0
	2 < m ≤ 3.5	1.6	2.2	3.2	4.5	6.5	9.0	13.0	18.0	25.0	36.0	50.0	71.0	101.0
	3.5 < m ≤ 6	1.9	2.6	3.7	5.5	7.5	11.0	15.0	21.0	30.0	42.0	60.0	84.0	119.0
	6 < m ≤ 10	2.2	3.2	4.5	6.5	9.0	13.0	18.0	25.0	36.0	50.0	71.0	101.0	143.0
	10 < m ≤ 16	2.7	3.8	5.5	7.5	11.0	15.0	21.0	30.0	43.0	60.0	85.0	121.0	171.0
	16 < m ≤ 25	3.2	4.5	6.5	9.0	13.0	18.0	25.0	36.0	51.0	72.0	102.0	144.0	204.0
	25 < m ≤ 40	3.8	5.5	7.5	11.0	15.0	22.0	31.0	43.0	61.0	87.0	123.0	174.0	246.0
280 < d ≤ 560	0.5 ≤ m ≤ 2	1.5	2.1	2.9	4.1	6.0	8.5	12.0	17.0	23.0	33.0	47.0	66.0	94.0
	2 < m ≤ 3.5	1.8	2.6	3.6	5.0	7.5	10.0	15.0	21.0	29.0	41.0	58.0	82.0	116.0
	3.5 < m ≤ 6	2.1	3.0	4.2	6.0	8.5	12.0	17.0	24.0	34.0	48.0	67.0	95.0	135.0
	6 < m ≤ 10	2.5	3.5	4.9	7.0	10.0	14.0	20.0	28.0	40.0	56.0	79.0	112.0	158.0
	10 < m ≤ 16	2.9	4.1	6.0	8.0	12.0	16.0	23.0	33.0	47.0	66.0	93.0	132.0	186.0
	16 < m ≤ 25	3.4	4.8	7.0	9.5	14.0	19.0	27.0	39.0	55.0	78.0	110.0	155.0	219.0
	25 < m ≤ 40	4.1	6.0	8.0	12.0	16.0	23.0	33.0	46.0	65.0	92.0	131.0	185.0	261.0
	40 < m ≤ 70	5.0	7.0	10.0	14.0	20.0	28.0	40.0	57.0	80.0	113.0	160.0	227.0	321.0
560 < d ≤ 1000	0.5 ≤ m ≤ 2	1.8	2.5	3.5	5.0	7.0	10.0	14.0	20.0	28.0	40.0	56.0	79.0	112.0
	2 < m ≤ 3.5	2.1	3.0	4.2	6.0	8.5	12.0	17.0	24.0	34.0	48.0	67.0	95.0	135.0
	3.5 < m ≤ 6	2.4	3.4	4.8	7.0	9.5	14.0	19.0	27.0	38.0	54.0	77.0	109.0	154.0
	6 < m ≤ 10	2.8	3.9	5.5	8.0	11.0	16.0	22.0	31.0	44.0	62.0	88.0	125.0	177.0
	10 < m ≤ 16	3.2	4.5	6.5	9.0	13.0	18.0	26.0	36.0	51.0	72.0	102.0	145.0	205.0
	16 < m ≤ 25	3.7	5.5	7.5	11.0	16.0	22.0	31.0	44.0	62.0	88.0	125.0	168.0	238.0
	25 < m ≤ 40	4.4	6.0	8.5	12.0	17.0	25.0	35.0	49.0	70.0	99.0	140.0	198.0	280.0
	40 < m ≤ 70	5.5	7.5	11.0	15.0	21.0	30.0	42.0	60.0	85.0	120.0	170.0	24.0	339.0

附表 4-4　螺旋线总偏差 F_β（GB/T 10095.1—2008）　　　　单位：μm

分度圆直径 d/mm	齿宽 b/mm	精度等级												
		0	1	2	3	4	5	6	7	8	9	10	11	12
5≤d≤20	4≤b≤10	1.1	1.5	2.2	3.1	4.3	6.0	8.5	12.0	17.0	24.0	35.0	49.0	69.0
	10≤b≤20	1.2	1.7	2.4	3.4	4.9	7.0	9.5	14.0	19.0	28.0	39.0	55.0	78.0
	20≤b≤40	1.4	2.0	2.8	3.9	5.5	8.0	11.0	16.0	22.0	31.0	45.0	63.0	89.0
	40≤b≤80	1.6	2.3	3.3	4.6	6.5	9.5	13.0	19.0	26.0	37.0	52.0	74.0	105.0
20<d≤50	4≤b≤10	1.1	1.6	2.2	3.2	4.5	6.5	9.0	13.0	18.0	25.0	36.0	51.0	72.0
	10<b≤20	1.3	1.8	2.5	3.6	5.0	7.0	10.0	14.0	20.0	29.0	40.0	57.0	81.0
	20<b≤40	1.4	2.0	2.9	4.1	5.5	8.0	11.0	16.0	23.0	32.0	46.0	65.0	92.0
	40<b≤80	1.7	2.4	3.4	4.8	6.5	9.5	13.0	19.0	27.0	38.0	54.0	76.0	107.0
	80<b≤160	2.0	2.9	4.1	5.5	8.0	11.0	16.0	23.0	32.0	46.0	65.0	92.0	130.0
50<d≤125	4≤b≤10	1.2	1.7	2.4	3.3	4.7	6.5	9.5	13.0	19.0	27.0	38.0	53.0	76.0
	10<b≤20	1.3	1.9	2.6	3.7	5.5	7.5	11.0	15.0	21.0	30.0	42.0	60.0	84.0
	20<b≤40	1.5	2.1	3.0	4.2	6.0	8.5	12.0	17.0	24.0	34.0	48.0	68.0	95.0
	40<b≤80	1.7	2.5	3.5	4.9	7.0	10.0	14.0	20.0	28.0	39.0	56.0	79.0	111.0
	80<b≤160	2.1	2.9	4.2	6.0	8.5	12.0	17.0	24.0	33.0	47.0	67.0	94.0	133.0
	160<b≤250	2.5	3.5	4.9	7.0	10.5	14.0	20.0	28.0	40.0	56.0	79.0	112.0	158.0
	250<b≤400	2.9	4.1	6.0	8.0	12.0	16.0	23.0	33.0	46.0	65.0	92.0	130.0	184.0
125<d≤280	4≤b≤10	1.3	1.8	2.5	3.6	5.0	7.0	10.0	14.0	20.0	29.0	40.0	57.0	81.0
	10<b≤20	1.4	2.0	2.8	4.0	5.5	8.0	11.0	16.0	22.0	32.0	45.0	63.0	90.0
	20<b≤40	1.6	2.2	3.2	4.5	6.5	9.0	13.0	18.0	25.0	36.0	50.0	71.0	101.0
	40<b≤80	1.8	2.6	3.6	5.0	7.5	10.0	15.0	21.0	29.0	41.0	58.0	82.0	117.0
	80<b≤160	2.2	3.1	4.3	6.0	8.5	12.0	17.0	25.0	35.0	49.0	69.0	98.0	139.0
	160<b≤250	2.6	3.6	5.0	7.0	10.0	14.0	20.0	29.0	41.0	58.0	82.0	116.0	164.0
	250<b≤400	3.0	4.2	6.0	8.5	12.0	17.0	24.0	34.0	47.0	67.0	95.0	134.0	190.0
	400<b≤650	3.5	4.9	7.0	10.0	14.0	20.0	28.0	40.0	56.0	79.0	112.0	158.0	224.0
280<d≤560	10≤b≤20	1.5	2.1	3.0	4.3	6.0	8.5	12.0	17.0	24.0	34.0	48.0	68.0	97.0
	20<b≤40	1.7	2.4	3.4	4.8	6.5	9.5	13.0	19.0	27.0.	38.0	54.0	76.0	108.0
	40<b≤80	1.9	2.7	3.9	5.5	7.5	11.0	15.0	22.0	31.0	44.0	62.0	87.0	124.0
	80<b≤160	2.3	3.2	4.6	6.5	9.0	13.0	18.0	26.0	36.0	52.0	73.0	103.0	146.0
	160<b≤250	2.7	3.8	5.5	7.5	11.0	15.0	21.0	30.0	43.0	60.0	85.0	121.0	171.0
	250<b≤400	3.1	4.3	6.0	8.5	12.0	17.0	25.0	35.0	49.0	70.0	98.0	139.0	197.0
	400<b≤650	3.6	5.0	7.0	10.0	14.0	20.0	29.0	41.0	58.0	82.0	115.0	163.0	231.0
	650<b≤1000	4.3	6.0	8.5	12.0	17.0	24.0	34.0	48.0	68.0	96.0	136.0	193.0	272.0
560<d≤1 000	10≤b≤20	1.6	2.3	3.3	4.7	6.5	9.5	13.0	19.0	26.0	37.0	53.0	74.0	105.0
	20<b≤40	1.8	2.6	3.6	5.0	7.5	10.0	15.0	21.0	29.0	41.0	58.0	82.0	116.0
	40<b≤80	2.1	2.9	4.1	6.0	8.5	12.0	17.0	23.0	33.0	47.0	66.0	93.0	132.0
	80<b≤160	2.4	3.4	4.8	7.0	9.5	14.0	19.0	27.0	39.0	55.0	77.0	109.0	154.0

附表 4-5　f_i'/K 的比值（GB/T 10095.1—2008）　　　　单位：μm

分度圆直径 d/mm	模数 m /mm	精 度 等 级												
		0	1	2	3	4	5	6	7	8	9	10	11	12
5≤d≤20	0.5≤m≤2	2.4	3.4	4.8	7.0	9.5	14.0	19.0	27.0	38.0	54.0	77.0	109.0	154.0
	2<m≤3.5	2.8	4.0	5.5	8.0	11.0	16.0	23.0	32.0	45.0	64.0	91.0	129.0	182.0
20<d≤50	0.5≤m≤2	2.5	3.6	5.0	7.0	10.0	14.0	20.0	29.0	41.0	58.0	82.0	115.0	163.0
	2<m≤3.5	3.0	4.2	6.0	8.5	12.0	17.0	24.0	34.0	48.0	68.0	96.0	135.0	191.0
	3.5<m≤6	3.4	4.8	7.0	9.5	14.0	19.0	27.0	38.0	54.0	77.0	108.0	153.0	217.0
	6<m≤10	3.9	5.5	8.0	11.0	16.0	22.0	31.0	44.0	63.0	89.0	125.0	177.0	251.0
50<d≤125	0.5≤m≤2	2.7	3.9	5.5	8.0	11.0	16.0	22.0	31.0	44.0	62.0	88.0	124.0	176.0
	2<m≤3.5	3.2	4.5	6.5	9.0	13.0	18.0	25.0	36.0	51.0	72.0	102.0	144.0	204.0
	3.5<m≤6	3.6	5.0	7.0	11.0	14.0	20..0	29.0	40.0	57.0	81.0	115.0	162.0	229.0
	6<m≤10	4.1	6.0	8.0	12.0	16.0	23.0	33.0	47.0	66.0	93.0	132.0	186.0	263.0
	10<m≤16	4.8	7.0	9.5	14.0	19.0	27.0	38.0	54.0	77.0	109.0	154.0	218.0	308.0
	16<m≤25	5.5	8.0	11.0	16.0	23.0	32.0	46.0	65.0	91.0	129.0	183.0	259.0	366.0
125<d≤280	0.5≤m≤2	3.0	4.3	6.0	8.5	12.0	17.0	24.0	34.0	49.0	69.0	97.0	137.0	194.0
	2<m≤3.5	3.5	4.9	7.0	10.0	14.0	20.0	28.0	39.0	56.0	79.0	111.0	157.0	222.0
	3.5<m≤6	3.9	5.5	7.5	11.0	15.0	22.0	31.0	44.0	62.0	88.0	124.0	175.0	247.0
	6<m≤10	4.4	6.0	9.0	12.0	18.0	25.0	35.0	50.0	70.0	100.	141.0	199.0	281.0
	10<m≤16	5.0	7.0	10.0	14.0	20.0	29.0	41.0	58.0	82.0	115.0	163.0	231.0	326.0
	16<m≤25	6.0	8.5	12.0	17.0	24.0	34.0	48.0	68.0	96.0	136.0	192.0	272.0	384.0
	25<m≤40	7.5	10.0	15.0	21.0	29.0	41.0	58.0	82.0	116.0	165.0	233.0	329.0	465.0
280<d≤560	0.5≤m≤2	3.4	4.8	7.0	9.5	14.0	19.0	27.0	39.0	54.0	77.0	109.0	154.0	218.0
	2<m≤3.5	3.8	5.5	7.5	11.0	15.0	22.0	31.0	44.0	62.0	87.0	123.0	174.0	246.0
	3.5<m≤6	4.2	6.5	8.5	12.0	17.0	24.0	34.0	48.0	68.0	96.0	136.0	192.0	217.0
	6<m≤10	4.8	6.5	9.5	13.0	19.0	27.0	38.0	54.0	76.0	108.0	153.0	216.0	305.0
	10<m≤16	5.5	7.5	11.0	15.0	22.0	31.0	44.0	62.0	88.0	124.0	175.0	248.0	350.0
	16<m≤25	6.5	9.0	13.0	18.0	26.0	36.0	51.0	72.0	102.0	144.0	204.0	289.0	408.0
	25<m≤40	7.5	11.0	75.0	22.0	31.0	43.0	61.0	86.0	122.0	173.0	245.0	346.0	489.0
	40<m≤70	9.5	14.0	19.0	27.0	39.0	55.0	78.0	110.0	155.0	220.0	311.0	439.0	621.0
560<d≤1 000	0.5≤m≤2	3.9	5.5	7.5	11.0	15.0	22.0	31.0	44.0	62.0	87.0	123.0	174.0	247.0
	2<m≤3.5	4.3	6.0	8.5	12.0	17.0	24.0	34.0	49.0	69.0	97.0	137.0	194.0	275.0
	3.5<m≤6	4.7	6.5	9.5	13.0	19.0	27.0	38.0	53.0	75.0	106.0	150.0	212.0	300.0
	6<m≤10	5.0	7.5	10.0	15.0	21.0	30.0	42.0	59.0	84.0	118.0	167.0	236.0	334.0
	10<m≤16	6.0	8.5	12.0	17.0	24.0	33.0	47.0	67.0	95.0	134.0	189.0	268.0	379.0
	16<m≤25	7.0	9.5	14.0	19.0	27.0	39.0	55.0	77.0	109.0	154.0	218.0	309.0	437.0
	25<m≤40	8.0	11.0	16.0	23.0	32.0	46.0	65.0	92.0	129.0	183.0	259.0	366.0	518.0
	40<m≤70	10.0	14.0	20.0	29.0	41.0	57.0	81.0	115.0	163.0	230.0	325.0	460.0	650.0

附表 4-6　径向综合总偏差 F_i''（GB/T 10095.2—2008）　　　　　单位：μm

分度圆直径 d/mm	法向模数 m/mm	精度等级								
		4	5	6	7	8	9	10	11	12
5≤d≤20	0.2≤m≤0.5	7.5	11	15	21	30	42	60	85	120
	0.5<m≤0.8	8.0	12	16	23	33	46	66	93	131
	0.8<m≤1.0	9.0	12	18	23	35	50	70	100	141
	1.0<m≤1.5	10	14	16	27	38	54	76	108	153
	1.5<m≤2.5	11	16	22	32	45	63	89	126	179
	2.5<m≤4	14	20	28	39	56	79	112	158	223
20<d≤50	0.2≤m≤0.5	9.0	13	19	26	37	52	74	105	148
	0.5<m≤0.8	10	14	20	28	40	56	80	113	160
	0.8<m≤1.0	11	15	21	30	42	60	85	120	169
	1.0<m≤1.5	11	16	23	32	45	64	91	128	181
	1.5<m≤2.5	13	18	26	37	52	73	103	146	207
	2.5<m≤4	16	22	31	44	63	89	126	178	251
	4.0<m≤6.0	20	28	39	56	79	111	157	222	314
	6.0<m≤10	26	37	52	74	104	147	209	295	417
50<d≤125	0.2≤m≤0.5	12	16	23	33	46	66	93	131	185
	0.5<m≤0.8	12	17	25	35	49	70	98	139	197
	0.8<m≤1.0	13	18	26	36	52	73	103	146	206
	1.0<m≤1.5	14	19	27	39	55	77	109	154	218
	1.5<m≤2.5	15	22	31	43	61	86	122	173	244
	2.5<m≤4	18	25	36	51	72	102	144	204	288
	4.0<m≤6.0	22	31	44	62	88	124	176	248	351
	6.0<m≤10	28	40	57	80	114	161	227	321	454
125<d≤280	0.2≤m≤0.5	15	21	30	42	60	85	120	170	240
	0.5<m≤0.8	16	22	31	44	64	89	126	178	252
	0.8<m≤1.0	16	23	33	46	65	92	131	185	261
	1.0<m≤1.5	17	24	34	48	68	97	137	193	273
	1.5<m≤2.5	19	26	37	53	75	106	149	211	299
	2.5<m≤4	21	30	43	61	86	121	172	243	343
	4.0<m≤6.0	25	36	51	72	102	144	203	287	406
	6.0<m≤10	32	45	64	90	127	180	255	360	509
280<d≤560	0.2≤m≤0.5	19	28	29	55	78	110	156	220	311
	0.5<m≤0.8	20	29	40	57	81	114	161	228	323
	0.8<m≤1.0	21	29	42	59	83	117	166	235	332
	1.0<m≤1.5	22	30	43	61	86	122	172	243	344
	1.5<m≤2.5	23	33	46	65	92	131	185	262	370
	2.5<m≤4	26	37	52	73	104	146	207	293	414
	4.0<m≤6.0	30	42	60	84	119	169	239	337	477
	6.0<m≤10	36	51	73	103	145	205	290	410	580
560<d≤1 000	0.2≤m≤0.5	25	35	50	70	99	140	198	280	396
	0.5<m≤0.8	25	36	51	72	102	144	204	288	408
	0.8<m≤1.0	26	37	52	74	104	148	209	295	417
	1.0<m≤1.5	27	38	54	76	107	152	215	304	429
	1.5<m≤2.5	28	40	57	80	114	161	228	322	455
	2.5<m≤4	31	44	62	88	125	177	250	353	499
	4.0<m≤6.0	35	50	70	99	141	199	281	398	562
	6.0<m≤10	42	59	83	118	166	235	333	471	665

附表 4-7　一齿径向综合偏差 f_i''（GB/T 10095.2—2008）　　　　单位：μm

分度圆直径 d/mm	法向模数 m/mm	精度等级								
		4	5	6	7	8	9	10	11	12
$5 \leqslant d \leqslant 20$	$0.2 \leqslant m \leqslant 0.5$	1.0	2.0	2.5	3.5	5.0	7.0	10	14	20
	$0.5 < m \leqslant 0.8$	2.0	2.5	4.0	5.5	7.5	11	15	22	31
	$0.8 < m \leqslant 1.0$	2.5	3.5	5.0	7.0	10	14	20	28	39
	$1.0 < m \leqslant 1.5$	3.0	4.5	6.5	9.0	13	18	25	36	50
	$1.5 < m \leqslant 2.5$	4.5	6.5	9.5	13	19	26	37	53	74
	$2.5 < m \leqslant 4$	7.0	10	14	20	29	41	58	82	115
$20 < d \leqslant 50$	$0.2 \leqslant m \leqslant 0.5$	1.5	2.0	2.5	3.5	5.0	7.0	10	14	20
	$0.5 < m \leqslant 0.8$	2.0	2.5	4.0	5.5	7.5	11	15	22	31
	$0.8 < m \leqslant 1.0$	2.5	3.5	5.0	7.0	10	14	20	28	40
	$1.0 < m \leqslant 1.5$	3.0	4.5	6.5	9.0	13	18	25	36	51
	$1.5 < m \leqslant 2.5$	4.5	6.5	9.5	13	19	26	37	53	75
	$2.5 < m \leqslant 4$	7.0	10	14	20	29	41	58	82	116
	$4.0 \leqslant m \leqslant 6.0$	11	15	22	31	43	61	87	123	174
	$6.0 < m \leqslant 10$	17	24	34	48	67	95	135	190	269
$50 < d \leqslant 125$	$0.2 \leqslant m \leqslant 0.5$	1.5	2.0	2.5	3.5	5.0	7.5	10	15	21
	$0.5 < m \leqslant 0.8$	2.0	3.0	4.0	5.5	8.0	11	16	22	31
	$0.8 < m \leqslant 1.0$	2.5	3.5	5.0	7.0	10	14	20	28	40
	$1.0 < m \leqslant 1.5$	3.0	4.5	6.5	9.0	13	18	26	36	51
	$1.5 < m \leqslant 2.5$	4.5	6.5	9.5	13	19	26	37	53	75
	$2.5 < m \leqslant 4$	7.0	10	14	20	29	41	58	82	116
	$4.0 \leqslant m \leqslant 6.0$	11	15	22	31	44	62	87	123	174
	$6.0 < m \leqslant 10$	17	24	34	48	67	95	135	191	369
$125 < d \leqslant 280$	$0.2 \leqslant m \leqslant 0.5$	1.5	2.0	2.5	3.5	5.5	7.5	11	15	21
	$0.5 < m \leqslant 0.8$	2.0	3.0	4.0	5.5	8.0	11	16	22	32
	$0.8 < m \leqslant 1.0$	2.5	3.5	5.0	7.0	10	14	20	29	41
	$1.0 < m \leqslant 1.5$	3.0	4.5	6.5	9.0	13	18	26	36	52
	$1.5 < m \leqslant 2.5$	4.5	6.5	9.5	13	19	27	38	53	73
	$2.5 < m \leqslant 4$	7.5	10	15	21	29	41	58	82	116
	$4.0 \leqslant m \leqslant 6.0$	11	15	22	31	44	62	87	124	175
	$6.0 < m \leqslant 10$	17	24	34	48	67	95	135	191	270
$280 < d \leqslant 560$	$0.2 \leqslant m \leqslant 0.5$	1.5	2.0	2.5	4.0	5.5	7.5	11	15	22
	$0.5 < m \leqslant 0.8$	2.0	3.0	4.0	5.5	8.0	11	16	23	32
	$0.8 < m \leqslant 1.0$	2.5	3.5	5.0	7.5	10	15	21	29	41
	$1.0 < m \leqslant 1.5$	3.0	4.5	6.5	9.0	13	18	26	37	52
	$1.5 < m \leqslant 2.5$	5.0	6.5	9.5	13	19	27	38	54	76
	$2.5 < m \leqslant 4$	7.5	10	15	21	29	41	59	83	117
	$4.0 \leqslant m \leqslant 6.0$	11	15	22	31	44	62	88	124	175
	$6.0 < m \leqslant 10$	17	24	34	48	68	96	135	191	271
$560 < d \leqslant 1\,000$	$0.2 \leqslant m \leqslant 0.5$	1.5	2.0	3.0	4.0	5.5	8.0	11	16	23
	$0.5 < m \leqslant 0.8$	2.0	3.0	4.0	6.0	8.5	12	17	24	33
	$0.8 < m \leqslant 1.0$	2.5	3.5	5.5	7.5	11	15	21	30	42
	$1.0 < m \leqslant 1.5$	3.5	4.5	6.5	9.5	13	19	27	38	53
	$1.5 < m \leqslant 2.5$	5.0	7.0	9.5	14	19	27	38	54	77
	$2.5 < m \leqslant 4$	7.5	10	15	21	30	42	59	83	118
	$4.0 \leqslant m \leqslant 6.0$	11	16	22	31	44	63	88	125	176
	$6.0 < m \leqslant 10$	17	24	34	48	68	96	136	192	272

附表 4-8　径向跳动公差 F_r（GB/T 10095.2—2008）　　　　　单位：μm

分度圆直径 d/mm	法向模数 m/mm	精度等级												
		0	1	2	3	4	5	6	7	8	9	10	11	12
$5 \leqslant d \leqslant 20$	$0.5 \leqslant m \leqslant 2$	1.5	2.5	3.0	4.5	6.5	9.0	13	18	25	36	51	72	102
	$2 < m \leqslant 3.5$	1.5	2.5	3.5	4.5	6.5	9.5	13	19	27	38	53	75	106
$20 < d \leqslant 50$	$0.5 \leqslant m \leqslant 2$	2.0	3.0	4.0	5.5	8.0	11	16	23	32	46	65	92	130
	$2 < m \leqslant 3.5$	2.0	3.0	4.0	6.0	8.5	12	17	24	34	47	67	95	134
	$3.5 < m \leqslant 6$	2.0	3.0	4.5	6.0	8.5	12	17	25	35	49	80	99	139
	$6 < m \leqslant 10$	2.5	3.5	4.5	6.5	9.5	13	19	26	37	52	74	105	148
$50 < d \leqslant 125$	$0.5 \leqslant m \leqslant 2$	2.5	3.5	5.0	7.5	10	15	21	29	42	59	83	118	167
	$2 < m \leqslant 3.5$	2.5	4.0	5.5	7.5	11	15	21	30	43	61	86	121	171
	$3.5 < m \leqslant 6$	3.0	4.0	5.5	8.0	11	16	22	31	44	62	88	125	176
	$6 < m \leqslant 10$	3.0	4.0	6.0	8.0	12	16	23	33	46	65	92	131	185
	$10 < m \leqslant 16$	3.0	4.5	6.0	9.0	12	18	25	35	50	70	99	140	198
	$16 < m \leqslant 25$	3.5	5.0	7.0	9.5	14	19	27	39	55	77	109	154	218
$125 < d \leqslant 280$	$0.5 \leqslant m \leqslant 2$	3.5	5.0	7.0	10	14	20	28	39	55	78	110	156	221
	$2 < m \leqslant 3.5$	3.5	5.0	7.0	10	14	20	28	40	56	80	113	159	225
	$3.5 < m \leqslant 6$	3.5	5.0	7.0	10	14	20	29	41	58	82	115	163	231
	$6 < m \leqslant 10$	3.5	5.5	7.5	11	15	21	30	42	60	85	120	169	239
	$10 < m \leqslant 16$	4.0	5.5	8.0	11	16	22	32	45	63	89	126	179	252
	$16 < m \leqslant 25$	4.5	6.0	8.5	12	17	24	34	48	68	96	126	193	272
	$25 < m \leqslant 40$	4.5	6.5	9.5	13	19	27	36	54	76	107	152	215	304
$280 < d \leqslant 560$	$0.5 \leqslant m \leqslant 2$	4.5	6.5	9.0	13	18	26	36	51	73	103	146	206	291
	$2 < m \leqslant 3.5$	4.5	6.5	9.0	13	18	26	37	52	74	105	148	209	296
	$3.5 < m \leqslant 6$	4.5	6.5	9.5	14	19	27	38	53	75	106	150	213	301
	$6 < m \leqslant 10$	4.5	6.5	9.5	14	19	27	39	55	77	109	155	219	310
	$10 < m \leqslant 16$	5.0	7.0	10	14	20	29	40	57	81	114	161	228	323
	$16 < m \leqslant 25$	5.5	7.5	11	15	21	30	43	61	86	121	171	242	343
	$25 < m \leqslant 40$	6.0	8.5	12	17	23	33	47	66	94	132	187	265	374
	$40 < m \leqslant 70$	7.0	9.5	14	19	27	38	54	76	108	153	216	306	432
$560 < d \leqslant 1\,000$	$0.5 \leqslant m \leqslant 2$	6.0	8.5	12	17	23	33	47	66	94	133	188	266	376
	$2 < m \leqslant 3.5$	6.0	8.5	12	17	24	34	48	67	95	134	190	269	380
	$3.5 < m \leqslant 6$	6.0	8.5	12	17	24	34	48	68	96	136	193	272	385
	$6 < m \leqslant 10$	6.0	8.5	12	17	25	35	49	70	98	139	197	279	394
	$10 < m \leqslant 16$	6.5	9.0	13	18	25	36	51	72	102	144	204	288	407
	$16 < m \leqslant 25$	6.5	9.5	13	19	27	38	53	76	107	151	214	302	427
	$25 < m \leqslant 40$	7.0	10	14	20	29	41	57	81	115	162	229	324	459

附表 4-9　齿廓形状偏差 $f_{f\alpha}$（GB/T 10095.1—2008）　　　　单位：μm

分度圆直径 d/mm	模数 m /mm	精 度 等 级												
		0	1	2	3	4	5	6	7	8	9	10	11	12
5≤d≤20	0.5≤m≤2	0.6	0.9	1.3	1.8	2.5	3.5	5.0	7.0	10.0	14.0	20.0	28.0	40.0
	2<m≤3.5	0.9	1.3	1.8	2.6	3.6	5.0	7.0	10.0	14.0	20.0	29.0	41.0	58.0
20<d≤50	0.5≤m≤2	0.7	1.0	1.4	2.0	2.8	4.0	5.5	8.0	11.0	16.0	22.0	32.0	45.0
	2<m≤3.5	1.0	1.4	2.0	2.8	3.9	5.5	8.0	11.0	16.0	22.0	31.0	44.0	62.0
	3.5<m≤6	1.2	1.7	2.4	3.4	4.8	7.0	9.5	14.0	19.0	27.0	39.0	54.0	77.0
	6<m≤10	1.5	2.1	3.0	4.2	6.0	8.5	12.0	17.0	24.0	34.0	48.0	67.0	95.0
50<d≤125	0.5≤m≤2	0.8	1.1	1.6	2.3	3.2	4.5	6.5	9.0	13.0	18.0	26.0	36.0	51.0
	2<m≤3.5	1.1	1.5	2.1	3.0	4.3	6.0	8.5	12.0	17.0	24.0	34.0	49.0	69.0
	3.5<m≤6	1.3	1.8	2.6	3.7	5.0	7.5	10.0	15.0	21.0	29.0	42.0	59.0	83.0
	6<m≤10	1.6	2.2	3.2	4.5	6.5	9.0	13.0	18.0	25.0	36.0	51.0	72.0	101.0
	10<m≤16	1.9	2.7	3.9	5.5	7.5	11.0	15.0	22.0	31.0	44.0	62.0	87.0	123.0
	16<m≤25	2.3	3.3	4.7	6.5	9.5	13.0	19.0	26.0	37.0	53.0	75.0	106.0	149.0
125<d≤280	0.5≤m≤2	0.9	1.3	1.9	2.7	3.8	5.5	7.5	11.0	15.0	21.0	30.0	43.0	60.0
	2<m≤3.5	1.2	1.7	2.4	3.4	4.9	7.0	9.5	14.0	19.0	28.0	39.0	55.0	79.0
	3.5<m≤6	1.4	2.0	2.9	4.1	6.0	8.0	12.0	16.0	23.0	33.0	46.0	65.0	93.0
	6<m≤10	1.7	2.4	3.5	4.9	7.0	10.0	14.0	20.0	28.0	39.0	55.0	78.0	111.0
	10<m≤16	2.1	2.9	4.0	6.0	8.5	12.0	17.0	23.0	33.0	47.0	66.0	94.0	133.0
	16<m≤25	2.5	3.5	5.0	7.0	10.0	14.0	20.0	28.0	40.0	56.0	79.0	112.0	158.0
	25<m≤40	3.0	4.2	6.0	8.5	12.0	17.0	24.0	34.0	48.0	68.0	96.0	135.0	191.0
280<d≤560	0.5≤m≤2	1.1	1.6	2.3	3.2	4.5	6.5	9.0	13.0	18.0	26.0	36.0	51.0	72.0
	2<m≤3.5	1.4	2.0	2.8	4.0	5.5	8.0	11.0	16.0	22.0	32.0	45.0	64.0	90.0
	3.5<m≤6	1.6	2.3	3.3	4.6	6.5	9.0	13.0	18.0	26.0	37.0	52.0	74.0	104.0
	6<m≤10	1.9	2.7	3.8	5.5	7.5	11.0	15.0	22.0	31.0	43.0	61.0	87.0	123.0
	10<m≤16	2.3	3.2	4.5	6.5	9.0	13.0	18.0	26.0	36.0	51.0	72.0	102.0	145.0
	16<m≤25	2.7	3.8	5.5	7.5	11.0	15.0	21.0	30.0	43.0	60.0	85.0	121.0	170.0
	25<m≤40	3.2	4.5	6.5	9.0	13.0	18.0	25.0	36.0	51.0	72.0	101.0	144.0	203.0
	40<m≤70	3.9	5.5	8.0	11.0	16.0	22.0	31.0	44.0	66.0	88.0	125.0	177.0	205.0
560<d≤1 000	0.5≤m≤2	1.4	1.9	2.7	3.8	5.5	7.5	11.0	15.0	22.0	31.0	43.0	61.0	87.0
	2<m≤3.5	1.6	2.3	3.3	4.6	6.5	9.0	13.0	18.0	26.0	37.0	52.0	74.0	104.0
	3.5<m≤6	1.9	2.6	3.7	5.5	7.5	11.0	15.0	21.0	30.0	40.0	59.0	84.0	119.0
	6<m≤10	2.1	3.0	4.3	6.0	8.5	12.0	17.0	24.0	34.0	48.0	68.0	97.0	137.0
	10<m≤16	2.5	3.5	5.0	7.0	10.0	14.0	20.0	28.0	40.0	56.0	79.0	112.0	159.0
	16<m≤25	2.9	4.1	6.0	8.0	12.0	16.0	23.0	33.0	46.0	65.0	92.0	131.0	185.0
	25<m≤40	3.4	4.8	7.0	9.5	14.0	19.0	27.0	38.0	54.0	77.0	109.0	154.0	217.0
	40<m≤70	4.1	6.0	8.5	12.0	17.0	23.0	33.0	47.0	66.0	93.0	132.0	187.0	264.0

附表 4-10　齿廓倾斜偏差 ±$f_{H\alpha}$（GB/T 1005.1—2008）　　　　单位：μm

分度圆直径 d/mm	模数 m/mm	精 度 等 级												
		0	1	2	3	4	5	6	7	8	9	10	11	12
5≤d≤20	0.5≤m≤2	0.5	0.7	1.0	1.5	2.1	2.9	4.2	6.0	8.5	12.0	17.0	24.0	33.0
	2<m≤3.5	0.7	1.0	1.5	2.1	3.0	4.2	6.0	8.5	12.0	17.0	24.0	34.0	47.0
20<d≤50	0.5≤m≤2	0.6	0.8	1.2	1.6	2.3	3.3	4.6	6.5	9.5	13.0	19.0	26.0	37.0
	2<m≤3.5	0.8	1.1	1.6	2.3	3.2	4.5	6.5	9.0	13.0	18.0	26.0	36.0	51.0
	3.5<m≤6	1.0	1.4	2.0	2.8	3.9	5.5	8.0	11.0	16.0	22.0	32.0	45.0	63.0
	6<m≤10	1.2	1.7	2.4	3.4	4.8	7.0	9.5	14.0	19.0	27.0	39.0	55.0	78.0
50<d≤125	0.5≤m≤2	0.7	0.9	1.3	1.9	2.6	3.7	5.5	7.5	11.0	15.0	21.0	30.0	42.0
	2<m≤3.5	0.9	1.2	1.8	2.5	3.5	5.0	7.0	10.0	14.0	20.0	28.0	40.0	57.0
	3.5<m≤6	1.1	1.5	2.1	3.0	4.3	6.0	8.5	12.0	17.0	24.0	34.0	48.0	68.0
	6<m≤10	1.3	1.8	2.6	3.7	5.0	7.5	10.0	15.0	21.0	29.0	41.0	58.0	83.0
	10<m≤16	1.6	2.2	3.1	4.4	6.5	9.0	13.0	18.0	254.0	35.0	50.0	71.0	100.0
	16<m≤25	1.9	2.7	3.8	5.5	7.5	11.0	15.0	21.0	30.0	43.0	60.0	86.0	121.0
125<d≤280	0.5≤m≤2	0.8	1.1	1.6	2.2	3.1	4.4	6.0	9.0	12.0	18.0	25.0	35.0	50.0
	2<m≤3.5	1.0	1.4	2.0	2.8	4.0	5.5	8.0	11.0	16.0	23.0	32.0	45.0	64.0
	3.5<m≤6	1.2	1.7	2.4	3.3	4.7	6.5	9.5	13.0	19.0	27.0	38.0	54.0	76.0
	6<m≤10	1.4	2.0	2.8	4.0	5.5	8.0	11.0	16.0	23.0	32.0	45.0	64.0	90.0
	10<m≤16	1.7	2.4	3.4	4.8	6.5	9.5	13.0	19.0	27.0	38.0	54.0	76.0	108.0
	16<m≤25	2.0	2.8	4.0	5.5	8.0	11.0	16.0	23.0	32.0	45.0	64.0	91.0	129.0
	25<m≤40	2.4	3.4	4.8	7.0	9.5	14.0	19.0	27.0	39.0	55.0	77.0	109.0	155.0
280<d≤560	0.5≤m≤2	0.9	1.3	1.9	2.6	3.7	5.5	7.5	11.0	15.0	21.0	30.0	42.0	60.0
	2<m≤3.5	1.2	1.6	2.3	3.3	4.6	6.5	9.0	13.0	18.0	26.0	37.0	52.0	74.0
	3.5<m≤6	1.3	1.9	2.7	3.8	5.5	7.5	11.0	15.0	21.0	30.0	43.0	61.0	86.0
	6<m≤10	1.6	2.2	3.1	4.4	6.5	9.0	13.0	18.0	25.0	35.0	50.0	71.0	100.0
	10<m≤16	1.8	2.6	3.7	5.0	7.5	10.0	15.0	21.0	29.0	42.0	59.0	83.0	118.0
	16<m≤25	2.2	3.1	4.3	6.0	8.5	12.0	17.0	24.0	35.0	49.0	69.0	98.0	138.0
	25<m≤40	2.6	3.6	5.0	7.5	10.0	15.0	21.0	29.0	41.0	58.0	82.0	116.0	164.0
	40<m≤70	3.2	4.5	6.5	9.0	13.0	18.0	25.0	36.0	50.0	71.0	101.0	143.0	202.0
560<d≤1000	0.5≤m≤2	1.1	1.6	2.2	3.2	4.5	6.5	9.0	13.0	18.0	25.0	36.0	51.0	72.0
	2<m≤3.5	1.3	1.9	2.7	3.8	5.5	7.5	11.0	15.0	21.0	30.0	43.0	61.0	86.0
	3.5<m≤6	1.5	2.2	3.0	4.3	6.0	8.5	12.0	17.0	24.0	34.0	49.0	69.0	97.0
	6<m≤10	1.7	2.5	3.5	4.9	7.0	10.0	14.0	20.0	28.0	40.0	56.0	79.0	112.0
	10<m≤16	2.0	2.9	4.0	5.5	8.0	11.0	16.0	23.0	32.0	46.0	65.0	92.0	129.0
	16<m≤25	2.3	3.2	4.7	6.5	9.5	13.0	19.0	27.0	38.0	53.0	75.0	106.0	150.0
	25<m≤40	2.8	3.9	5.5	8.0	11.0	16.0	22.0	31.0	44.0	62.0	88.0	125.0	176.0
	40<m≤70	3.3	4.7	6.5	9.5	13.0	19.0	27.0	38.0	53.0	76.0	107.0	151.0	214.0

附表 4-11 螺旋线形状偏差 $f_{f\beta}$ 和螺旋线倾斜偏差 $\pm f_{H\beta}$ （GB/T 10095.1—2008） 单位：μm

分度圆直径	齿宽	精 度 等 级												
d/mm	b/mm	0	1	2	3	4	5	6	7	8	9	10	11	12
5≤d≤20	4≤b≤10	0.8	1.1	1.5	2.2	3.1	4.4	6.0	8.5	12.0	17.0	25.0	35.0	49.0
	10<b≤20	0.9	1.2	1.7	2.5	3.5	4.9	7.0	10.0	14.0	20.0	28.0	39.0	56.0
	20<b≤40	1.0	1.4	2.0	2.8	4.0	5.5	8.0	11.0	16.0	22.0	32.0	45.0	64.0
	40<b≤80	1.2	1.7	2.3	3.3	4.7	6.5	9.5	13.0	19.0	26.0	37.0	53.0	75.0
20<d≤50	4≤b≤10	0.8	1.1	1.6	2.3	3.2	4.5	6.5	9.0	13.0	18.0	26.0	36.0	51.0
	10<b≤20	0.9	1.3	1.8	2.5	3.6	5.0	7.0	10.0	14.0	20.0	29.0	41.0	58.0
	20<b≤40	1.0	1.4	2.0	2.9	4.1	6.0	8.0	12.0	16.0	23.0	33.0	46.0	65.0
	40<b≤80	1.2	1.7	2.4	3.4	4.8	7.0	9.5	14.0	19.0	27.0	38.0	54.0	77.0
	80<b≤160	1.4	2.0	2.9	4.1	6.0	8.0	12.0	16.0	23.0	33.0	46.0	65.0	93.0
50<d≤125	4≤b≤10	0.8	1.2	1.7	2.4	3.4	4.8	6.5	9.5	13.0	19.0	27.0	38.0	54.0
	10<b≤20	0.9	1.3	1.9	2.7	3.8	5.5	7.5	11.0	15.0	21.0	30.0	43.0	60.0
	20<b≤40	1.1	1.5	2.1	3.0	4.3	6.0	8.5	12.0	17.0	24.0	34.0	48.0	68.0
	40<b≤80	1.2	1.8	2.5	3.5	5.0	7.0	10.0	14.0	20.0	28.0	40.0	56.0	79.0
	80<b≤160	1.5	2.1	3.0	4.2	6.0	8.5	12.0	17.0	24.0	34.0	48.0	67.0	95.0
	160<b≤250	1.8	2.5	3.5	5.0	7.0	10.0	14.0	20.0	28.0	40.0	56.0	80.0	113.0
	250<b≤400	2.1	2.9	4.1	6.0	8.0	12.0	16.0	23.0	33.0	46.0	66.0	93.0	132.0
125<d≤280	4≤b≤10	0.9	1.3	1.8	2.5	3.6	5.0	7.0	10.0	14.0	20.0	29.0	41.0	58.0
	10<b≤20	1.0	1.4	2.0	2.8	4.0	5.5	8.0	11.0	16.0	23.0	32.0	45.0	64.0
	20<b≤40	1.1	1.6	2.2	3.2	4.5	6.5	9.0	13.0	18.0	25.0	36.0	51.0	72.0
	40<b≤80	1.3	1.8	2.6	3.7	5.0	7.5	10.0	15.0	21.0	29.0	42.0	59.0	83.0
	80<b≤160	1.5	2.2	3.1	4.4	6.0	8.5	12.0	17.0	25.0	35.0	49.0	70.0	99.0
	160<b≤250	1.8	2.6	3.6	5.0	7.5	10.0	15.0	21.0	29.0	41.0	58.0	83.0	117.0
	250<b≤400	2.1	3.0	4.2	6.0	8.5	12.0	17.0	24.0	34.0	48.0	68.0	96.0	135.0
	400<b≤650	2.5	3.5	5.0	7.0	10.0	14.0	20.0	28.0	40.0	56.0	80.0	113.0	160.0
280<d≤560	10≤b≤20	1.1	1.5	2.2	3.0	4.3	6.0	8.5	12.0	17.0	24.0	34.0	49.0	69.0
	20<b≤40	1.2	1.7	2.4	3.4	4.8	7.0	9.5	14.0	19.0	27.0	38.0	54.0	77.0
	40<b≤80	1.4	1.9	2.7	3.9	5.5	8.0	11.0	16.0	22.0	31.0	44.0	62.0	88.0
	80<b≤160	1.6	2.3	3.2	4.6	6.5	9.0	13.0	18.0	26.0	37.0	52.0	73.0	104.0
	160<b≤250	1.9	2.7	3.3	5.5	7.5	11.0	15.0	22.0	30.0	43.0	61.0	86.0	122.0
	250<b≤400	2.2	3.1	4.4	6.0	9.0	12.0	18.0	25.0	35.0	50.0	70.0	99.0	140.0
	400<b≤650	2.6	3.6	5.0	7.5	10.0	15.0	21.0	29.0	41.0	58.0	82.0	116.0	165.0
	650<b≤1000	3.0	4.3	6.0	8.5	12.0	17.0	24.0	34.0	49.0	69.0	97.0	137.0	194.0
560<d≤1 000	10≤b≤20	1.2	1.7	2.3	3.3	4.7	6.5	9.5	13.0	19.0	26.0	37.0	53.0	75.0
	20<b≤40	1.3	1.8	2.6	3.7	5.0	7.5	10.0	15.0	21.0	29.0	41.0	58.0	83.0
	40<b≤80	1.5	2.1	2.9	4.1	6.0	8.5	12.0	17.0	23.0	33.0	47.0	66.0	94.0
	80<b≤160	1.7	2.4	3.4	4.9	7.0	9.5	14.0	19.0	27.0	39.0	55.0	78.0	110.0
	160<b≤250	2.0	2.8	4.0	5.5	8.0	11.0	16.0	23.0	32.0	45.0	64.0	90.0	128.0
	250<b≤400	2.3	3.2	4.6	6.5	9.0	13.0	18.0	26.0	37.0	52.0	73.0	103.0	146.0
	400<b≤650	2.7	3.8	5.5	7.5	11.0	15.0	21.0	30.0	43.0	60.0	85.0	121.0	171.0
	650<b≤1000	3.1	4.4	6.5	9.0	13.0	18.0	25.0	35.0	50.0	71.0	100.0	142.0	200.0

附表 4-12　渐开线圆柱齿轮传动的中心距偏差 ±f_a（GB/Z 18620.3—2008）单位：μm

齿轮副中心距 a/mm	公差等级		
	5～6	7～8	9～10
6 < a ≤ 10	±7.5	±11	±18
10 < a ≤ 18	±9	±13.5	±21.5
18 < a ≤ 30	±10.5	±16.5	±26
30 < a ≤ 50	±12.5	±19.5	±31
50 < a ≤ 80	±15	±23	±37
80 < a ≤ 120	±17.5	±27	±43.5
120 < a ≤ 180	±20	±31.5	±50
180 < a ≤ 250	±23	±36	±57
250 < a ≤ 315	±26	±40.5	±65
315 < a ≤ 400	±28.5	±44.5	±70
400 < a ≤ 500	±31.5	±48.5	±77.5
500 < a ≤ 630	±35	±55	±87
630 < a ≤ 800	±40	±62	±100
800 < a ≤ 1000	±45	±70	±115

附表 4-13　齿面算术平均偏差 Ra、微观不平度十点高度 Rz 的推荐极限值
（GB/Z 18620.4—2008）　　　　单位：μm

等　级	$m < 6$		$6 ≤ m ≤ 25$		$m > 25$	
	Ra	Rz	Ra	Rz	Ra	Rz
1			0.04	0.25		
2			0.08	0.50		
3			0.16	1.0		
4			0.32	2.0		
5	0.5	3.2	0.63	4.0	0.08	5.0
6	0.8	5.0	1.00	6.3	1.25	8.0
7	1.25	8.0	1.6	10.0	2.0	12.5
8	2.0	12.5	2.5	16	3.2	20
9	3.2	20	4.0	25	5.0	32
10	5.0	32	6.3	40	8.0	50
11	10.0	63	12.5	80	16	100
12	20	125	25	160	32	200

附表 4-14　渐开线圆柱齿轮的齿坯几何公差推荐值（GB/Z 18620.3—2008）

公差项目		公　差　值
圆度		0.04(L/b)F_β　或　(0.06～0.1)F_P
圆柱度		0.04(L/b)F_β　或　0.1F_β
平面度		0.06(d/b)F_β
圆跳动	径向	0.15(L/b)F_β　或　0.3F_β
	端面	0.2(d/b)F_β

注：L—圆柱面长度；b—齿宽；d—端面直径。

第5章　键与花键精度

键和花键连接是机械设备中普遍应用的一种可拆连接方式，广泛用于轴和轴上传动件（如齿轮、带轮、手轮、链轮、联轴器等）之间。键和花键连接紧凑可靠，拆卸方便，主要用以传递转矩，也可用作轴上传动件的导向。

为了保证键与花键连接的互换性和标准化，正确进行键与花键连接的精度设计，本章涉及的现行国家推荐性标准主要有：

GB/T 1095—2003《平键 键槽的剖面尺寸》

GB/T 1096—2003《普通型 平键》

GB/T 1097—2003《导向型 平键》

GB/T 1566—2003《薄型平键 键槽的剖面尺寸》

GB/T 1567—2003《薄型 平键》

GB/T 15758—2008《花键基本术语》

GB/T 1144—2001《矩形花键尺寸、公差和检验》

上述现行国家标准分别替代以下旧国标：

GB/T 1095—1979《平键和键槽的剖面尺寸》

GB/T 1096—1979《普通平键 型式尺寸》

GB/T 1097—1979《导向平键 型式尺寸》

GB/T 1566—1979《薄型平键 键和键槽的剖面尺寸》

GB/T 1567—1979《薄型平键 型式尺寸》

GB/T 15758—1995《花键基本术语》

GB/T 1144—1987《矩形花键尺寸、公差和检验》

第一节　键与花键精度设计概述

根据键连接的功能，其使用要求如下：键和键槽侧面应有足够的接触面积，以承受扭转负荷，保证键连接的可靠性和寿命；键嵌入槽内要牢固可靠，防止松动脱落，并便于拆装；对导向键，键与键槽间应有一定的间隙，以保证相对运动和导向精度要求。

键又称单键，可分为平键、半圆键、切向键和楔形键等。其中平键应用最为广泛，如变速箱中就是用平键作为变速齿轮轮毂与齿轮轴的连接，如图5-1所示。

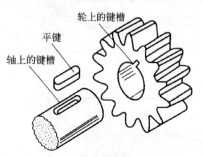

图5-1　平键连接

花键连接按其键齿的位置和截面形状的不同，可分为矩形花键、渐开线花键和端齿花键等，如图 5-2 所示。

（a）矩形花键　　　　　　　　（b）渐开线花键　　　　　　　　（c）端齿花键

图 5-2　花键连接的种类

键与花键型式繁多，本章仅从互换性的角度对应用较为广泛的平键连接和矩形花键连接的精度设计及其相关标准内容进行介绍。

第二节　平键连接精度

平键又分为普通平键（宽度 $b = 2 \sim 100\,\text{mm}$）、薄型平键（宽度 $b = 5 \sim 36\,\text{mm}$）和导向平键。普通平键和薄型平键用于一般固定连接，两者的主要区别在于键的高度，薄型平键的高度一般约为普通平键的 $60\% \sim 70\%$；导向平键用于可移动的连接。

一、平键的主要几何参数

平键连接包括键、轴和轮毂三个零件，有键与轴键槽、键与轮毂键槽两个配合，其中键由型钢制成，为标准件，键结合的性质表现为键宽与键槽宽的配合，故键连接采用基轴制配合。

平键连接是通过键的侧面分别与轴或轮毂上键槽的侧面相互配合来传递运动和转矩的，因此，平键连接的结构及主要几何参数为宽度 b、高度 h 和长度 l，如图 5-3 所示。其宽度 b 是决定配合性质的主要参数，即为配合尺寸，应规定较小的公差；而键的高度 h 和长度 L 以及轴键槽深度 t_1 和轮毂键槽深度 t_2，均为非配合尺寸，可给予略大的公差。在设计平键连接时，当轴径 d 确定后，根据 d 就可确定平键的规格参数。

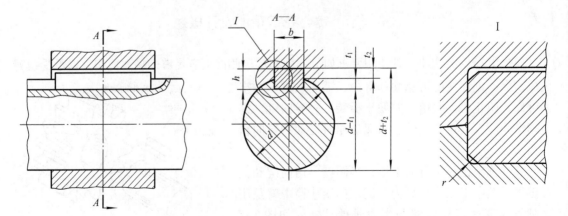

图 5-3　平键键槽的剖面结构

二、平键的尺寸与公差

1. 普通型平键尺寸与公差

普通型平键应用非常广泛，也适用于高精度、高速或承受变载、冲击的连接场合。

普通型平键的型式有 A 型、B 型、C 型三种，如图 5-4 所示，普通 A、B、C 型平键的尺寸与公差见附表 5-1。普通平键键槽的结构如图 5-3 所示，其尺寸与公差见附表 5-2，当键长大于 500 mm 时，其长度应按国家标准 GB/T 321—2005《优先数和优先数系》的 R20 系列选取，为减小由于直线度而引起的问题，键长应小于 10 倍的键宽。

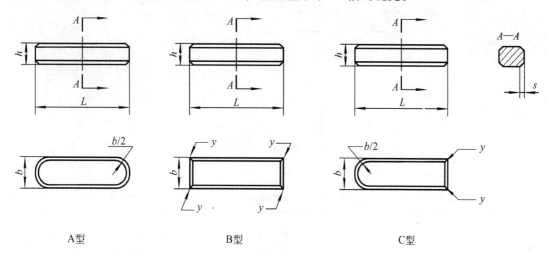

A 型   B 型   C 型

注：$y \leqslant s_{max}$。

图 5-4 普通型平键的型式尺寸

2. 导向型平键尺寸与公差

导向型平键需要用螺钉把键固定在轴或轮毂上，用于轴或轮毂上的零件沿轴向移动量不大的连接场合。

导向型平键的型式有 A 型、B 型两种，如图 5-5 所示，导向型平键键槽的结构如图 5-3 所示，导向型平键的尺寸与公差可查阅 GB/T 1097—2003，其键槽的尺寸与公差见附表 5-2，当键长大于 450 mm 时，其长度应按 GB/T 321—2005 的 R20 系列选取，为减小由于直线度而引起的问题，键长应小于 10 倍的键宽。固定用螺钉应符合国家标准 GB/T 822—2000《十字槽圆柱头螺钉》或 GB/T 65—2000《开槽圆柱头螺钉》的规定。

3. 薄型平键尺寸与公差

薄型平键结构型式与普通平键相同，但传递转矩的能力较低。薄型平键主要用于薄壁结构、空心轴以及一些径向尺寸受限制的连接场合。

薄型平键的型式也有 A 型、B 型、C 型三种，如图 5-6 所示，薄型 A、B、C 型平键的尺寸与公差可查阅 GB/T 1567—2003。薄型平键键槽的结构如图 5-3 所示，其尺寸与公差可查阅 GB/T 1566—2003。

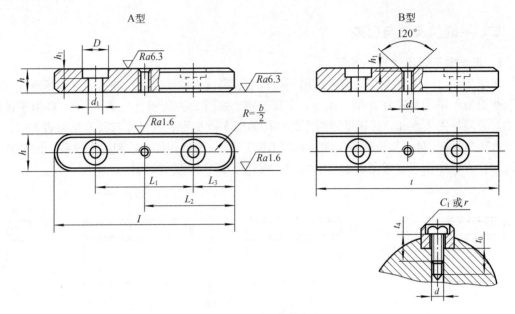

图 5-5　导向型平键的型式尺寸

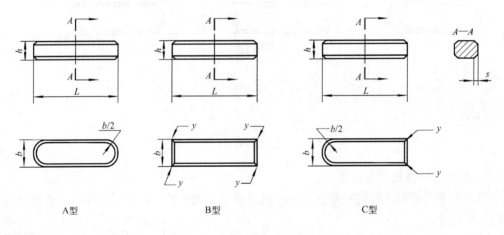

注：$y \leqslant s_{\max}$。

图 5-6　薄型平键的型式尺寸

三、平键连接的精度设计

1. 平键连接配合尺寸的公差与配合

国家标准对键宽只规定了 h8 一种公差带，对轴和轮毂上的键槽宽则各规定了三种公差带，从而构成了正常连接、紧密连接、松连接 3 种不同性质的配合。键连接可以采用不同的配合，以满足各种用途的需要，见附表 5-2 和表 5-1 所示。平键连接配合公差带如图 5-7 所示，其公差值从附表 1-1 ～附表 1-3 中选取。国家标准特别指出，导向型平键的轴键槽与轮毂键槽用较松键连接的公差。

2. 平键连接非配合尺寸的公差与配合

平键连接的非配合尺寸中，轴槽深 t_1 和轮毂深 t_2 及槽底面与侧面交角半径 r（见图 5-3）

的公称尺寸和极限偏差见附表 5-2。平键键高 h 的公差用 h11，键长 L 的公差用 h14，轴槽长度的公差用 H14。为了便于测量，在图样上对轴槽深 t_1 和轮毂槽深 t_2 分别标注尺寸"$d - t_1$"和"$d + t_2$"（d 为键槽所在轴的公称尺寸）。

表 5-1　平键连接的配合性质和使用场合

配合种类	尺寸 b 的公差带			配合状态	应用
	键	轴槽	轮毂槽		
正常连接	h8	N9	JS9	键在轴槽和轮毂槽中固定	主要用于传递载荷不大的场合，在机械制造中应用较多
紧密连接		P9	P9	键在轴槽及轮毂槽中固定，比正常连接更紧	主要用于传递重载、冲击载荷、双向传递扭矩的场合
松连接		H9	D10	键在轴槽及轮毂槽内均能滑动	主要用于导向平键，轮毂需在轴上轴向移动

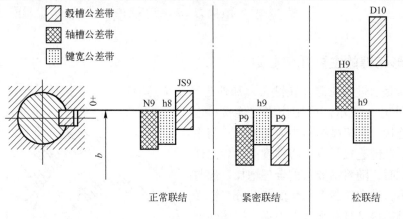

图 5-7　平键连接配合公差带图

3. 键和键槽的几何公差

键槽的位置公差主要指轴或轮毂上键槽的宽度 b 对基准轴线即轴及轮毂轴心线的对称度公差。键槽的实际中心平面在径向产生偏移和轴向产生倾斜，都会导致键槽的对称度误差超差，从而造成键与键槽之间的装配困难甚至不能装配，或者键与键槽的侧面不能保证足够的接触面积来传递转矩，故进行键槽互换性设计时应分别规定轴槽和轮毂槽对轴线的对称度公差。

国家标准规定，轴槽及轮毂槽的宽度 b 对轴及轮毂轴心线的对称度，附表 3-8 中的对称度公差 7 ～ 9 级选取。

当平键的键长 L 与键宽 b 之比大于或等于 8 时，应规定键宽 b 的两工作侧面在长度上的平行度要求。当 $b \leqslant 6\,\text{mm}$ 时，公差等级取 7 级；当 $b \geqslant 8.36\,\text{mm}$ 时，公差等级取 6 级；当 $b \geqslant 40\,\text{mm}$ 时，公差等级取 5 级。

4. 键和键槽的表面粗糙度

按国家标准 GB/T 1031—2009《产品几何技术规范（GPS）表面结构　轮廓法　表面粗糙度参数及其数值》，轴槽、轮毂槽的键槽宽度 b 两侧面粗糙度参数一般选取值 $Ra1.6 \sim 3.2\,\mu\text{m}$。轴槽底面、轮毂槽底面的表面粗糙度参数选取值 $Ra6.3 \sim 12.5\,\mu\text{m}$。

键槽尺寸和几何公差图样标注如图 5-8 所示。

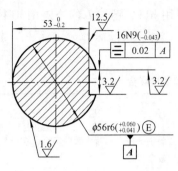
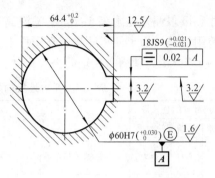

（a）轴键槽尺寸及公差的标注 （b）轮毂键槽尺寸及公差的标注

图 5-8　键槽尺寸及公差的标注

第三节　矩形花键连接精度

一、矩形花键的主要几何参数

花键连接是通过内花键（花键孔）和外花键（花键轴）作为连接件以传递转矩和轴向

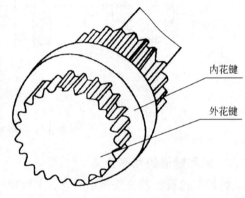

移动的，如图 5-9 所示，可用作固定连接，也可用作滑动连接，在机械结构中应用较多。与平键连接相比，花键连接具有定心精度高、导向性好等优点；同时，随着键数目的合理增加，键与轴连接成一体，轴和轮毂上承受的载荷分布比较均匀，故花键连接又具有承载能力强、连接强度高等优点。其中矩形花键主要用于传递转矩不大，而精度要求高的场合，应用最广。以圆柱直齿矩形花键为例来进行介绍。

矩形花键连接的结构及主要几何参数如图 5-10 所示。GB/T 1144—2001 中规定，矩形

图 5-9　花键连接

花键的主要参数为大径 D、小径 d、键宽和键槽宽 B，其具体数值不得随意确定，应按该标准中表 1"公称尺寸系列"和表 2"键槽的截面尺寸系列"的推荐进行选用，见附表 5-3、附表 5-4，附录中仅选录部分数值，以供参考，如有更多需要可自行查阅该国家标准。

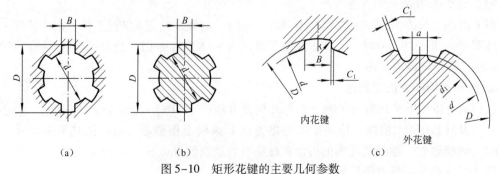

（a）　　　　　　　（b）　　　　　　　　　　　　　（c）

图 5-10　矩形花键的主要几何参数

为了便于加工和测量，键数规定为偶数，有 6、8、10 三种。按承载能力不同，矩形花键可分为中、轻两个系列。中系列的键高尺寸较大，承载能力较强；轻系列的键高尺寸较小，承载能力较低。

二、矩形花键的定心方式

矩形花键连接的主要尺寸有大径 D、小径 d、键宽和键槽宽 B，分别保证着矩形花键连接的三个重要结合面即大径结合面、小径结合面和键侧结合面的配合精度。为了实现矩形花键连接的功能，而要求这三个尺寸加工都很精确，即要求三个结合面同时达到高精度的配合是很困难且也没有必要的。因此设计时，只要在三个主要尺寸中选择其中一个尺寸作为主要配合尺寸，为其规定较高的精度，以保证内、外花键的配合性质。并将这个确定配合性质的结合面作为主要配合面，称之为定心表面，起定心作用。

根据定心要求的不同，矩形花键的定心方式有三种，即按大径 D 定心、按小径 d 定心、按键宽 B 定心。为了保证使用性能和改善加工工艺，对于起定心作用的尺寸应要求较高的配合精度，非定心尺寸配合精度要求可低一些，但对键宽 B 这一配合尺寸，由于在矩形花键连接中转矩是通过键和键槽的侧面传递的，故无论是否起定心作用，都应要求其有足够的配合精度。

三、矩形花键的精度设计

1. 小径 d 定心

由于矩形花键结合面的硬度要求较高，需淬火处理，为了保证定心表面的尺寸精度和形状精度，淬火后需要进行磨削加工。从加工工艺性来看，小径便于用磨削方法进行精加工（内花键小径可以在内圆磨床上磨削，外花键小径可用成形砂轮磨削）。因此 GB/T 1144—2001 也推荐采用小径定心，对定心小径 d 采用较高的公差等级，非定心大径 D 采用较低的公差等级；并且非定心直径表面之间留有较大的间隙，以保证它们不接触，从而可获得更高的定心精度。

2. 内、外花键的尺寸公差和配合

GB/T 1144—2001 推荐，内花键和外花键的尺寸公差带应符合国家标准 GB/T 1801—2009《产品几何技术规范（GPS）极限与配合　公差带和配合的选择》的规定，并按附表 5-5 所示取值。

矩形花键连接采用基孔制，可以减少加工和检测内花键用花键拉刀和花键量规的规格和数量。

由附表 5-5 分析可知，矩形花键配合的精度，按其使用要求分为"一般用"和"精密传动用"两种。一般用矩形花键适用于汽车、拖拉机的变速箱中，不论配合性质如何，内花键定心小径的公差带均取 H7；精密传动用矩形花键则适用于对于定心精度要求高或传递转矩较大的场合如机床变速箱中等，推荐内花键定心小径使用公差带 H5 或 H6。

内、外花键配合性质也分为最松的"滑动配合"、略松的"紧滑动配合"和较紧的"固定配合"三种，其中"固定配合"仍属于光滑圆柱体配合的间隙配合形式，但由于矩形花键形位误差的影响，故配合变紧。设计时，可按照实际装配要求按附表 5-5 的推荐选择相应内、外花键尺寸公差带。一般，对于内、外花键之间要求有相对移动，而且移动距离长、移动频率高的情况，应选用配合间隙较大的滑动配合，以保证运动灵活性并使配合面间有足够的润滑油

层，如汽车、拖拉机等变速箱中的变速齿轮与轴的连接；对于内、外花键之间虽有相对滑动，但定心精度要求高，传递转矩大或经常有反向转动的情况，则应选用固定配合。

按照附表 5-5 中的推荐数值，可看出，内、外花键的配合不同于普通光滑孔、轴的配合（规定在精度较高的情况下孔比轴低一级）。考虑到矩形花键多采用小径定心，使加工难度由内花键转到外花键，故虽然对定心小径 d 的公差等级规定得较高，但对于内、外花键会取相同的公差等级。然而在有些特殊情况下，考虑到矩形花键常用来作为齿轮的基准孔，可能会出现大径定心的情况，此时内花键允许与提高一级的外花键配合。例如，公差带为 H6 的内花键可以与公差带为 f6、g6、h6 的外花键配合；公差带为 H5 的内花键可以与公差带为 f5、g5、h5 的外花键配合。

3. 矩形花键的几何公差

除尺寸公差对花键配合性质有影响外，由于矩形花键连接结合面复杂，键长与键宽比值较大，形位误差对连接的装配性能和传递转矩与运动的性能影响很大，是影响连接质量的重要因素，因此必须对其加以控制。

GB/T 1144—2001 对矩形花键的几何公差作了如下推荐：

（1）内、外花键小径（定心直径）的尺寸公差与几何公差关系应遵守国家标准 GB/T 4249—2009《产品几何技术规范（GPS）公差原则》规定的包容要求。

（2）采用综合检验法时，内、外花键的位置度公差按图 5-11 规定，其数值见表 5-2。

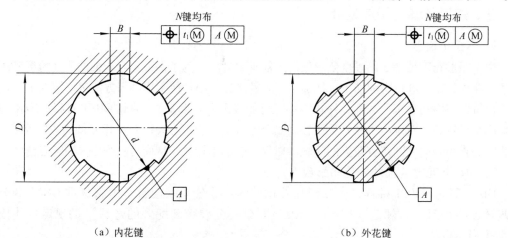

（a）内花键　　　　　　　　　　　　（b）外花键

图 5-11　矩形花键对称度公差标注示例

表 5-2　综合检验时矩形花键位置度公差　　　　　　　　　单位：mm

键槽宽或键宽 B			3	3.5～6	7～10	12～18
t_1	键槽宽		0.010	0.015	0.020	0.025
	键宽	滑动、固定	0.010	0.015	0.020	0.025
		紧滑动	0.006	0.010	0.013	0.016

（3）采用单项检验法时，内、外花键的对称度公差按图 5-12 规定，其数值见表 5-3。

表 5-3　单项检验时矩形花键对称度公差　　　　　　　　　单位：mm

键槽宽或键宽 B		3	3.5～6	7～10	12～18
t_2	一般用	0.010	0.012	0.015	0.018
	精密传动用	0.006	0.008	0.009	0.011

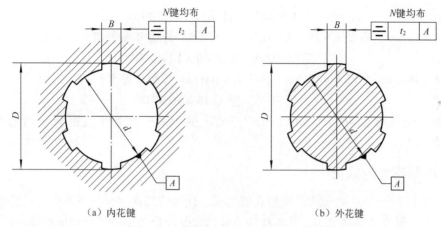

（a）内花键　　　　　　　　　　（b）外花键

图 5-12　矩形花键对称度公差标注示例

（4）对于较长的矩形花键，国家标准未作规定，可根据产品性能自行规定外花键侧或内花键槽侧对小径 d 轴线的平行度公差。

大批量生产时，因为外花键或内花键槽的形位误差包括其中心平面相对于定心轴线的对称度误差和等分度误差、外花键侧面或内花键槽侧面对定心轴线的平行度误差，故可通过规定位置度公差，进行综合控制，并采用最大实体原则，此时通常采用综合量规进行综合检验。因此，图样中只需标注位置度公差，如图 5-11 所示。

单件、小批量生产时，通常采用单项检验法进行检验，故应规定对称度公差和等分度公差，并遵守独立原则。外花键或内花键槽沿圆周均匀分布即为它们的理想位置，矩形花键等分度公差值则是指允许它们偏离理想位置最大值的两倍，其数值恰好等于花键对称度公差值，故在图样中可省略不注，如图 5-12 所示。

4. 矩形花键的表面粗糙度

保证花键的表面质量，有利于提高连接质量。小径定心时，矩形花键各结合面的表面粗糙度 Ra 推荐值见表 5-4。

表 5-4　矩形花键表面粗糙度推荐值　　　　　　　　单位：μm

项　　目	加 工 表 面	
	内 花 键	外 花 键
小径	≤1.6	≤0.8
大径	≤6.3	≤3.2
键侧（键槽侧）	≤3.2	≤1.6

第四节　键与花键的标记

一、平键的标记

按 GB/T 1096—2003 的推荐，普通平键标记时应注明标准号，键类型，以及其宽度 b、高度 h、长度 L 三大主要参数，当所标记的是 A 型普通平键时可省略不写键类型。如以下标记示例。

宽度 $b=16\,mm$、高度 $h=10\,mm$、长度 $L=100\,mm$ 普通 A 型平键的标记为

$$\text{GB/T 1096} \quad \text{键 } 16 \times 10 \times 100$$

宽度 $b = 16\,\text{mm}$、高度 $h = 10\,\text{mm}$、长度 $L = 100\,\text{mm}$ 普通 B 型平键的标记为

$$\text{GB/T 1096} \quad \text{键 B } 16 \times 10 \times 100$$

宽度 $b = 16\,\text{mm}$、高度 $h = 10\,\text{mm}$、长度 $L = 100\,\text{mm}$ 普通 C 型平键的标记为

$$\text{GB/T 1096} \quad \text{键 C } 16 \times 10 \times 100$$

导向型平键的标记可参考 GB/T 1097—2003 的推荐，薄型平键的标记可参考 GB/T 1567—2003 的推荐，此处不再一一例举。

二、矩形花键的标记

按 GB/T 1144—2001 的规定，矩形花键的标记代号应按次序包括下列内容：键数 N、小径 d、大径 D、键宽或键槽宽 B，其各自的公称尺寸及配合公差带代号和标准号。

标记示例如下。

某矩形花键连接，键数 $N = 6$，小径 $d = 23\,\text{mm}$，配合为 H7/f7；大径 $D = 26\,\text{mm}$，配合为 H10/a11；键宽或键槽宽 $B = 6\,\text{mm}$，配合为 H11/d10。其标记为

花键规格

$$N \times d \times D \times B$$
$$6 \times 23 \times 26 \times 6$$

花键副

$$6 \times 23\frac{\text{H7}}{\text{f7}} \times 26\frac{\text{H10}}{\text{a11}} \times 6\frac{\text{H11}}{\text{d10}} \quad \text{GB/T 1144—2001}（在装配图上标注）$$

内花键

$$6 \times 23\text{H7} \times 26\text{H10} \times 6\text{H11} \quad \text{GB/T 1144—2001}（在零件图上标注）$$

外花键

$$6 \times 23\text{f7} \times 26\text{a11} \times 6\text{d10} \quad \text{GB/T 1144—2001}（在零件图上标注）$$

第五节　键与花键的检测

一、平键的检测

对于平键连接，需要检测的项目主要有键宽、轴键槽和轮毂键槽的宽度、深度，键槽的对称度。

键宽、轴键槽和轮毂键槽的宽度及深度等尺寸检测比较简单，在单件小批量生产时，通常采用游标卡尺、千分尺等通用计量器具进行测量；在大批量生产时，通常采用专用量规进行测量，如图 5-13 所示。

图 5-13 中（a）、（b）、（c）三种量规均为检验尺寸误差的极限量规，具有通端和止端，检验时通端能通过而止端不能通过为合格。

在单件小批量生产中，键槽对轴线的对称度误差可用分度头、V 型架和百分表进行检测，如图 5-14 所示。在槽中塞入量块组，用指示表将量块上表面标平，记下指示表读数 δ_{x1}；然后将工件旋转 180°，在同一横截面方向，再将量块校平，记下读数 δ_{x2}，两次读数差为 a，则该截面的对称度误差为

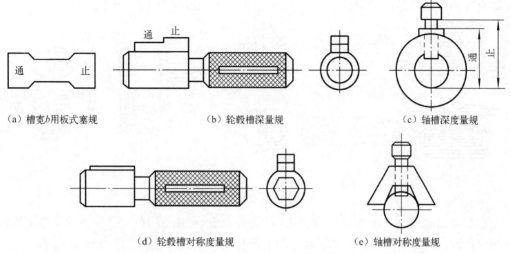

（a）槽宽 b 用板式塞规　　　（b）轮毂槽深量规　　　（c）轴槽深度量规

（d）轮毂槽对称度量规　　　　　（e）轴槽对称度量规

图 5-13　平键键槽专用检测量规

$$f_{截} = at[2(R - t/2)] \qquad (5-1)$$

式中，R 为轴的半径；t 为轴槽深度。

再沿键槽长度方向测量，取长度方向两点的最大读数差为长度方向对称度误差，即

$$f_{长} = a_{高} - a_{低} \qquad (5-2)$$

取截面和长度两个方向测得的误差的最大值为该零件键槽的对称度误差。

在大批量生产中，键槽尺寸及其对轴线的对称度误差可用塞规检测（见图 5-13），图 5-13（d）、（e）两种为检测形位误差的综合量规，只有通端通过为合格。

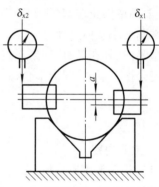

图 5-14　平键键槽对称度误差检测

二、矩形花键的检测

矩形花键的检测分为单项检测和综合检测两种。

在单件小批量生产中，矩形花键常采用单项检测法。单项检测法主要是通过使用游标卡尺、千分尺等通用量具分别对矩形花键的小径、大径、键宽等尺寸和形位误差进行测量，以保证尺寸误差及形位误差在其公差范围内。若在大批量生产中需要进行单项检测，通常都是使用专用量具，如图 5-15 所示。花键的尺寸和位置误差用千分尺、游标卡尺、指示表等通用计量器具分别测量。

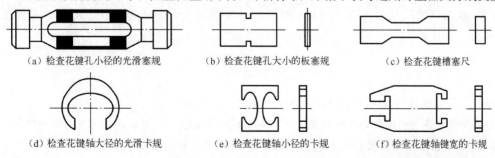

（a）检查花键孔小径的光滑塞规　　　（b）检查花键孔大小的板塞规　　　（c）检查花键槽塞尺

（d）检查花键轴大径的光滑卡规　　　（e）检查花键轴小径的卡规　　　（f）检查花键轴键宽的卡规

图 5-15　花键专用塞规和卡规

综合检测法通常适用于大批量生产中,所用量具是花键综合量规(见图 5-16)。

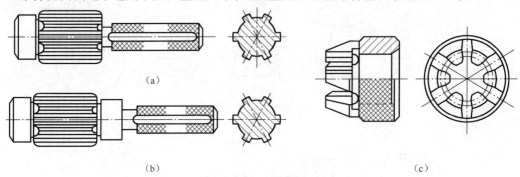

(a)

(b)   (c)

图 5-16   矩形花键综合量规

花键综合量规分为花键综合环规(用于检测外花键,见图 5-16(a))和花键综合塞规(用于检测内花键,如图 5-16(b)、(c)所示),用于控制被测花键的最大实体边界,即综合检验内、外花键的小径、大径、各键槽宽(键宽)、大径对小径的同轴度和键(键宽)的位置度等项目。此外,还要用单项止端塞(卡)规(见图 5-15)检测其小径、大径、各键槽宽(键宽)的实际尺寸是否超越其最小实体尺寸。

检测内、外花键时,如果花键综合量规能通过,而单项量规止端不能通过,则表示被测内、外花键合格。反之,即为不合格。

本 章 小 结

1．主要内容

(1) 普通平键的结构型式,及其尺寸、公差,普通平键的键与键槽的配合公差带。

(2) 矩形花键的定心方式,及其内、外花键配合的公差带;键与花键的形位精度、表面粗糙度的确定。

(3) 键与花键的检测方法等。

(4) 要求理解矩形花键的定心方式,键与花键的形位精度、表面粗糙度的确定,键与花键的检测方法;熟悉平键的键与键槽的配合公差带,内、外花键配合的公差带。

2．新旧国标对比

(1) 参数代号变化。键槽深度中的"轴 t"改为"轴 t_2","毂 t_1"改为"毂 t_2"。

(2) 键宽 b 的极限偏差由"h9"改为"h8",方形截面键高度 h 的极限偏差改为"h8"一种。

(3) 键与键槽联结状态由"较松键联结、一般键联结、较紧键联结"改为"正常联结、紧密连接、松连接"。

习   题

5-1   平键连接的主要几何参数有哪些?配合尺寸是哪个?

5-2   平键连接的配合采用何种基准制?有几种配合类型?一般键连接应采用哪种配合?

5-3   平键连接的几何公差和表面粗糙度如何确定?如何标注?

5-4   矩形花键连接的结合面有哪些?定心表面是哪个?有几种配合类型?

5-5　用平键连接30H8孔与30k7轴以传递扭矩，已知：$b=8$ mm；$h=7$ mm；$t_1=4$ mm；$t_2=3.3$ mm，确定键宽与键槽宽的公差配合，绘出孔与轴的剖面图，并标注键槽宽与键槽深的公称尺寸与极限偏差。

5-6　某车床床头箱中，一变速滑动齿轮与轴的结合采用矩形花键固定连接，花键的公称尺寸为 $6\times23(H7/g7)\times26(H10/a11)\times6(H11/f9)$，齿轮内孔不需要热处理。试查表确定内、外花键的大径、小径、键宽和键槽宽的极限偏差、位置度公差，并画出公差带图。

5-7　对矩形花键进行综合检测使用的量具是什么？如何检测，检测时如何判断被测矩形花键的合格性？

附　表　五

附表 5-1　普通型平键的尺寸与公差（GB/T 1096—2003）　　　单位：mm

	公称尺寸	2	3	4	5	6	8	10	12	14	16	18	20	22
宽度 b	极限偏差（h8）	0 −0.014		0 −0.018			0 −0.022		0 −0.027				0 −0.033	
	公称尺寸	2	3	4	5	6	7	8	8	9	10	11	12	14
高度 h	极限偏差 矩形（h11）	—			—			0 −0.090				0 −0.110		
	方形（h8）	0 −0.014		0 −0.018		—			—					
倒角或倒圆 S		0.16～0.25			0.25～0.40			0.40～0.60				0.60～0.80		

长度														
基本尺寸	极限偏差（h14）													
6	0 −0.36			—	—	—	—	—	—	—	—	—	—	—
8					—	—	—	—	—	—	—	—	—	—
10						—	—	—	—	—	—	—	—	—
12	0 −0.43						—	—	—	—	—	—	—	—
14							—	—	—	—	—	—	—	—
16								—	—	—	—	—	—	—
18								—	—	—	—	—	—	—
20	0 −0.52								—	—	—	—	—	—
22		—		标准						—	—	—	—	—
25		—									—	—	—	—
28		—										—	—	—
32		—											—	—
36	0 −0.62	—												—
40		—												
45		—	—		长度						—	—	—	—
50		—	—										—	—
56		—	—	—										—
63	0 −0.74	—	—	—										
70		—	—	—	—									
80		—	—	—	—									
90	0 −0.87	—	—	—	—		范围							
100		—	—	—	—	—								
110		—	—	—	—	—								

续表

宽度 b	公称尺寸	2	3	4	5	6	8	10	12	14	16	18	20	22
	极限偏差 (h8)	0 -0.014		0 -0.018			0 -0.022		0 -0.027				0 -0.033	
高度 h	公称尺寸	2	3	4	5	6	7	8	8	9	10	11	12	14
	极限偏差 矩形 (h11)	—							0 -0.090				0 -0.110	
	极限偏差 方形 (h8)	0 -0.014			0 -0.018		—							
倒角或倒圆 S		0.16~0.25			0.25~0.40			0.40~0.60					0.60~0.80	

长度

基本尺寸	极限偏差 (h14)	2	3	4	5	6	8	10	12	14	16	18	20	22
125	0 -1.00	—	—	—	—	—	—	—						
140		—	—	—	—	—	—	—						
160		—	—	—	—	—	—	—	—					
180		—	—	—	—	—	—	—	—	—				
200	0 -1.15	—	—	—	—	—	—	—	—	—	—			
220		—	—	—	—	—	—	—	—	—	—	—		
250		—	—	—	—	—	—	—	—	—	—	—	—	

宽度 b	公称尺寸	25	28	32	36	40	45	50	56	63	70	80	90	100
	极限偏差 (h8)	0 -0.033		0 -0.039					0 -0.046				0 -0.054	
高度 h	公称尺寸	14	16	18	20	22	25	28	32	32	36	40	45	50
	极限偏差 矩形 (h11)	0 -0.110			0 -0.130				0 -0.160					
	极限偏差 方形 (h8)	—												
倒角或倒圆 S		0.60~0.80			1.00~1.20				1.60~2.00				2.50~3.00	

长度

基本尺寸	极限偏差 (h14)	25	28	32	36	40	45	50	56	63	70	80	90	100
70	0 -0.74		—	—	—	—	—	—	—	—	—	—	—	—
80				—	—	—	—	—	—	—	—	—	—	—
90	0 -0.87				—	—	—	—	—	—	—	—	—	—
100						—	—	—	—	—	—	—	—	—
110							—	—	—	—	—	—	—	—
125	0 -1.00							—	—	—	—	—	—	—
140									—	—	—	—	—	—
160					标准					—	—	—	—	—
180											—	—	—	—
200	0 -1.15											—	—	—
220													—	—
250							长度							—
280	0 -1.30													
320	0 -1.40	—												
360		—	—						范围					
400		—	—	—										
450	0 -1.55	—	—	—	—	—								
500		—	—	—	—	—	—							

附表 5-2　普通型平键键槽的尺寸与公差（GB/T 1095—2003）　　单位：mm

键尺寸 $b \times h$	宽度 b 基本尺寸	正常连接 轴 N9	正常连接 毂 JS9	紧密连接 轴和毂 P9	松连接 轴 H9	松连接 毂 D10	轴 t_1 基本尺寸	轴 t_1 极限偏差	毂 t_2 基本尺寸	毂 t_2 极限偏差	半径 r min	半径 r max
2×2	2	-0.004 -0.029	±0.0125	-0.006 -0.031	+0.025 0	+0.060 +0.020	1.2	+0.1 0	1.0	+0.1 0	0.08	0.16
3×3	3						1.8		1.4			
4×4	4	0 -0.030	±0.015	-0.012 -0.042	+0.030 0	+0.078 +0.030	2.5		1.8			
5×5	5						3.0		2.3			
6×6	6						3.5		2.8		0.16	0.25
8×7	8	0 -0.036	±0.018	-0.015 -0.051	+0.036 0	+0.098 +0.040	4.0		3.3			
10×8	10						5.0		3.3			
12×8	12	0 -0.043	±0.0215	-0.018 -0.061	+0.043 0	+0.120 +0.050	5.0	+0.2 0	3.3	+0.2 0		
14×9	14						5.5		3.8		0.25	0.40
16×10	16						6.0		4.3			
18×11	18						7.0		4.4			
20×12	20	0 -0.052	±0.026	-0.022 -0.074	+0.052 0	+0.149 +0.065	7.5		4.9			
22×14	22						9.0		5.4			
25×14	25						9.0		5.4		0.40	0.60
28×16	28						10.0		6.4			
32×18	32	0 -0.062	±0.031	-0.026 -0.088	+0.062 0	+0.180 +0.080	11.0		7.4			
36×20	36						12.0		8.4			
40×22	40						13.0		9.4		0.70	1.00
45×25	45						15.0		10.4			
50×28	50						17.0		11.4			
56×32	56	0 -0.074	±0.037	-0.032 -0.106	+0.074 0	+0.220 +0.100	20.0	+0.3 0	12.4	+0.3 0		
63×32	53						20.0		12.4			
70×36	70						22.0		14.4		1.20	1.60
80×40	80						25.0		15.4			
90×45	90	0 -0.087	±0.0435	-0.037 -0.124	+0.087 0	+0.260 +0.120	28.0		17.4		2.00	2.50
100×50	100						31.0		19.5			

附表 5-3　矩形花键公称尺寸系列（GB/T 1144—2001 部分）　　单位：mm

小径 d	轻　系　列				中　系　列			
	规格 $N \times d \times D \times B$	键数 N	大径 D	键宽 B	规格 $N \times d \times D \times B$	键数 N	大径 D	键宽 B
11	—	—	—	—	$6 \times 11 \times 14 \times 3$	6	14	3
13					$6 \times 13 \times 16 \times 3.5$		16	3.5
16					$6 \times 16 \times 20 \times 4$		20	4
18					$6 \times 18 \times 22 \times 5$		22	5
21					$6 \times 21 \times 25 \times 5$		25	
23	$6 \times 23 \times 26 \times 6$	6	26	6	$6 \times 23 \times 28 \times 6$		28	6
26	$6 \times 26 \times 30 \times 6$		30		$6 \times 26 \times 32 \times 6$		32	
28	$6 \times 28 \times 32 \times 7$		32	7	$6 \times 28 \times 34 \times 7$		34	7
32	$6 \times 32 \times 36 \times 6$		36	6	$8 \times 32 \times 38 \times 6$	8	38	6
36	$8 \times 36 \times 40 \times 7$	8	40	7	$8 \times 36 \times 45 \times 7$		42	7
42	$8 \times 42 \times 46 \times 8$		46	8	$8 \times 42 \times 48 \times 8$		48	8
46	$8 \times 46 \times 50 \times 9$		50	9	$8 \times 46 \times 54 \times 9$		54	9
52	$8 \times 52 \times 58 \times 10$		58	10	$8 \times 52 \times 60 \times 10$		60	10
56	$8 \times 56 \times 62 \times 10$		62		$8 \times 56 \times 65 \times 10$		65	
62	$8 \times 62 \times 68 \times 12$		68	12	$8 \times 62 \times 72 \times 12$		72	
72	$10 \times 72 \times 78 \times 12$	10	78	12	$10 \times 72 \times 82 \times 12$	10	82	12
82	$10 \times 82 \times 88 \times 12$		88		$10 \times 82 \times 92 \times 12$		92	
92	$10 \times 92 \times 98 \times 14$		98	14	$10 \times 92 \times 102 \times 14$		102	14
102	$10 \times 102 \times 108 \times 16$		108	16	$10 \times 102 \times 112 \times 16$		112	16
112	$10 \times 112 \times 120 \times 18$		120	18	$10 \times 112 \times 125 \times 18$		125	18

附表 5-4　矩形花键键槽的截面尺寸（GB/T 1144—2001 部分）　　单位：mm

轻　系　列					中　系　列				
规格 $N \times d \times D \times B$	C	r	d_{1min}	a_{min}	规格 $N \times d \times D \times B$	C	r	d_{1min}	a_{min}
			参考					参考	
—	—	—	—	—	$6 \times 11 \times 14 \times 3$	0.2	0.1	—	—
					$6 \times 13 \times 16 \times 3.5$			—	—
					$6 \times 16 \times 20 \times 4$	0.3	0.2	14.4	1.0
					$6 \times 18 \times 22 \times 5$			16.6	
					$6 \times 21 \times 25 \times 5$			19.5	2.0
$6 \times 23 \times 26 \times 6$	0.2	0.1	22	3.5	$6 \times 23 \times 28 \times 6$			21.2	1.2
$6 \times 26 \times 30 \times 6$			24.5	3.8	$6 \times 26 \times 32 \times 6$			23.6	
$6 \times 28 \times 32 \times 7$			26.6	1.0	$6 \times 28 \times 34 \times 7$	0.4	0.3	25.8	1.4
$6 \times 32 \times 36 \times 6$	0.3	0.2	30.3	2.7	$8 \times 32 \times 38 \times 6$			29.4	1.0
$8 \times 36 \times 40 \times 7$			34.4	3.5	$8 \times 36 \times 45 \times 7$			33.4	
$8 \times 42 \times 46 \times 8$			40.5	5.0	$8 \times 42 \times 48 \times 8$			39.4	2.5
$8 \times 46 \times 50 \times 9$			44.6	5.7	$8 \times 46 \times 54 \times 9$			42.6	1.4
$8 \times 52 \times 58 \times 10$			49.6	4.8	$8 \times 52 \times 60 \times 10$	0.5	0.4	48.6	2.5
$8 \times 56 \times 62 \times 10$			53.5	6.5	$8 \times 56 \times 65 \times 10$			52.0	
$8 \times 62 \times 68 \times 12$			59.7	7.3	$8 \times 62 \times 72 \times 12$			57.7	2.4
$10 \times 72 \times 78 \times 12$	0.4	0.3	69.6	5.4	$10 \times 72 \times 82 \times 12$			67.7	1.0
$10 \times 82 \times 88 \times 12$			79.3	8.5	$10 \times 82 \times 92 \times 12$	0.6	0.5	77.0	2.9
$10 \times 92 \times 98 \times 14$			89.6	9.9	$10 \times 92 \times 102 \times 14$			87.3	4.5
$10 \times 102 \times 108 \times 16$			99.6	11.3	$10 \times 102 \times 112 \times 16$			97.7	6.2
$10 \times 112 \times 120 \times 18$	0.5	0.4	108.8	10.5	$10 \times 112 \times 125 \times 18$			106.2	4.1

附表 5-5　矩形内、外花键的尺寸公差带（GB/T 1144—2001）

内　花　键				外　花　键			装配型式
d	D	B		d	D	B	
		拉削后不热处理	拉削后热处理				
一　般　用							
H7	H10	H9	H11	f7	a11	d10	滑动
				g7		f9	紧滑动
				h7		h10	固定
精密传动用							
H5	H10	H7、H9		f5	a11	d8	滑动
				g5		f7	紧滑动
				h5		h8	固定
H6				f6		d8	滑动
				g6		f7	紧滑动
				h6		h8	固定

注：1. 精密传动用的内花键，当需要控制键侧配合间隙时，槽宽可选 H7，一般情况下可选 H9。
　　2. d 为 H6 和 H7 的内花键，允许与提高一级的外花键配合。

第6章 螺 纹 精 度

螺纹是各种机电设备中应用最广泛的标准件之一。它由相互结合的内、外螺纹组成，通过旋合后牙侧面的接触作用来实现其功能。

为了保证螺纹连接的互换性和标准化，正确进行螺纹连接精度设计，本章涉及的现行国家推荐性标准主要有：

GB/T 14791—1993《螺纹 术语》

GB/T 192—2003《普通螺纹 基本牙型》

GB/T 193—2003《普通螺纹 直径与螺距系列》

GB/T 196—2003《普通螺纹 基本尺寸》

GB/T 197—2003《普通螺纹 公差》

GB/T 2516—2003《普通螺纹 极限偏差》

GB/T 15756—2008《普通螺纹 极限尺寸》

GB/T 1167—1996《过渡配合螺纹》

GB/T 1181—1998《过盈配合螺纹》

GB/T 5796.1—2005《梯形螺纹 第1部分：牙型》

GB/T 5796.2—2005《梯形螺纹 第2部分：直径与螺距系列》

GB/T 5796.3—2005《梯形螺纹 第3部分：基本尺寸》

GB/T 5796.4—2005《梯形螺纹 第4部分：公差》

GB/T 12359—2008《梯形螺纹 极限尺寸》

JB/T 2886—2008《机床梯形丝杠、螺母 技术条件》

上述现行国家标准分别替代以下旧国标：

GB/T 14791—1993《螺纹术语》

GB/T 192—1981《普通螺纹 基本牙型》

GB/T 193—1981《普通螺纹 直径与螺距系列》

GB/T 196—1981《普通螺纹 基本尺寸》

GB/T 197—1981《普通螺纹 公差与配合》

GB/T 2516—1981《普通螺纹 偏差表》

GB/T 15756—1995《普通螺纹 极限尺寸》

GB/T 1167—1974 和 GB/T 1180—1974

GB/T 1181—1974《过盈配合螺纹》

GB/T 5796.1—1986《梯形螺纹 牙型》

GB/T 5796.2—1986《梯形螺纹 直径与螺距系列》

GB/T 5796.3—1986《梯形螺纹 基本尺寸》

GB/T 5796.4—1986《梯形螺纹 公差》

GB/T 12359—1990《梯形螺纹 极限尺寸》

JB/T 2886—1992《机床梯形螺纹丝杠、螺母 技术条件》

第一节　普通螺纹精度设计概述

一、螺纹种类及使用要求

螺纹按其用途一般可以分为三类：

（1）普通螺纹。又称紧固螺纹，牙型一般为三角形，按照螺距的不同有粗牙和细牙之分，通常用于将各种机械零件连接紧固成一体，粗牙螺纹的直径和螺距的比例适中、强度好，细牙螺纹用于薄壁零件和轴向尺寸受限制的场合或微调机构。对此类螺纹的主要要求是具有良好的旋合性和连接的可靠性。

（2）传动螺纹。牙型有三角形、梯形、矩形和锯齿形等，通常用于实现旋转运动与直线运动的转换以及传递动力或精确的位移，如车床传动丝杠、螺旋千分尺上的测微螺杆。对此类螺纹的主要要求是传递动力的可靠性和传递位移的准确性，螺纹牙侧的接触均匀性和耐磨性，连接应保证一定的间隙，以便传动和储存润滑油等。

（3）紧密螺纹。牙型一般为三角形，通常用于实现两个零件紧密连接而无泄漏的结合，如管螺纹。对此类螺纹的主要要求是连接应具有一定的过盈，以防止漏水、漏气或漏油。

除上述三类螺纹外，还有一些专门用途的螺纹，如石油螺纹、气瓶螺纹、灯泡螺纹以及轮胎气门芯螺纹等。

螺纹的种类很多，本章仅从互换性的角度对普通螺纹连接的精度设计及其相关标准内容进行介绍。对于梯形螺纹和机床梯形丝杠、螺母则只作简单介绍。

二、普通螺纹的基本牙型和几何参数

1. 基本术语

（1）螺纹。螺纹是指在特定表面上，沿螺旋线形成的具有规定牙型的连续凸起（是指螺纹两侧面间的实体部分，又称牙），如图 6-1 所示。在圆柱表面上所形成的螺纹称为圆柱

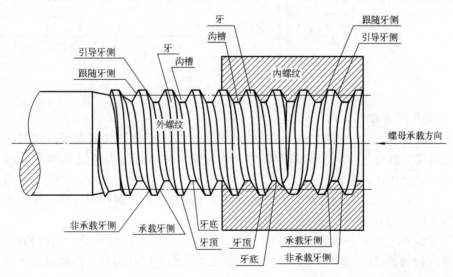

图 6-1　普通螺纹连接及其牙型结构

螺纹，在圆锥表面上形成的螺纹称为圆锥螺纹，普通螺纹的介绍以圆柱螺纹为例。在圆柱外表面上所形成的螺纹称为外螺纹，在圆柱内表面上所形成的螺纹称为内螺纹。沿一条螺旋线所形成的螺纹称为单线螺纹，沿两条或两条以上的螺旋线（该螺旋线在轴向等距分布）所形成的螺纹称为多线螺纹，如顺时针旋转时旋入的螺纹称为右旋螺纹，逆时针旋转时旋入的螺纹称为左旋螺纹，如图 6-2 所示。

（2）牙顶、牙底、牙侧。在螺纹凸起的顶部，连接相邻两个牙侧的螺纹表面称为牙顶；在螺纹沟槽的底部，连接相邻两个牙侧的螺纹表面称为牙底；在通过螺纹轴线的剖面上，牙顶和牙底之间的那部分螺纹表面称为牙侧，如图 6-1 所示。

（3）螺纹副。螺纹副是指内外螺纹相互旋合形成的连接。

2. 基本牙型

螺纹牙型是指在通过螺纹轴线的剖面上，螺纹的轮廓形状。

按 GB/T 192—2003 的规定，普通螺纹的基本牙型是在原始三角形的基础上，截去其顶部 $H/8$ 和底部 $H/4$ 而形成

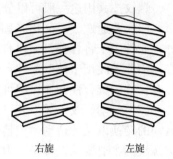

右旋　　　左旋

图 6-2　普通螺纹旋向

的，牙型角 α 为 $60°$，顶部和底部削平后牙顶的宽度为 $P/8$、牙底的宽度为 $P/4$，如图 6-3 所示。图 6-3（a）所示是普通螺纹的原始三角形，它是两个贴合着、且底边平行于螺纹轴线的等边三角形，边长为 P，高为 H；图 6-3（b）中粗实线就是普通螺纹的基本牙型轮廓。

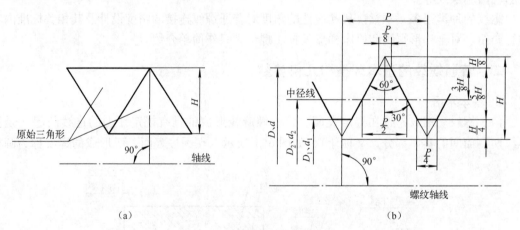

（a）　　　　　　　　　　　　　　　　　　（b）

图 6-3　普通螺纹的基本牙型的形成

3. 主要几何参数

（1）大径 D、d：与外螺纹牙顶或内螺纹牙底相切的假想圆柱的直径，如图 6-4 所示。国家标准规定，普通螺纹大径的基本尺寸为螺纹的公称直径，内螺纹基本大径用 D 表示，外螺纹基本大径用 d 表示。

（2）小径 D_1、d_1：与外螺纹牙底或内螺纹牙顶相切的假想圆柱的直径，如图 6-4 所示。内螺纹基本小径用 D_1 表示，外螺纹基本小径用 d_1 表示。

（3）中径 D_2、d_2：一个假想圆柱的直径，该圆柱的母线通过牙型上沟槽和凸起宽度相等的地方（均为 $P/2$），如图 6-4 所示。该假想圆柱称为中径圆柱。内螺纹基本中径用 D_2 表示，外螺纹基本中径用 d_2 表示。

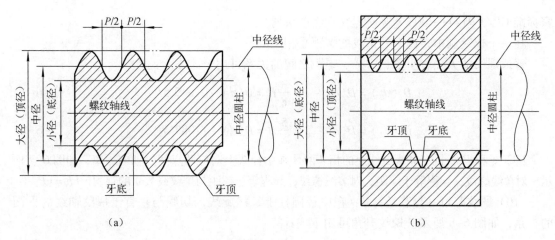

图 6-4　普通螺纹的大径、小径、中径

　　中径是普通螺纹公差与配合中的主要参数之一，中径的大小决定了螺纹牙侧相对于轴线的径向位置。普通螺纹中径并非大径与小径的平均值。

　　大径、中径、小径的具体数值可查询附表 6-1。

　　（4）顶径：与外螺纹或内螺纹牙顶相切的假想圆柱的直径，即外螺纹的大径 d 或内螺纹的小径 D_1。

　　（5）底径：与外螺纹或内螺纹牙底相切的假想圆柱的直径，即外螺纹的小径 d_1 或内螺纹的大径 D。

　　（6）单一中径 D_{2s}、d_{2s}：一个假想圆柱的直径，该圆柱的母线通过牙型上沟槽宽度等于 $1/2$ 基本螺距（$P/2$）的地方，如图 6-5 所示。当螺距无误差时，中径与单一中径相等；当螺距有误差时，则二者不相等。内螺纹单一中径用 D_{2s} 表示，外螺纹单一中径用 d_{2s} 表示。

　　（7）作用中径 D_{2m}、d_{2m}：在规定的旋合长度内，恰好包容实际螺纹的一个假想螺纹的中径，这个假想螺纹具有理想的螺距、半角以及牙型高度，并另在牙顶处和牙底处留有间隙，以保证包容时不与实际螺纹的大、小径发生干涉，即螺纹连接在旋合时起作用的中径，如图 6-6 所示。内螺纹作用中径用 D_{2m} 表示，外螺纹作用中径用 d_{2m} 表示。

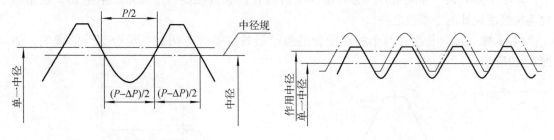

图 6-5　普通螺纹的单一中径　　　　　　图 6-6　普通螺纹的作用中径

　　（8）螺距 P：相邻两牙在中径线上对应两点间的轴向距离，如图 6-7 所示。普通螺纹的螺距分粗牙和细牙两种。

　　螺距的具体数值不得随意确定，应按 GB/T 193—2003 中表 1 "直径与螺距标准组合系列"的推荐根据螺纹公称直径进行选用，见附表 6-2。除此之外，根据设计要求还可参考国家标准 GB/T 9144—2003《普通螺纹 优选系列》。

在一个螺纹副中，内、外螺纹的螺距是相同的。

普通螺纹的大径、小径、中径、螺距之间的关系可用公式表示：

$$D_2(d_2) = D(d) - 2 \times \frac{3}{8}H = D(d) - 0.649\,5P \tag{6-1}$$

$$D_1(d_1) = D(d) - 2 \times \frac{5}{8}H = D(d) - 1.082\,5P \tag{6-2}$$

（9）导程 Ph：同一条螺旋线上的相邻两牙在中径线上对应两点间的轴向距离，如图 6-7 所示。对单线螺纹，导程等于螺距；对多线螺纹，导程等于螺距与螺纹线数 n 的乘积，$Ph = nP$。

（10）螺纹升角（导程角）ϕ：在中径圆柱上，螺旋线的切线与垂直于螺纹轴线的平面的夹角，如图 6-8 所示。螺纹升角可用下式计算：

$$\tan\phi = \frac{Ph}{\pi d_2} = \frac{nP}{\pi d_2} \tag{6-3}$$

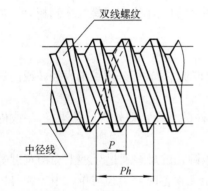

图 6-7 普通螺纹的螺距、导程

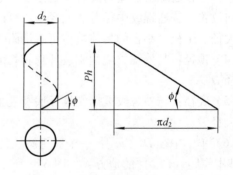

图 6-8 普通螺纹的螺纹升角

（11）牙型角 α、牙型半角 $\alpha/2$：牙型角是指在螺纹牙型上两相邻牙侧间的夹角，普通螺纹的理论牙型角 $\alpha = 60°$；牙型半角是指牙型角的一半，普通螺纹的理论牙型半角 $\alpha/2 = 30°$，如图 6-9 所示。

牙型半角的大小和倾斜方向会影响螺纹的旋合性和接触面积，故牙型半角 $\alpha/2$ 也是螺纹连接精度设计的主参数之一。

（12）螺纹旋合长度：两个相互配合的螺纹沿螺纹轴线方向相互旋合部分的长度，如图 6-10 所示。

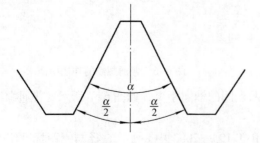

图 6-9 普通螺纹的牙型角、牙型半角

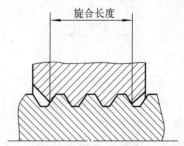

图 6-10 普通螺纹的旋合长度

旋合长度的具体数值可查询 GB/T 197—2003 中表 6 "螺纹的旋合长度"。

在一个螺纹副中，相互旋合的内、外螺纹的基本参数应相同。

第二节　普通螺纹几何参数误差对其互换性的影响

螺纹加工中，由于刀具、机床等加工误差的原因，会造成螺纹几何参数产生误差，继而影响螺纹的使用性能，如螺纹的旋合性、连接强度等。为了保证螺纹连接的互换性，即保证螺纹连接时的可旋合性和可靠性，必须分析螺纹几何参数对其产生影响的具体情况。影响普通螺纹互换性的几何参数主要有五个：大径、中径、小径、螺距和牙型半角。其中，螺距误差、牙型半角误差和中径误差尤为重要。

一、大、小径误差对普通螺纹互换性的影响

螺纹在加工过程中，其大径、小径、中径都不可避免地存在加工误差，这就可能导致内、外螺纹在旋合时牙侧产生干涉而无法旋合。为防止这种情况的发生，在螺纹精度设计时，常通过螺纹公差的设计，使得内螺纹大、小径的实际尺寸分别大于外螺纹大、小径的实际尺寸，即保证在大径、小径的结合处具有适当的间隙值。但若内螺纹的小径过大或外螺纹的大径过小，又会减小螺纹牙侧的接触面积，从而影响螺纹连接的可靠性。因此，国家标准中对普通螺纹的大径、小径也规定了公差，分别参见附表 6-4 ～附表 6-7。

二、螺距累积误差对普通螺纹互换性的影响

螺距误差分为螺距局部误差 ΔP 和螺距累积误差 ΔP_Σ 两种，主要是由加工机床运动链的传动误差引起的。除此之外，如果用成型刀具如板牙、丝锥等加工螺纹，则刀具本身的螺距误差也会直接传递到螺纹上。

螺距累积误差 ΔP_Σ 是指在规定的螺纹长度内，任意两同名牙侧与中径线交点间的实际轴向距离与其基本值之差的最大绝对值。由于一般选择的"规定的螺纹长度"都是旋合长度，因此螺距累积误差与旋合长度有关，是影响螺纹使用的主要因素，即也就是影响螺纹连接互换性的主要因素。

对于螺纹连接，螺距误差会使内外螺纹牙侧发生干涉而影响旋合性，并使载荷集中在少数几个牙侧面上，影响连接的可靠性与承载能力。对于传动螺纹，螺距误差会影响运动精度及空行程的大小。

假设一普通螺纹连接，其内螺纹具有理想牙型，螺距误差和牙型半角均无误差；而外螺纹中径和牙型半角均无误差，仅存在螺距误差（在旋合长度内，有螺距累积误差 ΔP_Σ）。如图 6-11 所示，可知在这种情况下，内、外螺纹旋合时牙侧会产生干涉（见图 6-11 中阴影部分）而无法旋合，且随着旋进牙数的增加，牙侧的干涉量会有所增大。

由此可知，ΔP_Σ 虽然是螺纹牙侧在轴线方向上的位置误差，但是从影响旋合性来看，它和螺纹牙侧在径向的位置误差（外螺纹中径增大、内螺纹中径减小）的结果是相同的。因此，为了使一个实际有螺距误差的外螺纹可旋入具有理想牙型的内螺纹，应把外螺纹的中径 d_2 减小一个数值 f_P；同理，当内螺纹有螺距误差时，为了保证可旋合性，应把内螺纹的中

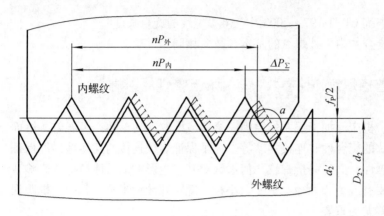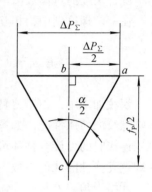

图 6-11　螺距误差对螺纹互换性的影响

径加大一个数值 f_P。这个中径增大或减小的数值 f_P 是为补偿螺距误差的影响而换算成中径的数值，被称为 ΔP_Σ 的中径当量值。

从图 6-11 的 $\triangle abc$ 中可以看出：

$$f_P = \Delta P_\Sigma \cot \frac{\alpha}{2} \qquad\qquad (6-4)$$

对于牙型半角 $\alpha/2 = 30°$ 的普通螺纹 $f_P = 1.732\,|\,\Delta P_\Sigma\,|$。由于 ΔP_Σ 不论是正或负，都影响旋合性（只是干涉发生在左、右牙侧面的不同而已），故 ΔP_Σ 取绝对值。

三、牙型半角误差对普通螺纹互换性的影响

牙型半角误差（$\Delta\alpha/2$）是指螺纹牙侧相对于螺纹轴线的方向误差，它等于实际牙型半角与其理论牙型半角之差，对螺纹的旋合性和连接强度均有影响。螺纹牙型半角误差分为两种，一种是螺纹的左、右牙型半角不相等，车削螺纹时，若车刀未装正，会造成这种结果；另一种是螺纹的左、右牙型半角相等，但不等于 30°，这是螺纹加工刀具的角度不等于 60° 所致。

牙型半角误差对互换性的影响可以用其中径当量值来衡量，如图 6-12 所示。假定内螺纹具有基本牙型，外螺纹的中径、螺距与内螺纹一样没有误差，但其左右牙型半角存在误差 $(\Delta\alpha/2)_左$ 和 $(\Delta\alpha/2)_右$。此时，无论 $(\Delta\alpha/2)_左$ 和 $(\Delta\alpha/2)_右$ 是正值还是负值，内、外螺纹旋合时左右牙侧都将可能产生干涉（见图 6-12 中的阴影部分）而无法旋合。为了保证旋合性，必须将外螺纹中径减小一个数值 $f_{\alpha/2}$（或内螺纹中径增大一个数值 $f_{\alpha/2}$）。这个中径增大或减小的数值 $f_{\alpha/2}$ 是为补偿牙型半角误差的影响而换算成中径的数值，被称为牙型半角误差的中径当量值。

图 6-12（a）所示在牙顶牙侧处出现干涉现象而无法旋合；图 6-12（b）所示在牙底牙侧处出现干涉现象而无法旋合；图 6-12（c）所示，在牙顶和牙底的牙侧都会产生干涉现象，且两侧干涉区的干涉量也不相同。

由图 6-12 中的几何关系，可以推导出一定的半角误差情况下，牙型半角误差的中径当量 $f_{\alpha/2}$（μm）为：

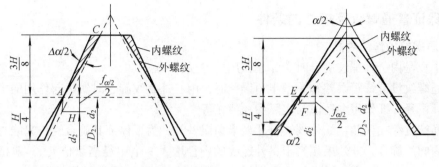

（a）外螺纹牙型半角为负值　　　　　　（b）外螺纹牙型半角为正值

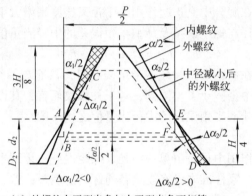

（c）外螺纹左牙型半角与右牙型半角不相等

图6-12 牙型半角误差对螺纹互换性的影响

$$f_{\alpha/2} = 0.36P\left[\Delta\alpha/2 \pm 0.1(\Delta\alpha_{左/2} + \Delta\alpha_{右/2})\right] \tag{6-5}$$

式中，P 为螺距（mm）；$\Delta\alpha_{左/2}$ 为左牙型半角误差（′）；$\Delta\alpha_{右/2}$ 为右牙型半角误差（′）；$\Delta\alpha/2 = \dfrac{|\Delta\alpha_{左/2}| + |\Delta\alpha_{右/2}|}{2}$；$\pm$，对于内螺纹取（+）号，外螺纹取（-）号。

考虑到最不利的情况和便于计算起见，对于牙型半角误差中径当量（不分内、外螺纹）的估计，应以式（6-5）计算的最大值来进行。于是实际计算时以下式更为常用：

$$f_{\alpha/2} = 0.36P(1.2\Delta\alpha/2) = 0.43P \cdot \Delta\alpha/2 \tag{6-6}$$

式（6-6）是一个通式，是以外螺纹存在牙型半角误差时的情况推导整理出来的，当假设外螺纹具有理想牙型，而内螺纹存在牙型半角误差，上式同样适用。

四、中径误差对普通螺纹互换性的影响

从前面介绍的内容可以看到，螺纹中径跟大、小径一样，若外螺纹的中径比内螺纹的中径大，内、外螺纹将因产生干涉而无法旋合，从而影响螺纹的可旋合性；但若外螺纹的中径与内螺纹的中径相比太小，又会使螺纹连接过松，同时影响接触面积，降低螺纹联接的可靠性。除此之外，螺距误差与牙型半角误差的存在，对内螺纹相当于中径减小，对外螺纹相当于中径增大，并且可以分别通过 f_P 和 $f_{\alpha/2}$ 折算到中径上。

由此可见，中径误差直接或间接都会影响普通螺纹的互换性，必须加以控制。

五、保证普通螺纹互换性的条件

1. 普通螺纹的作用中径

作用中径是内、外螺纹旋合时实际起作用的中径。

当普通螺纹没有螺距误差和牙型半角误差时，内、外螺纹旋合时实际起作用的中径便是螺纹的实际中径，即作用中径值与实际中径值相等。

当普通螺纹存在误差，如外螺纹有牙型半角误差时，为了保证其旋合性，只能与一个中径较大的内螺纹旋合，其效果相当于将外螺纹的中径增大一个中径当量值 $f_{\alpha/2}$，即相当于外螺纹在旋合中真正起作用的中径比实际中径增大了一个 $f_{\alpha/2}$ 值；当该外螺纹同时又存在螺距累积误差时，该外螺纹在旋合中真正起作用的中径又比原来增大了一个 f_P 值。其作用中径等于外螺纹的实际单一中径与螺距误差及牙型半角误差的中径当量值之和，即

$$d_{2m} = d_{2s} + (f_{\alpha/2} + f_P) \tag{6-7}$$

同理，当内螺纹存在螺距误差和牙型半角误差时，只能与一个中径较小的外螺纹旋合，其效果相当于内螺纹的中径减小了。因此，对于外螺纹而言，其作用中径等于内螺纹的实际单一中径与螺距误差及牙型半角误差的中径当量值之差，即

$$D_{2m} = D_{2s} - (f_{\alpha/2} + f_P) \tag{6-8}$$

显然，普通螺纹的作用中径是由单一中径、螺距误差、牙型半角误差三者综合作用的结果而形成的。因此，在国家标准中没有规定普通螺纹的螺距公差和牙型半角公差，而是将其换算成中径公差的一部分，通过检验中径来控制普通螺纹的螺距误差和牙型半角误差。

2. 保证普通螺纹互换性的条件

首先，要保证内、外螺纹能顺利旋合，必须满足一个条件，即内螺纹的作用中径不小于外螺纹的作用中径；其次，外螺纹的作用中径过大或内螺纹的作用中径过小，都会影响螺纹连接的旋合性；第三，外螺纹的实际单一中径过小或内螺纹的实际单一中径过大，又会影响到螺纹连接的强度。因此，中径合格与否是衡量螺纹互换性的主要指标，要保证螺纹的互换性，就要保证内、外螺纹的作用中径和实际单一中径不超过各自一定的界限值；而判断螺纹中径的合格性则应遵循极限尺寸判断原则——泰勒原则。

按照该原则，螺纹中径的合格性条件为：螺纹的作用中径不能超过螺纹的最大实体牙型（最大实体状态下的牙型）中径，任何位置上的单一中径不能超过螺纹的最小实体牙型（最小实体状态下的牙型）中径，如图6-13所示。结合第一章节和第三章节的内容，螺纹中径的合格性条件可表示为

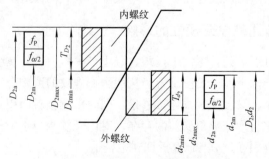

图6-13 普通螺纹中径合格性判断原则

内螺纹：$D_{2m} \geqslant D_{2min}$，$D_{2a} \leqslant D_{2max}$

外螺纹：$d_{2m} \leqslant d_{2max}$，$d_{2a} \geqslant d_{2min}$

第三节　螺纹的标记

一、普通螺纹的标记

完整的螺纹标记由螺纹特征代号、尺寸代号、公差带代号及其他有必要做进一步说明的个别信息（螺纹旋合长度和旋向）四部分组成。普通螺纹特征代号用"M"表示。

1. 单线螺纹的标记

单线螺纹的尺寸代号用"公称直径×螺距"表示，公称直径和螺距数值的单位为 mm。对粗牙螺纹，可以省略标注其螺距项。

例如，公称直径为 8 mm、螺距为 1 mm 的单线细牙螺纹标记为 M8×1；公称直径为 8 mm、螺距为 1.25 mm 的单线粗牙螺纹标记为 M8。

2. 多线螺纹的标记

多线螺纹的尺寸代号用"公称直径×Ph 导程 P 螺距"表示，公称直径、导程和螺距数值的单位均为 mm。如果要进一步表明螺纹的线数，可在后面增加括号说明（使用英文进行说明。如双线为 two starts，三线为 three starts，依此类推）。

例如，公称直径为 16 mm，螺距为 1.5 mm，导程为 3 mm 的双线螺纹标记为 M16×Ph3P1.5 或 M16×Ph3P1.5（two starts）。

3. 公差带代号的标记

公差带代号在尺寸代号之后，包含中径公差带代号和顶径公差带代号。中径公差带代号在前，顶径公差带代号在后。各直径的公差带代号由表示公差等级的数值和表示公差带位置的字母（内螺纹用大写字母，外螺纹用小写字母）组成。如果中径和顶径的公差带代号相同，则应只标记、注其中之一。螺纹尺寸代号与公差带代号间用"－"隔开。

例如，中径公差带为 5g、顶径公差带为 6g 的外螺纹标记为 M10×1－5g6g；中径公差带和顶径公差带为 6g 的粗牙外螺纹标记为 M10－6g；中径公差带为 5H、顶径公差带为 6H 的内螺纹标记为 M10×1－5H6H；中径公差带和顶径公差带为 6H 的粗牙内螺纹标记为 M10－6H。

另外，在下列情况下，中等公差精度螺纹不标注其公差带代号：

① 内螺纹在公差带代号为 5H，公称直径小于或等于 1.4 mm 时；

② 内螺纹在公差带代号为 6H，公称直径大于或等于 1.6 mm 时；

③ 外螺纹在公差带代号为 6h，公称直径小于或等于 1.4 mm 时；

④ 外螺纹在公差带代号为 6g，公称直径大于或等于 1.6 mm 时。

例如，中径公差带和顶径公差带为 6g、中等公差精度的粗牙外螺纹标记为 M10；中径公差带和顶径公差带为 6H、中等公差精度的粗牙内螺纹标记为 M10。

4. 螺纹副的标记

表示内、外螺纹旋合时，内螺纹公差带代号在前，外螺纹公差带代号在后，中间用斜线隔开。

例如，公差带为 6H 的内螺纹与公差带为 5g6g 的外螺纹组成配合标记为 M20×2−6H/5g6g；公差带为 6H 的内螺纹与公差带为 6g 的外螺纹组成配合（中等公差精度、粗牙）标记为 M20。

5. 旋合长度的标记

对短旋合长度组和长旋合长度组的螺纹，需要在公差带代号后分别标注旋合长度组别代号 "S" 和 "L"，旋合长度组别代号与公差带代号之用 "−" 隔开。中等旋合长度组不标注旋合长度组别代号 "N"。

例如，短旋合长度的内螺纹标记为 M20×2−5H−S；长旋合长度的内、外螺纹配合标记为 M6−7H/7g6g−L；中等旋合长度的外螺纹（粗牙、中等公差精度的 6g 公差带）标记为 M10。

6. 旋向的标记

对左旋螺纹，应在旋合长度代号之后标注 "LH"。旋合长度代号与旋向代号间用 "−" 隔开。右旋螺纹不标注旋向代号。

例如，左旋螺纹标记为 M8×1−LH（公差带代号和旋合长度代号根据实际情况被省略）；右旋螺纹标记为 M10（螺距、公差带代号、旋合长度代号和旋向代号根据实际情况被省略）。

7. 过渡配合螺纹和过盈配合螺纹的标记

过渡配合的螺纹标记中公差带代号只包括中径公差带。

例如，内螺纹标记为 M16−4H；外螺纹标记为 M16 LH−4kj；螺纹副标记为 M16×2−4H/4kj。

过盈配合的螺纹标记中公差带代号也只包括中径公差带，公差带代号后还要标注其分组数，并且用圆括号括起来。

例如，内螺纹标记为 M8×1−2H(3)；外螺纹标记为 M8−3m(4)；螺纹副标记为 M8−2H/3n(4)。

二、梯形螺纹的标记

完整的梯形螺纹标记由梯形螺纹特征代号、尺寸代号、公差带代号和旋合长度代号组成。

1. 梯形螺纹特征代号和尺寸代号的标记

GB/T 5796.2—2005 中规定：标准梯形螺纹特征代号用 "Tr" 表示；尺寸代号则由公称直径和导程的毫米值、螺距代号 "P" 和螺距毫米值组成，公称直径与导程之间用 "×" 号分开，螺距代号 "P" 和螺距值用圆括号括上；对单线梯形螺纹，其标记应省略圆括号部分（即螺距代号 "P" 和螺距值）；对标准左旋梯形螺纹，其标记内应添加左旋代号 "LH"，右旋梯形螺纹不标注其旋向代号。

例如，公称直径为 40 mm、导程和螺距为 7 mm 的右旋单线梯形螺纹标记为 Tr40×7；公称直径为 40 mm、导程为 14 mm、螺距为 7 mm 的右旋双线梯形螺纹标记为 Tr40×14(P7)；公称直径为 40 mm、导程为 14 mm、螺距为 7 mm 的左旋双线梯形螺纹标记为 Tr40×14(P7) LH。

2. 公差带代号的标记

如前所述，梯形螺纹公差带代号仅包含中径公差带代号。公差带代号由公差等级数字和公差带位置字母（内螺纹用大写字母、外螺纹用小写字母）组成。螺纹尺寸代号与公差带代号之间用"－"隔开。

例如，中径公差带为7H的内螺纹标记为Tr40×7－7H；中径公差带为7e的外螺纹标记为Tr40×7－7e；中径公差带为7e的双线、左旋外螺纹标记为Tr40×14（P7）LH－7e。

3. 螺纹副的标记

表示内、外螺纹配合时，内螺纹公差带代号在前，外螺纹公差带代号在后，中间用斜线隔开。

例如，公差带为7H的内螺纹与公差带为7e的外螺纹组成配合标记为Tr40×7－7H/7e；公差带为7H的双线内螺纹与公差带为7e的双线外螺纹组成配合标记为Tr40×14(P7)－7H/7e。

4. 旋合长度的标记

对长旋合长度组的梯形螺纹，应在公差带代号后标注旋合长度组别代号L；中等旋合长度组的梯形螺纹不标注旋合长度组别代号"N"。旋合长度组别代号与公差带代号之间用"－"隔开。

例如，长旋合长度的配合螺纹标记为Tr40×7－7H/7e－L；中等旋合长度的外螺纹标记为Tr40×7－7e。

第四节　普通螺纹精度

GB/T 197—2003规定了普通螺纹（一般用途普通螺纹）的公差，普通螺纹的基本牙型和直径与螺距系列分别符合GB/T 192—2003和GB/T 193—2003中的规定。GB/T 197—2003适用于一般用途的机械紧固螺纹连接，其螺纹本身不具有密封功能。

一、普通螺纹公差带的基本结构

普通螺纹公差带与第一章中介绍的尺寸公差带类似，由两个基本要素构成，即普通螺纹公差带的位置（基本偏差）和普通螺纹公差带的大小（标准公差）。普通螺纹的公差带是以基本牙型为零线，沿着基本牙型的牙顶、牙侧和牙底连续分布的，在垂直于螺纹轴线方向计量大、中、小径的偏差和公差，如图6-14和图6-15所示。

二、普通螺纹的公差等级

螺纹公差带的大小由公差值决定，公差值代号为T，并按大小分为若干级，用阿拉伯数字表示。根据GB/T 197—2003，现将内、外螺纹大、中、小径的公差等级总结，见表6-1，精度设计时按照此规定进行选取。

表6-1　普通螺纹的公差等级

螺纹直径		公差等级
内 螺 纹	中径 D_2	4、5、6、7、8
	小径 D_1	4、5、6、7、8
外 螺 纹	中径 d_2	3、4、5、6、7、8、9
	大径 d	4、6、8

因为内螺纹加工较外螺纹加工困难，所以同级的内螺纹中径公差值比外螺纹中径公差值大 30% 左右，以满足"工艺等价"原则。普通内、外螺纹中径公差值分别见附表 6-3、附表 6-4，其余各直径公差值可查阅 GB/T 197—2003。

三、普通螺纹的基本偏差

如图 6-14 和图 6-15 所示，内、外螺纹的基本牙型是计算螺纹偏差的基准，内、外螺纹的公差带相对于基本牙型的位置与第一章中介绍的公差带位置一样由基本偏差确定。内螺纹的基本偏差为其下偏差 EI，外螺纹的基本偏差为其上偏差 es；内螺纹有 G 和 H 两种公差带位置，G 的基本偏差为正值，H 的基本偏差为零；外螺纹有 e、f、g 和 h 四种公差带位置，e、f、g 的基本偏差为负值，h 的基本偏差为零。基本偏差数值见附表 6-5。

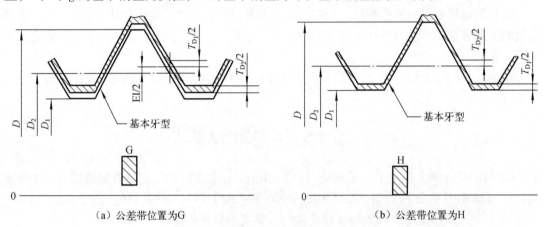

（a）公差带位置为G   （b）公差带位置为H

图 6-14　普通螺纹内螺纹的公差带位置

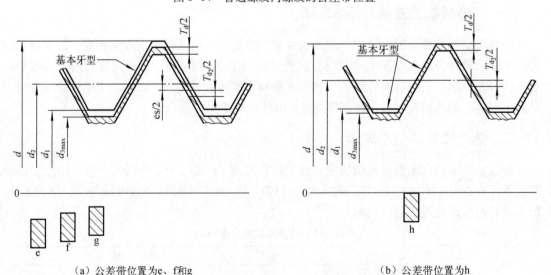

（a）公差带位置为e、f和g   （b）公差带位置为h

图 6-15　普通螺纹外螺纹的公差带位置

依据上述基本偏差和公差，GB/T 2516—2003 规定了普通螺纹（一般用途普通螺纹）中径和顶径的极限偏差值，见附表 6-6。

依据 GB/T 193—2003 和 GB/T 197—2003，GB/T 15756—2008 规定了公称直径 1 ～ 300 mm、公差带为 4H、5H、6H、7H、6G、4h、6h、6g、6f 和 6e 的常用普通螺纹的极限尺寸。附表6-7、附表6-8 所列为 6H 和 6h 的极限尺寸选录，以供参考，如有更多需要可自行查阅该国家标准。除此之外，根据设计需要还可参考国家标准 GB/T 9145—2003《普通螺纹　中等精度、优选系列的极限尺寸》和 GB/T 9146—2003《普通螺纹　粗糙精度、优选系列的极限尺寸》。

四、普通螺纹的旋合长度

普通螺纹的精度不仅取决于螺纹各直径的公差等级，而且与旋合长度有关。当螺纹各直径公差等级一定时，旋合长度越长，加工时产生的螺距累积误差和牙型半角误差就可能越大，对螺纹互换性的影响也越大。因此，即使螺纹各直径的公差等级相同，如果旋合长度不同，则螺纹的精度也会不同。GB/T 197—2003 规定，螺纹的旋合长度分三组，分别为短旋合长度组（S）、中等旋合长度组（N）和长旋合长度组（L）。

五、普通螺纹精度设计

1. 普通螺纹的公差带选用

1）螺纹公差精度的确定

根据使用场合的不同，螺纹的公差精度分为精密、中等和粗糙三级。精密级用于精密螺纹，配合性质稳定，且定位精度高，如航空用的螺纹；中等级用于一般用途的螺纹，如机床或汽车上用的螺纹；粗糙级用于不重要或者制造有困难的螺纹，如在热轧棒料上或深盲孔内加工的螺纹。公差等级中6级是中等级，3、4、5级是精密，7、8、9级是粗糙级。

2）旋合长度的确定

从前面的介绍可知，旋合长度组选择不同，相同螺纹公差精度时的螺纹公差等级选择就会不同。故设计时应注意选择恰当的旋合长度，S 组的公差等级最高，N 组的次之，L 组的最低。若选用长旋合长度组，螺距累积误差和牙型半角误差增大，应允许较大的中径公差；若选用短旋合长度，则可以允许较小的中径公差。

设计时，一般优先采用中等旋合长度（N 组）。当受力不大或空间位置受限制时，一般选用短旋合长度（S 组），如锁紧用的特薄螺母。对于以下情况应选用长旋合长度（L 组）：调整用的螺纹，为满足调整量大小的需要应选用长旋合长度组；铝、锌合金上的螺纹，为保证其强度应选用长旋合长度组；盲孔紧固螺纹应选用长旋合长度组。

3）公差带的选用

根据螺纹的旋合长度和使用要求确定了螺纹公差精度后，就要对螺纹的公差等级和公差带的位置进行选择和组合，得到各种不同的配合公差。在生产中，为了减少螺纹刀具和量规的数量、规格，降低生产成本，应该遵照国家标准的推荐选用公差带。

GB/T 197—2003 推荐，螺纹公差带宜优先按表 6-2 和表 6-3 的规定选取，除特殊情况外，不宜选用表 6-3 和表 6-4 外的其他公差带。

表 6-2 和表 6-3 列出了精密、中等、粗糙三种螺纹公差精度级别时在不同的旋合长度（S组、N组、L组）下所对应的公差带代号。它是将中等旋合长度（N组）对应的 6 级公

差等级定为中等精度，并以此为中心，向上、向下推出精密级和粗糙级螺纹的公差带，向左向右推出短旋合长度（S组）和长旋合长度（L组）螺纹的公差带，即螺纹公差精度高时提高公差等级，螺纹公差精度低时则降低公差等级；螺纹旋合长度减少时提高公差等级，螺纹旋合长度增大时降低公差等级。

表 6-2 的内螺纹公差带能与表 6-3 的外螺纹公差带形成任意组合。但是，为了保证内、外螺纹间有足够的螺纹接触高度，推荐完工后的螺纹零件宜优先组成 H/g、H/h、G/h 配合。对公称直径小于和等于 1.4 mm 的螺纹，应选用 5H/6h、4H/6h 或更精密的配合。表中凡是有两个公差带代号的，前者表示中径公差带，后者表示顶径公差带；只有一个公差带代号的，表示中径公差带和顶径公差带相同。

表 6-2 内螺纹的推荐公差带（GB/T 197—2003）

公差精度	公差带位置 G			公差带位置 H		
	S	N	L	S	N	L
精密	—	—	—	4H	5H	6H
中等	(5G)	**6G**	(7G)	**5H**	6H	**7H**
粗糙	—	(7G)	(8G)	—	7H	8H

表 6-3 外螺纹的推荐公差带（GB/T 197—2003）

公差精度	公差带位置 e			公差带位置 f			公差带位置 g			公差带位置 h		
	S	N	L	S	N	L	S	N	L	S	N	L
精密	—	—	—		—		(4g)	(5g4g)	(3h4h)	**4h**	(5h4h)
中等	—	**6e**	(7e6e)		**6f**	(5g6g)	6g	(7g6g)	(5h6h)	6h	(7h6h)
粗糙	—	(8e)	(9e8e)				8g	(9g8g)		—		

使用表 6-2 和表 6-3 选取螺纹公差带时，应注意以下几点：

（1）表中的公差带优先选用顺序为粗字体公差带、一般字体公差带、括号内公差带。带方框的粗字体公差带用于大量生产的紧固件螺纹。

（2）如果不知道螺纹旋合长度的实际值（如标准螺栓），推荐按中等旋合长度（N）选取螺纹公差带。

（3）如无其他特殊说明，推荐公差带适用于涂镀前螺纹或薄涂镀层螺纹（如电镀螺纹）。涂镀后，螺纹实际轮廓上的任何点不应超越按公差位置 H 和 h 所确定的最大实体牙型。

2. 普通螺纹的形位公差

普通螺纹在设计时，一般不规定形位公差。但对公差精度高的螺纹规定了在旋合长度内的同轴度、圆柱度和垂直度等形位公差。其公差值一般不大于中径公差的 50%，并遵守包容原则。

3. 普通螺纹的表面粗糙度

螺纹牙侧表面粗糙度主要根据螺纹的中径公差等级确定，其表面粗糙度 Ra 数值可参考表 6-4 的推荐进行选用。对于强度要求较高的螺纹牙侧表面，Ra 不应大于 0.4 μm。

表 6-4 螺纹表面粗糙度 *Ra* 单位：μm

工 件	螺纹中径公差等级		
	4，5	6，7	7～9
	Ra≤		
螺栓、螺钉、螺母	1.6	3.2	3.2～6.3
轴及套上的螺纹	0.8～1.6	1.6	3.2

六、过渡配合螺纹精度设计

GB/T 1167—1996 规定了中径具有过渡配合的普通螺纹连接精度标准。该标准适用于具有过渡配合的钢制双头螺柱或其他螺纹连接，与其配合的内螺纹机体材料可为铸铁、钢和铝合金等。

1. 过渡配合螺纹概述

过渡配合螺纹基本牙型符合 GB/T 192—2003 的规定，在外螺纹的设计牙型上，推荐采用 GB/T 197—2003 中规定的圆弧状牙底。

过渡配合螺纹的公称直径、螺距、大径、小径的具体数值，可查阅 GB/T 1167—1996 中表 1 "直径与螺距系列" 和表 2 "基本尺寸"，在此不再赘述。

2. 公差精度的确定

根据使用场合的不同，过渡配合螺纹的公差精度分为一般、精密两级。精密级通常用于螺纹配合较紧，并且配合性质变化较小的重要部件；一般级通常用于一般用途的螺纹件。

3. 公差带及其选用

内螺纹中径公差带有 3H、4H、5H 三种，小径公差带只有 5H 一种；外螺纹中径公差带有 3k、2km、4kj 三种，大径公差带只有 6h 一种。相应公差数值可查阅 GB/T 1167—1996 中表 3 "内螺纹公差" 和表 4 "外螺纹公差"，在此不再赘述。

精度设计时，应按表 6-5 的规定进行选取，表内推荐优先选用不带括号的配合公差带。

表 6-5 过渡配合螺纹的内、外螺纹优选公差带

使 用 场 合	内螺纹公差带/外螺纹公差带
精密	4H/2km；（3H/3k）
一般	4H/4kj；（4H/3k）；（5H/3k）

采用以上标准规定设计螺纹时，设计者应同时在有效螺纹以外使用其他的辅助锁紧机构，如螺纹收尾、平凸台、端面顶尖、厌氧型螺纹锁固密封剂等。

七、过盈配合螺纹精度设计

GB/T 1181—1998 规定了中径具有过盈配合的普通螺纹连接精度标准。该标准适用于具有过盈配合的钢制双头螺柱，与其配合的内螺纹机体材料可为铝合金、镁合金、钛合金和钢。

1. 过盈配合螺纹概述

过盈配合螺纹基本牙型符合 GB/T 192—2003 的规定，外螺纹设计牙型的牙底为圆滑连

接的曲线，牙底圆弧按照 GB/T 197—2003 中对性能等级高于 8.8 级紧固件螺纹牙底的规定，牙底圆弧的最小半径不得小于 $0.125P$。

过盈配合螺纹的公称直径、螺距、大径、小径的具体数值，可查阅 GB/T 1181—1998 中表 1 "螺纹的直径与螺距系列及其基本尺寸"，在此不再赘述。

2. 内螺纹的公差带

内螺纹中径公差带只有 2H 一种，小径公差带有 4D、5D（螺距 $P = 1.5$ mm 时，小径公差带为 4C、5C）两种，如图 6-16（a）所示。机体材料为铝合金或镁合金时，小径公差等级取 5 级；机体材料为钢或钛合金时，小径公差等级取 4 级。内螺纹中、小径的基本偏差和公差值可查阅 GB/T 1181—1998 中表 2 "螺纹基本偏差"和表 3 "螺纹公差"。

3. 外螺纹的公差带

外螺纹中径公差带有 3p、3n、3m 三种，大径公差带只有 6e（螺距 $P = 1.5$ mm 时，大径公差带为 6c）一种，如图 6-16（b）所示。外螺纹中、大径的基本偏差和公差值可查阅 GB/T 1181—1998 中表 2 和表 3。

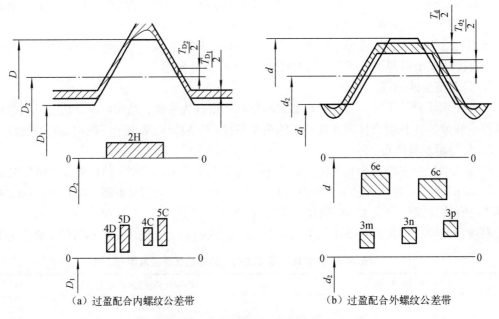

（a）过盈配合内螺纹公差带　　　　　（b）过盈配合外螺纹公差带

图 6-16　过盈配合内、外螺纹公差带

4. 公差带的选用及其分组

精度设计时，应按表 6-6 的规定根据实际机体材料进行选取。

表 6-6　过盈配合螺纹中径公差带及其分组数

内螺纹材料/外螺纹材料	内螺纹公差带/外螺纹公差带	中径公差带分组数
铝合金或镁合金/钢	2H/3p	3
钢/钢	2H/3n	4
钛合金/钢	2H/3m	4

按表6-7中规定的组数，对内、外螺纹中径公差带进行分组，对外螺纹在螺纹轴向长度的中部按单一中径进行分组；对内螺纹按作用中径分组。内、外螺纹中径公差带分组位置如图6-17所示，分组极限偏差值可查阅GB/T 1181—1998，在此不再赘述。

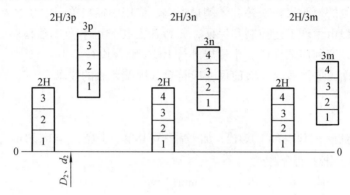

图6-17　过盈配合螺纹中径公差带分组位置

对于有色金属螺柱或钢制螺套旋入铝、镁合金机体所采用的过盈配合螺纹，其内、外螺纹中径公差带分别为2H和3m，其中径成组装配的分组数为3组。中径分组的极限偏差值可查阅GB/T 1181—1998，在此不再赘述。

5. 过盈配合螺纹几何要素的偏差和公差

GB/T 1181—1998规定，过盈配合螺纹的作用中径与单一中径之差（综合形位误差）不得大于其中径公差的25%；从过盈配合螺纹旋入端向螺尾方向，其中径尺寸应逐渐增大或保持不变，不允许出现中径尺寸逐渐减小的现象；螺距累积误差和牙侧角误差的极限偏差范围见表6-7。

表6-7　过盈配合螺纹螺距累积偏差和牙侧角偏差

螺距 P/mm	极 限 偏 差	
	螺距/μm	牙侧角/′
0.8 1 1.25	±12	±40
1.5	±16	±30

6. 过盈配合螺纹旋合长度

上述精度标准仅适用于符合表6-8所规定的旋合长度范围内的过盈配合螺纹。对旋合长度过长或过短的过盈配合螺纹，为满足装配扭矩要求，需适当地调整螺纹公差。

表6-8　过盈配合螺纹的旋合长度

内螺纹机体材料	旋 合 长 度
钢、钛合金	$1d \sim 1.25d$
铝合金、镁合金	$1.5d \sim 2d$

7. 过盈配合螺纹零件的其他精度要求

过盈配合螺纹应具有光滑的表面，不得有影响使用的夹层、裂纹和毛刺。镀前，外螺纹牙型表面粗糙度 Ra 值不得大于 $1.6\ \mu m$，内螺纹牙型表面粗糙度 Ra 值不得大于 $3.2\ \mu m$。

过盈配合螺纹的螺距累积误差、牙侧角误差、作用中径与单一中径之差及外螺纹牙底的最小圆弧半径一般由生产工艺控制和保证，无特殊需要时可不做单独检验。对螺纹的大径、中径和小径尺寸，应利用螺纹通、止量规进行 100% 综合检查。

当外螺纹表面需要涂镀时，镀前尺寸应符合极限偏差表的要求。

八、应用举例

示例 6-1 加工一 M20 -6h 的螺栓，加工后测得其单一中径 $d_{2a} = 18.30\ mm$，$\Delta P_{\Sigma} = +35\ \mu m$，$\Delta \alpha / 2 = -40'$，问此螺栓是否合格？

解：由 M20，查附表 6-2，得 $P = 2.5\ mm$；

由 M20 和 $P = 2.5\ mm$，查附表 6-1，得 $d_2 = 18.376\ mm$；

由 h6，查附表 6-4，得 h 公差带上偏差 es $= 0$，则 $d_{2max} = 18.376\ mm$；

由 M20 和 $P = 2.5\ mm$，查附表 6-4，得中径公差 $T_{d_1} = 0.170\ mm$，则 $d_{2mm} = 18.206\ mm$；

计算螺距误差和牙型半角误差的中径当量值：

$$f_P = 1.732 \left| \Delta P_{\Sigma} \right| = 1.732 \times 35 = 60.62\ \mu m$$
$$f_{\alpha/2} = 0.43 P \Delta \alpha / 2 = 0.43 \times 2.5 \times 40 = 43\ \mu m$$

螺栓的作用中径：

$$d_{2m} = d_{2s} + (f_{\alpha/2} + f_P) = 18.300 + 0.061 + 0.043 = 18.404\ mm$$

由上述计算结果判断：虽然 $d_{2max} > d_{2a} > d_{2min}$，但是 $d_{2m} > d_{2max}$，超出了公差范围，故该螺栓不合格。

示例 6-2 写出公称直径为 14 mm、螺距为 2 mm、导程为 6 mm、中径公差带和顶径公差带为 7H 的长旋合左旋三线内螺纹的标记。

解： $M14 \times Ph6P2(\text{three starts}) - 7H - L - LH$。

第五节　梯形螺纹精度

一、梯形螺纹概述

在各种传动螺纹的牙型中，由于梯形牙型具有加工比较容易、强度适中、对中性好、间隙可调、传动性能可靠等特点，故传动螺纹多采用梯形螺纹。在各种机械设备中经常采用梯形螺纹将旋转运动转换为直线运动，如机床进给刀架、千斤顶、台虎钳、各种升降机机构等，另外一些大尺寸机件有时也采用梯形螺纹进行定位和连接。

梯形螺纹的术语和定义与普通螺纹一样，可参考 GB/T 14791—1993 的规定。

1. 梯形螺纹的基本牙型

按 GB/T 5796.1—2005 的规定，梯形螺纹的基本牙型是在原始三角形的基础上，截去其顶部和底部而形成的，牙型角 α 为 30°，顶部和底部削平后牙顶和牙底的宽度均为 $0.366P$，如图 6-18 所示。粗实线就是梯形螺纹的基本牙型轮廓。从图中可看出，梯形螺纹的原始三角形是一个顶角为 30°、底边为 P、高为 H 的等腰三角形。

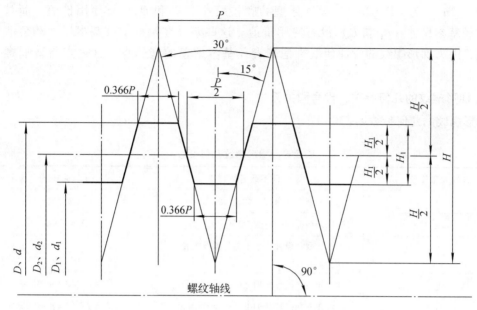

图 6-18　梯形螺纹的基本牙型

2. 梯形螺纹的设计牙型

具有基本牙型的内、外螺纹配合后是没有间隙的，为了保证传动梯形螺纹的灵活性，必须使螺纹副在大径和小径间留有一定的间隙，保证其灵活性。为此，分别在内、外螺纹的基本牙型的牙底处留出一个保证间隙 a_c，这样就得到了梯形螺纹的设计牙型，如图 6-19 所示。

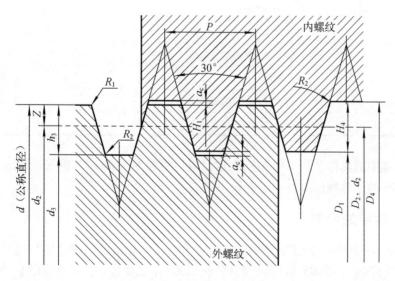

图 6-19　梯形螺纹的设计牙型

对梯形螺纹而言，设计牙型和基本牙型是有差异的，主要在牙底部分。梯形螺纹设计牙型的底径基本尺寸（d_3 和 D_4）与其基本牙型的底径基本尺寸（d_1 和 D）均相差 $2a_c$（$d_1 - d_3 = 2a_c$；$D_4 - D = 2a_c$）；设计牙型的底径尺寸（d_3 和 D_4）有使用价值，而基本牙型的底径基本尺寸（d_1 和 D）没有使用价值。这些差异在梯形螺纹基本尺寸和公差中都有体现，因为梯形螺纹的设计牙型才是其直径基本偏差的起始点，这一点与普通螺纹是不同的。

3. 梯形螺纹的几何参数、代号和关系式

梯形螺纹的几何参数见表 6-9。

表 6-9　梯形螺纹几何参数

几何参数代号	几何参数名称	关　系　式
D	基本牙型上的内螺纹大径	
D_4	设计牙型上的内螺纹大径	$D_4 = d + a_c$
d	基本牙型和设计牙型上的外螺纹大径（公称直径）	
D_2	基本牙型和设计牙型上的内螺纹中径	$D_2 = d - 2Z = d - 0.5P$
d_2	基本牙型和设计牙型上的外螺纹中径	$d_2 = d - 2Z = d - 0.5P$
D_1	基本牙型和设计牙型上的内螺纹小径	$D_1 = d - 2H_1 = d - P$
d_1	基本牙型上的外螺纹小径	
d_3	设计牙型上的外螺纹小径	$d_3 = d - 2h_3$
P	螺距	
Z	牙顶高	$Z = 0.25P = H_1/2$
H_1	基本牙型高度	$H_1 = 0.5P$
H_4	设计牙型上的内螺纹牙高	$H_4 = H_1 + a_c = 0.5P + a_c$
h_3	设计牙型上的外螺纹牙高	$h_3 = h_1 + a_c = 0.5P + a_c$
a_c	牙顶间隙	
R_1	外螺纹牙顶倒角圆弧半径	$R_{1max} = 0.5a_c$
R_2	螺纹牙底倒角圆弧半径	$R_{2max} = a_c$

梯形螺纹螺距的具体数值不得随意确定，应按附表 6-9 的推荐进行选用。梯形螺纹大径、中径、小径的具体数值应查询附表 6-10。

二、梯形螺纹的公差

GB/T 5796.4—2005 规定了梯形螺纹的公差和标记，梯形螺纹的牙型和直径与螺距系列分别符合 GB/T 5796.1—2005 和 GB/T 5796.2—2005 中的规定。梯形螺纹的公差值是在普通螺纹公差体系的基础上建立起来的。梯形螺纹内、外螺纹的公差带位置如图 6-20 所示。

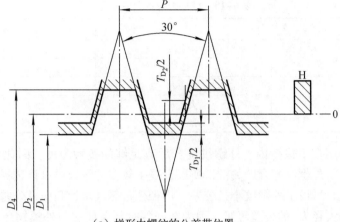

（a）梯形内螺纹的公差带位置

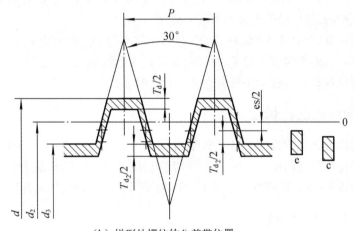

（b）梯形外螺纹的公差带位置

图 6-20　梯形螺纹内、外螺纹的公差带位置

1. 基本偏差

按 GB/T 5796.4—2005 的规定，内螺纹的基本偏差为其下偏差 EI，外螺纹的基本偏差为其上偏差 es；内螺纹的大径 D_4、中径 D_2 和小径 D_1 只有 H 一种公差带位置，其基本偏差为零；外螺纹的大径 d 和小径 d_3 也只有 h 一种公差带的位置，其基本偏差为零；外螺纹的中径 d_2 有 e 和 c 两种基本偏差，其基本偏差均为负值。梯形螺纹中径的基本偏差数值见附表 6-11。

GB/T 12359—2008 依据 GB/T 5796.2—2005 和 GB/T 5796.4—2005 规定了公称直径 $8 \sim 300$ mm、公差带为 7H、8H、9H、7e、8e、8c 和 9c 的常用梯形螺纹的极限尺寸，如有需要可查阅该国家标准。

2. 公差等级

根据 GB/T 5796.4—2005 的规定，梯形内、外螺纹大、中、小径的公差等级见表 6-10，精度设计时按照此规定进行选取。

表 6-10 梯形螺纹的公差等级

直径		公差等级
内螺纹	中径 D_2	7、8、9
	小径 D_1	4
外螺纹	中径 d_2	7、8、9
	大径 d	4
	小径 d_3	7、8、9

顶径公差的作用在于保持内、外螺纹旋合后有足够的接触高度，因此只有一个公差等级；中径公差是内、外螺纹配合的关键，所以设置了较多的等级供设计选择。为了确保牙顶间隙和螺纹的强度，增设了外螺纹小径公差，小径公差等级永远和中径公差等级相同。表内没有规定内螺纹的大径 D_4 的公差等级，因为在安装时须保证它与外螺纹牙顶间隙，加工时可根据表 6-9 中公式，确定 D_4 的尺寸。内、外螺纹的中径公差值分别见附表 6-12、附表 6-13，其余各直径公差值可查阅 GB/T 5796.4—2005。

由以上介绍可知，GB/T 5796.4—2005 对内螺纹小径 D_1 和外螺纹大径 d 只规定了一种公差带（4H、4h）；而外螺纹小径 d_3 的公差带位置永远为 h，且公差等级与中径公差等级相同，所以梯形螺纹仅选择并标记中径公差带，代表梯形螺纹公差带。

三、梯形螺纹的旋合长度

梯形螺纹的旋合长度同样对其精度有影响。GB/T 5796.4—2005 按公称直径和螺距的大小将旋合长度（l_N）分为两组，分别为中等旋合长度组（N）和长旋合长度组（L）。各旋合长度数值见附表 6-14，以供参考，如有更多需要可自行查阅该国家标准。

四、梯形螺纹精度设计

1. 梯形螺纹的公差带选用

根据使用场合的不同，梯形螺纹的公差精度分为中等和粗糙两级。中等级用于一般用途的梯形螺纹，粗糙级用于制造有困难的梯形螺纹。一般情况下优先按表 6-11 和表 6-12 选取梯形螺纹公差带。

表 6-11 梯形螺纹内螺纹推荐公差带

公差精度	中径公差带	
	N	L
中等	7H	8H
粗糙	8H	9H

表 6-12 梯形螺纹外螺纹推荐公差带

公差精度	中径公差带	
	N	L
中等	7e	8e
粗糙	8c	9c

如果不能确定螺纹旋合长度的实际值，推荐按中等旋合长度组 N 选取螺纹公差带。

2. 多线螺纹公差

对于多线螺纹，其顶径和底径公差与具有相同螺距单线螺纹的顶径和底径公差相等。多线螺纹的中径公差是以具有相同螺距单线螺纹的中径公差为基础，按照线数不同分别乘以修正系数所得。修正系数见表 6-13。

表 6-13 多线梯形螺纹的中径公差修正系数

线 数	2	3	4	≥5
修正系数	1.12	1.25	1.4	1.6

以上只是对梯形螺纹精度设计国家标准进行了简单介绍，虽然这些标准通用性好，但是只适用于一般用途的机械传动和紧固梯形螺纹连接，而不适用于对传动精度有较高要求的机械设备，如机床丝杠。如果遇到不同行业用的梯形螺纹连接精度设计，应该仔细斟酌，选择恰当的标准，以保证设计的可行性。

五、机床梯形丝杠、螺母的精度设计

机床梯形丝杠、螺母是标准的单线梯形螺纹，牙型角为 30°，基本牙型、螺距与直径等符合 GB/T 5796.1—2005 和 GB/T 5796.2—2005 的规定。

由于对机床丝杠、螺母所使用的梯形螺纹的传动精度要求比较高，故我国机床行业对机床丝杠、螺母定有专门的精度标准 JB/T 2886—2008，可用于诸如外圆磨床、齿轮车床、精密螺纹车床等各种精密机床的主轴丝杠等重要部位的传动及定位。

1. 机床梯形丝杠、螺母精度指标术语及定义

（1）螺旋线轴向误差及其公差。螺旋线轴向误差是指实际螺旋线相对于理论螺旋线在轴向偏离的最大代数差值，在螺纹中径线上测量。螺旋线轴向误差在丝杠螺纹的任意 2πrad、任意 25 mm、100 mm、300 mm 螺纹长度内及螺纹有效长度内考核，分别用 $\Delta L_{2\pi}$、ΔL_{25}、ΔL_{100}、ΔL_{300}、ΔL_u 表示，如图 6-21 所示。

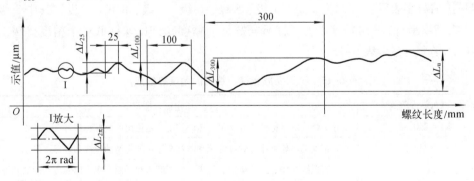

图 6-21 螺旋线轴向误差曲线

螺旋线轴向公差则是指螺旋线轴向误差允许的变动量。它包括：任意 2πrad 内螺旋线轴向公差，以 δ_{Lu} 表示；任意 25 mm、100 mm、300 mm 螺纹长度内的螺旋线轴向公差和螺纹有效长度内的螺旋线轴向公差，分别以 δ_{L25}、δ_{L100}、δ_{L300} 和 δ_{Lu} 表示。

（2）螺距误差 ΔP 及其公差 δ_P。螺距误差是指螺距的实际尺寸相对于公称尺寸的最大代数差值。螺距公差则是螺距误差允许的变动量。

（3）螺距累积误差及其公差。螺距累积误差是指在规定的长度内，螺纹牙型任意两同侧表面间的轴向实际尺寸相对于公称尺寸的最大代数差值，在螺纹中径线上测量。其定义与普通螺纹相同，在丝杠螺纹的任意 60 mm、300 mm 螺纹长度内及螺纹有效长度内考核，分别用 ΔP_{60}、ΔP_{300}、ΔP_{Lu} 表示。

螺距累积公差是指螺距累积误差允许的变动量。它包括任意 60 mm、300 mm 螺纹长度内的螺距累积公差及螺纹有效长度内的螺距累积公差，分别用 δ_{P60}、δ_{P300}、δ_{PLu} 表示。

（4）螺纹有效长度 L_u 和余程 L_e。螺纹有效长度是指有精度要求的丝杠螺纹的长度，余程则是指没有精度要求的丝杠螺纹的长度，如图 6-22 所示。余程长度见表 6-14，螺纹有效长度的计算公式为

$$L_u = L - 2L_e \tag{6-9}$$

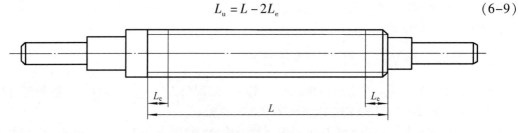

图 6-22　机床丝杠的螺纹有效长度和余程

表 6-14　机床丝杠的余程长度　　　　　　　　　　单位：mm

螺距 P	2	3	4	5	6	8	10	12	16	20
余程 L_e	10	12	16	20	24	32	40	45	50	60

2. 机床梯形丝杠、螺母精度等级

JB/T 2886—2008 对机床梯形丝杠和螺母，根据其使用要求和用途共规定了七个精度等级，用阿拉伯数字表示，分别为 3 级、4 级、5 级、6 级、7 级、8 级、9 级。其中 3 级精度最高，9 级精度最低，8 级精度以上丝杠所配螺母的精度允许比丝杠低一个精度等级。各级精度的应用场合可参考表 6-15。

表 6-15　机床梯形丝杠、螺母的精度等级应用

丝杠、螺母精度等级	应用场合推荐
3、4 级	超高精度的坐标镗床和坐标磨床的传动、定位用的丝杠和螺母
5、6 级	高精度的齿轮磨床、螺纹磨床和丝杠车床用的主传动丝杠和螺母
7 级	精密螺纹车床、齿轮机床、镗床、外圆磨床和平面磨床等用的传动丝杠和螺母
8 级	普通车床和普通铣床用的进给丝杠和螺母
9 级	带分度盘的进给机构用的丝杠和螺母

为了使机床丝杠和螺母的精度能够符合相应机械设备的使用要求，应按 JB/T 2886—2008 的规定对机床梯形丝杠和螺母的精度项目进行确定和检测。

3. 机床梯形丝杠的精度项目及其检测

设计时通常会对丝杠规定如下精度项目，以保证其性能以及互换性。

（1）螺旋线轴向公差和螺距公差。通常对 3 级、4 级、5 级、6 级精度的丝杠规定螺旋线轴向公差，对 7 级、8 级、9 级精度的丝杠规定螺距公差，见附表 6-15、附表 6-16，以控制丝杠梯形螺纹的螺旋线轴向误差和螺距误差。

螺旋线轴向误差一般用动态测量方法检测，螺距误差的检测方法不予特别规定。

（2）有效长度上中径尺寸的一致性公差。丝杠梯形螺纹在其全长上中径各处的实际尺寸变动，会影响丝杠与螺母配合间隙的均匀性，故规定了丝杠梯形螺纹有效长度内中径尺寸的一致性公差。公差值见附表 6-17。

中径尺寸的一致性公差是用公法线千分尺和量针在丝杠螺纹有效长度内的同一轴向截面内进行测量的。

（3）大径对螺纹轴线的径向圆跳动。丝杠梯形螺纹的轴线弯曲，也会影响到丝杠与螺母配合间隙的均匀性，而且丝杠长度越长对其位移精度的影响也越大，故规定了丝杠梯形螺纹大径表面对螺纹轴线的径向圆跳动公差，来控制丝杠轴线的弯曲程度，保证配合间隙的均匀性。公差值见附表 6-18。

径向圆跳动是用千分表和顶尖进行检测的，如图 6-23 所示。

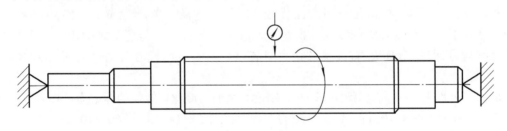

图 6-23 丝杠螺纹的大径对螺纹轴线的径向圆跳动测量

（4）牙型半角极限偏差。牙型半角偏差会使丝杠与螺母旋合时，螺纹牙型侧面的接触高度减小，导致丝杠螺纹牙型侧面不均匀磨损，故规定了牙型半角极限偏差。极限偏差值见附表 6-19。

（5）大径、中径、小径的极限偏差。丝杠梯形螺纹的大、中、小径的实际尺寸会影响到丝杠传动所需的间隙大小和均匀性，故规定了大、中、小径的极限偏差，其值见附表 6-20。极限偏差值的大小与丝杠的精度等级无关，只根据螺距、公称直径选取，与 6 级以上的配制螺母相配合的丝杠梯形螺纹的中径极限偏差不能按附表 6-20 选用，而应按附表 6-20 中规定的公差带宽度相对于公称尺寸的零线两侧对称分布。

4. 机床螺母的精度项目及其检测

因为螺母螺纹的几何参数测量比较困难，且螺母也常采用配制加工，故对螺母只规定了大径、小径和中径的极限偏差，其值见附表 6-21。极限偏差值的大小与螺母的精度等级无关，只根据螺距、公称直径选取。

螺母梯形螺纹的中径极限偏差因螺母的加工方法不同分别如下：对于配制螺母，其梯形螺纹中径极限偏差是靠螺母与丝杠配制时的径向间隙来进行控制的，螺母与丝杠配制时的径向间隙见附表6-22；对于非配制螺母，其中径极限偏差见附表6-23。

5. 机床丝杠、螺母的表面粗糙度

各级精度的丝杠、螺母梯形螺纹的大径表面、牙型侧面和小径表面的表面粗糙度参数 *Ra* 值按表6-16的规定选取。

表6-16 机床丝杠和螺母螺纹表面粗糙度值　　　　　　　　　　　单位：μm

精 度 等 级	螺纹大径		牙型侧面		螺纹小径	
	丝杠	螺母	丝杠	螺母	丝杠	螺母
3	0.2	3.2	0.2	0.4	0.8	0.8
4	0.4	3.2	0.4	0.8	0.8	0.8
5	0.4	3.2	0.4	0.8	0.8	0.8
6	0.4	3.2	0.4	0.8	1.6	0.8
7	0.8	6.3	0.8	1.6	3.2	1.6
8	0.8	6.3	1.6	1.6	6.3	1.6
9	1.6	6.3	1.6	1.6	6.3	1.6

6. 机床丝杠、螺母的标记

机床丝杠、螺母的标记是按照产品代号 T、公称直径（单位为 mm）、螺距（单位为 mm）、螺纹旋向、精度等级的顺序依次组成。其中，公称直径与螺距之间用"×"连接；左旋螺纹代号标注"LH"，右旋螺纹代号可省略不标；旋向代号与精度等级代号之间用"－"隔开。

例如，公称直径55 mm、螺距12 mm、精度6级的右旋丝杠螺纹的标记为：T55×12－6；公称直径50 mm、螺距10 mm、精度7级的左旋丝杠螺纹的标记为：T50×10 LH－7。

在机床丝杠、螺母图样上，螺纹标记应标注在公称直径的尺寸线上，并根据丝杠、螺母的精度等级，标注技术要求以及所需精度项目公差、极限偏差。

第六节 螺纹的检测

螺纹几何参数的检测方法可分为两种：综合检验与单项测量。

一、螺纹的综合检验

螺纹的综合检验，是指同时检测螺纹的几个几何参数，综合其误差，以甄别螺纹零件是否为合格产品。对螺纹进行综合检测，使用的是螺纹量规和光滑极限量规，即，量规的"通端"能通过或旋合被检螺纹，"止端"不能通过或不能旋合被检螺纹，则被测螺纹是合格的，否则为不合格。

螺纹量规分为螺纹环规（用于检测外螺纹）和螺纹塞规（用于检测内螺纹），是按极限尺寸判断原则设计的。

螺纹量规的"通端"体现的是最大实体牙型边界，必须具有完整的牙型，且其长度应接近被测螺纹的旋合长度（不小于旋合长度的80%）。用于控制被测螺纹的作用中径不得超出最大实体牙型的极限尺寸（d_{2max} 和 D_{2min}），同时控制外螺纹小径的最大极限尺寸（d_{1max}）或内螺纹大径的最小极限尺寸（D_{min}），检测内、外螺纹的作用中径及底径的合格性。即，被检螺纹的作用中径未超过螺纹的最大实体牙型中径，且被检螺纹的底径也合格，那么螺纹通规就会在旋合长度内顺利通过或旋合被检螺纹。

螺纹量规的"止端"原则上要求其牙侧仅在被检螺纹中径处接触，以消除螺距误差和牙型半角误差的影响，故"止端"设计时将牙高截短只保留中径附近一段的不完整牙型，长度只有 2 ～ 3.5 mm，且使用时只允许有少部分牙能旋合。只用于控制被检螺纹的单一中径（实际中径）不得超过最小实体牙型的极限尺寸（d_{2min} 或 D_{2max}），检测被检螺纹的单一中径的合格性。

光滑极限量规分为光滑卡规（用于检测外螺纹）和光滑塞规（用于检测内螺纹），用于检测内、外螺纹顶径尺寸的合格性，即分别控制被测螺纹顶径不超出极限尺寸（d_{max}、d_{min}、或 D_{1max}、D_{1min}）。

外螺纹检测示例，如图 6-24 所示。先用光滑卡规检测外螺纹顶径的合格性，再用螺纹环规检测，若通端能在旋合长度内与被检螺纹旋合，则说明外螺纹的作用中径合格，且底径不大于其上极限尺寸；若止端不能通过被检螺纹（最多允许旋进 2 ～ 3 牙），则说明被检螺纹的单一中径合格。

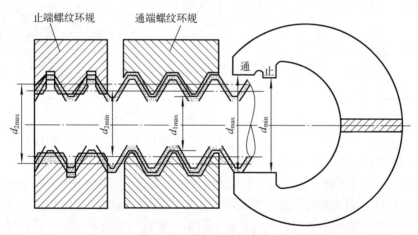

图 6-24　外螺纹的综合检测

内螺纹检测示例，如图 6-25 所示。先用光滑塞规检测内螺纹顶径的合格性，再用螺纹塞规检测，若通端能在旋合长度内与被检螺纹旋合，则说明内螺纹的作用中径合格，且底径不小于其下极限尺寸；若止端不能通过被检螺纹（最多允许旋进 2 ～ 3 牙），则说明被检螺纹的单一中径合格。

综合检验法不能反映螺纹单项参数误差的具体数值，但能判断螺纹的合格性，检测效率高，适于检测精度要求不太高且大批量生产的螺纹。

二、螺纹的单项测量

单项测量是指分别测量螺纹的各项几何参数，用测得的几何参数的实际误差值判断螺纹的合格性。单项测量需测量的几何参数主要有三个：中径、螺距和牙型半角。

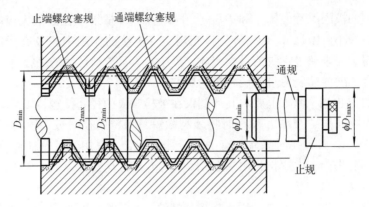

图 6-25　内螺纹的综合检测

在生产车间测量较低精度螺纹的常用量具有螺纹千分尺、钢直尺和牙型角样板等。

图 6-26 所示是用螺纹千分尺测量外螺纹中径。螺纹千分尺的构造与一般千分尺相似，只是在测微螺杆端部和测量砧上分别安装了可更换的锥形测头和 V 形槽测头。螺纹千分尺带有一套不同牙型和不同螺距的不同规格的测头，以适应不同规格的外螺纹。

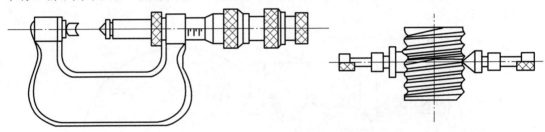

图 6-26　螺纹千分尺测量外螺纹中径

图 6-27 所示是用钢直尺测量螺纹的螺距。直接用钢直尺沿着螺纹的轴线方向测量出 5 个或 10 个牙的螺距长度，再计算出平均螺距 P。

图 6-28 所示是用牙型角样板测量螺纹的牙型角。把牙型角样板沿着通过螺纹轴线的方向嵌入螺纹沟槽中，用光隙法检测外螺纹的牙型角。若外螺纹的两侧面与样板的两侧面完全吻合，不透光，则说明被检螺纹的牙型正确，否则，应根据光线透过缝隙时呈现出的颜色不同判断牙型角误差的大小。标准光隙颜色与间隙的关系见表 6-17。

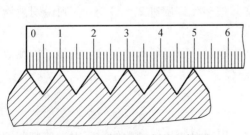

图 6-27　钢直尺测量螺纹的螺距

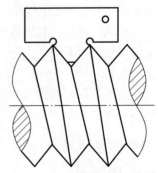

图 6-28　牙型角样板测量螺纹的牙型角

表 6-17　标准光隙颜色与间隙的关系

颜　色	间　隙
不透光	<0.5
蓝色	≈0.8
红色	1.25~1.75
白色（日光色）	>0.25

在计量室里，常用的螺纹测量方法有：在大型或万能显微镜上采用影像法测量；用测量刀进行轴切法测量；采用干涉法测量。

影像法测量螺纹使用工具显微镜将被检螺纹的牙型轮廓放大成像，按被检螺纹的影像测量其螺距、牙型半角和中径。由于工具显微镜不会对被检螺纹表面造成任何伤害，故常用于各种精密螺纹，如螺纹量规、丝杠等的单项测量。

除此之外，对于高精度外螺纹的单一中径（实际中径），广泛采用三针量法进行单项测量，如图 6-29 所示。首先根据被检螺纹的螺距 P 和牙型半角 $\alpha/2$，选择三根直径相同的精密量针（直径 d_0），将量针按图 6-29 所示位置分别放置在被检螺纹的沟槽内，然后在接触式测量仪上读出针距 M 值，根据几何关系和被检螺纹已知的螺距 P、牙型半角 $\alpha/2$ 以及量针直径 d_0，按式（6-7）计算出被检螺纹的单一中径 d_{2s} 为

$$d_{2s} = M - d_0\left(1 + \frac{1}{\sin\alpha/2}\right) + \frac{P}{2}\cot\alpha/2 \tag{6-10}$$

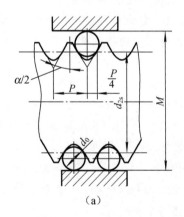 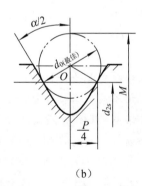

（a）　　　　　　　　　　（b）

图 6-29　三针法测量外螺纹中径

对于米制普通螺纹 $\alpha/2 = 30°$，被检螺纹的单一中径 d_{2s} 为

$$d_{2s} = M - 3d_0 + 0.866P \tag{6-11}$$

对于梯形螺纹 $\alpha/2 = 15°$，被检螺纹的单一中径 d_{2s} 为

$$d_{2s} = M - 4.863\ 7d_0 + 1.866P \tag{6-12}$$

为了消除牙型半角误差对测量结果的影响，量针直径应按照螺距选择，放置时尽量保证量针与被检螺纹沟槽接触点落在中径线上，即接触点的轴向距离正好在 $P/4$ 处，如图 6-29 所示。此时的量针直径称为量针最佳直径：

$$d_{0最佳} = \frac{P}{2\cos\alpha/2}$$ (6-13)

对于普通螺纹 $d_{0最佳} = 0.577\ 35P$；对于梯形螺纹 $d_{0最佳} = 0.517\ 65P$。

单项测量法主要用于高精度螺纹、螺纹类刀具及螺纹量规的质量检测。当生产中对普通螺纹的加工工艺进行分析和调整时，也会用到单项测量法进行螺纹检测。

本章小结

1. 主要内容

(1) 螺纹的种类、用途，普通螺纹的基本牙型和主要几何参数；螺距误差和牙型半角偏差对螺纹互换性的影响；作用中径及中径合格条件；螺纹标记及普通螺纹公差带的特点；普通螺纹的常用检测方法等。

(2) 要求理解螺距误差和牙型半角偏差对螺纹互换性的影响；作用中径及中径合格条件。

(3) 熟悉保证螺纹互换性的条件。

(4) 简单介绍了特殊的梯形螺纹应用——机床梯形丝杠、螺母的精度设计标准，作为知识扩展。

需要说明的是：上述判断原则在现场尚在使用，故这里简述旧国家标准 GB/T 197—1981 中的相关内容，以做参考。但 GB/T 197—2003 中已经删除了上述"中径合格性判断原则"的相关内容。该标准中指出，螺纹的检测手段有许多种，应根据螺纹的不同使用场合及螺纹加工条件，由产品设计者自己决定采用何种螺纹检验手段。

2. 新旧国标对比

(1) 删除了"中径合格性判断原则"。考虑到螺纹的检测手段有许多种，应根据螺纹的不同使用场合及螺纹加工条件，由产品设计者自己决定采用何种螺纹检验手段；

(2) 螺纹标记不同。新标准允许省略最常用的公差带，不允许标注旋合长度具体数值，左旋代号为英文缩写"LH"，规定了多线螺纹的标注方法。

(3) 推荐公差带不同。将 6G 公差带的选用优先等级提高了两个级，精密级的两个公差带为 5H 和 6H，增加了 8G、7e6e、8e、9e8e、4g、5g4g 和 9g8g 七个带括号的公差带及一个不带括号的 8H 公差带，删除了带括号的 8h 公差带。

(4) 引进了外螺纹小径 d_3 代号，用"设计牙型"术语代替了"最大实体牙型"术语。

(5) 螺纹规格、公差带等的变化。主要体现在国家标准里直径与螺距系列、公差、极限偏差、极限尺寸等表格的数据上。

习 题

6-1 简述螺纹实际中径、单一中径和作用中径三者的区别。

6-2 普通螺纹有哪些主要几何参数？它们是如何影响螺纹互换性的？

6-3 国家标准为何不单独规定螺距公差和牙型半角公差，而只规定一个中径公差？

6-4 为什么说普通螺纹的中径公差是综合公差？如何判断内、外螺纹中径的合格与否？假定螺纹的实际中径在中径极限尺寸范围内，是否就可以判定该螺纹合格？

6-5 有一对普通螺纹为 M12×1.5-6G/6h，现测得其主要参数见表 6-16。

6-6 试计算内、外螺纹的作用中径，并判断其合格性。

表 6-18 题 6-6

类　别	单一中径	螺距累积偏差	半角误差（右）	半角误差（左）
内螺纹	11.236	-0.03	-1°30′	+1°
外螺纹	10.966	+0.06	+35′	-2°15′

6-7 普通螺纹中径公差带的位置有几种？内、外螺纹有何不同？

6-8 解释下列螺纹标记的含义，并查出相应内、外螺纹的极限偏差：

(1) M20×2-6H/5g6g；

(2) M24×2-7H；

(3) M20-7g6g-LH；

(4) Tr24×2-5H6H-L；

(5) M30-6H/6g。

6-9 查表确定 M24×2-6h 的外径和中径的极限尺寸，并绘出其公差带图。

6-10 梯形螺纹基本牙型和设计牙型的特点。简述设计牙型的作用。

6-11 梯形螺纹的内、外螺纹各有几种公差带？

6-12 写出下列螺纹的标记：

(1) 公称直径为 16mm、螺距为 2mm、公差带为 4H 的单线粗牙内螺纹；

(2) 公称直径为 16mm、螺距为 2mm、公差带为 4kj 的单线粗牙左旋外螺纹；

(3) 上述内、外螺纹组成的配合。

附 表 六

附表 6-1 普通螺纹基本尺寸（GB/T 196—2003，部分）　　单位：mm

公称直径（大径）D、d	螺距 P	中径 D_2、d_2	小径 D_1、d_1
18	2.5	16.376	15.294
	2	16.701	15.835
	1.5	17.026	16.376
	1	17.350	16.917
20	2.5	18.376	17.294
	2	18.701	17.835
	1.5	19.026	18.376
	1	19.350	18.917
22	2.5	20.376	19.294
	2	20.701	19.835
	1.5	21.026	20.376
	1	21.350	20.917

续表

公称直径（大径）D、d	螺距 P	中径 D_2、d_2	小径 D_1、d_1
24	3	22.051	20.752
	2	22.701	21.835
	1.5	23.026	22.376
	1	23.350	22.917
25	2	23.701	22.835
	1.5	24.026	23.376
	1	24.350	23.917
26	1.5	25.026	24.376
27	3	25.051	23.752
	2	25.701	24.835
	1.5	26.026	25.376
	1	26.350	25.917
28	2	26.701	25.835
	1.5	27.026	26.376
	1	27.350	26.917
30	3.5	27.727	26.211
	3	28.051	26.752
	2	28.701	27.835
	1.5	29.026	28.376
	1	29.350	28.917

附表 6-2　普通螺纹直径与螺距标准组合系列（GB/T 193—2003　部分）　单位：mm

公称直径 D、d			螺距 P									
第1系列	第2系列	第3系列	粗牙	细牙								
				3	2	1.5	1.25	1	0.75	0.5	0.35	0.25	0.2
		17				1.5		1					
	18		2.5		2	1.5		1					
20			2.5		2	1.5		1					
	22		2.5		2	1.5		1					
24			3		2	1.5		1					
		25			2	1.5		1					
		26				1.5							
	27		3		2	1.5		1					
		28			2	1.5		1					
30			3.5	(3)	2	1.5							
	32				2	1.5		1					
		33	3.5	(3)	2	1.5							

附表 6-3　普通内螺纹中径公差（T_{D_2}）（GB/T 197—2003）　单位：μm

基本大径 D/mm		螺距 P/mm	公差等级				
>	≤		4	5	6	7	8
0.99	1.4	0.2	40	—	—	—	—
		0.25	45	56	—	—	—
		0.3	48	60	75	—	—

续表

基本大径 D/mm		螺距 P/mm	公 差 等 级				
>	≤		4	5	6	7	8
1.4	2.8	0.2	42	—	—	—	
		0.25	48	60	—	—	
		0.35	53	67	85	—	
		0.4	56	71	90	—	
		0.45	60	75	95	—	
2.8	5.6	0.35	56	71	90	—	—
		0.5	63	80	100	125	—
		0.6	71	90	112	140	—
		0.7	785	95	118	150	—
		0.75	75	95	118	150	—
		0.8	80	100	125	160	200
5.6	11.2	0.75	85	106	132	170	—
		1	95	118	150	190	236
		1.25	100	125	160	200	250
		1.5	112	140	180	224	280
11.2	22.4	1	100	125	160	200	250
		1.25	112	140	180	224	280
		1.5	118	150	190	236	300
		1.75	125	160	200	250	315
		2	132	170	212	265	335
		2.5	140	180	224	280	355
22.4	45	1	106	132	170	212	—
		1.5	125	160	200	250	315
		2	140	180	224	280	355
		3	170	212	265	335	425
		3.5	180	224	280	355	450
		4	190	236	300	375	475
		4.5	200	250	315	400	500
45	90	1.5	132	170	212	265	335
		2	150	190	236	300	375
		3	180	224	280	355	450
		4	200	250	315	400	500
		5	212	265	335	425	530
		5.5	224	280	355	450	560
		6	236	300	375	475	600
90	180	2	160	200	250	315	400
		3	190	236	300	375	475
		4	212	265	335	425	530
		6	250	315	400	500	630
		8	280	355	450	560	710
180	355	3	212	265	335	425	530
		4	236	300	375	475	600
		6	265	335	425	530	670
		8	300	375	475	600	750

附表 6-4 普通外螺纹中径公差（T_{d_2}）（GB/T 197—2003） 单位：μm

基本大径 d/mm		螺距	公差等级						
>	≤	P/mm	3	4	5	6	7	8	9
0.99	1.4	0.2	24	30	38	48	—	—	—
		0.25	26	34	42	53	—	—	—
		0.3	28	36	45	56	—	—	—
1.4	2.8	0.2	25	32	40	50	—	—	—
		0.25	28	36	45	56	—	—	—
		0.35	32	40	50	63	80	—	—
		0.4	34	42	53	67	85	—	—
		0.45	36	45	56	71	90	—	—
2.8	5.6	0.35	34	42	53	67	85	—	—
		0.5	38	48	60	75	95	—	—
		0.6	42	53	67	85	106	—	—
		0.7	45	56	71	90	112	—	—
		0.75	45	56	71	90	112	—	—
		0.8	48	60	75	95	118	150	190
5.6	11.2	0.75	50	63	80	100	125	—	—
		1	56	71	90	112	140	180	224
		1.25	60	75	95	118	150	190	236
		1.5	67	85	106	132	170	212	265
11.2	22.4	1	60	75	95	118	150	190	236
		1.25	67	85	106	132	170	212	265
		1.5	71	90	112	140	180	224	280
		1.75	75	95	118	150	190	236	300
		2	80	100	125	160	200	250	315
		2.5	85	106	132	170	212	265	335
22.4	45	1	63	80	100	125	160	200	250
		1.5	75	95	118	150	190	236	300
		2	85	106	132	170	212	265	335
		3	100	125	160	200	250	315	400
		3.5	106	132	170	212	265	335	425
		4	112	140	180	224	280	355	450
		4.5	118	150	190	236	300	375	475
45	90	1.5	80	100	125	160	200	250	315
		2	90	112	140	180	224	280	355
		3	106	132	170	212	265	335	425
		4	118	150	190	236	300	375	475
		5	125	160	200	250	315	400	500
		5.5	132	170	212	265	335	425	530
		6	140	180	224	280	355	450	560
90	180	2	95	118	150	190	236	300	375
		3	112	140	180	224	280	355	450
		4	125	160	200	250	315	400	500
		6	150	190	236	300	375	475	600
		8	170	212	265	335	425	530	670
180	355	3	125	160	200	250	315	400	500
		4	140	180	224	280	355	450	560
		6	160	200	250	315	400	500	630
		8	180	224	280	355	450	560	710

附表 6-5　普通内、外螺纹的基本偏差（GB/T 197—2003）　　　单位：μm

螺距 P/mm	基本偏差					
	内螺纹		外螺纹			
	G EI	H EI	e es	f es	g es	h es
0.2	+17	0	—	—	−17	0
0.25	+18	0	—	—	−18	0
0.3	+18	0	—	—	−18	0
0.35	+19	0	—	−34	−19	0
0.4	+19	0	—	−34	−19	0
0.45	+20	0	—	−35	−20	0
0.5	+20	0	−50	−36	−20	0
0.6	+21	0	−53	−36	−21	0
0.7	+22	0	−56	−38	−22	0
0.75	+22	0	−56	−38	−22	0
0.8	+24	0	−60	−38	−24	0
1	+26	0	−60	−40	−26	0
1.25	+28	0	−63	−42	−28	0
1.5	+32	0	−67	−45	−32	0
1.75	+34	0	−71	−48	−34	0
2	+38	0	−71	−52	−38	0
2.5	+42	0	−80	−58	−42	0
3	+48	0	−85	−63	−48	0
3.5	+53	0	−90	−70	−53	0
4	+60	0	−95	−75	−60	0
4.5	+63	0	−100	−80	−63	0
5	+71	0	−106	−85	−71	0
5.5	+75	0	−112	−90	−75	0
6	+80	0	−118	−95	−80	0
8	+100	0	−140	−118	−100	0

附表 6-6　普通螺纹的极限偏差（GB/T 2516—2003　部分）　　　单位：μm

基本大径 /mm		螺距 /mm	内 螺 纹					外 螺 纹					
			公差带	中径		小径		公差带	中径		大径		小径
>	≤			ES	EI	ES	EI		es	ei	es	ei	用于计算应力的偏差
22.4	45	1	—	—	—	—	—	3h4h	0	−63	0	−112	−144
			4H	+106	0	+150	0	4h	0	−80	0	−112	−144
			5G	+158	+26	+218	+26	5g6g	−26	−126	−26	−206	−170
			5H	+132	0	+190	0	5h4h	0	−100	0	−112	−144
			—	—	—	—	—	5h6h	0	−100	0	−180	−144
			—	—	—	—	—	6e	−60	−185	−60	−240	−204
			—	—	—	—	—	6f	−40	−165	−40	−220	−184
			6G	+196	+26	+262	+26	6g	−26	−151	−26	−206	−170
			6H	+170	0	+236	0	6h	0	−125	0	−180	144
			—	—	—	—	—	7e6e	−60	−220	−60	−240	−204
			7G	+238	+26	+326	+26	7g6g	−26	−186	−26	−206	−170
			7H	+212	0	+300	0	7h6h	0	−160	0	−180	−144
			8G	—	—	—	—	8g	−26	−226	−26	−306	−170
			8H	—	—	—	—	9g8g	−26	−276	−26	−306	−170

基本大径 /mm		螺距 /mm	内螺纹					外螺纹					
			公差带	中径		小径		公差带	中径		大径		小径
>	≤			ES	EI	ES	EI		es	ei	es	ei	用于计算应力的偏差
22.4	45	1.5	—	—	—	—	—	3h4h	0	−75	0	−150	−217
			4H	+125	0	+190	0	4h	0	−95	0	−150	−217
			5G	+192	+32	+268	+32	5g6g	−32	−150	−32	−268	−249
			5H	+160	0	+236	0	5h4h	0	−118	0	−150	−217
			—	—	—	—	—	5h6h	0	−118	0	−236	217
			—	—	—	—	—	6e	−67	−217	−67	−303	−284
			—	—	—	—	—	6f	−45	−195	−45	−281	−262
			6G	+232	+32	+332	+32	6g	−32	−182	−32	−268	−249
			6H	+200	0	+300	0	6h	0	−150	0	−236	−217
			—	—	—	—	—	7e6e	−67	−257	−67	−303	−284
			7G	+282	+32	+407	+32	7g6g	−32	−222	−32	−268	−249
			7H	+250	0	+375	0	7h6h	0	−190	0	−236	−217
			8G	+347	+32	+507	+32	8g	−32	−268	−32	−407	−249
			8H	+315	0	+475	0	9g8g	−32	−332	−32	−407	−249
		2	—	—	—	—	—	3h4h	0	−85	0	−180	−289
			4H	+140	0	+236	0	4h	0	−106	0	−180	−289
			5G	+218	+38	+338	+38	5g6g	−38	−170	−38	−318	−327
			5H	+180	0	+300	0	5h4h	0	−132	0	−180	−289
			—	—	—	—	—	5h6h	0	−132	0	−280	−289
			—	—	—	—	—	6e	−71	−241	−71	−351	−360
			—	—	—	—	—	6f	−52	−222	−52	−332	341
			6G	+262	+38	+413	+38	6g	−38	−208	−38	−318	−327
			6H	+224	0	+375	0	6h	0	−170	0	−280	−289
			—	—	—	—	—	7e6e	−71	−283	−71	−351	−360
			7G	+318	+38	+513	+38	7g6g	−38	−250	−38	−318	−327
			7H	+280	0	+475	0	7h6h	0	−212	0	−280	−289
			8G	+393	+38	+638	+38	8g	−38	−307	−38	−488	−327
			8H	+355	0	+600	0	9g8g	−38	−373	−38	−488	−327

附表 6-7 6H 普通内螺纹的极限尺寸（GB/T 15756—2008，部分）　　单位：mm

公称直径 D	螺距 P	大径 D_{min}	中径		小径	
			D_{2max}	D_{2min}	D_{1max}	D_{1min}
20	1	20.000	19.510	19.350	19.153	18.917
	1.5	20.000	19.216	19.026	18.676	18.376
	2	20.000	18.913	18.701	18.210	17.835
	2.5	20.000	18.600	18.376	17.744	17.294

续表

公称直径 D	螺距 P	大径 D_{min}	中径		小径	
			D_{2max}	D_{2min}	D_{1max}	D_{1min}
22	1	22.000	21.510	21.350	21.153	20.917
	1.5	22.000	21.216	21.026	20.676	20.376
	2	22.000	20.913	20.701	20.210	19.835
	2.5	22.000	20.600	20.376	19.744	19.294
24	1	24.000	23.520	23.350	23.153	22.917
	1.5	24.000	23.226	23.026	22.676	22.376
	2	24.000	22.925	22.701	22.210	21.835
	3	24.000	22.316	22.051	21.252	20.752
25	1	25.000	24.520	24.350	24.153	23.917
	1.5	25.000	24.226	24.026	23.676	23.376
	2	25.000	23.925	23.701	23.210	22.835
26	1.5	26.000	25.226	25.026	24.676	24.376
27	1	27.000	26.520	26.350	26.153	25.917
	1.5	27.000	26.226	26.026	25.676	25.376
	2	27.000	25.925	25.701	25.210	24.835
	3	27.000	25.316	25.051	24.252	23.752
28	1	28.000	27.520	27.350	27.153	26.917
	1.5	28.000	27.226	27.026	26.676	26.376
	2	28.000	26.925	26.701	26.210	25.835
30	1	30.000	29.520	29.350	29.153	28.917
	1.5	30.000	29.226	29.026	28.676	28.376
	2	30.000	28.915	28.701	28.210	27.835
	3	30.000	28.316	28.051	27.252	26.752
	3.5	30.000	28.007	27.727	26.771	26.211

附表 6-8　6h 普通外螺纹的极限尺寸（GB/T 15756—2008，部分）　　单位：mm

公称直径 d	螺距 P	大径		中径		小径（参考） d_{3max}
		d_{max}	d_{min}	d_{2max}	d_{2min}	
18	1	18.000	17.820	17.350	17.232	16.773
	1.5	18.000	17.764	17.026	16.886	16.160
	2	18.000	17.720	16.701	16.541	15.546
	2.5	18.000	17.665	16.376	16.206	14.933
20	1	20.000	19.820	19.350	19.232	18.773
	1.5	20.000	19.764	19.026	18.886	18.160
	2	20.000	19.720	18.701	18.541	17.546
	2.5	20.000	19.665	18.376	18.206	16.933

公称直径 d	螺距 P	大 径		中 径		小径（参考）
		d_{max}	d_{min}	d_{2max}	d_{2min}	d_{3max}
22	1	22.000	21.820	21.350	21.232	20.773
	1.5	22.000	21.764	21.026	20.886	20.160
	2	22.000	21.720	20.701	20.541	19.546
	2.5	22.000	21.665	20.376	20.206	18.933
24	1	24.000	23.820	23.350	23.225	22.773
	1.5	24.000	23.764	23.026	22.876	22.160
	2	24.000	23.720	22.701	22.531	21.546
	3	24.000	23.625	22.051	21.851	20.319
25	1	25.000	24.820	24.350	24.225	23.773
	1.5	25.000	24.764	24.026	23.876	23.160
	2	25.000	24.720	23.701	23.531	22.546
26	1.5	26.000	25.764	25.026	24.876	24.160
27	1	27.000	26.820	26.350	26.225	25.773
	1.5	27.000	26.764	26.026	25.876	25.160
	2	27.000	26.720	25.701	25.531	24.546
	3	27.000	26.625	25.051	24.851	23.319
28	1	28.000	27.820	27.350	27.225	26.773
	1.5	28.000	27.764	27.026	26.876	26.160
	2	28.000	27.720	26.701	26.531	25.546
30	1	30.000	29.820	29.350	29.225	28.773
	1.5	30.000	29.764	29.026	28.876	28.160
	2	30.000	29.720	28.701	28.531	27.546
	3	30.000	29.625	28.051	27.851	26.319
	3.5	30.000	29.575	27.727	27.515	25.706

附表 6-9 梯形螺纹直径与螺距的标准组合系列（GB/T 5796.2—2005，部分）　　单位：mm

公称直径			螺 距																				
第一系列	第二系列	第三系列	44	40	36	32	28	24	22	20	18	16	14	12	10	9	8	7	6	5	4	3	2	1.5
8																								1.5
	9																						2	1.5
10																							2	1.5

续表

公称直径			螺距																					
第一系列	第二系列	第三系列	44	40	36	32	28	24	22	20	18	16	14	12	10	9	8	7	6	5	4	3	2	1.5
	11																					3	2	
12																						3	2	
	14																					3	2	
16																					4		2	
	18																					4		2	
20																					4		2	
	22																8			5		3		
24																8			5		3		
	26																8			5		3		
28																			5		3		
	30														10		8		6			3		
32														10				6			3		

附表6-10 梯形螺纹基本尺寸（GB/T 5796.3—2005，部分） 单位：mm

公称直径 d			螺距 P	中径 $d_2 = D_2$	大径 D_4	小 径	
第一系列	第二系列	第三系列				d_3	D_1
8			1.5	7.250	8.300	6.200	6.500
	9		1.5	8.250	9.300	7.200	7.500
			2	8.000	9.500	6.500	7.000
10			1.5	9.250	10.300	8.200	8.500
			2	9.000	10.500	7.500	8.000
		11	2	10.000	11.500	8.500	9.000
			3	9.500	11.500	7.500	8.000
12			2	11.000	12.500	9.500	10.000
			3	10.500	12.500	8.500	9.000
	14		2	13.000	14.500	11.500	12.000
			3	12.500	14.500	10.500	11.000

公称直径 d			螺距 P	中径 $d_2 = D_2$	大径 D_4	小 径	
第一系列	第二系列	第三系列				d_3	D_1
16			2	15.000	16.500	13.500	14.000
			4	14.000	16.500	11.500	12.000
	18		2	17.000	18.500	15.500	16.000
			4	16.000	18.500	13.500	14.000
20			2	19.000	20.500	17.500	18.000
			4	18.000	20.500	15.500	16.000

附表 6-11　梯形螺纹中径的基本偏差（GB/T 5796.4—2005）　　单位：μm

螺距 P/mm	内螺纹 D_2	外螺纹 d_2	
	H EI	c es	e es
1.5	0	−140	−67
2	0	−150	−71
3	0	−170	−85
4	0	−190	−95
5	0	−212	−106
6	0	−236	−118
7	0	−250	−125
8	0	−265	−132
9	0	−280	−140
10	0	−300	−150
12	0	−335	−160
14	0	−355	−180
16	0	−375	−190
18	0	−400	−200
20	0	−425	−212
22	0	−450	−224
24	0	−475	−236
28	0	−500	−250
32	0	−530	−265
36	0	−560	−280
40	0	−600	−300
44	0	−630	−315

附表 **6-12** 内螺纹中径公差（T_{D_2}）（GB/T 5796.4—2005）　　　单位：μm

基本大径 d/mm		螺距 P/mm	公 差 等 级		
>	≤		7	8	9
5.6	11.2	1.5	224	280	355
		2	250	315	400
		3	280	355	450
11.2	22.4	2	265	335	425
		3	300	375	475
		4	355	450	560
		5	375	475	600
		8	475	600	750
22.4	45	3	335	425	530
		5	400	500	630
		6	450	560	710
		7	475	600	750
		8	500	630	800
		10	530	670	850
		12	560	710	900
45	90	3	355	450	560
		4	400	500	630
		8	530	670	850
		9	560	710	900
		10	560	710	900
		12	630	800	1000
		14	670	850	1060
		16	710	900	1120
		18	750	950	1180
90	180	4	425	530	670
		6	500	630	800
		8	560	710	900
		12	670	850	1060
		14	710	900	1 120
		16	750	950	1 180
		18	800	1 000	1 250
		20	800	1 000	1 250
		22	850	1 060	1 320
		24	900	1 120	1 400
		28	950	1 180	1 500
180	355	8	600	750	950
		12	710	900	1 120
		18	850	1 060	1 320
		20	900	1 120	1 400
		22	900	1 120	1 400
		24	950	1 180	1 500
		32	1 060	1 320	1 700
		36	1 120	1 400	1 800
		40	1 120	1 400	1 800
		44	1 250	1 500	1 900

附表 6-13　外螺纹中径公差（T_{d_2}）（GB/T 5796.4—2005）　　　单位：μm

基本大径 d/mm		螺距 P/mm	公差等级		
>	≤		7	8	9
5.6	11.2	1.5	170	212	265
		2	190	236	300
		3	212	265	335
11.2	22.4	2	200	250	315
		3	224	280	355
		4	265	335	425
		5	280	355	450
		8	355	450	560
22.4	45	3	250	315	400
		5	300	375	475
		6	335	425	530
		7	355	450	560
		8	375	475	600
		10	400	500	630
		12	425	530	670
45	90	3	265	335	425
		4	300	375	475
		8	400	500	630
		9	425	530	670
		10	425	530	670
		12	475	600	750
		14	500	630	800
		16	530	670	850
		18	560	710	900
90	180	4	315	400	500
		6	375	475	600
		8	425	530	670
		12	500	630	800
		14	530	670	850
		16	560	710	900
		18	600	750	950
		20	600	750	950
		22	630	800	1 000
		24	670	850	1 060
		28	710	900	1 120
180	355	8	450	560	710
		12	530	670	850
		18	630	800	1 000
		20	670	850	1 060
		22	670	850	1 060
		24	710	900	1 120
		32	800	1 000	1 250
		36	850	1 060	1 320
		40	850	1 060	1 320
		44	900	1 120	1 400

附表 6-14　梯形螺纹旋合长度（GB/T 5769.4—2005，部分）　　　　　单位：mm

基本大径 d		螺距 P	旋 合 长 度		
			N		L
>	≤		>	≤	>
11.2	22.4	2	8	24	24
		3	11	32	32
		4	15	43	43
		5	18	53	53
		8	30	85	85
22.4	45	3	12	36	36
		5	21	63	63
		6	25	75	75
		7	30	85	85
		8	34	100	100
		10	42	125	125
		12	50	150	150
45	90	3	15	45	45
		4	19	56	56
		8	38	118	118
		9	43	132	132
		10	50	140	140
		12	60	170	170
		14	67	200	200
		16	75	236	236
		18	85	265	265
90	180	4	24	71	71
		6	36	106	106
		8	45	132	132
		12	67	200	200
		14	75	236	236
		16	90	265	265
		18	100	300	300
		20	112	335	335
		22	118	355	355
		24	132	400	400
		28	150	450	450

附表 6-15　丝杠梯形螺纹的螺旋线轴向公差（JB/T 2886—2008）

公差等级	$\delta_{L2\pi}$	δ_{L25}	δ_{L100}	δ_{L300}	在下列螺纹有效长度内的 δ_{Lu}/mm				
					≤1 000	>1 000～2 000	>2 000～3 000	>3 000～4 000	>4 000～5 000
					允差/μm				
3	0.9	1.2	1.8	2.5	4	—	—	—	—
4	1.5	2	3	4	6	8	12	—	—
5	2.5	3.5	4.5	6.5	10	14	19	—	—
6	4	7	8	11	16	21	27	33	39

附表 6-16　丝杠梯形螺纹的螺距公差和螺距累积公差（JB/T 2886—2008）

公差等级	δ_P	δ_{P60}	δ_{P300}	在下列螺纹有效长度内的 δ_{PLu}/mm					>5 000 长度每增加 1 000，δ_{PLu} 增加
				≤1 000	>1 000~2 000	>2 000~3 000	>3 000~4 000	>4 000~5 000	
				允差/μm					
7	6	10	18	28	36	44	52	60	8
8	12	20	35	55	65	75	85	95	10
9	25	40	70	110	130	150	170	190	20

附表 6-17　丝杠梯形螺纹有效长度上中径尺寸的一致性公差（JB/T 2886—2008）

公差等级	螺纹有效长度/mm					>5 000，长度每增加 1 000，一致性公差应增加
	≤1 000	>1 000~2 000	>2 000~3 000	>3 000~4 000	>4 000~5 000	
	螺纹中径的尺寸一致性公差					
	允差/μm					
3	5	—	—	—	—	—
4	6	11	17	—	—	—
5	8	15	22	30	38	—
6	10	20	30	40	50	5
7	12	26	40	53	65	10
8	16	36	53	70	90	20
9	21	48	70	90	116	30

附表 6-18　丝杠梯形螺纹的径向圆跳动公差（JB/T 2886—2008）　　单位：μm

长径比	公差等级						
	3	4	5	6	7	8	9
≤10	2	3	5	8	16	32	63
>10~15	2.5	4	6	10	20	40	80
>15~20	3	5	8	12	25	50	100
>20~25	4	6	10	16	40	63	125
>25~30	5	8	12	20	50	80	160
>30~35	6	10	16	25	60	100	200
>35~40	—	12	20	32	80	125	250
>40~45	—	16	25	40	100	160	315
>45~50	—	20	32	50	120	200	400
>50~60	—	—	—	63	150	250	500
>60~70	—	—	—	80	180	315	630
>70~80	—	—	—	100	220	400	800
>80~90	—	—	—	—	280	500	—

注：长径比系指丝杠全长与螺纹公称直径之比。

附表 6-19　丝杠梯形螺纹的牙型半角极限偏差（JB/T 2886—2008）

螺距 P /mm	公差等级						
	3	4	5	6	7	8	9
	牙型半角极限偏差（′）						
2～5	±8	±10	±12	±15	±20	±30	±30
6～10	±6	±8	±10	±12	±18	±25	±28
12～20	±5	±6	±8	±10	±15	±20	±25

附表 6-20　丝杠梯形螺纹的大、中、小径极限偏差（JB/T 2886—2008）

螺距 P /mm	公称直径 d/mm	螺纹大径		螺纹中径		螺纹小径	
		下极限偏差	上极限偏差	下极限偏差	上极限偏差	下极限偏差	上极限偏差
		允差/μm					
2	10～16	−100	0	−294	−34	−362	0
	16～28			−314		−388	
	30～42			−350		−399	
3	10～14	−150	0	−336	−37	−410	0
	22～28			−360		−447	
	30～44			−392		−465	
	46～60			−392		−478	
4	16～20	−200	0	−400	−45	−485	0
	44～60			−438		−534	
	65～80			−462		−565	
5	22～28	−250	0	−462	−52	−565	0
	30～42			−482		−578	
	85～110			−530		−650	
6	30～42	−300	0	−522	−56	−635	0
	44～60			−550		−646	
	65～80			−572		−665	
	120～150			−585		−720	
8	22～28	−400	0	−590	−67	−720	0
	44～60			−620		−758	
	65～80			−656		−765	
	160～190			−682		−830	
10	30～40	−550	0	−680	−75	−820	0
	44～60			−696		−854	
	65～80			−710		−865	
	200～220			−738		−900	

螺距 P /mm	公称直径 d/mm	螺纹大径		螺纹中径		螺纹小径	
		下极限偏差	上极限偏差	下极限偏差	上极限偏差	下极限偏差	上极限偏差
		允差/μm					
12	30～42	−600	0	−754	−82	−892	0
	44～60			−772		−948	
	65～80			−789		−955	
	85～110			−800		−978	
16	44～60	−800	0	−877	−93	−1 108	0
	65～80			−920		−1 135	
	120～170			−970		−1 190	
20	85～110	−1 000	0	−1 068	−105	−1 305	0
	180～220			−1 120		−1 370	

附表 6-21　螺母梯形螺纹的大、小径极限偏差（JB/T 2886—2008）

螺距 P /mm	公称直径 d /mm	螺纹大径		螺纹小径	
		上极限偏差	下极限偏差	上极限偏差	下极限偏差
		允差/μm			
2	10～16	+328	0	+100	0
	16～28	+355			
	30～42	+370			
3	10～14	+372	0	+150	0
	22～28	+408			
	30～44	+428			
	46～60	+440			
4	16～20	+440	0	+200	0
	44～60	+490			
	65～80	+520			
5	22～28	+515	0	+250	0
	30～42	+528			
	85～110	+595			
6	30～42	+578	0	+300	0
	44～60	+590			
	65～80	+610			
	120～50	+660			
8	22～28	+650	0	+400	0
	44～60	+690			
	65～80	+700			
	160～190	+765			

续表

螺距 P /mm	公称直径 d /mm	螺纹大径		螺纹小径	
		上极限偏差	下极限偏差	上极限偏差	下极限偏差
		允差/μm			
10	30～40 44～60 65～80 200～220	+745 +778 +790 +825	0	+500	0
12	30～42 44～60 65～80 85～110	+813 +865 +872 +895	0	+600	0
16	44～60 65～80 120～170	+1 017 +1 040 +1 100	0	+800	0
20	85～110 180～220	+1 200 +1 265	0	+1 000	0

附表 6-22　螺母与丝杠配制时的径向间隙（JB/T 2886—2008）

公差等级	螺纹有效长度/mm					
	≤1 000	>1 000～2 000	>2 000～3 000	>3 000～4 000	>4 000～5 000	>5 000，长度每增加 1 000，径向间隙应增加
	螺母与丝杠配制时的径向间隙/μm					
3	15～30	—	—	—	—	—
4	20～40	20～50	30～60	—	—	—
5	30～60	30～70	30～80	40～100	—	
6	60～100	60～100	70～120	70～140	80～150	
7	100～150	100～160	100～180	120～200	120～220	10
8	120～180	120～200	120～210	140～230	160～250	20
9	160～240	160～240	160～260	180～280	200～300	30

注：本表不适用有消除间隙结构或整体螺母的丝杠、螺母副。

附表 6-23　非配制螺母螺纹中径的极限偏差（JB/T 2886—2008）

螺距 P /mm	公差等级			
	6	7	8	9
	允差/μm			
2～5	+55 0	+65 0	+85 0	+100 0
6～10	+65 0	+75 0	+100 0	+120 0
12～20	+75 0	+85 0	+120 0	+150 0

第7章 滚动轴承精度

滚动轴承是在机械设备中应用极为广泛的标准件之一，主要用于支撑机械旋转部件（轴）使其能够承受径向载荷，同时又可有效降低旋转运动副的机械载荷摩擦系数，提高工作效率，必要时还可起到固定旋转部件，使其不会产生不必要的轴向、径向运动的作用。滚动轴承及其配件的质量会直接影响到机械设备被支撑部位的运动精度、运动平稳性与运动灵活性等，从而影响到机械设备整体的振动、噪声和寿命等。

为了保证滚动轴承及其配件的互换性和标准化，正确进行滚动轴承的精度设计，本章涉及的现行国家推荐性标准主要有：

GB/T 307.1—2005《滚动轴承 向心轴承 公差》

GB/T 307.2—2005《滚动轴承 测量和检验的原则及方法》

GB/T 307.3—2005《滚动轴承 通用技术规则》

GB/T 307.4—2012《滚动轴承 公差 第4部分：推力轴承公差》

GB/T 4604—2006《滚动轴承 径向游隙》

GB/T 275—1993《滚动轴承与轴和外壳的配合》

上述现行国家标准分别替代以下旧国标：

GB/T 307.1—1994《滚动轴承 向心轴承 公差》

GB/T 307.2—1995《滚动轴承 测量和检验的原则及方法》

GB/T 307.3—1996《滚动轴承 通用技术规则》

GB/T 307.4—2002《滚动轴承 推力轴承 公差》

GB/T 4604—1993《滚动轴承 径向游隙》

GB/T 275—1984《滚动轴承与轴和外壳的配合》

第一节 滚动轴承精度设计概述

滚动轴承一般由外圈、内圈、滚动体和保持架四个主要部分组成，其结构如图7-1所示，轴承外圈安装在外壳孔内，轴承内圈安装在轴颈上，滚动体承受载荷，并使轴承形成滚动摩擦，保持架将滚动体均匀隔开，使每个滚动体能在内、外圈之间的滚道上滚动并轮流承载。通常，内圈随仪器轴颈旋转，外圈在外壳孔的固定不动；但是也有些机械设备要求外圈随外壳孔一起旋转，而内圈与轴颈固定不动。

滚动轴承品种繁多，可以按不同方式进行分类：

（1）按轴承滚动体形状，可分为球轴承（滚动体是球体）和滚子轴承（滚动体为滚子）。滚子轴承又有圆柱滚子轴承（滚动体是圆柱滚子，其长度与直径之比不大于3）、滚针轴承（滚动体是圆柱滚子，其长度与直径之比在3～5（不包括3）的范围内、圆锥滚子轴承（滚动体是圆锥滚子）、调心滚子轴承之分（滚动体是球面滚子）。

（2）按轴承所能承受的载荷方向或公称接触角α的不同，可分为向心轴承和推力轴承。

向心轴承主要用于承受径向载荷，公称接触角 $0° ≤ α ≤ 45°$，分为径向接触轴承（$α=0°$）和向心角接触轴承（$0° < α ≤ 45°$）两种；推力轴承主要用于承受轴向载荷，公称接触角 $45° < α ≤ 90°$，分为轴向接触轴承（$α=90°$）和推力角接触轴承（$45° < α < 90°$）两种。

（3）按轴承工作时能否调心，可分为调心轴承和非调心轴承。调心轴承滚道是球面形的，能适应两滚道轴切线间的角偏差及角运动；而非调心轴承是刚性轴承，能阻抗滚道间轴心线角偏移。

（4）按轴承滚动体的列数，可分为单列轴承、双列轴承、多列轴承。

（5）按轴承其部件能否分离，可分为可分离轴承和不可分离轴承。可分离轴承具有可分离的部件，而不可分离轴承在最终配套后，套圈均不能任意自由分离。

（6）按轴承外径尺寸大小，可分为微型轴承（公称外径 $D ≤ 26$ mm）、小型轴承（公称外径 D 为 28 ～ 55 mm）、中小型轴承（公称外径 D 为 60 ～ 115 mm）、中大型轴承（公称外径 D 为 120 ～ 190 mm）、大型轴承（公称外径 D 为 200 ～ 430 mm）、特大型轴承（公称外径 D 为 440 ～ 2 000 mm）、中小型轴承（公称外径 $D > 2 000$ mm）。

滚动轴承还可按其结构形状，如有无装填槽，有无内、外圈以及套圈的形状，挡边的结构，甚至有无保持架等分为多种结构类型，不再一一列举。

滚动轴承在工作时为保证其工作性能，必须满足以下两项要求：

（1）必要的旋转精度。轴承工作时轴承内、外圈的径向和端面的跳动应控制在允许的范围内，以保证传动零件的回转精度。

（2）合适的轴承游隙。轴承游隙，又称为轴承间隙，是指轴承在未安装于轴或外壳孔时，将其内圈（或外圈）固定，然后使未被固定的外圈（或内圈）做径向或轴向移动时的移动量。根据移动方向，可分为径向游隙 G_r 和轴向游隙 G_a，如图 7-2 所示。轴承工作时，轴承游隙（称做工作游隙）的大小对轴承的滚动疲劳寿命、温升、噪声、振动等性能均有影响，故应控制在合适的范围之内。

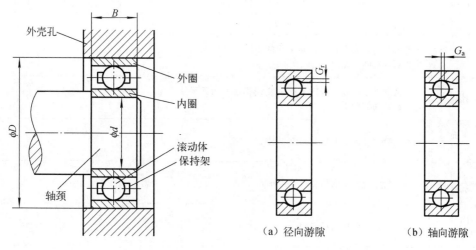

图 7-1　滚动轴承结构　　　　　　　图 7-2　滚动轴承的游隙

机械设备使用了滚动轴承，则滚动轴承的工作性能会直接影响到整个机械设备的工作性能，而滚动轴承的这些工作性能并非仅取决于其自身的精度，还取决于与其配合的相关零部件的精度。本章主要以向心轴承为例，仅就滚动轴承在使用上的有关内容，如滚动轴承的精度设计、滚动轴承与轴颈、外壳孔的配合选择以及轴颈、外壳孔的精度设计等进行简要介绍。

第二节　滚动轴承精度

　　滚动轴承是互换性和标准化程度比较高的一种机械零件，各种机械设备中使用的滚动轴承绝大多数都是由专业的轴承生产厂家生产出来的。滚动轴承已经成为很成熟的一种商品。除非需求方有特殊需要，可要求厂家特殊生产，否则需求方都只需选择和购买厂家已成型的某个产品系列即可。

　　因此，滚动轴承精度的设计一般都只在轴承厂才会用到。本节仅就国家标准中关于轴承精度设计的主要标准进行简单介绍，以供学习参考。这些标准的主要目的都是为了既能针对专业轴承厂限制滚动轴承的尺寸规格数，以充分保证生产的经济性；又能提供足够的尺寸规格数，以满足轴承用户当前及未来广泛且多变的需要。

一、滚动轴承的术语、定义及参数符号

　　国家标准 GB/T 6930—2002《滚动轴承 词汇》、GB/T 7811—2007《滚动轴承 参数符号》、GB/T 4199—2003《滚动轴承 公差 定义》中对于滚动轴承的外形尺寸、尺寸公差、形位公差、旋转精度、额定载荷、寿命、内部游隙等各方面需要用到的术语、定义、参数符号进行了规定，现仅将相关的一些术语、定义和参数符号总结为表 7-1，方便理解本章内容。

表 7-1　滚动轴承术语、定义及参数符号

术　语	定　义	参数符号	关　系　式
单一平面	滚动轴承上能够进行测量的任一径向或轴向平面		
公称内径	包容基本圆柱孔理论内孔表面的圆柱体的直径	d	
公称外径	包容理论外表面的圆柱体的直径	D	
单一内径	与实际内孔表面和一径向平面的交线相切的两条平行切线之间的距离	d_s	
单一外径	与实际外表面和一径向平面的交线相切的两条平行切线之间的距离	D_s	
单一平面单一内径	与一特定径向平面相关的单一内径	d_{sp}	
单一平面单一外径	与一特定径向平面相关的单一外径	D_{sp}	
单一内径偏差	单一内径与公称内径之差	Δ_{ds}	$\Delta_{ds} = d_s - d$
单一外径偏差	单一外径与公称外径之差	Δ_{Ds}	$\Delta_{Ds} = D_s - D$
内径变动量	单个套圈最大与最小单一内径之差	V_{ds}	$V_{ds} = d_{smax} - d_{smin}$
外径变动量	单个套圈最大与最小单一外径之差	V_{Ds}	$V_{Ds} = D_{smax} - D_{smin}$

续表

术　语	定　义	参数符号	关　系　式
平均内径	单个套圈最大与最小单一内径的算术平均值	d_m	$d_m = (d_{smax} + d_{smin})/2$
平均外径	单个套圈最大与最小单一外径的算术平均值	D_m	$D_m = (D_{smax} + D_{smin})/2$
平均内径偏差	平均内径与公称内径之差	Δ_{dm}	$\Delta_{dm} = d_m - d$
平均外径偏差	平均外径与公称外径之差	Δ_{Dm}	$\Delta_{Dm} = D_m - D$
单一平面平均内径	最大与最小单一平面单一内径的算术平均值	d_{mp}	$d_{mp} = (d_{spmax} + d_{spmin})/2$
单一平面平均外径	最大与最小单一平面单一外径的算术平均值	D_{mp}	$D_{mp} = (D_{spmax} + D_{spmin})/2$
单一平面平均内径偏差	单一平面平均内径与公称内径之差	Δ_{dmp}	$\Delta_{dmp} = d_{mp} - d$
单一平面平均外径偏差	单一平面平均外径与公称外径之差	Δ_{Dmp}	$\Delta_{Dmp} = D_{mp} - D$
单一平面内径变动量	最大与最小单一平面单一内径之差	V_{dsp}	$V_{dsp} = d_{spmax} - d_{spmin}$
单一平面外径变动量	最大与最小单一平面单一外径之差	V_{Dsp}	$V_{Dsp} = D_{spmax} - D_{spmin}$
平均内径变动量	单个套圈最大与最小单一平面平均内径之差	V_{dmp}	$V_{dmp} = d_{mpmax} - d_{mpmin}$
平均外径变动量	单个套圈最大与最小单一平面平均外径之差	V_{Dmp}	$V_{Dmp} = D_{mpmax} - D_{mpmin}$
径向游隙	能承受纯径向载荷的轴承（非预紧状态），在不同的角度方向，不承受任何外载荷，一套圈相对另一套圈从一个径向偏心极限位置移到相反的极限位置的径向距离的算术平均值	G_r	
理论径向游隙	外圈滚动接触直径减去内圈滚道接触直径再减去两倍滚动体直径		
轴向游隙	能承受两个方向轴向载荷的轴承（非预紧状态），不承受任何外载荷，一套圈相对另一套圈从一个轴向极限位置移到相反的极限位置的轴向距离的算术平均值	G_a	

二、滚动轴承外形尺寸

与滚动轴承的外形尺寸相关的国家标准有 30 个左右，其中 GB/T 273 系列是滚动轴承外形尺寸的总方案标准，它分为三个部分：GB/T 273.1—2003《滚动轴承　圆锥滚子轴承　外形尺寸总方案》、GB/T 273.2—2006《滚动轴承　推力轴承　外形尺寸总方案》、GB/T 273.3—1999《滚动轴承　向心轴承　外形尺寸总方案》。以图 7-1 所示的向心轴承为例介绍 GB/T 273.3—1999，该国家标准规定了向心轴承的优先外形尺寸，但不适用于尺寸已经标准化的圆锥滚子轴承、外球面轴承、某些结构型式的滚针轴承、飞机机架轴承和仪器精密轴承。

向心轴承外形尺寸符号及定义如图 7-3 所示。其中 B 表示轴承宽度，D 表示外径，d 表示内径，r 表示倒角尺寸，r_{smin} 表示最小单一倒角尺，如非特别说明，这些符号均表示公称尺寸。

向心轴承的优先外形尺寸值是按直径系列 7、8、9、0、1、2、3、4（指外径的递增系列，每一标准内径对应有一个外径递增系列）给出的，分别符合 GB/T 273.3—1999 中表 1～表 8 的规定。附表 7-1 仅收录直径系列 7 的优先外形尺寸值，如有更多需要可自行查询该国家标准。如非特别说明，图 7-3 和附表 7-1（包括未收录的其他直径系列表）中的符号均表示公称尺寸，而与 r_{smin} 尺寸相对应的最大单一倒角尺寸应按国家标准GB/T 274—2000《滚动轴承 倒角尺寸最大值》中的规定选取。

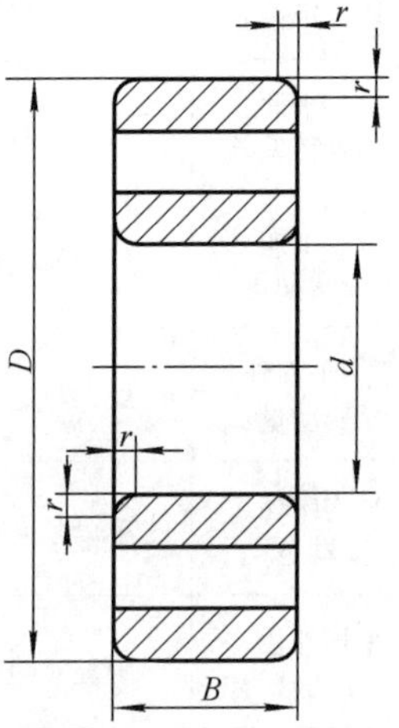

GB/T 273.3—1999 规定，附表 7-1（包括未收录的其他直径系列表）中的倒角尺寸不完全适用于有止动槽轴承套圈止动槽端、圆柱滚子轴承套圈的无挡边和平挡边端、角接触轴承套圈的非推力端；有圆锥孔轴承的内圈的倒角尺寸可按小于附表 7-1（包括未收录的其他直径系列表）中规定的倒角尺寸进行选取；倒角表面的确切性质并未严格规定，但是在其轴向平面内的轮廓不应超出与套圈端面和内孔或外圆柱表面相切半径为 r_{smin} 的假想圆弧。

为了限制向心轴承的尺寸规格数以免太过杂乱，又能充分满足轴承用户当前和未来的需要（见图 7-3），GB/T 273.3—1999除了本身已涵括了一个宽的确定尺寸规格和比例的数值范围，还在其附录 A 中给出了对已有数值进行延伸的相应规则。

图 7-3　向心轴承外形尺寸示例

向心轴承新尺寸（除 GB/T 273.3—1999 中已经固定了的具体数据）获得的一般规则有以下四条：

（1）大于 500 mm 的内径 d，应从国家标准 GB/T 321 的 40 优先数系列中选取。

（2）外径 D 可按式（7-1）计算：

$$D = d + f_D d^{0.9} \tag{7-1}$$

系数 f_D 值见表7-2。总方案中已有的外径尺寸应优先采用，新的外径尺寸应按表7-3进行圆整。

表 7-2　外径 D 新尺寸计算的系数 f_D 值

直径系列	7	8	9	0	1	2	3	4
f_D	0.34	0.45	0.62	0.84	1.12	1.48	1.92	2.56

表 7-3　外径 D 新尺寸的圆整		单位：mm
D		圆整到最接近值
超过	到	
—	3	0.5
3	80	1
80	230	5
230	—	10

（3）轴承宽度 B 可按式（7-2）计算：

$$B = 0.5f_B(D-d) \tag{7-2}$$

系数 f_B 值见表 7-4。新的轴承宽度尺寸应从 GB/T 321 的 R80 优先数系列中选取，并按表 7-5 进行圆整。

表 7-4　轴承宽度 B 新尺寸计算的系数 f_B 值

宽度系列	0	1	2	3	4	5	6
f_B	0.64	0.88	1.15	1.5	2	2.7	3.6

表 7-5　轴承宽度 B 新尺寸的圆整		单位：mm
B		圆整到最接近值
超过	到	
—	3	0.1
3	4	0.5
4	500	1
500	—	5

（4）最小单一倒角尺寸 r_{smin} 应从 GB/T 274—2000 的表 1 中选取。原则上，其值接近于但不得大于轴承宽度 B 的 7% 和截面高度（$D-d$）/2 的 7% 二值中的较小值。

为了保持总方案的连续性，获得合适的向心轴承尺寸比例，并有可能选择总方案中已有的优先尺寸，计算的外形新尺寸值要求加以修正，并且任何新的尺寸都必须取得全国滚动轴承标准化技术委员会的认可。

三、滚动轴承精度等级及其应用

滚动轴承的精度是按其外形尺寸公差和旋转精度分级的。外形尺寸公差是指成套轴承的内径 d、外径 D、宽度 B 的尺寸公差；旋转精度主要是指轴承内、外圈的径向跳动，轴承内、外圈端面对滚道的跳动，端面对内孔的跳动等。

GB/T 307.3—2005 规定向心轴承（圆锥滚子轴承除外）的精度分为 0、6、5、4、2 五级，精度依次升高，0 级精度最低，2 级精度最高；而圆锥滚子轴承的精度分为 0、6X、5、4、2 五级，推力轴承的精度分为 0、6、5、4 四级，6X 级和 6 级轴承的内、外径和径向跳动的公差都相同，仅 6X 级轴承的装配宽度要求较为严格。

0 级轴承是普通级轴承，在机械制造中应用最广。通常用于中等负荷、中等转速，且对旋转精度和运动平稳性要求不高的一般旋转机构中。例如，汽车、拖拉机的变速机构；普通机床的进给机构、变速机构；普通减速器、电机、水泵、压缩机、汽轮机及农业机械等通用机械的旋转机构。

6（6X）、5级是中高级轴承，多用于旋转精度和运动平稳性要求较高或转速较高的旋转机构中。例如，比较精密的仪器、仪表、机械的旋转机构、普通机床主轴轴系，其中前支承常采用5级轴承，后支承常采用6级轴承；精密机床的变速机构常采用6级轴承。

4、2级是精密级轴承，多用于转速和旋转精度要求很高的精密机械的旋转机构中。例如，高精度磨床和车床，精密螺纹车床和齿轮磨床的主轴轴系常采用4级轴承；精密坐标镗床、高精度齿轮磨床和数控机床等机械的主轴轴系常采用2级轴承。

四、滚动轴承内、外径公差带

滚动轴承是专业生产厂家生产的标准化部件，使用时，其内圈与轴颈的配合表面和外圈与外壳孔的配合表面都不能再加工。为在机械设备上安装和更换滚动轴承的方便性考虑，设计时，轴承内圈和外圈应具有完全互换性。因此，在滚动轴承分别与轴颈和外壳孔构成配合时，应将滚动轴承作为基准件，即轴承内圈与轴颈的配合应采用基孔制，轴承外圈与壳体孔的配合应采用基轴制。但滚动轴承的基孔制和基轴制与普通光滑圆柱的结合又有所不同，这是由滚动轴承配合的特殊需要所决定的。

滚动轴承装配后真正起作用的尺寸是单一平面平均内、外径（d_{mp}、D_{mp}），因此，滚动轴承内、外径公差带位置即是指平均内、外径的公差带位置。GB/T 307.1—2005 和 GB/T 307.4—2012 中分别规定了不同精度等级的向心滚动轴承和推力滚动轴承的 Δd_{mp}、ΔD_{mp}、V_{dsp}、V_{Dsp}、V_{dmp}、V_{Dmp} 等值，即内、外径尺寸公差带的位置。本部分仅收录向心滚动轴承内、外圈的6级公差表，见附表7-2、附表7-3。向心滚动轴承其他等级公差表，以及圆锥滚子轴承、推力轴承的内、外圈各等级公差表可查阅 GB/T 307.1—2005。

从 GB/T 307.1—2005 和 GB/T 307.4—2012 对于滚动轴承内、外径极限偏差值的规定，可以看出国家标准对滚动轴承内、外径公差带的规定如图7-4所示。

滚动轴承在使用时，其内圈通常与轴一起旋转。为防止内圈和轴颈的配合面相对滑动而使配合面产生磨损，影响轴承的工作性能，故要求配合面要有一定的过盈；过盈量又不能过大，否则会使薄壁的内圈产生较大的变形，使轴承内部游隙减小，同样会影响到轴承的工作性能。此时，若仍让轴承内圈采用国家标准 GB/T 1800.2—2009《产品几何技术规范

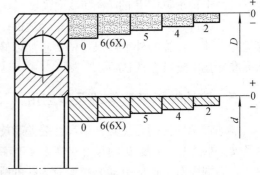

图7-4　滚动轴承内、外径公差带

（GPS）极限与配合　第2部分：标准公差级和孔、轴极限偏差表》中基本偏差代号为 H 的公差带，轴颈的外圆柱面从 GB/T 1800.2—2009 中优先、常用和一般公差带进行选取，则在两者配合时，会形成过盈量偏小的过渡配合和过盈量偏大的过盈配合，显然都不能满足轴承配合的需要；但若让轴颈采用非标准的公差带，则又无法实现滚动轴承的标准化与互换性原则。

GB/T 307.1—2005 和 GB/T 307.4—2012 规定，向心滚动轴承内圈基准孔公差带位于以公称内径 d 为零线的下方，且上偏差为零。这种特殊的基准孔公差带不同于 GB/T 1800.2—2009

中基准偏差代号为 H 的基准孔的公差带。因此，当滚动轴承内圈与 GB/T 1800.2—2009 中基本偏差代号为 k、m、n 等的轴颈配合时就形成了具有小过盈量的过盈配合，而不是过渡配合。

　　滚动轴承在使用时，其外圈安装在外壳孔中，通常不旋转。考虑到工作时温度升高会使轴热膨胀，故轴两端的轴承中至少应有一端是游动支承，即轴承外圈与外壳孔的配合稍微松一点，使之能够补偿因轴热膨胀而产生的微量伸长，以免造成轴弯曲卡死，或是轴承内、外圈之间的滚动体由于轴的弯曲而卡死，影响机械设备正常运转。

　　GB/T 307.1—2005 和 GB/T 307.4—2012 规定：向心滚动轴承外圈外圆柱面公差带位于以公称外径 D 为零线的下方，且上偏差为零。该基准轴的公差带的基本偏差与 GB/T 1800.2—2009 中基准偏差代号为 h 的基准轴的公差带的基本偏差相同，只是两种公差带的公差数值不同。因此，当轴承外圈采取这样的基准轴公差带，而外壳孔公差带仍从 GB/T 1800.2—2009 中的孔常用公差带中选取时，两者的配合基本上保持了国家标准 GB/T 1801—2009《产品几何技术规范（GPS）极限与配合　公差带和配合的选择》规定的配合性质。

　　GB/T 307.1—2005 和 GB/T 307.4—2012 对轴承内、外径尺寸公差分别做了两种规定：一种是规定了滚动轴承的单一内、外径极限偏差（Δ_{ds}、Δ_{Ds}），目的是限制变形量；另一种是规定了单一平面平均内、外径极限偏差（Δ_{dmp}、Δ_{Dmp}），目的是保证轴承的配合。对于高精度的 4、2 级轴承，GB/T 307.1—2005 和 GB/T 307.4—2012 中对上述两个公差项目都做了规定，而对于一般公差等级的 0、6、5 级轴承，则只对前一个公差项目做了规定。

　　滚动轴承的内、外圈通常均属薄壁型零件，在制造过程或存放过程中都极易变形，但是若其是与形状较正确的刚性零件轴、箱体的轴颈、外壳孔相配合，则在装配后这种微量变形又比较容易得到矫正，并且一般情况下也不影响滚动轴承的工作性能。因此，GB/T 307.1—2005 和 GB/T 307.4—2012 规定，只要单一平面平均内、外径实际偏差在单一内、外径公差带内，就认为是合格的。

五、滚动轴承的径向游隙

1. 径向游隙的设计

　　由图 7-2 和表 7-1 中的定义可知，径向游隙的大小会直接影响滚动轴承的正常工作，游隙过大，会使转轴出现较大的径向跳动和轴向跳动，以致轴承工作时产生较大的振动和噪声；游隙过小，而轴承与轴颈或外壳孔之间有一定过盈量的话，会使轴承滚动体与套圈产生较大的接触应力，以致轴承工作时的摩擦发热增加，降低轴承寿命。所以，滚动轴承精度设计时，必须要控制径向游隙。

　　GB/T 4604—2006 将滚动轴承的径向游隙分为 2 组、0 组、3 组、3 组、5 组，游隙值的大小依次增大，其中，0 组为基本游隙组；机床用圆锥孔双列圆柱滚子轴承的径向游隙分为 1 组、2 组，机床用圆柱孔双列圆柱滚子轴承的径向游隙分为 1 组、2 组、3 组。

　　GB/T 4604—2006 还规定了不同类型滚动轴承的径向游隙值。本部分仅收录、机床用圆锥孔双列圆柱滚子轴承、机床用圆柱孔双列圆柱滚子轴承的径向游隙值，见附表 7-4、附表 7-5，以供参考，如有更多需要可自行查询该国家标准。

　　滚动轴承工作时的径向游隙会受到滚动轴承与轴颈和外壳孔配合状态的影响，故应按照 GB/T 4604—2006 的规定合理选择径向游隙值，并在安装后检验径向游隙，以便将工作时的径向游隙控制在使用要求所限定的范围内。

2. 径向游隙的检验

滚动轴承径向游隙的测量是固定内圈或外圈，在不固定的另一套圈上施加能得到稳定测值的测量载荷，并在直径方向上作往复移动进行测量。测量时，将侧头置于不固定套圈宽度的中部，读取不固定套圈在各个角位置（大致均布，至少三个）上沿载荷方向的移动量，其算术平均值（扣除由于测量载荷引起轴承径向游隙的增加量）即为滚动轴承径向游隙，此值在要求的范围内即为合格。具体的测量仪器、不同类型滚动轴承径向游隙的测量方法可参考 JB/T 3573—2004《滚动轴承 径向游隙的测量方法》中的相关规定，在此不再一一介绍。实际应用时，可以使用任何恰当的方法测量，但是若对测量结果有争议时，则应按照 JB/T 3573—2004 规定的方法进行测量。

六、滚动轴承材料

GB/T 307.3—2005 规定轴承套圈和滚动体的材料一般为符合国家标准 GB/T 18254—2002《高碳铬轴承钢》规定的高碳铬轴承钢，也可采用能满足性能要求的其他材料。用高碳铬轴承钢制造的轴承，其硬度应符合 JB/T 1255—2001《高碳铬轴承钢滚动轴承零件 热处理技术条件》的规定，采用其他材料制造的轴承的硬度亦应按相应标准的规定。

七、滚动轴承的表面粗糙度

GB/T 307.3—2005 规定滚动轴承配合面和端面的表面粗糙度应按表 7-6 的规定进行选取。

表 7-6 滚动轴承配合表面和端面的表面粗糙度 *Ra* 值　　　　　　　　　单位：μm

表 面 名 称	轴承公差等级	轴承公称直径[1]/mm				
		—	>30	>80	>500	>1 600
		≤30	≤80	≤500	≤1 600	≤2 500
		Ra				
		max				
内圈内孔表面	0	0.8	0.8	1	1.25	1.6
	6、6X	0.63	0.63	1	1.25	—
	5	0.5	0.5	0.8	1	—
	4	0.25	0.25	0.5	—	—
	2	0.16	0.2	0.4	—	—
外圈外圆柱表面	0	0.63	0.63	1	1.25	1.6
	6、6X	0.32	0.32	0.63	1	—
	5	0.32	0.32	0.63	0.8	—
	4	0.25	0.25	0.5	—	—
	2	0.16	0.2	0.4	—	—
套圈端面	0	0.8	0.8	1	1.25	1.6
	6、6X	0.63	0.63	1	1	—
	5	0.5	0.5	0.8	0.8	—
	4	0.4	0.4	0.63	—	—
	2	0.32	0.32	0.4	—	—

注：[1]——内圈内孔及其端面按内孔直径查表，外圈外圆柱表面及其端面按外径查表。单向推力轴承垫圈及其端面，按轴圈内孔直径查表，双向推力轴承垫圈（包括中圈）及其端面按座圈化整的内孔直径查表。

第三节　与滚动轴承配合的轴颈和外壳孔精度

本节中所介绍的内容，主要是由 GB/T 275—1993 规定的在一般条件下的滚动轴承与轴和外壳孔的配合选择的基本原则和要求，只适用于以下情况的滚动轴承的精度设计：

（1）轴承外形尺寸符合滚动轴承外形尺寸方案系列国家标准，且公称内、外径均在 500 mm 以内。

（2）轴承公差符合 GB/T 307.1—2005 中的 0 级、6（6X）级。

（3）轴承游隙符合 GB/T 4604—2006 中的 0 组。

（4）轴为实心或厚壁钢制轴。

（5）外壳为铸钢或铸铁制件。

一、与滚动轴承配合的轴颈和外壳孔的常用公差带

滚动轴承是由专门工厂生产的一种标准化程度很高的零部件，由于其内圈孔径和外圈轴径公差带在制造时已确定，故在使用滚动轴承时，它与轴颈和外壳孔的配合面间所要求的配合性质必须分别由轴颈和外壳孔的公差带确定。而在实现某配合性质时，对与滚动轴承的内、外圈相配的轴颈和外壳孔的公差带，应该要根据生产实际情况，从极限与配合标准系列的推荐中选出来。为了实现各种适当松紧程度的配合性质要求，GB/T 275—1993 规定了 0 级和 6 级滚动轴承与轴颈和外壳孔配合时轴颈和外壳孔的常用公差带，如图 7-5 所示。

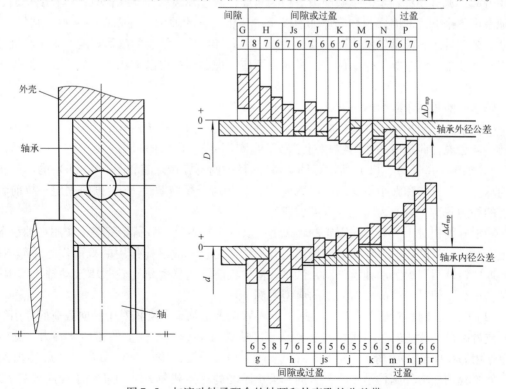

图 7-5　与滚动轴承配合的轴颈和外壳孔的公差带

由图 7-5 可以看出，GB/T 275—1993 对轴颈规定了 17 种公差带，对外壳孔规定了 16 种公差带，这些公差带均分别选自 GB/T 1800.2—2009 中的轴公差带和孔公差带。轴承内圈与轴颈的配合与 GB/T 1801—2009 中基孔制同名配合相比较，前者的配合性质偏紧一些，h5、h6、h7、h8、g5、g6 轴颈与轴承内圈的配合已变成过渡配合，k5、k6、m5、m6、n6 已变成过盈配合，其余配合也都有所变紧；轴承外圈与外壳孔的配合与 GB/T 1801—2009 中基轴制同名配合相比较，两者的配合性质基本相同，只是数值所有不同。

GB/T 275—1993 的附录 A 中规定了 0 级、6（6X）级向心轴承和圆锥滚子轴承分别与轴颈和外壳孔配合的计算值，包括不同偏差代号的轴颈和外壳孔的极限偏差、配合的极限间隙或极限过盈值、不同尺寸轴承内径的极限偏差值。本节选录 6 级向心轴承与轴颈和外壳孔配合的计算值表中部分数值，见附表 7-6、附表 7-7，以供参考，如有更多需要可自行查阅该国家标准。

二、选择滚动轴承与轴颈和外壳孔的配合时应考虑的主要因素

如前所述，轴承与轴颈和外壳孔的配合性质由后者的公差带决定，故要确定轴承的配合性质实际上就是要正确选择轴颈和外壳孔的公差带。

选择滚动轴承配合时，考虑到滚动轴承要具有较高的定心精度，则应偏向小过盈的过渡配合或过盈配合；而考虑到滚动轴承工作时需要适当的轴承内部游隙，则应偏向小间隙的过渡配合或间隙配合。由于正确选择滚动轴承配合，对保证滚动轴承的正常运转，延长轴承的使用寿命，充分发挥轴承的承载能力等极为重要，故选择滚动轴承配合时，尽量要全面、综合地考虑各个方面的因素，如滚动轴承以及与其相配合的轴颈和外壳孔的材料、结构类型、尺寸、公差等级，滚动轴承受负载的大小、方向和性质，轴承的工作温度，轴承与轴颈和外壳孔的装配、调整等工作条件。选择时主要应考虑的因素有以下几个。

1. 轴承套圈相对于载荷的状态

轴承套圈相对于载荷的不同状态，如图 7-6 所示。

（1）轴承套圈相对于载荷方向固定。此种状况表示轴承套圈相对于径向载荷的作用线不旋转，或者说径向载荷的作用线相对于轴承套圈不旋转（如车削时的径向切力、传动带拉力等），如图 7-6（a）、（b）所示。图 7-6（a）中的不旋转外圈和图 7-6（b）的不旋转内圈均承受一个方向和大小不变的径向载荷 F_r，且相对于径向载荷 F_r 的方向固定，故前者为固定的外圈载荷，后者为固定的内圈载荷。

轴承套圈相对于载荷方向固定的状况下，其受力特点是，载荷始终集中作用在轴承套圈滚道的某一局部区域上，套圈滚道局部很容易产生磨损，故这样作用的载荷称为局部载荷。像减速器转轴两端的滚动轴承外圈，汽车、拖拉机前轮（从动轮）轮毂中滚动轴承的内圈，都是轴承套圈相对于载荷方向固定的典型实例。

（2）轴承套圈相对于载荷方向旋转。此种状况表示轴承套圈相对于径向载荷的作用线旋转，或者说径向载荷的作用线相对于轴承套圈旋转（如旋转工件上的惯性离心力、旋转镗杆上作用的径向切削力等），如图 7-6（a）、 （b）所示。图 7-6（a）中的旋转内圈和图 7-6（b）的旋转外圈均承受一个方向和大小不变的径向载荷 F_r，且相对于径向载荷 F_r 的方向有旋转，故前者为旋转的内圈载荷，后者为固定的外圈载荷。

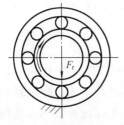

（a）旋转的内圈负荷和固定的外圈负荷

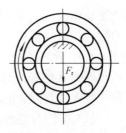

（b）固定的内圈负荷和旋转的外圈负荷

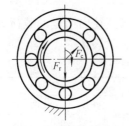

（c）旋转的内圈负荷和外圈承受摆动负荷

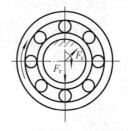

（d）内圈承受摆动负荷和旋转的外圈负荷

图 7-6　轴承套圈相对于载荷的状态

轴承套圈相对于载荷方向旋转的状况下，其受力特点是，载荷始终呈周期作用在轴承套圈的整个滚道上，套圈滚道产生均匀磨损，故这样作用的载荷称为循环载荷。像减速器转轴两端的滚动轴承内圈，汽车、拖拉机前轮（从动轮）轮毂中滚动轴承的外圈，都是轴承套圈相对于载荷方向旋转的典型实例。

（3）轴承套圈相对于载荷方向摆动。此种状况表示有大小和方向按一定规律变化的径向载荷 F_r，依次往复地作用在轴承套圈滚道的一段区域上，如图 7-6（c）、（d）所示。

这种状况下受力特点是，轴承套圈承受的是由一个大小和方向均固定的径向载荷 F_r 和一个旋转的径向载荷 F_c 所合成的径向载荷的作用，该合成载荷的大小，由小逐渐增大，再由大逐渐减小，周而复始地周期性变化，故这样作用的载荷称为摆动载荷。

轴承套圈相对于载荷方向摆动的状态下，究竟是哪个套圈承受摆动载荷，是由固定径向载荷 F_r 和旋转径向载荷 F_c 两者的大小关系决定的。如果按照向量合成的平行四边形法则，对轴承套圈所承受的 F_r 和 F_c 进行分析，可知，当 $F_r > F_c$ 时，合成载荷就在一段圆弧区域内摆动，不旋转的套圈则相对于载荷方向摆动，而旋转的套圈则相对于载荷方向旋转，前者承受摆动载荷；当 $F_r < F_c$ 时，合成载荷则沿着圆周变动，不旋转的套圈就相对于载荷方向旋转，而旋转的套圈则相对于载荷方向摆动，后者承受摆动载荷。

由以上分析可知，轴承套圈相对于载荷方向的状态不同（固定、旋转、摆动），载荷作用的性质也不相同，故在选择与轴承相配的轴颈和外壳孔的配合时也有所区别。

当轴承套圈承受局部载荷时，该套圈与轴颈或外壳孔的配合应选得稍松一些，让套圈在振动或冲击下被滚道间的摩擦力矩带动，产生缓慢转位，使摩擦均匀，提高轴承的使用寿命。一般可选用具有平均间隙较小的过渡配合或具有极小间隙的间隙配合。

当轴承套圈承受循环载荷时，该套圈与轴颈或外壳孔的配合应选得较紧一些，防止套圈在轴颈或外壳孔的配合面上打滑，引起配合面发热、磨损。一般可选用具有小过盈的过盈配合或过盈概率大的过渡配合。

当轴承套圈承受摆动载荷时，该套圈与轴颈或外壳孔的配合的松紧程度，一般与套圈承受循环载荷时选用的配合相同或稍松一些。

2. 载荷的大小

滚动轴承与轴颈和外壳孔的配合性质与轴承套圈所受载荷的大小有关。一般，载荷越大，配合应选的越紧一些。这是因为滚道轴承在重载荷的作用下，轴承套圈容易发生变形而使配合面受力不均匀，引起套圈与轴颈或外壳孔配合的实际过盈减小而松动，影响轴承的工作性能。故随着载荷的增大，过盈量也应随之增大，且承受冲击载荷或变化载荷的轴承与轴颈和外壳孔的配合应比承受平稳载荷的配合选得更紧一些。

对于滚动轴承承受载荷的大小，GB/T 275—1993 按其径向当量动载荷 P_r 与径向额定动载荷 C_r 的比值分为了轻载荷、正常载荷和重载荷三种，见表7-7。

表7-7　向心轴承载荷类型

载 荷 大 小	P_r/C_r
轻载荷	≤0.07
正常载荷	>0.07～0.15
重载荷	>0.15

P_r 的数值可由计算公式求出，C_r 的数值在轴承产品样本中有规定，均可查询。

3. 径向游隙

如前所述，径向游隙对于滚动轴承的工作性能至关重要，而轴承与轴颈和外壳孔配合的松紧程度都会影响到轴承工作时的径向游隙的实际大小，所以在选择配合时，必须要考虑其对径向游隙的影响，及时进行配合过盈量的调整，以保证轴承的正常工作。

具有 0 组游隙的轴承，在常温状态的一般条件下工作时，它与轴颈、外壳孔配合的过盈量应适中；对于游隙比 0 组游隙大的轴承，配合的过盈量应增大；对于游隙比 0 组游隙小的轴承，配合的过盈量应减小。

采用过盈配合或过大的过盈量都会导致滚动轴承径向游隙的减小，故选择配合时一定要考虑到径向游隙的要求。

4. 其他因素

滚动轴承工作时，由于摩擦发热和其他热源的影响，轴承套圈的温度会高于相配件的温度，内圈热膨胀会使其与轴颈的配合变松，外圈热膨胀会使其与外壳孔的配合变紧。所以在选择滚动轴承与轴颈和外壳孔的配合时，必须考虑轴承工作温度的影响。当轴承工作温度高于100℃，必须对所选用的配合进行适当修正，如根据实际工作温度的影响情况，适当增加内圈与轴颈的过盈量或适当减小外圈与外壳孔的过盈量。

滚动轴承的转速对于轴承的工作温度、轴承承受的载荷等都会有影响，因此，当滚动轴承转速高又承受冲击动载荷作用时，轴承与轴颈和外壳孔的配合最好都选用具有小过盈的过盈配合或较紧的过渡配合。

三、与滚动轴承配合的轴颈和外壳孔的精度设计

与滚动轴承配合的轴颈和外壳孔的精度主要包括轴颈和外壳孔的尺寸公差带、形位公差、表面粗糙度 Ra 值。

1. 轴颈和外壳孔的公差等级的确定

选择轴承和外壳孔公差等级时应与轴承公差精度等级协调。GB/T 275—1993 规定，与 0 级、6（6X）级轴承配合的轴颈一般为 IT6，外壳孔则为 IT7；对旋转精度和运动平稳性有较高要求的场合，在提高轴承公差等级的同时，轴承配合件的精度也应相应有所提高。例如，电动机，其轴颈选为 IT5，外壳孔选为 IT6。

2. 轴颈和外壳孔公差带的确定

由前面的分析可知，影响滚动轴承配合选用的因素较多，通常难以用计算法确定，所以在实际生产中常用类比法选择轴颈和外壳孔的公差带。采取类比法时，GB/T 275—1993 推荐了安装向心轴承、角接触轴承、推力轴承的轴和外壳孔的公差带的应用情况，见表 7-8 ～ 表 7-11，供设计时参考。

表 7-8　向心轴承和轴的配合　轴公差带代号

运 转 状 态		载荷状态	深沟球轴承 调心球轴承 角接触球轴承	圆柱滚子轴承和圆锥滚子轴承	调心滚子轴承	公差带
说　明	举　例		轴承公称内径/mm			
旋转的内圈载荷及摆动载荷	一般通用机械、电动机、机床主轴、泵、内燃机、正齿轮传动装置、铁路机车车辆轴箱、破碎机等	轻载荷	≤18 >18～100 >100～200 —	— ≤40 >40～140 >140～200	— ≤40 >40～100 >100～200	h5 j6[1] k6[1] m6[1]
		正常载荷	≤18 >18～100 >100～140 >140～200 >200～280 —	≤40 >40～100 >100～140 >140～200 >200～400	≤40 >40～65 >65～100 >100～140 >140～280 >280～500	j5 js5 k5[2] m5[2] m6 n6 p6 r6
		重载荷		>50～140 >140～200 >200	>50～100 >100～140 >140～200 >200	n6 p6[3] r6 r7
固定的内圈负荷	静止轴上的各种轮子，张紧轮绳轮、振动筛、惯性振动器	所有载荷	所有尺寸			f6 g6[1] h6 j6
仅有轴向载荷			所有尺寸			j6、js6
圆锥孔轴承						
所有载荷	铁路机车车辆轴箱		装在退卸套上的所有尺寸			h8（IT6）[5][4]
	一般机械传动		装在紧定套上的所有尺寸			h9（IT7）[5][4]

注：[1] 凡对精度有较高要求的场合，应用 j5、k5……代替 j6、k6……。

[2] 圆锥滚子轴承、角接触球轴承配合对游隙影响不大，可用 k6、m6 代替 k5、m5。

[3] 重载荷下轴承游隙应选大于 0 组。

[4] 凡有较高精度或转速要求的场合，应选用 h7（IT5）代替 h8（IT6）等。

[5] IT6、IT7 表示圆柱度公差数值。

表 7–9　向心轴承和外壳孔的配合　孔公差带代号

运转状态		载荷状态	其他状况	公差带[1]	
说　明	举　例			球　轴　承	滚子轴承
固定的外圈载荷	一般机械、铁路机车车辆轴箱、电动机、泵、曲轴主轴轴承	轻、正常、重	轴向易移动，可采用剖分式外壳	H7、G7[2]	
		冲击	轴向能移动，可采用整体或剖分式外壳	J7、Js7	
摆动载荷		轻、正常			
		正常、重		K7	
		冲击		M7	
旋转的外圈载荷	张紧滑轮、轮毂轴承	轻	轴向不移动，采用整体式外壳	J7	K7
		正常		K7、M7	M7、N7
		重		—	N7、P7

注：[1] 并列公差带随尺寸的增大从左至右选择，对旋转精度有较高要求时，可相应提高一个公差等级。

　　[2] 不适用于剖分式外壳。

表 7–10　推力轴承和轴的配合　轴公差带代号

运转状态	载荷状态	推力球和推力滚子轴承	推力调心滚子轴承[2]	公　差　带
		轴承公称内径/mm		
仅有轴向载荷		所有尺寸		j6、js6
固定的轴圈载荷	径向和轴向联合载荷	—	≤250	j6
		—	>250	js6
旋转的轴圈载荷或摆动载荷		—	≤200	k6[1]
		—	>200～400	m6
		—	>400	n6

注：[1] 要求较小过盈时，可分别用 j6、k6、m6 代替 k6、m6、n6。

　　[2] 也包括推力圆锥滚子轴承，推力角接触球轴承。

表 7–11　推力轴承和外壳孔的配合　孔公差带代号

运转状态	载荷状态	轴承类型	公差带	备　　注
仅有轴向载荷		推力球轴承	H8	
		推力圆柱、圆锥滚子轴承	H7	
		推力调心滚子轴承		外壳孔与座圈间间隙为 0.001D（D 为轴承公称外径）
固定的座圈载荷	径向和轴向联合载荷	推力角接触球轴承、推力调心滚子轴承、推力圆锥滚子轴承	H7	
旋转的座圈载荷或摆动载荷			K7	普通使用条件
			M7	有较大径向载荷时

　　对于滚针轴承，外壳孔材料为钢或铸铁时，尺寸公差带可选用 N5（或 N6），外壳孔材料为轻合金时，可选用 N5（或 N6）略松的公差带。轴颈尺寸公差，有内圈时选用 k5（或 j6），无内圈时选用 h5（或 h6）。

3. 轴颈和外壳孔的几何公差

GB/T 275—1993 规定，轴颈和外壳孔配合面的圆柱度及轴肩、外壳孔肩的端面圆跳动应按图 7-7 进行标注，圆柱度公差和端面圆跳动公差值应按表 7-12 进行选择。

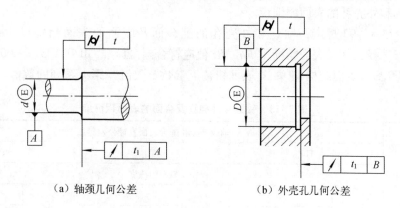

（a）轴颈几何公差　　　　　　　　（b）外壳孔几何公差

图 7-7　轴和外壳孔形位精度标注图样示例

表 7-12　轴和外壳孔的几何公差

基本尺寸 /mm		圆柱度 t				端面圆跳动 t_1			
		轴　颈		外　壳　孔		轴　肩		外壳孔肩	
		轴承公差等级							
		0 级	6（6X）级	0 级	6（6X）级	0 级	6（6X）级	0 级	6（6X）级
超过	到	公差值/μm							
	6	2.5	1.5	4	2.5	5	3	8	5
6	10	2.5	1.5	4	2.5	6	4	10	6
10	18	3.0	2.0	5	3.0	8	5	12	8
18	30	4.0	2.5	6	4.0	10	6	15	10
30	50	4.0	2.5	7	4.0	12	8	20	12
50	80	5.0	3.0	8	5.0	15	10	25	15
80	120	6.0	4.0	10	6.0	15	10	25	15
120	180	8.0	5.0	12	8.0	20	12	30	20
180	250	10.0	7.0	14	10.0	20	12	30	20
250	315	12.0	8.0	16	12.0	25	15	40	25
315	400	13.0	9.0	18	13.0	25	15	40	25
400	500	15.0	10.0	20	15.0	25	15	40	25

如果轴颈或外壳孔存在较大的形状误差，则轴承与它们安装后，套圈会产生变形而不圆，造成轴承游隙的减小，因此必须对轴颈和外壳孔规定严格的圆柱度公差。除此之外，对于轴颈，在采用包容要求的同时，若还要保证同一根轴上两个轴颈的同轴度精度，还可规定这两个轴颈的轴线分别对它们的公共轴线的同轴度公差；对于外壳上支承同一根轴的两个轴承孔，可按关联要素采用最大实体要求的零几何公差，从而控制这两个孔的轴线分别对它们的公共轴线的同轴度公差，以同时保证所需的配合性质和同轴度精度。

　　轴的轴颈肩部和外壳上轴承孔的端面是安装滚动轴承时的轴向定位面，如果它们存在较大的垂直度误差，则滚动轴承与它们安装后，轴承套圈会产生歪斜，造成轴承游隙的减小，因此应规定轴颈肩部和外壳孔端面对基准轴线的端面圆跳动公差。

4. 轴颈和外壳孔的表面粗糙度

　　GB/T 275—1993 规定，轴颈和外壳孔的配合面及端面的表面粗糙度 Ra、Rz 值应按表 7-13 进行选择，并且表面粗糙度 Ra、Rz 值应符合国家标准 GB/T 1031—2009《产品几何技术规范（GPS）表面结构 轮廓法 表面粗糙度参数及数值》第 1 系列的数值。

表 7-13　轴颈和外壳孔配合面的表面粗糙度

轴或轴承座直径 /mm		轴或外壳孔配合表面直径公差等级								
		IT7			IT6			IT5		
		表面粗糙度								
超过	到	Rz	Ra		Rz	Ra		Rz	Ra	
			磨	车		磨	车		磨	车
80	80	10	1.6	3.2	6.3	0.8	1.6	4	0.4	0.8
	500	16	1.6	3.2	10	1.6	3.2	6.3	0.8	1.6
端面		25	3.2	6.3	25	3.2	6.3	10	1.6	3.2

　　示例 7-1　与某型号 6 级向心滚动轴承（圆锥滚子轴承除外）配合的轴颈的公差带为 $\phi50j6$，外壳孔的公差带为 $\phi110H7$。试画出这两对配合的孔、轴公差带示意图，并确定配合类型和配合性质。

　　解：（1）由图 7-4 滚动轴承内、外径的公差带特点并查阅附表 7-2、7-3，可知轴承内径的上极限偏差值为 0、下极限偏差值为 $-0.010\,mm$，外径的上极限偏差值为 0，下极限偏差值为 $-0.013\,mm$，即该滚动轴承的内径应为 $\phi50_{-0.010}^{\ \ 0}\,mm$、外径应为 $\phi110_{-0.013}^{\ \ 0}\,mm$。计算可得轴承内径公差值为 $0.010\,mm$，外径公差值为 $0.013\,mm$。

　　（2）查附表 7-6 和附表 7-7，可得轴颈应为 $\phi50j6\,mm\left(\begin{array}{c}+0.011\\-0.008\end{array}\right)\,mm$、外壳孔应为 $\phi110H7\left(\begin{array}{c}+0.038\\0\end{array}\right)\,mm$。

　　（3）画出轴承内径与轴颈、外径与外壳孔配合的公差带示意图，如图 7-8 所示。

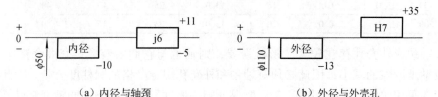

（a）内径与轴颈　　　　　　　　　　（b）外径与外壳孔

图 7-8　例 7-1 配合的公差带示意图

　　（4）由配合公差带示意图可知，轴承内径与轴颈的配合为过渡配合，其配合性质为

$$X_{max} = ES - ei = 0 - (-0.005) = +0.005\,mm$$

$$Y_{\max} = \mathrm{EI} - \mathrm{es} = (-0.010) - (+0.011) = -0.021 \ \mathrm{mm}$$

轴承外径与外壳孔的配合为间隙配合，其配合性质为

$$X_{\max} = \mathrm{ES} - \mathrm{ei} = (+0.035) - (-0.013) = +0.048 \ \mathrm{mm}$$

$$X_{\min} = \mathrm{EI} - \mathrm{es} = 0 - 0 = 0 \ \mathrm{mm}$$

由计算结果可以看出，间隙极限值或过盈极限值与附表 7-6 可和附表 7-7 中给出的数值相同。

示例 7-2　有一圆柱齿轮减速器，小齿轮轴要求较高的旋转精度，装有 6 级向心角接触球轴承，轴承尺寸为 55 mm × 120 mm × 29 mm，径向基本额定动载荷 $C_r = 36\,000$ N，已知轴承承受的径向当量载荷 $P_r = 5\,000$ N。试用类比法确定轴颈和外壳孔的公差带代号，画出公差带图，并确定轴颈和外壳孔的形位公差值和表面粗糙度，最后分别正确标注在装配图和零件图上。

解：（1）由 $P_r / C_r = 5\,000/36\,000 = 0.139$ 并查表 7-7 可知，该轴承承受的定向径向载荷属于正常载荷；

（2）根据减速器工作状况可知，轴承内圈应与轴一起旋转，故轴承内圈相对于载荷方向旋转，即承受循环载荷；而轴承外圈则通常应固定安装在剖分式外壳体中，故轴承外圈相对于载荷方向固定，即承受局部载荷。因此，选择轴承内圈与轴的配合应较紧一些，外圈与外壳孔的配合应较松送一些。

（3）参考表 7-8，正常负荷、轴承公称内径 $\phi 55$ mm、属球轴承、承受正常负荷，可为轴颈选择公差带 k5；角接触球轴承配合对游隙影响不大，可用 k6 代替 k5，结合经济性原则，故最终为轴颈选择公差带 k6。

（4）参考表 7-9，正常负荷、轴向能移动，可为外壳孔选择公差带 J7；因对旋转精度有较高要求，可相应提高一个公差等级，故最终为外壳孔选择公差带 J6。

（5）查附表 7-2，可得 6 级滚动轴承内圈单一平面平均直径 Δ_{dmp} 的上、下极限偏差为 $\phi 55^{\,0}_{-0.012}$；查附表 7-3，可得 6 级滚动轴承外圈单一平面平均直径 Δ_{Dmp} 的上、下极限偏差分别为 $\phi 120^{\,0}_{-0.013}$ mm。

（6）查附表 7-6 可得轴颈的上、下极限偏差为 $\phi 55 k6 \left(\begin{array}{c} +0.021 \\ -0.002 \end{array} \right)$ mm；查附表 7-7 可得外壳孔的上、下极限偏差为 $\phi 12 J6 \left(\begin{array}{c} +0.016 \\ -0.006 \end{array} \right)$ mm。

画出轴承与轴颈和外壳孔配合的公差带图，如图 7-9 所示。可知，轴承内圈与轴颈为过盈配合，查附表 7-6，可得：$Y_{\max} = 0.027$ mm，$Y_{\min} = 0.002$ mm；轴承外圈与外壳孔为过渡配合，查附表 7-7，可得：$X_{\max} = 0.029$ mm，$Y_{\max} = 0.06$ mm。

（7）查表 7-12 选取轴颈和外壳孔的形位公差值。圆柱度公差：轴颈为 0.003 mm，外壳孔为 0.006 mm；端面圆跳动公差：轴肩为

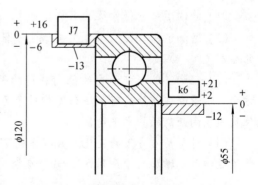

图 7-9　例题 7-2 配合的公差带图

0.010 mm，外壳孔肩为 0.015 mm。

（8）查表 7-13 选取轴颈和外壳孔的表面粗糙度 Ra 值。轴颈表面磨 $Ra \leqslant 0.8$ μm，外壳孔表面磨 $Ra \leqslant 1.6$ μm；轴肩和外壳孔端面车 $Ra \leqslant 6.3$ μm。

（9）将选择的各项公差标注在图上，如图 7-10 所示。

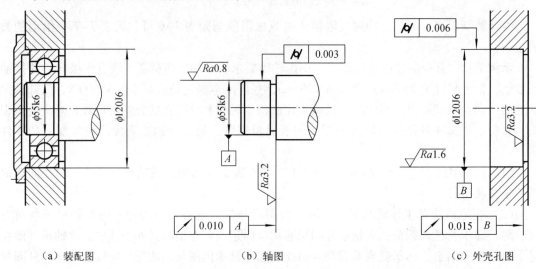

| （a）装配图 | （b）轴图 | （c）外壳孔图 |

图 7-10　例题 7-2 图样标注示例

1. 主要内容

（1）滚动轴承的组成，滚动轴承的精度等级及其应用，滚动轴承内径、外径公差带及其特点；滚动轴承与轴和外壳孔公差带的规定，滚动轴承与轴和外壳孔的公差配合、几何公差和表面粗糙度的选择。

（2）要求掌握滚动轴承的精度等级及其应用，滚动轴承与轴和外壳孔公差带的规定，滚动轴承与轴和外壳孔的公差配合、几何公差和表面粗糙度的选择原则和方法。

2. 新旧图标对比

（1）修改了部分符号及其名称。如 $V_{dp} \rightarrow V_{dsp}$、$V_{Dp} \rightarrow V_{Dsp}$。

（2）增加了 0、6X、5、4 级圆锥滚子轴承部分尺寸段轴承的公差值和 2 级圆锥滚子轴承的公差值。

（3）径向游隙（能承受纯径向载荷的轴承，非预紧状态）的定义改为：在不同的角度方向，不承受任何外载荷，一套圈相对于另一套圈从一个径向偏心极限位置移到相反的极限位置的径向距离的算术平均值。

（4）外形尺寸方案的变化。直径系列 7 作了延伸并新增加尺寸系列 27、47，直径系列 1 作了延伸并新增加尺寸系列 51、61，直径系列 2 新增加尺寸系列 52、62。

习 题

7-1 为了保证滚动轴承的工作性能，其内圈与轴颈配合、外圈与外壳孔配合，应满足什么要求？

7-2 滚动轴承的精度分为哪几级？精度等级确立的依据是什么？哪级应用最广？

7-3 滚动轴承与轴和外壳孔配合分别采用哪种基准制？

7-4 滚动轴承承受载荷的类型与选择配合有何关系？

7-5 滚动轴承内、外径公差带有何特点？为什么？

7-6 有一 0 级 210 滚动轴承（公称内径 $d = 30$ mm，公称外径 $D = 72$ mm），轴与轴承内圈配合为 js5，壳体孔与轴承外圈的配合为 J6，试画出公差带图，确定配合类型，并计算出它们的配合间隙与过盈以及平均间隙或过盈。

7-7 某拖拉机变速箱输出轴的前轴承为轻系列单列向心球轴承（内径为 $\phi40$ mm，外径为 $\phi80$ mm），试确定轴承的公差等级，选择轴承与轴和壳体孔的配合，并用简图表示出轴与壳体孔的几何公差与表面粗糙度的要求。

附 表 七

附表 7-1 《向心轴承直径系列 7 的优先外形尺寸》（GB/T 273.3—1999） 单位：mm

		尺 寸 系 列				
d	D	17	27	37（P）	47	17～47
		B				r_{smin}
0.6	2	0.8	—	—	—	0.05
1	2.5	1	—	—	—	0.05
1.5	3	1	—	1.8	—	0.05
2	4	1.2	—	2	—	0.05
2.5	5	1.5	1.8	2.3	—	0.08
3	6	2	2.5	3	—	0.08
4	7	2	2.5	3	—	0.08
5	8	2	2.5	3	—	0.08
6	10	2.5	3	3.5	—	0.1
7	11	2.5	3	3.5	—	0.1
8	12	2.5	—	3.5	—	0.1
9	14	3	—	4.5	—	0.1
10	15	3	—	4.5	—	0.1
12	18	4	—	5	—	0.2
15	21	4	—	5	—	0.2
17	23	4	—	5	—	0.2
20	27	4	—	5	7	0.2
22	30	4	—	5	7	0.2
25	32	4	—	5	7	0.2
28	35	4	—	5	7	0.2
30	37	4	—	5	7	0.2
32	40	4	—	6	8	0.2

续表

d	D	尺寸系列				
		17	27	37（P）	47	17～47
		B				r_{smin}
35	44	5	—	7	9	0.3
40	50	6	—	8	10	0.3
45	55	6	—	8	10	0.3
50	62	6	—	10	12	0.3
55	68	7	—	10	13	0.3
60	75	7	—	12	15	0.3
65	80	7	—	12	15	0.3
70	85	7	—	12	15	0.3
75	90	7	—	12	15	0.3
80	95	7	—	12	15	0.3
85	105	10	—	15	—	0.6
90	110	10	—	15	—	0.6
95	115	10	—	15	—	0.6
100	120	10	—	15	—	0.6
105	125	10	—	15	—	0.6
110	135	13	—	19	—	1
120	145	13	—	19	—	1
130	160	16	—	23	—	1
140	170	16	—	23	—	1
150	180	16	—	23	—	1
160	190	16	—	23	—	1
170	200	16	—	23	—	1
180	215	18	—	26	—	1.1
190	230	20	—	30	—	1.1
200	240	20	—	30	—	1.1

附表 7-2　向心轴承（圆锥滚子轴承除外）**内圈 6 级公差**（GB/T 307.1—2005）　单位：μm

d/mm		Δ_{dmp}		V_{dsp}			V_{dmp}	K_{ia}	Δ_{Bs}			V_{Bs}
				直径系列					全部	正常	修正	
				9	0、1	2、3、4						
超过	到	上偏差	下偏差	max			max	max	上偏差	下偏差		max
—	0.6	0	−7	9	7	5	5	5	0	−40	—	12
0.6	2.5	0	−7	9	7	5	5	5	0	−40	—	12
2.5	10	0	−7	9	7	5	5	6	0	−120	−250	15
10	18	0	−7	9	7	5	5	7	0	−120	−250	20
18	30	0	−8	10	8	6	6	8	0	−120	−250	20
30	50	0	−10	13	10	8	8	10	0	−120	−250	20
50	80	0	−12	15	15	9	9	10	0	−150	−380	25
80	120	0	−15	19	19	11	11	13	0	−200	−380	25
120	180	0	−18	23	23	14	14	18	0	−250	−500	30
180	250	0	−22	28	28	17	17	20	0	−300	−500	30
250	315	0	−25	31	31	19	19	25	0	−350	−500	35
315	400	0	−30	38	38	23	23	30	0	−400	−630	40
400	500	0	−35	44	44	26	26	35	0	−450	—	45
500	630	0	−40	50	50	30	30	40	0	−500	—	50

a 适用于成对或成组安装时单个轴承的内、外圈，也适用于 $d \geqslant 50$ mm 锥孔轴承的内圈。

附表7-3　向心轴承（圆锥滚子轴承除外）外圈6级公差（GB/T 307.1—2005）　　　　单位：μm

D/mm		Δ_{Dmp}		V_{Dsp}^a				V_{Dmp}^a	K_{ea}	Δ_{Cs} Δ_{Cls}^b		V_{Cs} V_{Cls}^b
				开型轴承			闭型轴承					
				直径系列								
				9	0、1	2、3、4	0、1、2、3、4					
超过	到	上偏差	下偏差	max				max	max	上偏差	下偏差	max
—	2.5	0	−7	9	7	5	9	5	8			
2.5	6	0	−7	9	7	5	9	5	8			
6	18	0	−7	9	7	5	9	5	8			
18	30	0	−8	10	8	6	10	6	9			
30	50	0	−9	11	9	7	13	7	10			
50	80	0	−11	14	11	8	16	8	13			
80	120	0	−13	16	16	10	20	10	18			
120	150	0	−15	19	19	11	25	11	20	与同一轴承内圈的 Δ_{Bs} 及 V_{Bs} 相同。		
150	180	0	−18	23	23	14	30	14	23			
180	250	0	−20	25	25	15	—	15	25			
250	315	0	−25	31	31	19	—	19	30			
315	400	0	−28	35	35	21	—	21	35			
400	500	0	−33	41	41	25	—	25	40			
500	630	0	−38	48	48	29	—	29	50			
630	800	0	−45	56	56	34	—	34	60			
800	1 000	0	−60	75	75	45	—	45	75			

注：外圈凸缘外径 D_1 的公差规定在表24中。

a　适用于内、外止动环安装前或拆卸后。

b　仅适用于沟型球轴承。

附表7-4　机床用圆锥孔双列圆柱滚子轴承的径向游隙值　　　　单位：μm

公称内径 d/mm		1 组		2 组	
超过	到	min	max	min	max
—	24	10	20	20	30
24	30	15	25	25	35
30	40	15	25	25	40
40	50	17	30	30	45
50	65	20	35	35	50
65	80	25	40	40	60
80	100	35	55	45	70
100	120	40	60	50	80
120	140	45	70	60	90
140	160	50	75	65	100

续表

公称内径 d/mm		1组		2组	
超过	到	min	max	min	max
160	180	55	85	75	110
180	200	60	90	80	120
200	225	60	95	90	135
225	250	65	100	100	150
250	280	75	110	110	165
280	315	80	120	120	180
315	355	90	135	135	200
355	400	100	150	150	225
400	450	110	170	170	255
450	500	120	190	190	285

附表 7-5　机床用圆柱孔双列圆柱滚子轴承的径向游隙值　　　　单位：μm

公称内径 d/mm		1组		2组		3组	
超过	到	min	max	min	max	min	max
—	24	5	15	10	20	20	30
24	30	5	15	10	25	25	35
30	40	5	15	12	25	25	40
40	50	5	18	15	30	30	45
50	65	5	20	15	35	35	50
65	80	10	25	20	40	40	60
80	100	10	30	25	45	45	70
100	120	10	30	25	50	50	80
120	140	10	35	30	60	60	90
140	160	10	35	35	65	65	100
160	180	10	40	35	75	75	110
180	200	15	45	40	80	80	120
200	225	15	50	45	90	90	135
225	250	15	50	50	100	100	150
250	280	20	55	55	110	110	165
280	315	20	60	60	120	120	180
315	355	20	65	65	135	135	200
355	400	25	75	75	150	150	225
400	450	25	85	85	170	170	255
450	500	25	95	95	190	190	285

附表 7-6 向心轴承（圆锥滚子轴承除外）6 级公差轴承与轴的配合（GB/T 275—1993 P12 表 A3 部分）

单位：μm

轴颈直径的极限偏差（轴公差带，上偏差 / 下偏差）

基本尺寸/mm 大于	至	轴承内径 Δdmp 上偏差	下偏差	g6	g5	h6	h5	j5	j6	js6	k5	k6	m5	m6	n6	p6	r6	r7
30	50	0	−10	−9/−25	−9/−20	0/−16	0/−11	+6/−5	+11/−5	+8/−8	+13/+2	+18/+2	+20/+9	+25/+9	+33/+17	+42/+26	—	—
50	80	0	−12	−10/−29	−10/−23	0/−19	0/−13	+6/−7	+12/−7	+9.5/−9.5	+15/+2	+21/+2	+24/+11	+30/+11	+39/+20	+51/+32	—	—
80	120	0	−15	−12/−34	−12/−27	0/−22	0/−15	+6/−9	+13/−9	+11/−11	+18/+3	+25/+3	+28/+13	+35/+13	+45/+23	+59/+37	—	—
120	140	0	−18	−14/−39	−14/−32	0/−25	0/−18	+7/−11	+14/−11	+12.5/−12.5	+21/+3	+28/+3	+33/+15	+40/+15	+52/+27	+68/+43	+88/+63	—
140	160	0	−18	−14/−39	−14/−32	0/−25	0/−18	+7/−11	+14/−11	+12.5/−12.5	+21/+3	+28/+3	+33/+15	+40/+15	+52/+27	+68/+43	+90/+65	—
160	180	0	−18	−14/−39	−14/−32	0/−25	0/−18	+7/−11	+14/−11	+12.5/−12.5	+21/+3	+28/+3	+33/+15	+40/+15	+52/+27	+68/+43	+93/+68	—

间隙或过盈（g6～js6：最大间隙 / 最大过盈；k5～r6：最小过盈 / 最大过盈）

基本尺寸/mm 大于	至	g6	g5	h6	h5	j5	j6	js6	k5	k6	m5	m6	n6	p6	r6
30	50	25/1	20/1	16/10	11/10	5/16	5/21	8/18	2/23	2/28	9/30	9/35	17/43	26/52	—
50	80	29/2	23/2	19/12	13/12	7/18	7/24	9.5/21.5	2/27	2/33	11/36	11/42	20/51	32/63	—
80	120	34/3	27/3	22/15	15/15	9/21	9/28	11/26	3/33	3/40	13/43	13/50	23/60	37/74	—
120	140	39/4	32/4	25/18	18/18	11/25	11/32	12.5/30.5	3/39	3/46	15/51	15/58	27/70	43/86	63/106
140	160	39/4	32/4	25/18	18/18	11/25	11/32	12.5/30.5	3/39	3/46	15/51	15/58	27/70	43/86	65/108
160	180	39/4	32/4	25/18	18/18	11/25	11/32	12.5/30.5	3/39	3/46	15/51	15/58	27/70	43/86	68/111

附表 7-7　向心轴承（圆锥滚子轴承除外）6 级公差轴承与外壳的配合（GB/T 275—1993 P14 表 A4　部分）

单位：μm

外壳孔直径的极限偏差（每格：上偏差 / 下偏差，孔公差带）

基本尺寸/mm 大于	至	轴承外径 ΔDmp	G7	H8	H7	H6	J7	J6	Js7	Js6	K6	K7	M6	M7	N6	N7	P6	P7
18	30	0 / −8	+28 / +7	+33 / 0	+21 / 0	+13 / 0	+12 / −9	+8 / −5	+10 / −10	+6.5 / −6.5	+2 / −11	+6 / −15	−4 / −17	0 / −21	−11 / −24	−7 / −28	−18 / −31	−14 / −35
30	50	0 / −9	+34 / +9	+39 / 0	+25 / 0	+16 / 0	+14 / −11	+10 / −6	+12 / −12	+8 / −8	+3 / −13	+7 / −18	−4 / −20	0 / −25	−12 / −28	−8 / −33	−21 / −37	−17 / −42
50	80	0 / −11	+40 / +10	+46 / 0	+30 / 0	+19 / 0	+18 / −12	+13 / −6	+15 / −15	+9.5 / −9.5	+4 / −15	+9 / −21	−5 / −24	0 / −30	−14 / −33	−9 / −39	−26 / −45	−21 / −51
80	120	0 / −13	+47 / +12	+54 / 0	+35 / 0	+22 / 0	+22 / −13	+16 / −6	+17 / −17	+11 / −11	+4 / −18	+10 / −25	−6 / −28	0 / −35	−16 / −38	−10 / −45	−30 / −52	−24 / −59
120	150	0 / −15	+54 / +14	+63 / 0	+40 / 0	+25 / 0	+26 / −14	+18 / −7	+20 / −20	+12.5 / −12.5	+4 / −21	+12 / −28	−8 / −33	0 / −40	−20 / −45	−12 / −52	−36 / −61	−28 / −68
150	180	0 / −18	+54 / +14	+63 / 0	+40 / 0	+25 / 0	+26 / −14	+18 / −7	+20 / −20	+12.5 / −12.5	+4 / −21	+12 / −28	−8 / −33	0 / −40	−20 / −45	−12 / −52	−36 / −61	−28 / −68

间隙或过盈

间隙（G7、H8、H7、H6）；间隙或过盈（J7、J6、Js7、Js6、K6、K7、M6、M7、N6、N7）；过盈（P6、P7）

（每格：最大间隙 / 最大过盈；G7 为最大/最小间隙；P6 为最大/最小过盈；P7 为最大过盈）

基本尺寸/mm 大于	至	G7	H8	H7	H6	J7	J6	Js7	Js6	K6	K7	M6	M7	N6	N7	P6	P7
18	30	36 / 7	41	29	21	20 / 9	16 / 5	18 / 10	14.5 / 6.5	11 / 10	14 / 15	4 / 17	8 / 21	−3 / 24	1 / 28	31 / 10	35
30	50	43 / 9	48	34	25	23 / 11	19 / 6	21 / 12	17 / 8	13 / 12	16 / 18	5 / 20	9 / 25	−3 / 28	1 / 33	37 / 12	42
50	80	51 / 10	57	41	30	29 / 12	24 / 6	26 / 15	20.5 / 9.5	15 / 15	20 / 21	6 / 24	11 / 30	−3 / 33	2 / 39	45 / 15	51
80	120	60 / 12	67	48	35	35 / 13	29 / 6	30 / 17	24 / 11	17 / 18	23 / 25	7 / 28	13 / 35	−3 / 38	3 / 45	52 / 17	59
120	150	69 / 14	78	55	40	41 / 14	33 / 7	35 / 20	27.5 / 12.5	19 / 21	27 / 28	7 / 33	15 / 40	−5 / 45	3 / 52	61 / 21	68
150	180	72 / 14	81	58	43	44 / 14	36 / 7	38 / 20	30.5 / 12.5	22 / 21	30 / 28	10 / 33	18 / 40	−2 / 45	6 / 52	61 / 18	68

第8章 几何量测量（检测）技术基础

测量从狭义的角度看，就是指通过"量"的确定来发现"质"或者保证"质"。从科学技术的发展看，对客观事物的认识和分析大多是通过科学实验发现或证实的，而测量则是进行科学实验最基本、最重要的手段之一，离开了测量，科学实验就是空中楼阁，虚有其表。事实上，许多学科领域的突破，都是由于测量技术的提高才得以实现。

机械零件的设计、制造及检测都是互换性生产中的重要环节，为了保证机械零件的精度和互换性，加工后的机械零件必须通过几何量的测量或检验，以判断其是否为符合设计标准要求的合格产品。因此，在机械工业中测量技术也占有非常重要的位置，它是机械工业进行质量管理的重要手段，是贯彻精度标准的技术保证。

在测量过程中，为了完成对完工机械零件几何量的测量并取得可靠的测量结果，应保证计量单位的统一和量值的准确，还应正确选用计量器具和测量方法，研究测量误差和测量数据处理方法。本章涉及的现行国家推荐性标准主要有：

JJF 1001—2011《通用计量术语及定义》

JJG 146—2003《量块》

GB/T 6093—2001《几何量技术规范（GPS）长度标准 量块》

GB/T 1957—2006《光滑极限量规 技术条件》

GB/T 8069—1998《功能量规》

GB/T 17163—2008《几何量测量器具术语 基本术语》

上述现行国家标准分别替代以下旧国标：

JJF 1001—1998《通用计量术语及定义》

JJG 146—1994《量块检定规程》

GB/T 6093—1985《量块》

GB/T 1957—1980《光滑极限量规》

GB/T 8069—1987《位置量规》

GB/T 17163—1997《几何量测量器具术语 基本术语》

第一节 测量概述

一、测量的基本概念

1. 测量的定义

几何量测量就是将被测几何量与作为计量单位的标准量进行比较，从而确定两者比值大小的过程。假设被测几何量为 X，采用的计量单位为 E，则它们的比值为

$$q = \frac{X}{E}$$

(8-1)

式（8-1）表明，在被测几何量 X 一定时，比值 q 的大小完全决定于所采用的计量单位 E，且成反比关系。同时，计量单位的选择取决于被测几何量所要求的精确程度，这样经比较而确定的被测几何量的量值为

$$X = qE \tag{8-2}$$

式（8-2）称为基本测量方程式，此式表明，任何被测几何量的量值都由两部分组成：表征被测几何量的数值和该几何量所采用的计量单位。例如，被测几何量长度 $L = 30$ mm，这里 mm 为长度计量单位，数值 30 则是以 mm 为计量单位时该被测几何量与标准量的比值。

由上述分析可知，任何一次测量，首先要明确被测对象，并建立恰当的计量单位，其次要有与被测对象相适应的测量方法，并保证测量结果能达到所要求的测量精度。

显然，一个完整的几何量测量过程应该包括被测对象、计量单位、测量方法和测量精度四个要素。

2. 被测对象

本课程所研究的被测对象，主要是指各种机械零件的各种几何量，主要包括被测零件各要素的长度、角度、表面粗糙度、形状和位置误差以及各种特殊零件几何参数（如齿轮、键、螺纹、轴承）等。

3. 计量单位

计量单位是指用以度量同类量值的标准量。我国法定计量单位中，几何量的长度以米（m）为基本单位，毫米（mm）、微米（μm）和纳米（nm）为常用单位；几何量的角度以弧度（rad）和度（°）、分（′）、秒（″）为常用单位。

4. 测量方法

测量方法是指测量时测量原理、计量器具和测量条件的总和。在测量过程中，应根据被测零件的特点（如材料硬度、外形尺寸、批量大小等）和被测对象的定义及精度要求来拟定测量方案、选择计量器具和规定测量条件。

5. 测量精度

测量精度是指测量结果与真值一致的程度。由于在测量过程中测量误差总是不可避免，测量结果也只是在一定范围内近似于真值。测量误差的大小反映测量精度的高低，测量误差大则测量精度低，测量误差小则测量精度高。不知测量精度的测量是毫无意义的测量。

测量时必须将测量误差控制在允许限度内，以保证测量精度；同时又要正确选择测量方法，以保证测量效率，做到经济合理。

二、量值传递

1. 长度基准和量值传递

测量都需要标准量，而标准量所体现的量值需要由基准提供。为了保证测量的准确性，就必须建立一个统一可靠的计量单位标准。国际上统一使用的米制长度基准以米（m）作为长度基准，我国参考先进的国际单位制，进一步统一了我国的计量单位，并规定在法定计量单位制中，长度的基本单位也为米（m）。

1983 年 10 月第 17 届国际计量大会决议通过"米"的定义为："光在真空中 1/299 792 458 秒时间间隔内行程的长度。"要感性认识"米"的定义，就必须实际复现

"米"，鉴于激光稳频技术的发展，用稳频激光的波长作为长度基准具有很好的稳定性和复现性。1985 年，我国用自己研制的碘吸收稳定的 0.633 μm 氦氖激光辐射作为波长标准成功复现了"米"的定义。

　　显然，在生产实际中，无法直接使用光波波长作为长度基准进行长度测量，而是要采用各种计量器具进行测量。为了保证长度量值的准确、统一，就必须建立一个准确、统一的量值传递系统，把复现的长度基准量值准确地传递到生产实际中使用的实体计量器具上，再用其测量被测零件尺寸，将长度基准量值传递到被测零件上，从而保证量值的准确、统一。我国长度量值传递系统如图 8-1 所示，从国家基准波长开始，通过两个平行的系统向下传递：一个是端面量具（量块）系统，一个是刻线量具（线纹尺）系统。

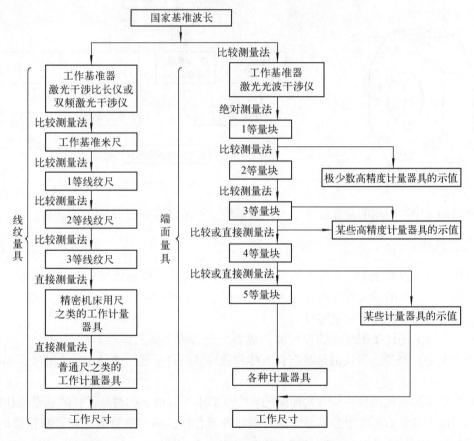

图 8-1　长度量值传递系统

2. 角度基准与量值传递

　　角度也是机械制造中重要的几何量之一。由于平面角度的计量单位弧度是指从一个圆的圆周上截取得弧长与该圆的半径相等时所对的中心平面角，任何一个圆周均形成封闭的360°中心平面角。因此角度不需要像长度一样建立自然基准，任何一个圆周均可视为角度的自然基准。尽管角度量值可以通过等分圆周获得任意大小的角度而无需再建立一个角度自然基准，但计量部门为了使实际应用中常用的特定角度的测量方便和便于对测角量具进行检定，仍需建立角度量值基准。

目前使用广泛的角度量值基准是多面棱体，多面棱体是用特殊合金钢或石英玻璃精细加工而成的，分正多面棱体和非正多面棱体两类，通常与高精度自准直仪联用。正多面棱体是指所有由相邻两工作面法线间构成的夹角的标称值均相等的多面棱体，其工作面数有 4 面、6 面、8 面、12 面、24 面、36 面以及 72 面等几种。图 8-2 所示为正八面棱体，它所有相邻两工作面法线间的夹角均为 45°，用它作基准可以测量任意 $n \times 45°$ 的角度（n 为正整数）。以多面棱体作为角度基准的量值传递系统，如图 8-3 所示。

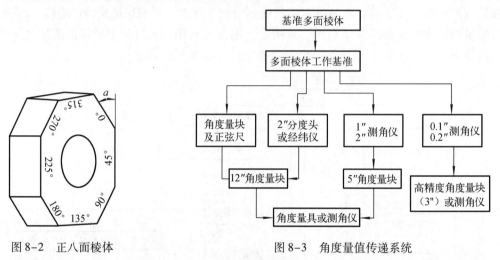

图 8-2　正八面棱体　　　　　　　图 8-3　角度量值传递系统

机械制造中常采用的角度标准还有角度量块、测角仪或分度头等。

三、量块

量块是一种没有刻度的平面平行端面量具，通常分为长度量块和角度量块两类。量块除了是应用非常广泛的量值传递媒介之外，还可用于检定或校准计量器具、调整机床、工具和其他设备，也可直接用于测量零件。

量块一般采用优质钢或能够被精加工成容易研合表面的其他类似耐磨材料（如铬锰钢等特殊合金钢）制造。量块的形状有长方体和圆柱体两种，常用的是长方六面体，如图 8-4 所示。

量块是单值端面量具，长方六面体的六个平面中，有两个相对且平行的测量面和四个非测量面。两个测量面研磨十分光滑，具有很好的研合性；两个测量面之间具有精确的尺寸，为其工作尺寸。量块各个表面的名称，如图 8-4（a）所示。

量块具有以下特性：

（1）线膨胀系数小。在温度为 $10 \sim 30℃$ 范围内，钢制量块的线膨胀系数应为 $(11.5 \pm 1.0) \times 10^{-6} \mathrm{K}^{-1}$。

（2）尺寸稳定性好。量块在不受异常温度、振动、冲击、磁场或机械力影响的环境下，其长度的最大允许年变化量基本在 $\pm(0.02\,\mu m + 0.25 \times 10^{-6} \times ln) \sim \pm(0.05\,\mu m + 1.0 \times 10^{-6} \times ln)$ 范围之内。

（3）耐磨性好。钢制量块测量面的硬度应不低于 800HV0.5（或 63HRC）。

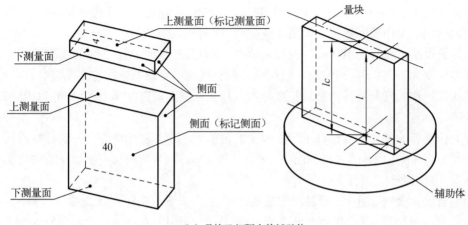

（a）量块及相研合的辅助体

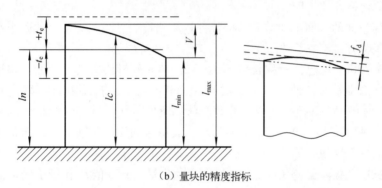

（b）量块的精度指标

图 8-4　量块

（4）表面精度极高。钢制量块非测量面的表面粗糙度 Ra 值为 0.63 μm，侧面与测量面之间的倒棱边表面粗糙度 Ra 值为 0.32 μm，测量面的表面粗糙度 Ra 值在 0.010 ～ 0.016 μm。

（5）研合性好。因为量块的测量面表面精度非常高，因此当一个量块的测量面与另一个量块的测量面或者另一个精加工的类似量块测量面的表面相互接触，由于分子之间的吸引力，在不大的压力下作一些切向相对滑动就能相互紧密粘合在一起。量块测量面的这种特性就称为量块的研合性。在使用平晶对量块的测量面进行研合性检验时，各级精度量块均可以获得很好的研合性。量块测量面研合性的具体要求可查阅 GB/T 6093—2001。

1. 量块的精度术语

（1）量块长度 l。指量块一个测量面上的任意点（不包括距测量边缘 0.8 mm 区域内的点）到与其相对的另一测量面相研合的辅助体（如平晶）表面之间的垂直距离。辅助体的材料和表面质量应与量块相同，如图 8-4（a）所示。

（2）量块中心长度 lc。指对应于量块未研合测量面中心点的量块长度，是量块长度 l 的一种特定情况，如图 8-4（b）所示。

（3）量块标称长度 ln。指标记在量块上，用以表明其与主单位（m）之间关系的量值，也称为量块长度的示值。

标称长度小于 6 mm 的量块，可在上测量面上作长度标记；尺寸大于 6 mm 的量块，可在面积较大的侧面上作长度标记，如图 8-4（a）所示。

标称长度小于或等于 100 mm 的量块，使用或测量长度时，量块的轴线应垂直或水平安装；标称长度大于 100 mm 的量块，使用或测量长度时，量块的轴线应水平安装。

量块的标称长度和测得的量块长度是指量块在标准温度 20℃和标准大气压 101 325 Pa 时的长度。

（4）任意点的量块长度相对于标称长度的偏差 e。指任意点的量块长度与标称长度的代数差，即 $e = l - ln$。图 8-4（b）中的"$+ t_e$"和"$- t_e$"为量块长度相对于量块标称长度的极限偏差。合格条件：$+ t_e \geqslant e \geqslant - t_e$。

（5）量块长度变动量 V。指量块测量面上任意点（不包括距测量边缘 0.8 mm 区域内的点）中的最大量块长度 l_{max} 与最小量块长度 l_{min} 之差，即 $V = l_{max} - l_{min}$，如图 8-4（b）。其最大允许值为 t_v。合格条件：$V \leqslant t_v$。

（6）量块测量面的平面度误差 f_d。指包容量块测量面且距离为最小的两个平行平面之间的距离。其公差为 t_f。合格条件：$f_d \leqslant t_f$。

GB/T 6093—2001 规定，标称长度不大于 2.5 mm 的量块，其测量面与厚度小于 11 mm 表面质量和刚性都良好的辅助体（如平晶）表面相研合后，量块的每一测量面的平面度误差 f_d 应在 0.05 ～ 0.25 μm 范围之内；非研合状态下的量块，其每一测量面的平面度误差 f_d 应不大于 4 μm；标称长度大于 2.5 mm 的量块，其测量面无论与辅助体表面是否研合，量块的每一测量面的平面度误差 f_d 亦应在 0.05 ～ 0.25 μm 范围之内。

量块标称长度的极限偏差 $\pm t_e$、量块长度变动量最大允许值 t_v 和量块测量面的平面度公差 t_f 的具体数值，可查阅 GB/T 6093—2001。

2. 量块的精度等级

按照 JJG 146—2003 的规定，量块按检定精度分为五等：1、2、3、4、5 等，其中 1 等精度最高，5 等精度最低。量块分"等"的主要依据是量块测量的不确定度的允许值、量块长度变动量 V 的最大允许值 t_v 和量块测量面的平面度公差 t_f。

按照 JJG 146—2003 的规定，量块按制造精度分为五级：K、0、1、2、3 级，其中 K 级是校准级，精度最高，3 级精度最低。量块分"级"的主要依据是量块长度极限偏差 $\pm t_e$、量块长度变动量 V 的最大允许值 t_v 和量块测量面的平面度公差 t_f。

量块按"等"使用时，是以量块检定后所给出的中心长度的实际尺寸作为工作尺寸，该尺寸排除了量块的制造误差，只包含检定时较小的测量误差。量块按"级"使用时，是以量块的标称长度作为工作尺寸，该尺寸包含了量块的制造误差。因此量块按"等"使用比按"级"使用的测量精度高。

例如，标称长度为 30 mm 的 0 级量块，其长度的极限偏差为 ± 0.000 20 mm，若按"级"使用，则不论该量块的实际尺寸如何，按 30 mm 计，引起的测量误差 ± 0.000 20 mm。但是，若该量块经检定后，确定为 3"等"，其实际尺寸为 30.000 12 mm，测量极限误差为 ± 0.000 15 mm。显然，按"等"使用比按"级"使用测量精度高。

3. 量块的组合使用

量块测量面很好的研合性，使得量块可以在一定的尺寸范围内，将不同尺寸的量块进行组合而成为所需的工作尺寸，为量块的成套生产创造了条件。按 GB/T 6093—2001 的规定，我国生产的成套量块共有 17 种套别，规格有 91 块、83 块、46 块、38 块、12 块、11 块、10 块、8 块、6 块、5 块等。GB/T 6093—2001 推荐的成套量块的组合尺寸见附表 8-1。

在量块组合使用时，为了减少量组合的累积误差，应尽量减少量块的组合块数，一般不超过 4 块。组合量块时一般采用消尾法，即每选一块量块应消去目标尺寸的一位尾数，如使用 83 块一套的量块构成目标尺寸 46.725 mm 时，可从消去所需目标尺寸的最小尾数开始，逐一分别选取：1.005 mm、1.22 mm、4.5 mm、40 mm 四个量块。

4. 角度量块

角度量块有三角形和四边形两种。三角形角度量块只有一个工作角（10°～79°）可以用作角度测量的标准量，而四边形角度量块则有四个工作角（80°～100°）可以用作角度测量的标准量。

第二节　计量器具与测量方法

一、计量器具

计量器具是指能用以直接或间接测出被测对象量值的装置、仪器仪表、量具和用于统一量值的标准物质的统称。

1. 计量器具的分类

计量器具的分类有多种，按计量学用途可以分为计量基准器具、计量标准器具、工作计量器具等三类；按其本身的结构特点可分为量具、量规、计量仪器和计量装置等四类。在机械工业的几何量测量中，多按后者进行分类。

（1）量具。量具是指以某种固定形式复现标准量值的计量器具，通常是用来校对和调整其他计量器具，或作为标准与被测零件的几何量进行比较的，有单值量具和多值量具之分。单值量具是指复现几何量的单个量值的量具，如量块、钢直尺、90°角尺等。多值量具是指复现一定范围内的一系列不同量值的量具，如线纹尺等。

（2）量规。量规是指没有刻度的专用计量器具，通常用以检验零件要素实际尺寸和形状、位置误差的综合结果。使用量规检验的结果不能得到被检验要素的具体实际尺寸和形位误差值，而只能确定被检验要素是否合格，如光滑极限量规、螺纹量规、功能量规等。

（3）计量仪器。计量仪器（简称量仪）是指能将被测几何量的量值转换成可直接观察的指示值（示值）或等效信息的计量器具。计量仪器按原始信号转换的原理可分为以下几种：

① 机械式量仪：是指用机械方法实现原始信号转换的量仪，一般都具有机械测微机构。这种量仪结构简单、性能稳定、使用方便，如千分表、杠杆比较仪、扭簧比较仪等。

② 光学式量仪：是指用光学方法实现原始信号转换的量仪，一般都具有光学放大（测微）机构。这种量仪精度高、性能稳定，如光学比较仪、工具显微镜、光学分度头、侧长仪、干涉仪等。

③ 电动式量仪：是指能将原始信号转换为电量形式的测量信号的量仪，一般都具有放大、滤波等电路。这种量仪精度高，测量信号经 A/D 转换后，易于与计算机接口，实现测

量和数据处理的自动化，如电感比较仪、电容比较仪、电动轮廓仪、触针式轮廓仪、圆度仪等。

④ 气动式量仪：是指以压缩空气作为介质，通过气动系统流量或压力的变化来实现原始信号转换的量仪。这种量仪结构简单，测量精度和效率高，操作方便，但示值范围小，如水柱式气动量仪、压力式气动量仪、流量计式气动量仪、浮标式气动量仪等。

（4）计量装置。计量装置是指为确定被测几何量量值所必需的计量器具和辅助设备的总称。这种量仪能够测量同一零件上较多的几何量和形状比较复杂的零件，有助于实现检测自动化或半自动化，如齿轮综合精度检查仪、发动机缸体孔的几何精度综合测量仪等。

2. 计量器具的基本度量指标

计量器具的度量指标是表征计量器具技术性能的重要标志，也是合理选择和使用计量器具的重要依据。计量器具的基本度量指标有很多，常用的主要基本指标如下：

（1）分度值。分度值是指计量器具的刻度标尺或分度盘上相邻两刻线所代表的量值之差，用 i 来表示，单位为 mm。分度值通常取 1、2、5 的倍数，一般长度计量器具的分度值有 0.1 mm、0.05 mm、0.02 mm、0.01 mm、0.005 mm、0.002 mm、0.001 mm 等几种。例如，千分尺的微分筒上相邻两刻线所代表的量值之差为 0.01 mm，则表示该千分尺的分度值 $i =$ 0.01 mm。分度值是一种计量器具所能直接读出的最小单位量值，它从一个侧面反映了该测量器具的测量精度高低。一般来说，计量器具的分度值愈小，其精度愈高。

（2）刻度间距。标尺间距是指计量器具的刻度标尺或分度盘上两相邻刻线中心间的距离。为便于读数，一般做成标尺间距为 1 ~ 2.5 mm 的等距离刻线。

（3）分辨力。分辨力是指计量器具所能显示的最末一位数所代表的量值。由于在一些量仪（如数字式量仪）中，其读数采用非标尺或非分度盘显示，因此就不能使用分度值这一概念，而将其称作分辨力，如国产 JC 19 型数显式万能工具显微镜的分辨力为 0.5。

（4）示值范围。示值范围是指由计量器具所显示或指示的被测几何量最小值（起始值）到最大值（终止值）的范围，如机械式比较仪的示值范围为 - 0.01 ~ +0.01 mm。

（5）测量范围。测量范围是指在允许误差限内，计量器具所能测出的被测几何量值的最小值（下限值）至最大值（上限值）的范围。测量范围最大值（上限值）与最小值（下限值）之差称为量程。例如，外径千分尺的测量范围有 0 ~ 25 mm、25 ~ 50 mm 等，量程均为 25 mm。

计量器具的分度值、刻度间距、示值范围、测量范围等几个概念的定义都比较抽象，理解起来有一定困难，现以机械式比较仪为例进行比较说明，如图 8-5 所示。

（6）示值误差。示值误差是指计量器具的示值与被测几何量的真值之间的代数差，是计量器具本身各种误差的综合反映。计量器具示值范围内的不同工作点，其示值误差是不相同的。一般可用适当精度的量块或其他计量标准器，来检定计量器具的示值误差，而计量器具的示值误差允许值可从其使用说明书或检定规程中查得。一般来说，示值误差愈小，则计量器具的精度就愈高。

（7）修正值。修正值是指为了消除或减少系统误差，用代数法加到未修正的测量结果上的数值。一般修正值的数值与示值误差的绝对值相等，但符号相反。例如，某千分尺的零位示值误差为 - 0.001 mm，则其零位的修正值为 + 0.001 mm，若测量时该千分尺读数为

20.004 mm，则测量结果为 $[20.004 + (+0.001)]$ mm $= 20.005$ mm。

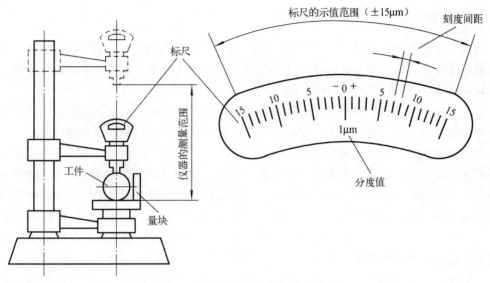

图 8-5　计量器具部分度量指标示例

（8）测量重复性。测量重复性是指在测量条件不变的情况下，对同一被测几何量进行多次（一般 5 ～ 10 次）重复测量时，各测量结果之间的一致性。通常以测量重复性误差的极限值（正、负偏差）来表示。

（9）回程误差。回程误差是指在相同条件下，对同一被测几何量进行行程方向相反的两次测量，两次测量结果之间差值的绝对值。它是由计量器具中测量系统的间隙、变形和摩擦等因素在两个相反方向上的不同引起的。对于在使用中需要正反运动的被测零件，回程误差会影响计量器具测量结果的准确度。

（10）灵敏度。灵敏度是指计量器具对被测几何量变化的响应变化能力。若被测几何量的变化为 ΔX，该几何量引起计量器具的响应变化为 ΔL，则灵敏度为

$$S = \frac{\Delta L}{\Delta X} \tag{8-3}$$

当式（8-3）中分子与分母的计量单位相同时，灵敏度也称为放大比或放大倍数，其值为常数。对于具有等分刻度的标尺或分度盘的量仪，放大倍数 K 等于刻度间距 a 与分度值 i 之比，即

$$K = \frac{a}{i} \tag{8-4}$$

一般来说，分度值愈小，计量器具的灵敏度应愈高。

（11）灵敏阈（灵敏限）。灵敏阈也称为灵敏限，是指能引起计量器具的示值可察觉变化的被测几何量的最小变化值。它表示计量器具对被测量微小变化的敏感能力，一般来说，计量器具愈精密，其灵敏阈愈小。

（12）不确定度。不确定度是指在规定条件下测量时，由于测量误差的存在而对被测几何量的真值不能肯定的程度。它包括计量器具的示值误差、测量重复性、回程误差、灵敏阈以及调整标准件误差等，是一个综合指标，用极限误差表示。例如，分度值为 0.01 mm 的外径千分尺，在车间条件下测量一个尺寸为 50 mm 的零件，若其不确定度为 ±0.004 mm，则说明测量结

果与被测几何量真值之间的偏差值最大不会大于 + 0. 004 mm，最小不会小于 − 0. 004 mm。

二、测量方法

测量方法是指对被测几何量进行测量时，为获得测量结果所采用的测量原理、计量器具、测量条件等具体方式及其操作方法的综合。测量方法可按下面几种形式进行分类。

1. 按被测几何量值获得的方法分类

（1）直接测量。指被测几何量的量值直接由计量器具读出。例如，用游标卡尺、外径千分尺等测量外圆直径。直接测量，过程简单，其测量精度只与测量过程本身有关。

（2）间接测量。指通过测量与被测几何量有一定函数关系的相关几何量量值，再按相应的函数关系式运算后获得被测几何量的量值。例如，要测量较大型的圆柱体零件的直径时，不方便使用常规的游标卡尺、外径千分尺等计量器具直接测量，但由于圆柱体零件的周长很容易直接测量获得，而周长与直径又有函数关系式 $D = L/\pi$，故可先测量大型圆柱体零件的周长 L，然后再用关系式计算得到圆柱体零件的直径。间接测量的精度不仅取决于实测几何量的测量精度，还与所依据的计算公式和计算精度有关。

一般来说，直接测量的精度比间接测量的精度高。因此，应尽量采用直接测量，只有因条件所限无法进行直接测量的场合才采用间接测量。

2. 按测量结果示值的不同分类

（1）绝对测量。指从计量器具上读出的示值即为被测几何量的整个量值。例如，用游标卡尺、外径千分尺等测量外圆直径。绝对测量的测量精度只与测量过程本身有关。

（2）相对测量。指从计量器具上读出的示值仅表示被测几何量相对于已知标准量的偏差，而被测几何量的量值应为计量器具的示值（即偏差值）与标准量的代数和。例如，用立式光学比较仪测量外圆直径，测量时先用量块调整仪器的零位，然后将被测圆柱体零件放到比较仪上进行测量，此时从比较仪上读出的数据只是被测零件外径实际尺寸相对于量块尺寸的偏差值。

一般来说，只对于直接测量有绝对测量与相对测量之分，间接测量则无此分别。

3. 按测量时计量器具的测量元件与被测表面之间是否接触分类

（1）接触测量。指在测量时计量器具的测量元件与被测零件表面直接接触，并有机械作用的测量力。例如，用电动轮廓仪测量表面粗糙度参数值等。为了保证接触的可靠性，测量力是必要的，但这可能引起计量器具的侧头及被测零件表面的弹性变形，而导致测量精度下降，甚至造成对被测零件表面质量的损坏，故接触测量使用会受到一定限制。

（2）非接触测量。指在测量时计量器具的测量元件侧头（一般为感应元件）与被测零件表面不直接接触，因而不存在机械作用的测量力。例如，用干涉显微镜测量表面粗糙度参数值或用气动量仪测量孔径等。属于非接触测量的仪器主要是利用光、气、电、磁等作为感应侧头对被测零件表面测量。非接触测量没有因为计量器具与被测零件接触而带来的测量误差，故适宜于软质表面、易变形或薄壁的零件几何量的测量。

4. 按同一零件上同时被测几何量的多少分类

（1）单项测量。指单独地、彼此没有联系地分别对被测零件的各被测几何量分别进行测量。例如，对齿轮测量时，分别用齿厚游标卡尺测量其齿厚误差、用基节仪测量其基圆齿距偏差等。就工件整体来讲，单项测量效率低，但便于进行工艺分析。故常用于工序间的测量，检定量规或者调整机床时也会用到。

（2）综合测量。指通过同时测量零件上几个相关几何量而得到其综合效应或综合指标，由此综合结果来判断被测零件的合格性。例如，用齿轮动态整体误差检查仪检验齿轮或用螺纹量规检验螺纹等。综合测量不能得到被测零件的具体误差值，只能判断被测零件合格与否，能有效保证互换性，测量效率高，故一般用于大批量生产或者零件出厂、验货的抽样检验。

5. 按照测量在加工过程中所起作用分类

（1）主动测量。也称在线测量，指在加工过程中对零件进行的测量。主动测量的目的主要是控制加工过程，常应用在生产线上，使测量与加工过程紧密结合。其测量结果直接用来控制零件的加工过程，即通过这个测量结果来决定应继续加工还是应调整机床或采取其他措施，以最大限度地提高生产效率和产品合格率，因而是测量技术发展的方向。

（2）被动测量。也称离线测量，指在加工完成后对零件进行的测量。被动测量的目的主要是发现并剔除废品。

6. 按照被测零件在测量中所处的状态分类

（1）静态测量。指在测量时被测零件的表面与计量器具的测量元件处于相对静止状态。其被测几何量的量值是固定的，如用游标卡尺测量外圆直径等。

（2）动态测量。指在测量时被测零件的表面与计量器具的测量元件处于相对运动状态。其被测几何量的量值是变动的，如用偏摆仪测量跳动误差或用激光丝杠动态检查仪测量丝杠等。动态测量能反映被测几何量连续变化的情况，经常用于测量零件的运动精度。

第三节　常用计量器具简介

在机械工业中，用于零、部件的测量和检验的各种计量器具非常多，无法一一列举，这里仅简单介绍几种比较常用和典型的计量器具。

一、游标类量具

游标类量具是利用游标读数原理制成的一种常用量具，具有结构简单、使用方便、测量范围大等特点。它主要用于机械加工中测量工件内外尺寸、宽度、厚度和孔距等。

常用的游标类量具有：游标卡尺、齿厚游标卡尺、游标深度尺、游标高度尺等，如图 8-6 所示。四种游标量具均用于长度测量：齿厚游标卡尺由两把互相垂直的游标卡尺组成，用于测量直齿、斜齿圆柱齿轮的固定弦齿厚；游标深度尺主要用于测量孔、槽的深度和台阶的高度；游标高度尺主要用于测量零件的高度尺寸或进行画线。

游标类量具在结构上都是由主尺、游标尺、测量基准面三个主要部分组成。主尺是一个有毫米（mm）刻度的尺身，其上带有固定量爪；沿着尺身滑动的尺框上带有活动量爪，还装有游标和紧固螺钉。测量时，滑动主尺尺身上的尺框，就能够改变两量爪之间的距离，以完成不同尺寸的测量。

游标卡尺的读数部分由主尺尺身和游标组成。游标卡尺主尺部分读数原理很简单，跟钢直尺相类似，而游标部分的读数原理则是利用主尺刻度间距与游标刻度间距的间距差实现的。由于主尺尺身上第（$N-1$）格的长度等于游标上第 N 格的长度，故游标刻度间距 $b = \dfrac{(N-1) \times a}{N}$。通常主尺尺身刻度间距 a 为 1 mm，量程有 10 mm、20 mm、50 mm 三种，即 $N=10$、$N=20$、$N=50$ 三种，则相应的游标刻度间距就有 0.90 mm、0.95 mm、0.98 mm 三种。主尺尺身刻度间距与游标刻度间距的间距差，即游标分度值 $i = a - b$，有 0.10 mm、0.05 mm、0.02 mm 三种。

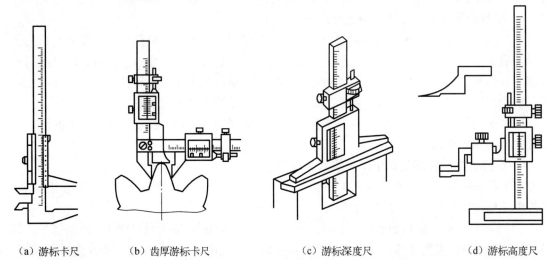

(a) 游标卡尺　　　(b) 齿厚游标卡尺　　　(c) 游标深度尺　　　(d) 游标高度尺

图 8-6　各类游标卡尺

根据这一原理，测量时按照被测几何量尺寸的大小，尺框会沿着尺身移动到某一确定位置后停止，此时游标上的零线落在主尺尺身的某一刻度间得到的是被测几何量尺寸的整数部分，主尺尺身上的某一刻度对齐的游标刻度的刻度数与其分度值相乘得到的是被测几何量尺寸的小数部分，两者相加，即得测量结果。

为了方便读数，有的游标卡尺装有测微表头，通过机械传动装置，将两量爪相对移动转变为指示表的回转运动，并借助尺身刻度和指示表，对两量爪相对位移所分隔的距离进行读数。

为了方便读数，电子数显游标卡尺上装有非接触性电容式测量系统，由液晶显示器显示，如图 8-7 所示，它的外形结构及各部分名称如图所示。

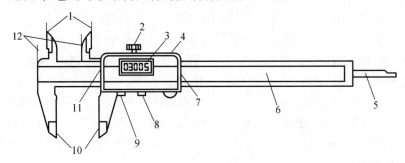

图 8-7　电子数显游标卡尺

1—内测量爪；2—紧固螺钉；3—液晶显示器；4—数据输出端口；5—深度尺；6—尺身；7、11—防尘板；
8—置零按钮；9—米制/英制转换按钮；10—外测量爪；12—台阶测量面

二、千分尺类量具

千分尺类量具也称为螺旋测微类量具，是利用螺旋副运动原理进行测量和读数的一种测微量具。千分尺类量具按用途可分为：外径千分尺、内径千分尺、深度千分尺、杠杆千分尺以及专用的螺纹千分尺和公法线千分尺等，如图8-8所示。内、外径千分尺的用途与游标卡尺相同，但是其测量精度比游标卡尺高，在生产中使用广泛；深度千分尺主要用来测量孔和沟槽的深度及两平面间的距离；杠杆千分尺的用途与外径千分尺相同，但因其能进行相对测量，故测量效率较高，适用于大批量、精度较高的中、小零件测量；螺纹千分尺专门用于测量螺纹中径尺寸；公法线千分尺专门用于测量齿轮公法线长度。

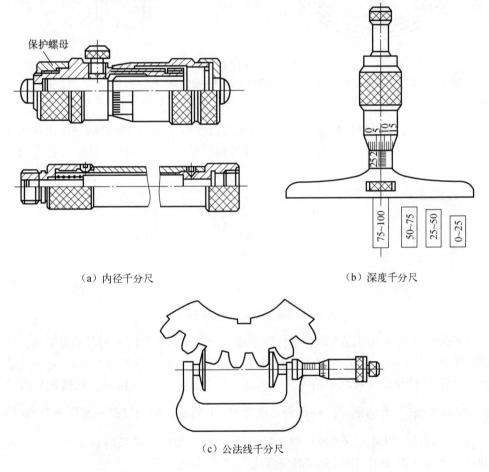

（a）内径千分尺　　　　　　　　　　　（b）深度千分尺

（c）公法线千分尺

图8-8　各类千分尺量具

千分尺类量具的外形结构虽然各不相同，但其主要测量部分的结构却有相似之处，现以外径千分尺为例简单介绍。图8-9所示是测量范围为0～25 mm的外径千分尺，其外形结构各部分名称如图所示。从结构图中可以看出主要测量部分是由测微螺杆（带有测微头）、固定套筒、微分筒测力装置组成的。测量时，转动微分筒，与其连接的测微螺杆会产生相应的轴向位移，就能够改变测微螺杆上的测微头与尺架上的砧座之间的距离，以完成不同尺寸的测量。

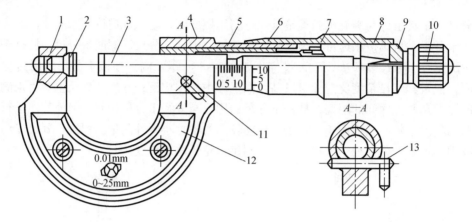

图 8-9 外径千分尺

1—尺架；2—固定测砧；3—测微螺杆；4—螺纹轴套；5—固定套筒；6—微分筒；7—调节螺母；
8—接头；9—垫圈；10—测力装置；11—锁紧手把；12—绝缘板；13—锁紧钮

千分尺类量具是通过螺旋传动，将被测几何量尺寸转换成测微螺杆的轴向位移和微分筒的圆周位移，并以微分筒上的刻度对圆周位移进行计量，从而实现对螺距的放大细分，如图 8-10 所示。

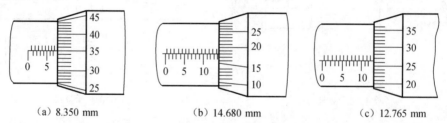

（a）8.350 mm   （b）14.680 mm   （c）12.765 mm

图 8-10 螺旋测微类量具读数示例

千分尺的读数部分由固定套筒和微分筒组成。千分尺固定套筒上刻有轴向中线，作为微分筒读数的基准线。在中线的两侧有两排刻度，每排的刻度间距都为 1 mm，上下两排相互错开 0.5 mm。微分筒的读数原理是当测微螺杆连同微分筒转过 φ 角时，测微螺杆沿轴向的位移量为 $L = P \times \dfrac{\varphi}{2\pi}$，$P$ 为测微螺杆螺距，通常 $P = 0.5$ mm。微分筒的外圆周上有 50 等分的刻度，当微分筒转一周时，测微螺杆轴向移动 0.5 mm，故微分筒只转动 1 格时，则测微螺杆的轴向移动为 0.01 mm，即微分筒的分度值 $i = 0.01$ mm。

根据这一原理，测量时按照被测几何量尺寸的大小，转动微分筒，测微螺杆会沿着轴向移动到某一确定位置后停止，此时从微分筒的边缘向左看固定套筒上距微分筒边缘最近的刻线，在固定套筒中线上侧的刻度得到的是被测几何量尺寸的整数部分，中线下侧的刻度（如果出现的话）得到的是被测几何量尺寸的 0.5 mm 小数部分，固定套筒中线所对齐的微分筒刻度的刻度数与其分度值相乘得到的是被测几何量尺寸的小数部分，三者相加，即得测量结果。

在使用千分尺进行测量之前，如果发现微分筒的零线与固定套筒的中线不能对齐，可记下差数，以便在测量结果中除去，也可在测量前调整到对齐的状态。

千分尺的螺纹传动间隙和传动副的磨损可能影响其测量精度，故多用于测量中等精度的零件。千分尺的制造精度主要由它的示值误差（主要取决于螺纹精度和刻度精度）和测量面的平行度误差决定。

三、光滑极限量规

光滑极限量规是一种没有刻线的专用计量器具，主要用于在大批量生产中对采用公差要求的光滑工件（孔或轴）的尺寸进行检验，以保证《极限与配合》系列标准（见第二章）的贯彻实施。光滑极限量规不能测量被检零件的实际尺寸，只能确定被检零件是否满足其规定的边界条件。

光滑极限量规结构简单，使用方便，尤其在大批量生产中，可以提高检验效率，并有效保障互换性生产的质量，故光滑极限量规在机械工业中得到了广泛使用。

1. 光滑极限量规的种类及用途

（1）按被检对象，光滑极限量规有塞规和环规（或卡规）之分。

塞规是孔径检验的光滑极限量规，其测量面为外圆柱面。

环规（或卡规）是轴径检验的光滑极限量规，一般卡规的测量面为两平行平面，环规的测量面为内圆环面。

塞规和环规各自均有通规和止规之分，且通规、止规通常成对使用，如图 8-11 所示。通规按被检孔或轴的最大实体尺寸制造，用来模拟被检孔或轴的最大实体边界，检验孔或轴的实际轮廓（实际尺寸和形状误差的综合结果）是否超出其最大实体边界，即检验孔、轴的体外作用尺寸是否超出其最大实体尺寸；止规按被检孔或轴的最小实体尺寸制造，用来检验孔、轴的实际尺寸是否超出最小实体尺寸。检验孔或轴时，如果通规能全长通过孔或轴，且止规不能通过，则表明被测孔或轴的作用尺寸和实际尺寸在规定的极限尺寸范围之内，零件合格；反之，若通规不能通过，或者止规能够全长通过，则可判定零件不合格。

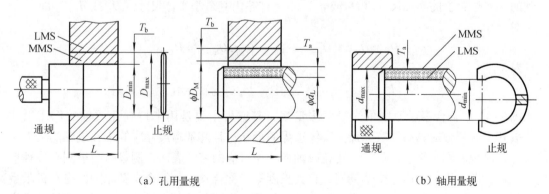

（a）孔用量规　　　　　　　　　　　　　　（b）轴用量规

图 8-11　光滑极限量规

（2）按用途，光滑极限量规有工作量规、验收量规、校对量规之分。

工作量规是指在生产过程中操作者对零件进行检验时所使用的量规。工作量规的通规用"T"表示，止规用"Z"表示。为了保证检验的精确程度，操作者应该使用新的或者磨损较小的量规。

验收量规是指在验收零件时检验部门或用户代表所使用的量规。验收量规一般不需另行制造，是从磨损较多但未超过磨损极限的操作者所用相同类型工作量规的通规中挑选出来的。这样，由操作者自检合格的零件，检验人员或用户代表验收时也一定合格，从而保证了零件的合格率。

校对量规是检验工作量规在制造时是否符合制造公差的要求或验收量规在使用中是否已达到磨损极限的量规。由于环规（或卡规）使用的是内尺寸，不易检验，故需要专门设立校对量规对其进行定期校对，其中卡规可以使用量块进行校对，只有环规才使用校对量规（校对塞规）校对；塞规虽然也需要定期校对，但由于其本身是外尺寸，可以较方便地用通用计量器具检验，故不设校对量规。

校对塞规又可分为以下三类：

①"校通 – 通"塞规（代号"TT"）是检验新制造的环规通规的校对塞规。其作用是防止通规尺寸过小，以保证零件应有的公差。检验时新环规的通规应能被 TT 校对塞规全长通过，否则可判定该通规不合格。

②"校止 – 通"塞规（代号"ZT"）是检验新制造的环规止规的校对塞规。其作用是防止止规尺寸过小，以保证零件的质量。检验时新环规的止规应能被 ZT 校对塞规全长通过，否则可判定该止规不合格。

③"校通 – 损"塞规（代号"TS"）是检验使用中的环规通规的校对塞规。检验时已有磨损的通规应不能被 TS 校对塞规通过，并且最好能在通规两端进行检验。如果通规被 TS 校对塞规通过，则表示该通规已达到或超过磨损极限，应予以报废。

2. 光滑极限量规的设计原理

GB/T 1957—2006 规定，光滑极限量规的设计原理，也就是光滑极限量规的工作原理，应该符合泰勒原则（极限尺寸判断原则）。泰勒原则是指孔或轴的实际尺寸与形状误差的综合结果所形成的体外作用尺寸（D_{fe} 或 d_{fe}）不允许超出其最大实体尺寸（D_M 或 d_M），在孔或轴的任何位置上的实际尺寸（D_a 或 d_a）不允许超出其最小实体尺寸（D_L 或 d_L）。即：

对于孔：

$$D_{fe} \geqslant D_M(\ = D_{min}) \quad 且 \quad D_a \leqslant D_{max}(\ = D_L)$$

对于轴：

$$d_{fe} \leqslant d_{max}(\ = d_M) \quad 且 \quad d_a \geqslant d_{min}(\ = d_L)$$

图 8-11 中符合泰勒原则的光滑极限量规，其通规主要是用来控制孔或轴的作用尺寸的，故其工作部分应具有孔或轴最大实体边界的形状，且其基本尺寸应等于孔或轴的最大实体尺寸；通规的测量面应该是与被测孔或轴形状相对应的完整表面，测量时与被测孔或轴形成面接触，即通规一般应为全形量规，且其长度等于配合长度。符合泰勒原则的光滑极限量规止规主要是用来控制孔或轴的实际尺寸的，故其工作部分的基本尺寸应等于孔或轴的最小实体尺寸；止规的测量面理论上应该是点状，测量时与被测孔或轴形成点接触，即止规一般

应为不全形量规，其长度也可以短些。

用符合泰勒原则的光滑极限量规检验时，如果通规能够在孔或轴的全长范围内自由通过，且止规不能通过，则表示被测零件合格；如果通规不能通过，而止规能够通过，则表示被测零件不合格。

在量规的实际应用中，有些情况下，完全按泰勒原则进行设计量规会导致加工困难，而使用绝对符合泰勒原则的量规进行检验也会产生不便。因此，GB/T 1957—2006 规定，在实际应用中，可在保证被检零件的形状误差不致影响配合性质的条件下，允许使用偏离泰勒原则的量规。例如，量规要实现标准化生产，允许其长度与被测孔或轴配合长度不同长；检验大直径的孔或轴时采用非全形通规，以免量规过于笨重不方便使用；检验小直径的孔或轴时采用全形止规，以便于制造和增加止规的刚性；检验薄壁零件时采用全形止规，以防止造成被测零件变形；检验曲轴或在顶尖上加工的轴时无论是通规还是止规都采用不全形卡规；采用小平面、圆柱面或球面来替代止规的点状测量面，以避免点接触过快磨损，延长其使用寿命。

在使用偏离泰勒原则的光滑极限量规进行测量时，会由于检验操作不当而造成误判，如图 8-12 所示。孔的实际轮廓已超出尺寸公差带，用量规检验应判定为不合格。该孔用符合泰勒原则的光滑极限量规检验时，因全形通规能通过，两点式止规虽然沿 x 方向不能通过但沿 y 方向却能通过，故该孔可以被正确地判定为不合格；但若用不符合泰勒原则的光滑极限量规检验时，两点式通规沿 x、y 方向都能通过，而全形止规则不能通过，故该孔会因为采用测量面形状不符合泰勒原则的光滑极限量规操作不当而被误判为合格。为了尽量避免在使用偏离泰勒原则的光滑极限量规检验时造成误判，必须做到正确操作量规。例如，在使用不全形通规检验孔或轴时，应在被测孔或轴的全长范围内的若干部位上，并分布在围绕圆周的几个位置进行检验。

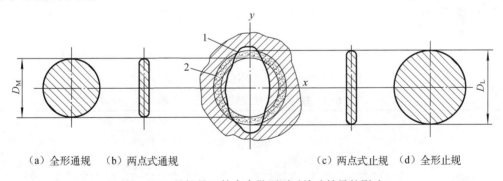

（a）全形通规　　（b）两点式通规　　　　　　　　　　（c）两点式止规　　（d）全形止规

图 8-12　量规是否符合泰勒原则对检验结果的影响

3. 光滑极限量规的结构型式

由上可知，光滑极限量规的结构形式很多，如图 8-13 所示。图 8-13（a）所示为全形塞规，它具有外圆柱形的测量面；图 8-13（b）所示为不全形塞规，它具有部分外圆柱形的测量面，是从圆柱体上切掉两个轴向部分而形成的，以减轻自身质量；图 8-13（c）所示为片形塞规，它具有较少部分外圆柱形的测量面，为了具有一定的厚度而做成板形，以避免其在使用中变形；图 8-13（d）所示为球端杆规，它具有球形的测量面，每一端测量面与工件的接触半径不得大于工件最小极限尺寸的一半，但应具有足够的刚度，以避免其在使用中变形；图 8-13（e）所示为环规，具有内圆柱面的测量面，应有一定厚度以防止其在使用中变形；图 8-13（f）所示为卡规，具有两个平行的测量面，可改用一个平面与一个球面或圆柱面，也可改用两个与被检工件的轴线平行的圆柱面，以延长其使用寿命。其中前四种为孔用光滑极限量规，后两种为轴用光滑极限量规。

如前所述，在不同的检验条件下，合理选用光滑极限量规对正确判断检验结果影响很大，故 GB/T 1957—2006 附录 B 中推荐了不同结构的量规型式应用尺寸范围，见表 8-1。

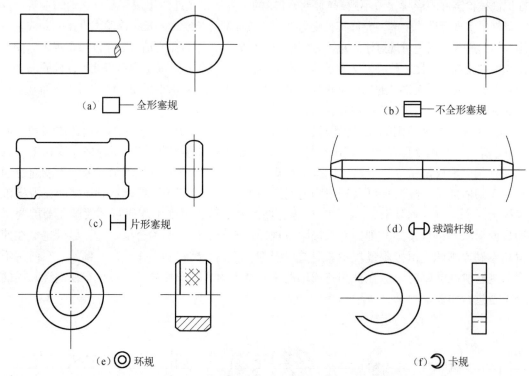

（a）□—全形塞规　　（b）□—不全形塞规

（c）⊢片形塞规　　（d）◖⊣球端杆规

（e）◎ 环规　　（f）⊃ 卡规

图 8-13　各种孔用或轴用光滑极限量规结构

表 8-1　推荐的量规型式应用尺寸范围

用　　途	推荐顺序	量规的工作尺寸/mm			
		～18	大于 18～100	大于 100～315	大于 315～500
工件孔用的通端量规型式	1	全形塞规		不全形塞规	球端杆规
	2	—	不全形塞规或片形塞规	片形塞规	—
工件孔用的止端量规型式	1	全形塞规	全形或片形塞规		球端杆规
	2	—	不全形塞规		
工件轴用的通端量规形式	1	环规		卡规	
	2	卡规		—	
工件轴用的止端量规型式	1	卡规			
	2	环规	—		

4. 光滑极限量规的公差带

虽然光滑极限量规是一种精密的计量器具，其制造精度要求比被检零件更高，但在制造时也不可避免地会产生误差，因此 GB/T 1957—2006 对光滑极限量规的定形尺寸规定了制造公差，量规制造公差的大小决定了量规制造的难易程度。

通规在使用过程中要经常通过被检孔或轴，因而其测量面会逐渐磨损以至报废。为了使通规有一个合理的使用寿命，应留出适当的磨损储量，因此通规公差由制造公差和磨损公差两部分组成。

止规由于通常不通过被检孔或轴，磨损极少，因此不留磨损储量，只规定制造公差即可。

1）工作量规的公差带

GB/T 1957—2006 所规定的量规公差带采用的是"内缩方案"，即量规的公差带不得超出被检孔或轴的公差带，这样就能有效地控制误收，从而保证零件质量与互换性。图 8-14 所示为光滑极限量规公差带及其位置，是以被检零件的极限尺寸作为量规的公称尺寸。

图中，T_1 为工作量规尺寸公差；Z_1 为工作量规通规尺寸公差带的中心线到工件最大实体尺寸之间的距离，即位置要素，它体现了通规的平均使用寿命；T_P 为工作环规的校对塞规的尺寸公差。

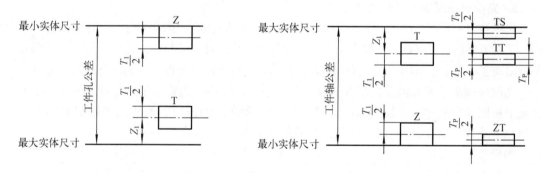

图 8-14 光滑极限量规公差带及其位置

通规在使用过程中会逐渐磨损，所以在设计时应留出适当的磨损储量，其允许磨损量以工件的最大实体尺寸为极限；止规的制造公差带是从工件的最小实体尺寸算起，分布在尺寸公差带之内。

工作量规尺寸公差 T_1 和工作量规通规尺寸公差带的位置要素 Z_1 是综合考虑了量规的制造工艺水平和一定的使用寿命，按工件的基本尺寸、公差等级给出的。IT6 ～ IT16 级工作量规的 T_1、Z_1 的具体数值可查询 GB/T 1957—2006 中表 3，本节选录其中部分数值，见附表 8-2，以供参考，如有更多需要可自行查阅该国家标准。可知，T_1 和 Z_1 的数值大，对工件的测量不利；T_1 值愈小则量规制造愈困难，Z_1 值愈小则量规使用寿命愈短。工作量规的极限偏差见表 8-2。

2）验收量规公差带

GB/T 1957—2006 中，没有单独规定验收量规公差带，但规定了检验部门所使用的验收量规应该是与工作量规相同型式的且已磨损较多的通规，用户代表所使用的验收量规，其通规应接近零件的最大实体尺寸，止规应接近零件的最小实体尺寸。

3）校对量规公差带

校对量规不留磨损储量，只有尺寸公差。校对量规的尺寸公差带应完全位于被校对量规的制造公差和磨损极限内，校对塞规的尺寸公差 T_P 为被校对轴用工作量规尺寸公差 T_1 的50%，其中包含校对量规的形状误差。

表 8-2　工作量规极限偏差的计算公式

极限偏差类型	孔用塞规	轴用环（卡）规	极限偏差类型	孔用塞规	轴用环（卡）规
通规上极限偏差	$EI + Z_1 + \dfrac{T_1}{2}$	$es - Z_1 + \dfrac{T_1}{2}$	止规上极限偏差	ES	$ei + T_1$
通规下极限偏差	$EI + Z_1 - \dfrac{T_1}{2}$	$es - Z_1 - \dfrac{T_1}{2}$	止规下极限偏差	$ES - T_1$	ei

不同类型的校对量规公差带略有不同，"校通–通"（TT）校对量规的公差带是从通规的下极限偏差起，向环规的通规公差带内分布；"校止–通"（ZT）校对量规的公差带是从止规的下极限偏差起，向环规的止规公差带内分布；"校通–损"（TS）校对量规的公差带是从环规通规的磨损极限起，向环规的通规公差带内分布。校对量规的公差带如图 8-14 所示。

5. 光滑极限量规的其他技术要求

光滑极限量规测量面的材料与硬度对量规的使用寿命有一定的影响，故可采用合金工具钢、碳素工具钢、渗碳钢及硬质合金钢等尺寸稳定且耐磨性好的材料制造。钢制光滑极限量规测量面硬度不应小于 700HV（或 60HRC），并需要进行稳定性处理，以消除材料的内应力。

光滑极限量规的几何公差应在其尺寸公差带内，即遵守包容原则，并规定其几何公差值为光滑极限量规尺寸公差值的 50%。考虑到制造和测量的困难，当光滑极限量规的尺寸公差值小于或等于 0.002 mm 时，其几何公差值都取 0.001 mm。

光滑极限量规的测量面不应有锈迹、毛刺、黑斑、划痕等明显影响使用质量的缺陷，非工作表面不应有锈迹和裂纹。光滑极限量规测量面的表面粗糙度参数 Ra 值见表 8-3。

表 8-3　光滑极限量规测量面的表面粗糙度 Ra 值

光滑极限量规	光滑极限量规的基本尺寸/mm		
	≤120	>120、≤315	>315、≤500
	工作量规校对塞规测量面的表面粗糙度 Ra 值/μm		
IT6 孔用工作量规	0.05	0.10	0.20
IT7～IT9 孔用工作塞规	0.10	0.20	0.40
IT10～IT12 孔用工作塞规	0.20	0.40	0.80
IT13～IT16 孔用工作塞规	0.40	0.80	
IT6～IT9 轴用工作环规	0.10	0.20	0.40
IT10～IT12 轴用工作环规	0.20	0.40	0.80
IT13～IT16 轴用工作环规	0.40	0.80	
IT6～IT9 轴用工作环规的校对塞规	0.05	0.10	0.20
IT10～IT12 轴用工作环规的校对塞规	0.10	0.20	0.40
IT13～IT16 轴用工作环规的校对塞规	0.20	0.40	

6. 光滑极限量规的图样示例

光滑极限量规的图样标注示例如图 8-15 所示。

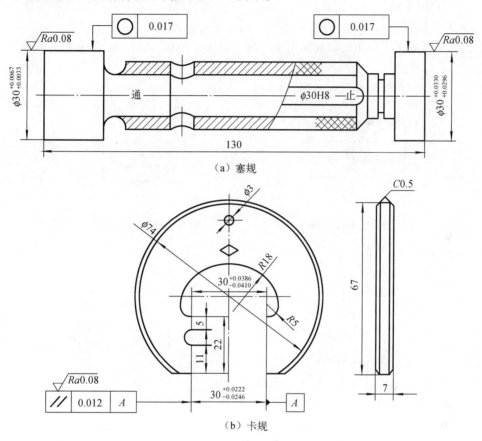

（a）塞规

（b）卡规

图 8-15　光滑极限量规标注

四、功能量规

功能量规也是一种没有刻线的专用计量器具，同样不能测量被检零件的实际尺寸，只能确定被检要素的实际轮廓是否超出相应边界。功能量规的工作部分模拟体现对被测要素和（或）基准要素采用最大实体要求时所规定的边界（最大实体实效边界或最大实体边界），检验完工要素实际尺寸和形位误差的综合结果形成的实际轮廓是否超出该边界。因此，从这个意义上，功能量规可以看成是一种用来检验那些采用最大实体要求的被测要素和（或）基准要素的实际轮廓是否超出相应边界的全形通规。

检验时，若功能量规能够自由通过完工要素，表示该完工要素的实际轮廓在规定的边界范围之内，则该实际轮廓合格，否则不合格。但是，如果要判断被检要素是否合格，还需要检测其实际尺寸。如果被测要素采用可逆的最大实体要求时，则实际尺寸允许超出最大实体尺寸，但不允许超出最小实体尺寸；如果被测要素仅采用最大实体要求时，则实际尺寸应在最大与最小实体尺寸范围之内。

1. 功能量规的种类

功能量规按位置公差特征项目分，检验采用最大实体要求的关联要素的功能量规有平行度量规、垂直度量规、倾斜度量规、同轴度量规、对称度量规和位置度量规等多种。

功能量规按其结构型式分，有整体型、组合型、插入型和活动型四种。

图 8–16 列举了几种功能量规的简单结构，以供参考。

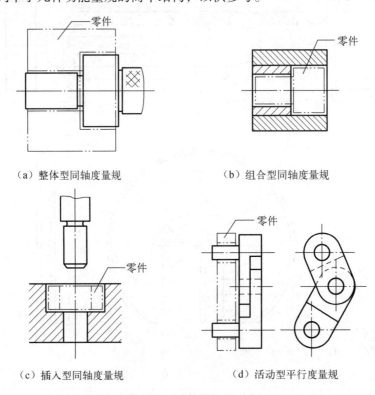

（a）整体型同轴度量规 （b）组合型同轴度量规

（c）插入型同轴度量规 （d）活动型平行度量规

图 8–16 功能量规的型式

2. 功能量规的组成

功能量规的工作部分包括检验部位、定位部位和导向部位（或者相应的检验元件、定位元件和导向元件）。

检验部位和定位部位分别与被测零件的被测要素和基准要素相对应，分别模拟体现被测要素应遵守的边界和基准（或基准体系），它们之间的关系应保持零件图上所给定被测要素与基准要素间的几何关系。

1）检验部位

功能量规的检验部位模拟的是被测要素的边界，即检验部位要与被测零件的被测要素相对应。对于单个被测要素，功能量规检验部位的工作尺寸（长度、直径或宽度）应不小于被测要素的边界尺寸；检验部位的形状、方向、位置应与被测要素所遵守边界的形状、方向、位置相同。

当被测要素为成组要素时，与之相应的，功能量规的检验部位也是由成组的若干个检验部位组成，且各个检验部位的尺寸、形状、方向、位置的确定方法皆与检验单个被测要素的检验部位相同，而这些成组检验部位之间的相互位置及其尺寸关系则应按照零件图样上对成组的被测要素所规定的位置及其相应的理论正确尺寸进行确定。功能量规检验部位相对于定位部位的相互位置及其尺寸关系，应按照零件图上规定的被测要素与基准要素间的相互位置及其尺寸关系来确定。

2）定位部位

功能量规的定位部位模拟的是基准要素的边界，即定位部位要与被测要素的基准要素相对应。对于单个基准要素，如果被测要素的基准要素为中心要素，且最大实体要求也应用于基准要素，则功能量规定位部位的工作尺寸（长度、直径或宽度）应不小于基准要素的边界尺寸，定位部位的形状、方向、位置应与被测要素的基准要素所遵守边界的形状、方向、位置相同；如果被测要素的基准要素为中心要素，且最大实体要求没有应用于基准要素，则功能量规定位部位的工作尺寸（长度、直径或宽度）、形状、方向、位置应与基准要素的实际轮廓来确定，并保证定位部位相对于实际基准要素不能浮动；如果被测要素的基准要素为轮廓要素，则功能量规定位部位的工作尺寸（长度、直径或宽度）、形状、方向、位置应与实际基准要素的理想要素的形状、方向、位置相同。

当基准要素为成组要素时，与之相应的，功能量规的定位部位也是由成组的若干个定位部位组成，且各个定位部位的尺寸、形状、方向、位置的确定方法皆与单个基准要素的定位部位相同，而这些成组定位部位之间的相互位置及其尺寸关系则应按照零件图样上对成组的基准要素所规定的位置及其相应的理论正确尺寸进行确定。

三基面体系中各个定位平面间应保持相互垂直的几何关系。

3）导向部位

导向部位是为了在检验时引导活动式检验元件进入实际被测要素，或者引导活动式定位元件进入实际基准要素，以及在检验时便于被测零件定位而设置的。故导向部位的形状、方向和位置应与检验部位或定位部位的形状、方向和位置相同；当由检验部位或定位部位兼作导向部位（无台阶式）时，导向部位的尺寸由检验部位或定位部位确定，台阶式导向部位的尺寸由设计者确定，但应尽量从国家标准 GB/T 321—2005《优先数和优先数系》中选用，以实现标准化。

功能量规工作部分的各组成部分及工件检验示例如图 8-17 所示。检验时，功能量规的检验部位和定位部位应能分别自由通过被检零件的实际被测要素和实际基准要素，这样才能判定所检验的位置精度是合格的。

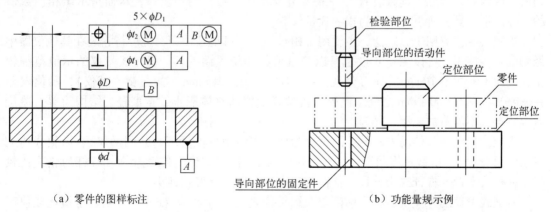

（a）零件的图样标注　　　　　　　　　　（b）功能量规示例

图 8-17　功能量规各工作部分示例

为了能够更好地保证零件的制造精度并且最大限度地避免废品出现，规定操作者应使用新制的或磨损较少的功能量规，检验者应使用与操作者所使用的型式相同但磨损较多的功能量规，用户代表应使用与操作者使用的形式相同但尺寸接近磨损极限的功能量规。

在不同的场合要使用不同的检验方式，如果要进行工序检验时应采用依次检验的方式，即用不同的功能量规依次检验基准要素的形位误差和（或）尺寸及被测要素的定向或定位误差；如果要进行终结检验，则应采用共同检验，即用同一功能量规检验被测要素的定向或定位误差及其基准要素的本身的形位误差和（或）尺寸。

3. 功能量规的公差及技术要求

1）功能量规的公差

GB/T 8069—1998 还针对不同被检部位（内要素和外要素）分别规定了检验部位、定位部位和导向部位的尺寸公差带位置，以及各工作部分的公差值和检验部位的基本偏差数值，在此不再一一列举。

功能量规工作部位为尺寸要素时，尺寸公差应采用包容要求；而工作部位的定向或定位公差一般应遵循独立原则。功能量规的线性尺寸的未注公差一般取为 m 级，未注几何公差一般取为 H 级。

由于最大实体要求不是对互换性设计很有利的公差原则，故对于功能量规的设计在本章中不做重点讨论，对于其公差、公差值、功能量规基准类型、工作部位尺寸的计算公式等，需要时都可以自行查阅该标准。

2）功能量规的技术要求

功能量规所使用的材料应具有长期的尺寸稳定性，钢制功能量规工作表面的硬度应不低于 700HV（60HRC），并需要进行稳定性处理，以消除材料的内应力。

功能量规工作表面（用不去除材料获得的表面除外）的表面粗糙度 Ra 值应不大于 0.2 μm，非工作表面的表面粗糙度 Ra 值应不大于 3.2 μm。各工作表面不应有锈迹、毛刺、黑斑、划痕、裂纹等明显影响外观和使用的缺陷，非工作表面不应有锈蚀和裂纹。

五、机械式量仪

机械式量仪是指将测量杆的微小直线位移借助杠杆、齿轮、齿条、扭簧等机械结构传动到放大机构后，转变为读数装置（一般为指示表）上指针的角位移，从而指示出相应数值的一种计量器具，所以又称之为指示式量仪。

机械式量仪应用十分广泛，主要用于相对测量，可单独使用，也可将它装在其他仪器中做测微表头使用，可以测量长度也可以测量形状和位置误差等。机械式量仪的示值范围较小，最大不会超出 10 mm（如百分表），最小只有 ±0.015 mm（如扭簧比较仪），示值误差在 ±0.01 ~ ±0.000 1 mm 之间。此外，机械式量仪都有体积小、重量轻、结构简单、造价低等特点，不需附加电源、光源、气源等，也比较坚固耐用。

机械式量仪按其传动方式的不同可分为杠杆式传动量仪（刀口式测微仪）、齿轮式传动量仪（百分表）、扭簧式传动量仪（扭簧比较仪）、杠杆式齿轮传动量仪（杠杆齿轮式比较仪、杠杆式卡规、杠杆式千分尺、杠杆百分表和内径百分表）四类。

机械式量仪的种类很多，下面简单介绍百分表（千分表）、杠杆百分表、扭簧比较仪三种，其他的常见机械式量仪如图 8-18 所示。

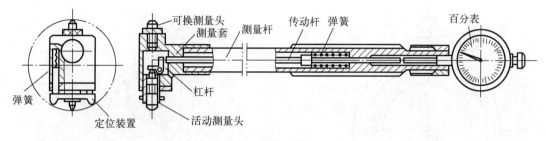

（a）内径百分表

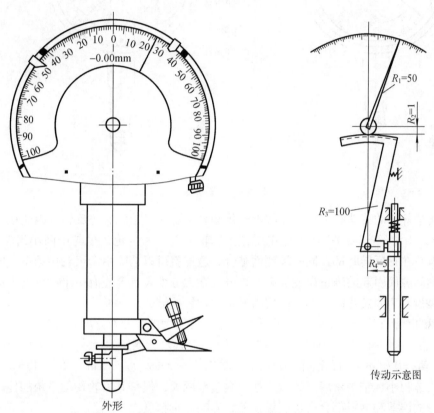

外形

（b）杠杆齿轮比较仪

图 8-18　机械式量仪

1. 百分表

百分表是一种应用广泛的机械量仪，其外形及传动如图 8-19 所示。从图 8-19 中可以看到，当切有齿条的测量杆 5 上下移动时，就会带动与齿条相啮合的小齿轮 1 转动，与小齿轮 1 固定在同一轴上的大齿轮 2 也跟着转动；通过大齿轮 2 即可带动中间小齿轮 3 以及与中间小齿轮 3 固定在同一轴上的指针 6 一起转动。通过这样的齿轮传动系统就可将测量杆的微小位移放大变为指针的角位移，并由指针在分度表盘上指示相应的数值。弹簧 4 是用来控制百分表的测量力，使得测量头与被测零件表面恰当接触。测量时一般会使测量杆压缩至少 0.3～1 mm，以保证一定的初始测量力，避免偏差为负值时，不能准确测量。

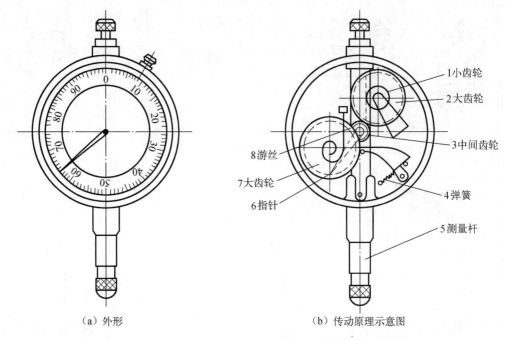

（a）外形 　　　　　　　　　　　　　（b）传动原理示意图

图 8-19　百分表

1 小齿轮
2 大齿轮
3 中间齿轮
8 游丝
7 大齿轮
6 指针
4 弹簧
5 测量杆

由于测量杆 5 的移动有上有下，故齿轮传动系统中的齿轮就有正反转，因此在百分表内装有游丝 8，由游丝产生的扭转力矩作用在大齿轮 7 上，大齿轮 7 也与中间小齿轮 3 啮合，便可保证齿轮在正反转时都在同一齿侧面啮合，这样就可以消除由于齿轮传动系统中各齿轮啮合的齿侧间隙而引起的测量误差。有些百分表在大分度表盘上还有一个小分度表盘，小表盘指针与大齿轮 7 固定在同一轴上，用来显示大指针的转数。

百分表的测量杆移动 1 mm，通过齿轮传动系统可使大指针沿着分度表盘刻度转过 2π 角位移。分度表盘沿圆周有 100 个刻度，当指针转过 1 格，表示所测量的尺寸变化为 0.01 mm，故百分表的分度值 $i=0.01$ mm。百分表的示值范围通常有 0 ～ 3 mm、0 ～ 5 mm、0 ～ 10 mm 三种。

百分表体积小、结构紧凑、读数方便、测量范围大，但是其齿轮传动系统的传动间隙以及齿轮本身的误差和磨损都会产生测量误差，影响测量精度。

常用指示表除了百分表，还有千分表。千分表的用途、结构形式及工作原理与百分表相似，区别主要在于分度值不同。千分表的齿轮传动系统中齿轮传动级数要比百分表多，因而放大比更大，分度值更小，千分表的分度值 $i=0.001$ mm，其示值范围为 0 ～ 1 mm；测量精度很高，示值误差在工作行程范围内不大于 5 μm，在任意 0.2 mm 范围内不大于 3 μm，示值变化不大于 0.3 μm，可用于较高精度的测量。

2. 杠杆百分表

杠杆百分表又称靠表，是把杠杆侧头的位移（杠杆的摆动），通过机械传动系统转变为指针的角位移，在分度表盘上指示相应的数值。杠杆百分表由杠杆、齿轮传动机构等组成，其外形与传动原理如图 8-20 所示。

测量杆 6 的摆动通过杠杆使扇形齿轮 4 绕其轴摆动，并带动与扇形齿轮 4 相啮合的齿轮 1 转动，从而使与齿轮 1 固定在同一轴上的指针 3 产生角位移。当杠杆侧头 5 的位移为

0.01 mm时，杠杆齿轮传动机构的指针正好偏转一小格，故杠杆百分表分度值 $i = 0.01$ mm，常用示值范围一般为 ±0.4 mm。

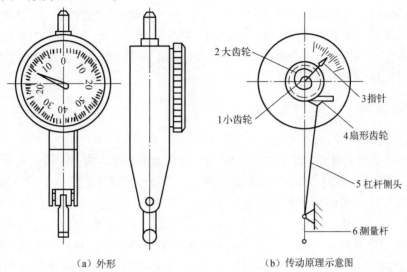

（a）外形　　　　　　　（b）传动原理示意图

图 8-20　杠杆百分表

杠杆百分表的体积小，杠杆侧头的方向容易改变，在校正工件和测量工件时都很方便。尤其对于小孔的测量和在机床上校正零件时，由于空间的限制，百分表放不进去或测量杆无法垂直于工件被测表面，使用杠杆百分表就会显得比较方便。

3. 扭簧比较仪

扭簧比较仪是利用扭簧作为传动放大机构，将测量杆的直线位移转变为指针的角位移。其外形与传动原理如图 8-21 所示。

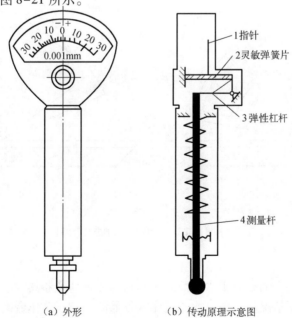

（a）外形　　　　　　　（b）传动原理示意图

图 8-21　扭簧比较仪

灵敏弹簧片 2 是截面为长方形的扭曲金属带，一半向左、一半向右扭曲成麻花状，其一端被固定在可调整的弓形架上，另一端则固定在弹性杠杆 3 上。当测量杆 4 做微量上下移动时，会使弹性杠杆 3 动作而拉动灵敏弹簧片 2，从而使固定在灵敏弹簧片 2 中部的指针 1 产生角位移，其大小与弹簧片的微量伸长成比例，在分度表盘上指示出相应的数值。

扭簧比较仪的结构简单，分度值 $i = 0.001$ mm。由于其内部没有相互摩擦的零件，故灵敏度极高，可用作精密测量。

六、角度量具

1. 万能角度尺

万能角度尺是用来测量零件上 $0° \sim 320°$ 内、外角度的量具。按分度值的大小可分为 $2'$ 和 $5'$ 两种，按尺身的形状不同可分为圆形和扇形两种。现简单介绍分度值 $i = 2'$ 的扇形万能角度。

万能角度尺的外形结构和各部分名称如图 8-22 所示。游标 3 固定在扇形板 5 上，基尺 6 和尺身 1 连成一体，扇形板 5 可以带动游标 3 在尺身 1 上作相对回转运动，形成了与游标卡尺相似的读数机构。角尺 2 用夹块 8 固定在扇形板 5 上，直尺 7 又用夹块 8 固定在角尺 2 上，根据所测角度的需要，也可拆下角尺 2，将直尺 7 直接固定在扇形板 5 上。制动器用于将扇形板和尺身锁紧，方便读数。

测量时，可转动万能角度尺背面的捏手 9，通过小齿轮 10 传动扇形齿轮 11，使尺身 1 相对扇形板 5 产生转动，从而改变基尺 6 与角尺 2 或直尺 7 间的夹角，满足各种不同情况测量的需要。

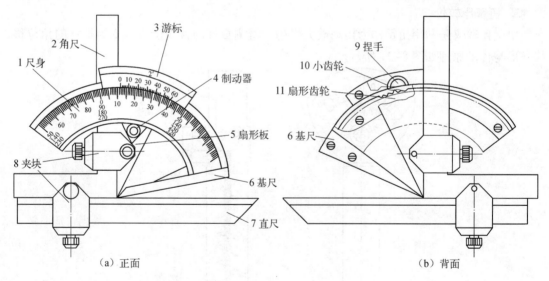

图 8-22 扇形万能角度尺

2. 水平仪

水平仪是测量被测平面相对于水平面微小倾角的一种计量器具。水平仪常用于检验零件表面或设备安装的水平情况。例如，检测机床或仪器的底座、工作台面、导轨等部位的水平情况；还可用于检验导轨、平尺、平板等的直线度和平面度误差，以及测量两工作面的平行度和工作面相对于水平面的垂直度误差等。

水平仪按其工作原理可分为水准式和电子式两大类，目前使用较为广泛的是水准式水平仪。现简单介绍水准式水平仪。

水准式水平仪的三种典型型式如图 8-23 所示。

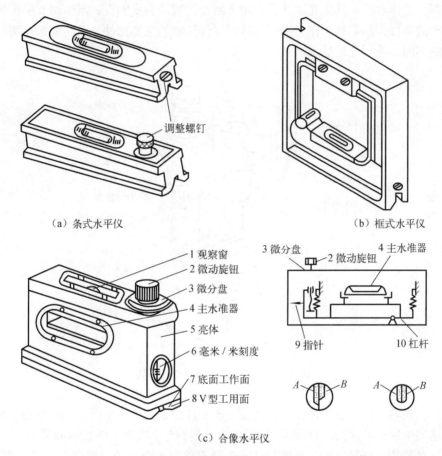

（a）条式水平仪   （b）框式水平仪

（c）合像水平仪

图 8-23 各种水准式水平仪

水准式水平仪的主要工作部分是管状水准器，它是一个密封的玻璃管，其内表面的纵剖面是一个曲率半径很大的圆弧面。管内装有精馏乙醚或精馏乙醇，但未注满，形成一个大气泡。玻璃管的外表面刻有刻度，当水准器处于水平位置时，气泡位于中央；当水准器相对于水平面倾斜时，气泡就偏向高的一侧，倾斜程度可以从玻璃管外表面上的刻度读出，如图 8-23 所示，再经过简单的换算，就可得到被测零件表面相对于水平面的倾斜度和倾斜角。

七、常用光学计量器具

除了上述测量仪器外，利用光学原理制成的光学量仪应用也比较广泛，如在长度测量中的光学计、测长仪等。光学计是利用光学杠杆放大作用将测量杆的直线位移转换为反射镜的偏转，使反射光线也发生偏转，从而得到标尺影像的一种光学量仪。

1. 立式光学比较仪

立式光学比较仪主要是利用光学杠杆的放大原理，将零件与量块相比较后产生的微小的位移量转换为光学影像在标尺上的移动，然后通过显微镜读数。

立式光学比较仪的常见外形结构如图 8-24 所示，主要组成部分有光学计管、零位调节手轮、测帽、工作台等。其中光学计管是用于测量读数的主要部件；零位调节手轮是对零位进行微调整的部件；测帽和工作台都是与被测零件接触的主要部件，需要根据被测零件的形状和尺寸的不同，进行合理选用。

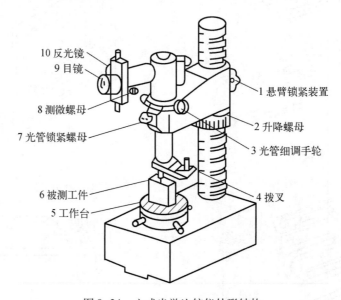

图 8-24　立式光学比较仪外形结构

测量时，先将立式光学比较仪放置在较为水平且稳定的工作桌面上，并把光学计管安装在横臂的适当位置；其次按照被测零件的形状，选择能与被测零件接触面最小（近似于点或线接触）的测帽，按照被测零件的尺寸，选择面积大小合适的工作台；然后校正工作台，使工作台表面与测帽平面保持平行；最后进行调零。

常用的立式光学比较仪的总放大倍数大约为 1 000 倍，分度值 $i = 0.001$ mm，示值范围为 ± 0.1 mm，测量范围为 0 ～ 180 mm，示值稳定性为 0.000 1 mm，仪器的最大不确定度为 $\pm 0.000 25$ mm，测量的最大不确定度为 $\pm$（$0.5 + L/100$）μm。常用于需要较为精密测量零件尺寸的场合。

2. 万能工具显微镜

万能工具显微镜是一种在工业生产和科学研究部门都使用十分广泛的光学计量器具。它具有较高的测量精度，适用于刀具、量具、模具、样板、螺纹和齿轮等零件的长度和角度的精密测量。同时由于配备多种附件，使其应用范围得到充分的扩大。

万能工具显微镜的外形结构如图 8-25 所示，主要组成部分有：底座、x 轴滑台、y 轴滑台、立臂、横梁、瞄准显微镜、投影读数等装置组成。

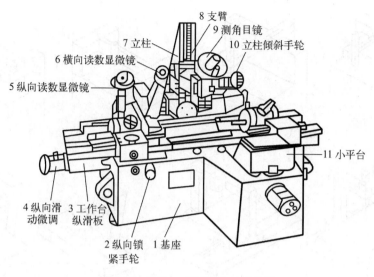

图 8-25　万能工具显微镜外形结构

工具显微镜主要是应用直角坐标或极坐标原理，通过主显微镜瞄准定位和读数系统读取坐标值而实现测量的。根据被测零件的形状、大小及被测部位的不同，一般有三种测量方法。

（1）影像法。中央显微镜将被测零件的影像放大后成像在"米"字分划板上，利用"米"字分划板对被测点进行瞄准，由读数系统读取其坐标值，相应点的坐标值之差即为所需尺寸的实际值。

（2）轴切法。利用计量器具所配附件测量刀上的刻度，来替代被测表面轮廓进行瞄准，从而完成测量。这种方法克服了影响法测量大直径尺寸时，因衍射现象的出现而造成的较大测量误差。

（3）接触法。利用光学定位器直接接触被测表面来进行瞄准、定位并完成测量。这种方法适用于影像成像质量较差或根本无法成像的零件的测量，如有一定厚度的平板件、深孔零件、台阶孔、台阶槽等。

八、三坐标测量机

随着科学技术的迅速发展，测量技术已从应用机械原理、几何光学原理发展到应用更多最新物理原理、最新技术成就，如光栅、激光、感应同步器、磁栅以及射线技术的阶段。特别是计算机技术的发展和应用，使得计量器具的发展跨越到一个新的领域。三坐标测量机和计算机完美的结合，使之成为一种愈来愈引人注目的几何量精密测量设备。

1. 三坐标测量机的结构

三坐标测量机一般都具有至少三个相互垂直的测量方向：水平纵向运动方向，即 x 方向又称 x 轴；水平横向运动方向，即 y 方向又称 y 轴；垂直运动方向，即 z 方向又称 z 轴。机构类型很多，有悬臂式、桥式、龙门移动式、龙门固定式、卧式等。如图 8-26 所示。

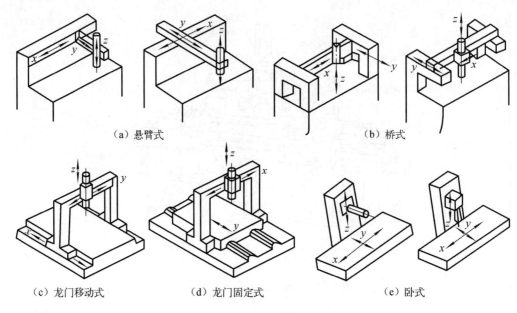

（a）悬臂式　　　　　　　　　　　（b）桥式

（c）龙门移动式　　　　（d）龙门固定式　　　　（e）卧式

图 8-26　三坐标测量机机构

2. 三坐标测量机的测量系统

测量系统是三坐标测量机的重要组成部分之一，它关系着坐标测量机的精度、成本和寿命。

三坐标测量机上使用的测量系统种类很多，按其性质可分为机械式、光学式、电气式等，各种测量系统的精度范围都不相同。例如，丝杠或齿条测量系统的精度范围为 10 ~50 μm，光栅测量系统的精度范围为 1 ~ 10 μm，激光干涉仪测量系统的精度范围为 0.1 μm。

无论哪种测量系统，都要有测量头才能正常工作，三坐标测量机的测量头按测量方法分为接触式和非接触式两大类。接触式测量头可分为硬测头和软测头两种。硬测头多为机械测头，主要用于手动测量和精度要求不高的场合；软测头是目前三坐标测量机普遍使用的测量头，软测头有触发式测头和三维测微头两种。

3. 三坐标测量机的应用

三坐标测量机集精密机械、传感器、电子、计算机等现代技术之大成，越来越广泛地应用于机械制造、电子、汽车和航空航天等工业领域。对于三坐标测量机，任何复杂的几何表面与几何形状，只要测头能感应（或瞄准）到的地方，就可以测出它们的几何尺寸和相互位置关系，并借助于计算机完成数据处理。如果在三坐标测量机上设置分度头、回转台，除采用直角坐标系外，还可采用极坐标系、圆柱坐标系进行测量，使测量范围更加扩大。三坐标测量机与"加工中心"相配合，还具有"测量中心"的功能。

在现代化生产中，三坐标测量机已不仅仅是一个计量器具，它已成为 CAD/CAM 系统中的一个测量单元，能将测量信息反馈到系统主控计算机，进一步控制加工过程，提高产品质量。

一、测量误差概述

从几何量测量的实践中知道，在任何一次测量中，无论测量人员操作多么精心，使用的计量器具多么精密，采用的测量方法多么可靠，也无法获得被测几何量的真值。因此，任何测量过程所获得的测量结果都在一定程度上与被测几何量的真值有所偏离，即只能无限近似于被测几何量的真值，不可能与被测几何量的真值完全相同。这主要是由于计量器具、测量条件和测量人员等原因造成。

1. 测量误差的概念

测量误差就是指将测量过程中这种实际测量结果与被测几何量真值近似的程度以数值的形式体现出来。测量误差可由绝对误差和相对误差来表示。

绝对误差是指被测几何量的测得值 X 与其真值 X_0 之差，用 δ 表示。即

$$\delta = X - X_0 \tag{8-5}$$

由于 X 可能大于也可能小于 X_0，因此绝对误差可能是正值，也可能是负值。这样，被测几何量的真值可用下式表示：

$$X_0 = X \pm |\delta| \tag{8-6}$$

式（8-6）表明，可以由被测几何量的量值和测量误差来估算真值所在的范围。很明显，绝对误差的绝对值大小决定了测量精度，绝对误差的绝对值越小，则被测几何量的测得值就越接近其真值，而测量精度就越高；反之则测量精度就越低。

绝对误差只适用于评定或比较大小相同的被测几何量的测量精度。例如，用某测量长度的计量器具测量 25 mm 的长度，绝对误差为 0.005 mm，用另一台计量器具测量同样长度，绝对误差为 −0.03 mm，我们可以评定前者的测量精度高于后者；但是若用另一台计量器具测量 300 mm 的长度，绝对误差也为 −0.03 mm，这时，很难判断两者测量精度的高低，因为后者的绝对误差虽然比前者大，但它相对于被测量的值却很小。因此，对于大小不同的被测几何量就需要用相对误差来评定或比较它们的测量精度。

相对误差是指绝对误差的绝对值 $|\delta|$ 与被测量真值 X_0 之比，用 ε 表示。即

$$\varepsilon = \frac{|\delta|}{X_0} \times 100\% \tag{8-7}$$

相对误差是一个量纲为 1 的数值，通常用百分比来表示。由于被测几何量的真值 X_0 无法得到，因此在实际应用中以被测几何量的测得值 X 代替真值进行估算。这样，相对误差可用下式表示：

$$\varepsilon \approx \frac{|\delta|}{X} \times 100\% \tag{8-8}$$

一般，式（8-7）和式（8-8）所得的百分比的差异是很小的。

从上面的例子中，前者的相对误差 $\varepsilon_1 = 0.02\%$，后者的相对误差 $\varepsilon_2 = 0.01\%$，所以，后者的测量精度比前者的高。

2. 测量误差的来源

由于测量误差的存在，测得值只能近似地反映被测几何量的真值。为尽量减小测量误差，就必须分析产生测量误差的原因，以便从源头上有效控制测量误差，从而提高测量精度。在实际测量中，产生测量误差的原因很多，归纳起来主要有以下几个方面。

(1) 计量器具的误差。计量器具的误差是计量器具本身在设计、制造和使用过程中造成的各项误差。

计量器具在设计时，由于制造能力的限制，会采用近似设计法，即用近似机构代替理论机构实现所需的运动，或用等分刻度的标尺代替理论上要求非等分刻度的标尺，以简化结构。例如，机械杠杆比较仪就是采用近似设计，用等分刻度的标尺代替了理论上应该是非等分刻度的标尺，这样在测量时就会产生测量误差。

计量器具都是由许多零部件构成的，它们在制造、安装、调试、使用过程中都不可避免地存在误差。例如，标尺的刻度误差，分度盘与指针回转轴的安装偏心，读数机构的齿轮在长时间使用后磨损，侧头在接触测量中变形等等，这些都会产生测量误差。

此外，像量块这类基准量具，其本身都有制造误差和检定误差，再用它们调整其他计量器具零位，或者与其他计量器具配合进行相对测量，都会将其自身误差传递到其他计量器具上，而产生测量误差。

(2) 测量方法的误差。测量方法的误差是测量方法的不完善所引起的误差。例如，间接测量时所用计算公式的不精确；接触测量时测量力控制不当引起计量器具和零件表面变形；相对测量时仪器调零不正确；测量过程中工件的安装定位不合格等，均会产生测量误差。

(3) 测量环境的误差。测量环境的误差是测量时的环境条件不符合测量标准规定所引起的误差，环境条件包括温度、湿度、气压、照明、振动、电磁场甚至灰尘等。其中，温度对测量结果的影响最大。例如，长度测量时规定的标准温度应为20℃，但是实际测量时被测零件和计量器具的温度与标准温度总会有所差异，而被测零件和计量器具的材料不同时其线膨胀系数也是不同的，这样就会产生测量误差。

(4) 操作人员的误差。操作人员的误差是测量人员的主观因素所引起的误差。例如，测量人员技术不熟练、使用计量器具不正确、视觉偏差、估读错误等都会产生测量误差。

总之，产生误差的原因很多，有些误差是不可避免的，如计量器具的设计、制造误差等；但有些是可以避免的，如测量方法选择不合适、操作人员使用计量器具不正确等。因此，测量者应对这些可能产生测量误差的原因进行分析，掌握其影响规律，采取相应的措施消除或降低其对测量结果的影响，以保证测量精度。

3. 测量误差的分类

综上所述，测量误差是由多方面因素共同造成的，为了科学地分析和处理测量误差，需对其进行区别，以对症下药。测量误差就其性质、特点和出现规律，通常可分为三类：系统误差、随机误差和粗大误差。

(1) 系统误差。指在相同条件下，多次测量同一被测几何量的量值时产生的绝对值和符号均保持不变，或在条件改变时绝对值和符号仅按一定规律变化的测量误差。前者称为定值系统误差，如千分尺类计量器具的零位调整不正确所产生的系统误差；后者称为变值系统误差，如分度盘安装偏心所产生的按正弦规律变化的系统误差。

计量器具本身性能不完善、测量方法不完善、测量者对仪器使用不当、环境条件的变化等原因都可能产生系统误差。从理论上讲系统误差是可以消除的，只要掌握其变化规律，就可以用计算或实验分析的方法用修正值从测量结果中予以消除，特别是对多数定值系统误差。但实际测量中，有些系统误差由于变化规律很复杂，而不易确定，很难全部消除，特别是一些变值系统误差。对于这些未能消除的系统误差，可在测量误差允许范围内予以考虑。

（2）随机误差。指在相同条件下，多次测量同一被测几何量的量值时产生的绝对值和符号以不可预见的方式变化的测量误差。随机误差主要是由测量过程中的一些偶然因素或不确定因素引起的，在任何一次测量中都不可避免。例如，计量器具传动机构的间隙和摩擦状况、环境温度的波动、测量力的不稳定等引起的测量误差都属于随机误差。

从某一次具体测量看，随机误差的出现纯属偶然，其绝对值和符号的变化也毫无规律可循，但进行多次重复测量时，会发现随机误差在总体上符合一定的概率统计规律。大量实验表明，随机误差通常服从正态分布规律，因此可用概率论和数理统计的方法对它进行处理。

（3）粗大误差。指超出在规定测量条件下预计的测量误差。造成粗大误差的原因，既有主观原因，如测量人员疏忽，造成的操作违规、读数错误、计录错误等；也有客观原因，如外界突然发生冲击、振动等。很明显，粗大误差是对测量结果产生明显歪曲的测量误差。粗大误差的数值与正常测得值相比较有较大的差异，在故含有粗大误差的测得值被称为异常值。在正常情况下，测量结果中不应该含有粗大误差，应在分析测量误差和处理测量数据时设法将其剔除。

在实际测量结果中，粗大误差属于异常值，是必须要剔除掉的，而系统误差与随机误差的存在是无法避免的，只能在处理测量数据的时候部分消除或设法降低它们对于测量精度的影响。

系统误差和随机误差，从定义上看是科学、严谨、不可混淆的，但其实对于测量误差的划分都是人为的，系统误差和随机误差之间并不存在绝对的区别，两者在一定条件下是可以相互转化的。例如，量块的制造误差，对某一具体量块来讲是系统误差，但对一批量块而言则是随机误差；千分尺刻度的制造误差，对制造厂来说是随机误差，但对于用该千分尺测量的一批零件而言又成为被测零件的系统误差。

因此了解测量误差的规律，掌握误差转化的特点，就可以根据需要将系统误差转化为随机误差，用概率论和数理统计的方法来降低测量误差的影响；或将随机误差转化为系统误差，用修正值等方法消除测量误差的影响。

4. 测量精度

测量精度是指被测几何量的测得值与其真值的近似程度。它和测量误差是从两个不同角度说明同一概念的术语。测量误差越大，则测量精度就越低；测量误差越小，则测量精度就越高。为了反映系统误差和随机误差对测量结果的不同影响，测量精度可分为以下几种。

（1）正确度。正确度是指在规定的条件下测量值对其真值的偏离，它反映了测量结果受系统误差影响程度。系统误差小，则正确度高。

（2）精密度。精密度是指在一定测量条件下进行多次重复测量所得的测得值之间相互接近的程度，它反映了测量结果受随机误差影响的程度。随机误差小，则精密度高。

（3）准确度。准确度是指在一定条件下进行多次重复测量时，所有测得值对其真值的接近程度和各测得值之间相互的接近程度，它反映了测量结果同时受系统误差和随机误差综合影响的程度。系统误差和随机误差都小，则准确度就高。

对于一个具体的测量，精密度高，正确度不一定高；正确度高，精密度也不一定高；但准确度高，精密度和正确度就都高。现以打靶为例，对三者之间关系加以说明，如图 8-27 所示。小圆圈表示靶心，黑点表示弹孔。图 8-27（a）中，弹着点偏离靶心，但分散范围小，即随机误差小而系统误差大，说明正确度低而精密度高；图 8-27（b）中，弹着点靠近靶心，但分散范围大，即系统误差小而随机误差大，说明正确度高而精密度低；图 8-27（c）中，弹着点集中靶心，分散范围又小，即系统误差与随机误差都小，说明准确度高；图 8-27（d）中，弹着点远离靶心，分散范围又大，即系统误差与随机误差都大，说明准确度低。

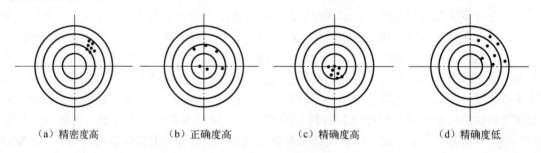

| （a）精密度高 | （b）正确度高 | （c）精确度高 | （d）精确度低 |

图 8-27　测量精度

二、各类测量误差的处理

通过对某一被测几何量进行连续多次的重复测量而得到的一系列的测得值被称为测量列，对该测量列以一定的方法进行相应的数据处理，就可以消除或降低测量误差对测量结果的影响，从而提高测量精度。

1. 测量列中系统误差的处理

在实际测量中，系统误差对测量结果的影响是不容忽视的，并且这种影响也并不是无规律可循的。因此，在测量列中发现系统误差，揭示其出现的规律，并设法消除或减小系统误差对测量结果的影响，成为提高测量精度的一个重要措施。

1）发现系统误差的方法

显然，要消除和减小系统误差对测量结果的影响，首先要在测量所获得的测量列中发现系统误差。但是，测量过程中产生系统误差的因素是复杂多样的，发现系统误差必须根据具体测量过程和计量器具进行全面而仔细的分析，无疑这是一件困难而又复杂的工作，到目前为止还没有能够找到适用于发现各种系统误差的普遍方法。下面仅介绍适用于发现某些系统误差常用的两种方法：

（1）实验对比法：通过改变产生系统误差的测量条件而进行不同测量条件下的测量来发现系统误差。例如，量块按标称尺寸使用时，在测量结果中，就存在着由于量块尺寸误差而产生的绝对值和符号均不变的定值系统误差，重复测量也不能发现这一误差，只有用另一块精度等级更高的量块进行对比测量，才能发现它。这种方法适用于发现绝对值和符号均不变的定值系统误差。

（2）残余误差观察法：根据测量列的各个残余误差的数值变化规律，或根据将测量列的各个残余误差按测量先后顺序做出的残余误差曲线图，直接判断有无系统误差。残余误差是指测量列中任意一个测得值 X_i 与该测量列所有测得值的算术平均值 $\overline{X}$ 之差，简称残差，用 ν 表示。图 8-28 所示为不同情况变值系统误差所得的残余误差曲线图，图 8-28（a）中残余误差大体上正、负相间，又没有显著变化趋势，表示测量列中不存在变值系统误差；图 8-28（b）中残余误差有规律的递增或递减，且其趋势近似始终不变，表示测量列中存在线性系统误差；图 8-28（c）中残余误差有规律的增减交替，且呈现周期性变化，表示测量列中存在着周期性系统误差。这种方法主要适用于发现绝对值和符号按一定规律变化的变值系统误差。但是残余误差观察法在使用时一定要保证测量次数够多，即保证测量列中数据充足，否则要想发现变值系统误差也会有一定的难度。

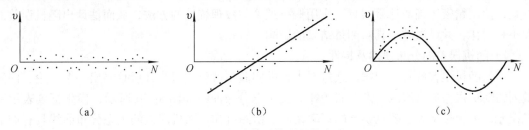

图 8-28　变值系统误差的发现

2）系统误差的处理

对于系统误差，可从以下几个方面去消除：

（1）从产生误差根源上消除系统误差。这要求测量人员对测量过程中可能产生系统误差的各个环节进行全面、仔细的分析，并在测量前和测量过程中，就将系统误差从产生根源上加以消除。例如，为了防止测量过程中计量器具示值零位的变动引起的系统误差，测量开始和结束时都需检查其示值零位的情况。

（2）用修正法消除系统误差。这种方法是预先检定或计算出计量器具的系统误差，并作出误差表或误差曲线，把与计量器具误差绝对值相同而符号相反的值作为修正值，然后将相应的修正值加到测量列中的各个测得值上，即可得到不包含该系统误差的测量结果。例如，使用千分尺类量仪前若发现其零位有所偏差，则可以记下这个偏差值，测量完成后，给测得值加上一个与零位偏差值绝对值相同但符号相反的修正值即可。

（3）用抵消法消除定值系统误差。这种方法要求在对称位置上分别进行测量一次，以使这两次测量中的测得值出现的系统误差绝对值相等、符号相反，然后取这两次测量中测得值的平均值作为测量结果，即可消除定值系统误差。例如，在工具显微镜上测量螺纹螺距时，为了消除螺纹轴线与量仪工作台移动方向倾斜而引起的系统误差，可分别测取螺纹左、右牙面的螺距，然后取它们的平均值作为螺距测得值。

（4）用半周期法消除周期性系统误差。这种方法主要针对周期性系统误差的消除，可以每相隔半个周期进行一次测量，以相邻两次测量的测得值的平均值作为测量结果即可，如图 8-29 所示。

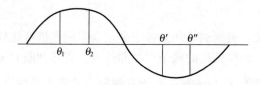

图 8-29　系统误差的半周期消除法

消除和减小系统误差的关键是找出误差产生的根源和规律，但是实际测量中，要查明所有的系统误差是比较困难的，现阶段也无法做到，因此也就不可能完全消除系统误差的影响。一般来说，系统误差若能减小到使其影响相当于随机误差的程度，则可认为已被消除。

2. 测量列中随机误差的处理

随机误差是不可能像系统误差那样被修正或消除掉的，但可以通过认真细致地设计测量方案，使用精密正确的计量器具，应用概率理论与数理统计的方法，从而估计出随机误差的大小和规律，并设法减小其对测量结果的影响。

1）随机误差的分布规律及特性

（1）随机误差的分布规律。通过对大量的实验测得值进行统计后总结出一个结论，即测量列的随机误差通常服从正态分布规律。其正态分布曲线如图 8-30 所示，横坐标 δ 表示随机误差，纵坐标 y 表示随机误差的概率密度。由图可知，随机误差的正态分布曲线具有如下四个基本特性：

① 单峰性：绝对值越小的随机误差出现的概率越大，反之则越小。

② 对称性：绝对值相等，符号相反的随机误差出现的概率相等。

③ 有界性：在相同的某一测量条件下，随机误差的绝对值不会超过一定的界限。

④ 抵偿性：在同一测量条件下对同一被测几何量进行测量，随着测量次数的增加，各次随机误差的算术平均值逐渐趋近于零。该特性是由对称性推导而来的，是对称性的必然反映，也可称为相消性。

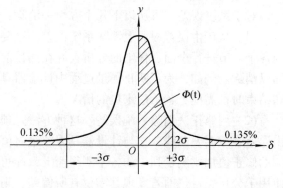

图 8-30　正态分布曲线

（2）随机误差的评定指标。根据概率论可知，正态分布曲线的数学表达式为

$$y = \frac{1}{\sigma\sqrt{2\pi}}\exp\left(-\frac{\delta^2}{2\sigma^2}\right) \tag{8-9}$$

式中，y 为概率密度；σ 为标准偏差；δ 为随机误差；$\exp\left(-\dfrac{\delta^2}{2\sigma^2}\right)$ 为以自然对数 e 为底的指数函数。

从式（8-9）可以看出，概率密度 y 的大小与随机误差 δ、标准偏差 σ 有关。当 $\delta = 0$ 时，概率密度 y 最大，即 $y_{max} = \dfrac{1}{\sigma\sqrt{2\pi}}$。显然概率密度最大值是随标准偏差 σ 大小而变化的，如图 8-31 所示，1、2、3 三条正态分布曲线中 $\sigma_1 < \sigma_2 < \sigma_3$，则 $y_{1max} > y_{2max} > y_{3max}$；而且标准偏差 σ 越小，曲线走势就越陡峭，随机误差的分布就越集中，表示测量精度就越高；反之，标准偏差 σ 越大，曲线走势就越平坦，随机误差的分布就越分散，表示测量精度就越低。由此可见，标准偏差 σ 的大小反映了测量列中所有测得值分布的离散程度，是评价随机误差大小的一个尺度，可以用作评定测量列随机误差的一项评定指标。

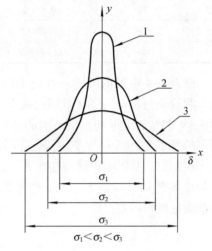

图 8-31　标准偏差的大小对随机误差
分布曲线形状的影响
1、2、3—正态分布曲线

随机误差的标准偏差可用下式计算得到：

$$\sigma = \sqrt{\frac{\delta_1^2 + \delta_2^2 + \cdots + \delta_n^2}{n}} = \sqrt{\frac{\sum\limits_{i=1}^{n} \delta_i^2}{n}} \quad (8-10)$$

式中，n 为测量次数。

（3）随机误差的极限值。随机误差是具有有界性的，因此其值不会超过一定的范围。随机误差的极限值就是测量极限误差。根据概率论可知，则正态分布曲线和横坐标之间所包含的全部面积等于相应区间所有随机误差出现的概率的总和，如果测量列中的测得值有无限多个，则概率为

$$P = \int_{-\infty}^{+\infty} y\mathrm{d}\delta = \int_{-\infty}^{+\infty} \frac{1}{\sigma\sqrt{2\pi}} \exp\left(-\frac{\delta^2}{2\sigma^2}\right)\mathrm{d}\delta = 1$$

这说明全部随机误差出现的概率为 100%，大于零的正误差与小于零的负误差各为 50%。但实际测量中，随机误差区间只是落在（$-\delta \sim +\delta$）之间，则其概率为

$$P = \int_{-\delta}^{+\delta} y\mathrm{d}\delta = \int_{-\delta}^{+\delta} \frac{1}{\sigma\sqrt{2\pi}} \exp\left(-\frac{\delta^2}{2\sigma^2}\right)\mathrm{d}\delta \quad (8-11)$$

这个概率肯定是小于 1 的，即 $P = \int_{-\delta}^{+\delta} y\mathrm{d}\delta < 1$。为化成标准正态分布，便于求出 P 的数值，可设 $t = \dfrac{\delta}{\sigma}$，$\mathrm{d}t = \dfrac{\mathrm{d}\delta}{\sigma}$，带入式（8-11）进行变量置换，则

$$P = \frac{1}{\sqrt{2\pi}} \int_{-t}^{+t} \exp\left(-\frac{t^2}{2}\right)\mathrm{d}t = \frac{2}{\sqrt{2\pi}} \int_{0}^{+t} \exp\left(-\frac{t^2}{2}\right)\mathrm{d}t$$

令 $P = 2\phi(t)$，则

$$\phi(t) = \frac{1}{\sqrt{2\pi}} \int_{0}^{+t} \exp\left(-\frac{t^2}{2}\right)\mathrm{d}t \quad (8-12)$$

函数 $\phi(t)$ 称为拉普拉斯函数，也称正态概率积分。常用的 $\phi(t)$ 数值可通过查表得到，表 8-4 列出了 $t = 1$、2、3、4 等四个特殊值的 $\phi(t)$ 值，以及随机误差不超出 δ 区间的概率 P 和超出 δ 区间的概率 P'。

表8-4　四个特殊 t 值对应的概率积分

t	$\delta = \pm t\sigma$	$\phi\ (t)$	不超出 $\|\delta\|$ 的概率 $P = 2\phi\ (t)$	超出 $\|\delta\|$ 的概率 $P' = 1 - 2\phi\ (t)$
1	1σ	0.341 3	0.682 6	0.317 4
2	2σ	0.477 2	0.954 4	0.045 6
3	3σ	0.498 65	0.997 3	0.002 7
4	4σ	0.499 968	0.999 36	0.000 64

由表8-4中数据可见，当 $t = 1$ 时，测量误差在 $\delta = \pm\sigma$ 范围的概率为68.26% ；当 $t = 2$ 时，测量误差在 $\delta = \pm 2\sigma$ 范围的概率为95.44% ；当 $t = 3$ 时，测量误差在 $\delta = \pm 3\sigma$ 范围的概率为99.73% ，此时超出该范围的概率已经仅为0.27% ；当 $t = 4$ 时，测量误差在 $\delta = \pm 4\sigma$ 范围的概率为99.94% ，超出该范围的概率只有0.064% 。而实际测量中，测量次数一般在几十次左右，所以以随机误差超出 $\delta = \pm 3\sigma$ 范围的情况实际上已经很难出现，故常将 $\delta = \pm 3\sigma$ 时的概率 $P \approx 1$ ，并将 $\delta = \pm 3\sigma$ 作为单次测量的随机误差的极限值，也是测量列中单次测得值的测量极限误差，即

$$\delta_{\mathrm{lim}} = \pm 3\sigma = \pm 3\sqrt{\frac{\sum\limits_{i=1}^{n} \delta_i^2}{n}} \tag{8-13}$$

由此可知，t 是和测量误差出现的概率有关的值，选择不同的 t 值，就对应有不同的概率，测量极限误差的可信程度也就不一样。随机误差在 $\pm t\sigma$ 范围内出现的概率被称为置信概率，t 即称为置信因子或置信系数。在几何量测量中，通常取置信因子 $t = 3$ ，则置信概率为99.73% 。例如，某次测量的测得值为25.015 mm，若已知标准偏差 $\sigma = 0.000\,4$ mm，置信概率取99.73% ，则测量结果应为 $25.015 \pm 3 \times 0.000\,4 = 25.015 \pm 0.001\,2$ mm，即被测几何量的真值有99.73% 的可能性在 $25.013\,8 \sim 25.016\,7$ mm 之间。

2）测量列中随机误差的处理

在相同的测量条件下，对同一被测几何量进行多次重复测量，得到一测量列，假设其中不存在系统误差和粗大误差，则对随机误差的处理可如上所述，首先按式（8-10）计算单次测量值的标准偏差，然后再由式（8-13）计算得到随机误差的极限值。但是，由于测量中不可能获得被测几何量的真值，故又不能用式（8-10）进行计算。不过前面提到，随机误差还有个特性是抵偿性，即随机误差的算术平均值趋近于零，因此，在实际测量时，只要测量次数 n 充分大，就可以用测量列中各个测得值的算术平均值代替真值，然后用一定的方法估算出标准偏差，进而确定测量结果。随机误差的具体处理过程如下：

（1）计算测量列中各个测得值的算术平均值 $\bar{X}$ 。

设测量列的各个测得值为 X_1 ，X_2 ，$\cdots$ ，X_n ，则算术平均值 $\bar{X}$ 为

$$\bar{X} = \frac{\sum\limits_{i=1}^{n} X_i}{n} \tag{8-14}$$

式中，n 为测量次数。

（2）计算残余误差 ν_i 。

$$\nu_i = X_i - \overline{X} \tag{8-15}$$

有算术平均值计算的残余误差具有两个特性。

① 残差的代数和等于零，即 $\sum\limits_{i=1}^{n} \nu_i = 0$。这一特性可用来验证算术平均值 $\overline{X}$ 和残余误差 ν_i 是否正确。

② 残差的平方和为最小，即 $\sum\limits_{i=1}^{n} \nu_i^2 = \min$。这一特性说明用算术平均值代替真值比用其他值更合理、可靠。

（3）计算测量列中单次测得值的标准偏差 σ。

虽然随机误差 δ 是未知的，不能使用式（8-10）计算标准偏差 σ，但是由于已经可以得到测量列中各个测得值的残余误差 ν_i，故可以在实际测量中，使用贝塞尔（Bessel）公式计算出单次测得值的标准偏差的估计值。贝塞尔公式如下：

$$\sigma = \sqrt{\frac{\sum\limits_{i=1}^{n} \nu_i^2}{n-1}} \tag{8-16}$$

可以看出式（8-16）与式（8-10）是不一样的，这是因为 n 次测量获得的测得值的残余误差代数和等于零，所以 n 个残余误差只能等效于（$n-1$）个独立的随机变量。

由式（8-16）估算出标准偏差 σ 后，便可确定测量列中任一测得值的测量结果。如果只考虑随机误差，则单次测量值的测量结果 X_e 可表示为

$$X_e = X_i \pm 3\sigma \tag{8-17}$$

（4）计算测量列算术平均值的标准偏差 $\sigma_{\overline{X}}$。

若在相同的测量条件下，对同一被测几何量进行多组测量（每组皆测量 n 次），则对应每组 n 次测量都有一个算术平均值，由于存在着随机误差，各组的算术平均值都不可能相同，不过它们在真值附近的分散程度要比任一单次测量值的分散程度小得多。为了评定多次测量的算术平均值的分布特性，同样可以用测量列算术平均值的标准偏差 $\sigma_{\overline{X}}$ 作为评定指标，如图 8-32 所示。根据误差理论，测量列算术平均值的标准偏差与测量列单次测得值的标准偏差 σ 存在如下关系：

$$\sigma_{\overline{X}} = \frac{\sigma}{\sqrt{n}} \tag{8-18}$$

由式（8-18）可知，多组测量的算术平均值的标准偏差 $\sigma_{\overline{X}}$ 是单次测得值的标准偏差 σ 的 $1/\sqrt{n}$。这说明测量次数越多，算术平均值 $\overline{X}$ 就越接近真值，$\sigma_{\overline{X}}$ 就越小，则测量精密度也就越高。但用加大测量次数 n 来提高测量的精密度，效果并非总是理想的。因为当 σ 一定时，测量次数达到一定数量以后，如 $n > 10$ 以后的 $\sigma_{\overline{X}}$ 减小就变得很缓慢，再加大测量次数就得不偿失了，所以测量次数不必一味求多，通常取 $n = 10 \sim 15$ 次为宜，如图 8-33 所示。

同样，也可以求出置信概率为 99.73% 时，测量列的算术平均值的测量极限误差 $\delta_{\lim(\overline{X})}$ 和多次测量所得测量结果 X_e。

$$\delta_{\lim(\overline{X})} = \pm 3\sigma_{\overline{X}} \tag{8-19}$$

$$X_e = \overline{X} \pm 3\sigma_{\overline{X}} \qquad\qquad (8\text{-}20)$$

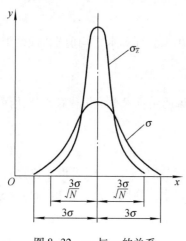

图 8-32　$\sigma_{\overline{X}}$ 与 σ 的关系

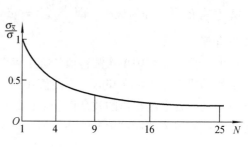

图 8-33　$\sigma_{\overline{X}}/\sigma$ 与 n 的关系

随机误差还存在其他规律的分布，如等概率分布、三角分布、反正弦分布等，可以参考有关误差理论的书籍，在此不再多做讨论。

3. 测量列中粗大误差的处理

粗大误差的数值相当大，在测量中应尽可能避免其出现在测量列内。如果粗大误差已经产生，则应根据判断粗大误差的准则予以剔除。判断粗大误差的基本原则是凡超出随机误差分布范围的误差就视为粗大误差。判断粗大误差的准则有很多种，在实际测量中通常用拉依达准则来判断。

拉依达准则又称 3σ 准则，主要用于测量列服从正态分布时的粗大误差判断。由于残余误差落在 $\pm 3\sigma$ 外的概率很小，仅有 0.27%，即在连续 370 次测量中只有一次测量的残余误差会超出 $\pm 3\sigma$。由前述内容可知，实际上多次重复测量的次数通常不会有 370 次那么多，故测量列中就不应该有超出 $\pm 3\sigma$ 的残余误差。因此，将超出 $\pm 3\sigma$ 的残余误差作为粗大误差，即 $|v_i| > 3\sigma$ 时，则认为该残余误差对应的测得值含有粗大误差，而予以剔除。

需要提醒的是注意拉依达准则适用于重复测量次数较多的情况，而不适用于测量次数小于或等于 10 的情况。当 $n \leq 10$ 时，可以参考有关误差理论的书籍，采用其他判断粗大误差的准则，在此不再多做讨论。

三、等精度测量列的数据处理

等精度测量是在测量条件（包括量仪、测量人员、测量方法及环境条件等）不变的情况下，对同一被测几何量进行的连续多次测量。虽然在此情况下得到的测得值各不相同，但影响各个测得值精度的因素和条件相同，可视其测量精度相等，故称为等精度测量。相反，在测量过程中全部或部分因素及条件发生改变，则称为不等精度测量。在一般情况下，为了简化对测量数据的处理，大多采用等精度测量。

等精度测量所获得的测量列，根据所用测量方法的不同，可以分为等精度直接测量列和等精度间接测量列，先将两种测量列的数据处理方法分述如下。

1. 等精度直接测量列的数据处理

为了得到等精度测量条件下直接测量列的正确测量结果，应按以下方法进行其数据处理。

首先，应判断测量列中是否存在系统误差，如果存在系统误差，则应采取措施加以消除；其次，计算测量列的算术平均值、残余误差和单次测得值的标准偏差等，用拉依达准则判断测量列中是否存在粗大误差，如果存在，则应剔除含有粗大误差的测得值，并重新组成测量列，重复上述过程，直到所有含有粗大误差的测得值都被剔除为止；最后计算消除了系统误差和剔除了粗大误差后的测量列的算术平均值、算术平均值的标准偏差和算术平均值的测量极限误差，在此基础上确定测量结果。

例 8-1 对某齿轮轴轴径进行 12 次等精度测量，按测量顺序将各测得值依次列于表 8-5 中。假设已经从根源上消除定值系统误差，试求出其测量结果。

表 8-5 数据处理计算表

测 量 序 号	测得值 R_i/mm	残余误差 $\nu_i = (R_i - \bar{R})$/μm	残余误差的平方 ν_i^2/μm^2
1	35.030	−4	16
2	35.035	+1	1
3	35.032	−2	4
4	35.034	0	0
5	35.037	+3	9
6	35.033	−1	1
7	35.036	+2	4
8	35.033	−1	1
9	35.036	+2	4
10	35.034	0	0
11	35.032	−2	4
12	35.036	+2	4
整理结果	$\bar{R} = 35.034$	$\sum\limits_{i=1}^{12} \nu_i = 0$	$\sum\limits_{i=1}^{12} \nu_i^2 = 48$

解：（1）计算测量列算术平均值 $\bar{R}$。

$$\bar{R} = \frac{\sum\limits_{i=1}^{n} R_i}{n} = 35.034 \text{ mm}$$

（2）计算残余误差 ν_i。按公式 $\nu_i = R_i - \bar{R}$ 计算出的残余误差已填入表 8-5 中。按残余误差观察法，这些残余误差的符号大体上正负相间，没有周期性变化，因此可以认为测量列中不存在变值系统误差。

（3）计算测量列单次测量值的标准偏差 σ。

$$\sigma = \sqrt{\frac{\sum\limits_{i=1}^{n} \nu_i^2}{n-1}} = \sqrt{\frac{48}{12-1}} \, \mu m = 2.09 \, \mu m$$

（4）判断粗大误差。按拉依达准则，$3\sigma = 3 \times 2.09 \, \mu m = 6.27 \, \mu m$，测量列中并未出现绝对值大于 3σ 的残余误差，即可判断，测量列中不存在粗大误差。

（5）计算测量列算术平均值的标准偏差 $\sigma_{\bar{R}}$。

$$\sigma_{\overline{R}} = \frac{\sigma}{\sqrt{n}} = \frac{2.09}{\sqrt{12}} \mu m = 0.60 \mu m$$

（6）计算测量列算术平均值的测量极限误差 $\delta_{\lim(\overline{R})}$。

$$\delta_{\lim(\overline{R})} = \pm 3\sigma_{\overline{R}} = \pm 3 \times 0.60 \mu m = \pm 1.80 \mu m$$

（7）确定测量结果 R_e 为

$$R_e = \overline{R} \pm 3\sigma_{\overline{R}} = 35.034 \pm 0.0018 \, mm$$

这时的置信概率为 99.73%。

2. 等精度间接测量列的数据处理

在几何量测量中，有些零件采用直接测量的方法是比较困难的，只有采用间接测量的方法才能获得测得值。由于间接测量的被测几何量与测量所得到的实测几何量之间有函数关系，故各个实测几何量的测量误差也会传递到被测几何量的测量结果中，这样产生的测量误差又被称为函数误差。

为了得到等精度测量条件下间接测量列的正确测量结果，应按以下方法进行其数据处理。

首先，确定被测几何量与各个实测几何量之间的函数关系及其计算公式；其次，把各个实测几何量的测得值代入上述计算公式，求出被测几何量量值；最后，分别计算被测几何量的系统误差 Δy 和测量极限误差 $\delta_{\lim(y)}$，并在此基础上确定测量结果 Y_e。

$$Y_e = (Y - \Delta Y) \pm \delta_{\lim(Y)} \tag{8-21}$$

在间接测量中被测几何量通常是实测几何量的多元函数，它表示为

$$Y = F(X_1, X_2, \cdots, X_i, \cdots, X_m) \tag{8-22}$$

式中，Y 为被测几何量；X_i 为各个实测几何量。

该函数的增量可用函数的全微分来表示，即

$$dY = \sum_{i=1}^{m} \frac{\partial F}{\partial X_i} dX_i \tag{8-23}$$

式中，dY 为被测几何量的测量误差；dX_i 为各个实测几何量的测量误差；$\frac{\partial F}{\partial X_i}$ 为各个实测几何量的测量误差的传递系数。

式（8-23）即为函数误差的基本计算公式。

如果各个实测几何量 X_i 的测得值中存在着系统误差 ΔX_i，那么被测几何量 Y 中也有系统误差 ΔY 存在，将式（8-23）中 dX_i 用 ΔX_i 代替，可近似得到函数的系统误差的计算公式：

$$\Delta Y = \sum_{i=1}^{m} \frac{\partial F}{\partial X_i} \Delta X_i \tag{8-24}$$

式（8-24）即为间接测量中系统误差的计算公式。

由于各个实测几何量 X_i 中存在随机误差，因此被测几何量值 Y 中也存在随机误差。根据误差理论，函数的随机误差可以用函数的标准偏差 σ_Y 评定，即

$$\sigma_Y = \sqrt{\sum_{i=1}^{m} \left(\frac{\partial F}{\partial X_i}\right)^2 \sigma_{X_i}^2} \tag{8-25}$$

式中，σ_Y 为被测几何量的标准偏差；σ_{X_i} 为各个实测几何量的标准偏差。

如果各个测得值的随机误差均服从正态分布，则由式（8-25）可推导出函数的测量极限误差 $\delta_{\lim(Y)}$ 的计算式：

$$\delta_{\mathrm{lim}(Y)} = \pm \sqrt{\sum_{i=1}^{m}\left(\frac{\partial F}{\partial X_i}\right)^2 \delta_{\mathrm{lim}(X_i)}^2} \tag{8-26}$$

式中，$\delta_{\mathrm{lim}(Y)}$ 为被测几何量的测量极限误差；$\delta_{\mathrm{lim}(X_i)}$ 为各个实测几何量的测量极限误差。

例8-2　用弓高弦长法间接测量一圆弧样板，如图8-34所示。测得弦长 $L = 32\,\mathrm{mm}$，弓高 $h = 6\,\mathrm{mm}$，它们的系统误差为 $\Delta L = +0.002\,\mathrm{mm}$，$\Delta h = 0.001\,2\,\mathrm{mm}$，测量极限偏差 $\delta_{\mathrm{lim}(L)} = \pm 0.002\,\mathrm{mm}$，$\delta_{\mathrm{lim}(h)} = \pm 0.001\,5\,\mathrm{mm}$。试确定圆弧半径 R 的测量结果。

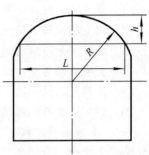

解：（1）计算圆弧半径 R。

R 与 L、h 有函数关系：

图8-34　例8-2图

$$R = \frac{L^2}{8h} + \frac{h}{2} = \frac{32^2}{8\times 6} + \frac{6}{2} \approx 24\,(\mathrm{mm})$$

（2）按式（8-24）计算圆弧半径 R 的系统误差 ΔR。

$$\Delta R = \frac{\partial F}{\partial L}\Delta L + \frac{\partial F}{\partial h}\Delta h = \frac{L}{4h}\Delta L - \left(\frac{L^2}{8h^2} - \frac{1}{2}\right)\Delta h = \frac{32\times 0.002}{4\times 6} - \left(\frac{32^2}{8\times 6^2} - \frac{1}{2}\right)\times 0.001\,2$$

$$= -0.001\,(\mathrm{mm})$$

（3）按式（8-26）计算圆弧半径 R 的测量极限误差 $\delta_{\mathrm{lim}(R)}$。

$$\delta_{\mathrm{lim}(R)} = \pm \sqrt{\left(\frac{L}{4h}\right)^2 \delta_{\mathrm{lim}(L)}^2 + \left(\frac{L^2}{8h^2} - \frac{1}{2}\right)^2 \delta_{\mathrm{lim}(h)}^2}$$

$$= \pm \sqrt{\left(\frac{32}{4\times 6}\right)^2 \times 0.002^2 + \left(\frac{32^2}{8\times 6^2} - \frac{1}{2}\right)^2 \times 0.001\,5^2}$$

$$= \pm 0.005\,3\,(\mathrm{mm})$$

（4）按式（8-21）确定测量结果 R_e。

$$R_e = (R - \Delta R) \pm \delta_{\mathrm{lim}(R)} = [24 - (-0.001)] \pm 0.002\,7 = 23.999 \pm 0.005\,3\,(\mathrm{mm})$$

本章小结

1. 主要内容

（1）测量技术的基本概念、计量器具的分类及性能指标；一些常用计量器具的测量原理；测量误差的类型、产生的原因及处理方法。

（2）要求了解常用长度、角度尺寸测量器具的测量原理。

（3）要求掌握测量方法的分类及其特点；基本的测量误差的处理。

2. 新旧图标对比

（1）增加了相关的术语、定义和符号说明。

（2）增加了量规的验收及检验要求。

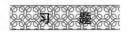

习　题

8-1　测量的实质是什么？一个完整的测量过程包括哪些要素？

8-2　量块的作用是什么？其结构有何特点？量块分"等"和分"级"的依据是什么？

量块按"等"使用和按"级"使用各有何不同?

8-3　说明下列属于的区别:

(1) 分度值、刻度间距、灵敏度;

(2) 测量范围与示值范围;

(3) 绝对测量与相对测量;

(4) 量块长度与量块标称长度;

(5) 正确度、精密度、准确度;

(6) 相对误差与绝对误差。

8-4　零件图样上被测要素的尺寸公差和几何公差按那种公差原则标注时,才能使用光滑极限量规检验,为什么?

8-5　光滑极限量规检验零件时,通规和止规分别用来检验什么尺寸?被检测零件的合格条件是什么?

8-6　试述光滑极限量规的公差带的特点。

8-7　光滑极限量规分几类?各有什么用途?为什么孔用工作量规没有校对量规?

8-8　量规设计应该遵循什么原则?该原则的含义是什么?

8-9　功能量规的工作部分包括哪几个部分?各自的作用是什么?

8-10　百分表的分度值为多少?千分表的分度值为多少?

8-11　试说明系统误差、随机误差和粗大误差的特性和不同。

8-12　对同一几何量进行等精度连续测量 10 次,按测量顺序将各测得值记录,见表 8-6。设测量列中不存在定值系统误差,试确定:

(1) 算术平均值 $\overline{X}$;

(2) 残余误差 ν_i,并判断该测量列是否存在变值系统误差;

(3) 测量列单次测量值的标准偏差 σ;

(4) 是否存在粗大误差;

(5) 测量列算术平均值的标准偏差 $\sigma_{\overline{X}}$;

(6) 测量列算术平均值的测量极限误差;

(7) 将相应计算获得值填入表 8-6,整理数据,求出测量结果。

表 8-6　题 8-12 表

测量序号	测得值 X_i/mm	残余误差 $\nu_i = (R_i - \overline{R})$ /μm	残余误差的平方 ν_i^2/μm²
1	42.039		
2	42.043		
3	42.041		
4	42.040		
5	42.042		
6	42.043		
7	42.040		
8	42.042		
9	42.039		
10	42.041		
整理结果	$\overline{X} =$	$\sum\limits_{i=1}^{12} \nu_i =$	$\sum\limits_{i=1}^{10} \nu_i^2 =$

附 表 八

附表 8-1 成套量块的组合尺寸（GB/T 6093—2001 P10 表 A1）

套别	总块数	级　别	尺寸系列/mm	间隔/mm	块　数
1	91	0，1	0.5	—	1
			1	—	1
			1.001，1.002，……1.009	0.001	9
			1.01，1.02……1.49	0.01	49
			1.5，1.6……1.9	0.1	5
			2.0，2.5……9.5	0.5	16
			10，20……100	10	10
2	83	0，1，2	0.5	—	1
			1	—	1
			1.005	—	1
			1.01，1.02……1.49	0.01	49
			1.5，1.6……1.9	0.1	5
			2.0，2.5……9.5	0.5	16
			10，20……100	10	10
3	46	0，1，2	1	—	1
			1.001，1.002……1.009	0.001	9
			1.01，1.02……1.09	0.001	9
			1.1，1.2……1.9	0.1	9
			2，3……9	1	8
			10，20……100	10	10
4	38	0，1，2	1	—	1
			1.005	—	1
			1.01，1.02……1.09	0.01	9
			1.1，1.2……1.9	0.1	9
			2，3……9	1	8
			10，20……100	10	10
5	10$^-$	0，1	0.991，0.992……1	0.001	10
6	10$^+$	0，1	1，1.001……1.009	0.001	10
7	10$^-$	0，1	1.991，1.992……2	0.001	10
8	10$^+$	0，1	2，2.001，2.002……2.009	0.001	10
9	8	0，1，2	125，150，175，200，250，300，400，500	—	8
10	5	0，1，2	600，700，800，900，1000	—	5

续表

套别	总块数	级　别	尺寸系列/mm	间隔/mm	块　数
11	10	0, 1, 2	2.5, 5.1, 7.7, 10.3, 12.9, 15, 17.6, 20.2, 22.8, 25	—	10
12	10	0, 1, 2	27.5, 30.1, 32.7, 35.3, 37.9, 40, 42.6, 45.2, 47.8, 50	—	10
13	10	0, 1, 2	52.5, 55.1, 57.7, 60.3, 62.9, 65, 67.6, 70.2, 72.8, 75	—	10
14	10	0, 1, 2	77.5, 80.1, 82.7, 85.3, 87.9, 90, 92.6, 95.2, 97.8, 100	—	10
15	12	3	41.2, 81.5, 121.8, 51.2, 121.5, 191.8, 101.2, 201.5, 291.8, 10, 20（二块）	—	12
16	6	3	101.2, 200, 291.5, 375, 451.8, 490	—	6
17	6	3	201.2, 400, 581.5, 750, 901.8, 990	—	6

附表 8-2　IT6～IT8 级工作量规的尺寸公差值及其通规位置要素值（GB/T 1957—2006，部分）

零件孔或轴的基本尺寸/mm		零件孔或轴的公差等级								
		IT6			IT7			IT8		
		孔或轴的公差值	T_1	Z_1	孔或轴的公差值	T_1	Z_1	孔或轴的公差值	T_1	Z_1
大于	至	μm								
—	3	6	1.0	1.0	10	1.2	1.6	14	1.6	2.0
3	6	8	1.2	1.4	12	1.4	2.0	18	2.0	2.6
6	10	9	1.4	1.6	15	1.8	2.4	22	2.4	3.2
10	18	11	1.6	2.0	18	2.0	2.8	27	2.8	4.0
18	30	13	2.0	2.4	21	2.4	3.4	33	3.4	5.0
30	50	16	2.4	2.8	25	3.0	4.0	39	4.0	6.0
50	80	19	2.8	3.4	30	3.6	4.6	46	4.6	7.0
80	120	22	3.2	3.8	35	4.2	5.4	54	5.4	8.0
120	180	25	3.8	4.4	40	4.8	6.0	63	6.0	9.0
180	250	29	4.4	5.0	46	5.4	7.0	72	7.0	10.0
250	315	32	4.8	5.6	52	6.0	8.0	81	8.0	11.0
315	400	36	5.4	6.2	57	7.0	9.0	89	9.0	12.0
400	500	40	6.0	7.0	63	8.0	10.0	97	10.0	14.0

重印说明

　　《机械精度设计》（ISBN978 – 7 – 113 – 16709 – 7）于2014年7月在我社出版，得到了用书院校的支持和厚爱。本次重印作者结合教学要求、教学大纲等再次对书中相关内容进行了检查核实，以确保教材内容符合教学要求。书中插图、表格所采用的数据依然沿用出版时的规范标准和统计结果，重印时未做修改。

中国铁道出版社有限公司

2022 年 8 月